普通高等教育"十三五"规划教材

工程造价管理

（第2版）

主　编　高　辉

副主编　张梦芳　范建双

北　京

冶金工业出版社

2019

内 容 提 要

　　本书根据最新的建设工程工程量清单计价规范和相关定额编写，系统介绍了工程计量、计价与造价管理的基本理论与方法，每章提供例题、案例分析与复习思考题，具有紧密结合实际、内容全面、注重应用、操作性强的特点。

　　本书可作为高等院校工程管理、工程造价、土木工程、房地产经营与管理等相关专业的教材和教学参考书，也可作为从事工程造价管理及相关工作人员的参考书。

图书在版编目（CIP）数据

　　工程造价管理/高辉主编 . —2 版 . —北京：冶金工业出版社，
2019.9

　　普通高等教育"十三五"规划教材
　　ISBN 978-7-5024-8225-1

　　Ⅰ.①工…　Ⅱ.①高…　Ⅲ.①建筑造价管理—高等学校—
教材　Ⅳ.①TU723.31

　　中国版本图书馆 CIP 数据核字（2019）第 178891 号

出 版 人　谭学余
地　　　址　北京市东城区嵩祝院北巷 39 号　邮编　100009　电话　（010）64027926
网　　　址　www.cnmip.com.cn　电子信箱　yjcbs@cnmip.com.cn
责任编辑　杨　敏　美术编辑　吕欣童　版式设计　孙跃红
责任校对　石　静　责任印制　李玉山
ISBN 978-7-5024-8225-1
冶金工业出版社出版发行；各地新华书店经销；三河市双峰印刷装订有限公司印刷
2011 年 5 月第 1 版，2019 年 9 月第 2 版，2019 年 9 月第 1 次印刷
787mm×1092mm　1/16；24 印张；580 千字；372 页
55.00 元
冶金工业出版社　投稿电话　（010）64027932　投稿信箱　tougao@cnmip.com.cn
冶金工业出版社营销中心　电话　（010）64044283　传真　（010）64027893
冶金工业出版社天猫旗舰店　yjgycbs.tmall.com
　　　　　　　（本书如有印装质量问题，本社营销中心负责退换）

第2版前言

2011年5月，《工程造价管理》一书由冶金工业出版社出版，至今已过去8年时间。在这8年中，我国住房和城乡建设部总结2003、2008两版《建设工程工程量清单计价规范》实施过程中的经验和问题，于2013年发布了《建设工程工程量清单计价规范》（GB 50500—2013）。自2016年5月1日起，建筑业开始推行"营改增"试点工作，各省也对原来的计价规则、定额等进行了相应调整，如浙江省建设工程造价管理总站发布了《浙江省建设工程计价规则》（2018版）及《浙江省房屋建筑与装饰工程预算定额》（2018版）。同时，建筑信息模型（BIM）、云技术等信息技术，工程总承包、全过程咨询等管理模式的推进都对工程造价管理提出新的挑战。为了适应计价规则、依据调整及行业变革，编者对书中有关内容进行了更新。

本次修订基本保留了第1版的章节体系，全书共分8章，主要内容包括：工程造价管理概论、我国工程造价构成、工程造价的计价依据、工程量清单计价原理、项目不同阶段工程造价的计算与确定、管理与控制、建筑面积与工程量的计算规则、计算机软件在工程造价管理中的应用，并附有一个工程量清单编制综合案例。每一章内容都根据最新的计价规范及依据进行了调整，并更新了部分习题与案例。

本书第1章由董春林、高辉编写，第2章、第3章由范建双编写，第4章、第7章由张梦芳编写，第5章由高辉编写，第6章和附录由高辉和王国彦编写，第8章由赵国超和广联达科技股份有限公司编写，全书由高辉统稿。

本书的编写和出版得到了浙江工业大学重点建设教材项目和管理学院的支持与资助，在此表示衷心感谢！在本书编写过程中，参考了有关文献，在此向文献作者表示感谢！

由于编者水平有限，书中不足之处，敬请广大读者、专家和同行批评指正。

编　者
2019年6月

第1版前言

工程造价管理贯穿于项目可行性研究与决策阶段、设计阶段、招投标阶段、施工阶段，直至竣工验收的全部过程，是一门综合性的应用学科。随着我国工程建设规模的迅速扩大，为了适应社会主义市场经济的需要，并与国际接轨适应激烈竞争，我国工程造价管理行业不断发展。自2003年起在全国范围内推行工程量清单计价方法，并在总结经验和问题的基础上，于2008年发布了《建设工程工程量清单计价规范》（GB 50500—2008）。之后，各省也对原来的计价规则、定额等进行了相应调整。因此，结合高校相关课程教学要求的实际，依据最新的工程造价管理规范和要求，我们编写了这本以建筑工程为主的工程造价管理教材。

全书以贯彻国家法规、规范为指导思想，从基础理论和实践应用入手，全面系统地介绍了作为从事工程造价管理工作的工程师们所必须掌握的基本知识，体现了我国当前工程造价管理体制改革中的最新精神。全书共分8章，主要内容包括：工程造价概论、工程造价的构成、工程造价计价依据、工程量清单计价原理、建设项目工程造价的计算与确定、建设项目各阶段工程造价的管理与控制、工程量计算及编制案例、计算机软件在工程造价管理中的应用、工程量清单编制综合案例。书中给出了相关案例和习题，尽可能地为教师备课、学生学习提供方便。

本书第1章和第3章由许士杰、虞晓芬编写；第2章由董春林、高辉编写；第4章、第7章和附录由张梦芳编写；第5章和第6章由高辉、虞晓芬编写；第8章由杭州擎洲软件有限公司有关人员和高辉编写。虞晓芬教授对全书内容进行了审定。

在编写过程中，由于相关规范和定额的调整，几易其稿，在此向之前参与资料收集和编写的老师们表示感谢。

由于我国建设工程造价管理正处于改革发展中，很多问题还有待探讨和研究。加之作者学识有限，书中难免有疏漏和不足之处，敬请各位读者批评指正。

编　者
2011年2月

目　　录

1 工程造价概论

学习目标：（1）掌握工程造价的含义和特点；（2）掌握工程造价的有关概念，如静态投资、动态投资、建设项目总投资、建筑安装工程造价等；（3）熟悉工程造价的特点和计价特征；（4）掌握工程造价管理的基本内容。

1.1 工程造价的基本概念

1.1.1 工程造价的含义和特点

1.1.1.1 工程造价的含义

工程，泛指一切建设工程，工程造价即工程的建造价格，其有两种含义。

第一种含义：工程造价是指建设一项工程预期开支或实际开支的全部固定资产投资费用。这一含义是从投资者——业主的角度来定义的。投资者选定一个投资项目，为了获得预期的效益，就需要通过项目评估进行决策，然后进行设计招标、工程招标，直至竣工验收等一系列投资管理活动。在投资活动中所支付的全部费用形成了固定资产和无形资产，所有这些开支就构成了工程造价。从这个意义上说，工程造价就是工程投资费用，建设项目工程造价就是建设项目固定资产投资。

第二种含义：工程造价是指工程价格。即为建成一项工程，预计或实际在土地市场、设备市场、技术劳务市场，以及工程承发包市场等交易活动中形成的建筑安装工程的价格和建设工程总价格。工程造价的第二种含义是以社会主义市场经济为前提的。它以工程这种特定的商品形式作为交易对象，通过招投标、承发包或其他交易方式，在进行多次预估的基础上，最终由市场形成价格。在这里，工程的范围和内涵既可以是涵盖范围很大的一个建设项目，也可以是其中的一个单项工程，甚至也可以是整个建设工程中的某个阶段，如土地开发工程、建筑安装工程、装饰工程，或者其中的某个组成部分。随着经济发展中技术的进步、分工的细化和市场的完善，工程建设中的中间产品会越来越多，商品交换会更加频繁，工程价格的种类和形式也会更为丰富。尤其应该了解的是，投资体制的改革、投资主体的多元格局、资金来源的多种渠道，使相当一部分建设工程的最终产品作为商品进入了流通领域。如新技术开发区和住宅开发区的普通工业厂房、仓库、写字楼、公寓、商业设施和大批住宅，都是投资者为出售而建的工程，它们的价格是商品交易中现实存在的，是一种有加价的工程价格（通常它们被称为商品房价格）。在市场经济条件下，由于商品的普遍性，即使投资者是为了追求工程的使用功能，如用于生产产品或商业经营，但货币的价值尺度职能同样也赋予它价格。一旦投资者不再需要它的使用功能，它就会立即进入流通，成为真实的商品，无论是采取抵押、拍卖、租赁，还是企业兼并，其性质都是相同的。

通常，人们把工程造价的第二种含义只认定为工程承发包价格。应该肯定，承发包价格是工程造价中一种重要的，也是最典型的价格形式。它是在建筑市场通过招投标，由需求主体（即投资者）和供给主体（即建筑商）共同认可的价格。鉴于建筑安装工程价格在项目固定资产中占有 50%~60% 的份额，又是工程建设中最活跃的部分；同时建筑企业又是建设工程的实施者并具有重要的市场主体地位，所以，工程承发包价格被界定为工程价格的第二种含义，很有现实意义。但是，如上所述，这样的界定对工程造价的含义理解较狭窄。

工程造价的两种含义是从不同角度把握同一事物的本质。从建设工程投资者的角度来说，面对市场经济条件下的工程造价就是项目投资，是"购买"项目要付出的价格；同时也是投资者在作为市场供给主体"出售"项目时定价的基础。对于承包商、供应商，以及规划、设计等机构来说，工程造价是他们作为市场供给主体出售商品和劳务价格的总和，或是特指范围的工程造价，如建筑安装工程造价。

工程造价的两种含义是对客观存在的概括。它们既共生于一个统一体，又是相互区别的。最主要的区别在于需求主体和供给主体在市场追求的经济利益不同，因而管理的性质和管理目标不同。从管理性质看，前者属于投资管理范畴，后者属于价格管理范畴，但二者又互相交叉。从管理目标看，作为项目投资或投资费用，投资者在进行项目决策和项目实施中，首先追求的是决策的正确性。投资是一种为实现预期收益而垫付资金的经济行为，项目决策是重要一环。项目决策中投资数额的大小、功能和价格（成本）比是投资决策的更重要的依据。其次，在项目实施中完善项目功能，提高工程质量，降低投资费用，按期或提前交付使用，是投资者始终关注的问题。因此降低工程造价是投资者始终如一的追求。作为工程价格，承包商关注的是利润和高额利润，为此，他追求的是较高的工程造价。不同的管理目标，反映他们不同的经济利益，但他们都要受支配价格运动的那些经济规律的影响和调节。他们之间的矛盾正是市场的竞争机制和利益风险机制的必然反映。

区别工程造价的两种含义的理论意义在于，为投资者和以承包商为代表的供应商在工程建设领域的市场行为提供理论依据；当投资者提出降低工程造价时，是站在市场需求主体的角度；当承包商提出要提高工程造价、提高利润率，并获得更多的实际利润时，他是要实现一个市场供给主体的管理目标。这是市场运行机制的必然。区别两重含义的现实意义在于，为实现不同的管理目标，不断充实工程造价的管理内容，完善管理方法，更好地实现各自的目标，从而有利于推动全面的经济增长。

1.1.1.2　工程造价的特点与职能

由于工程建设的特点，工程造价具有以下特点：

（1）工程造价的大额性。能够发挥投资效用的任一项工程，不仅实物形体庞大，而且造价高昂。动辄数百万、上千万元人民币，特大的工程项目造价可达百亿元人民币。工程造价的大额性使它关系到有关各方面的重大经济利益，同时也会对宏观经济产生重大影响。这就决定了工程造价的特殊地位，也说明了造价管理的重要意义。

（2）工程造价的个别性、差异性。任何一项工程都有特定的用途、功能、规模，因此对每一项工程的结构、造型、空间分割、设备配置和内外装饰都有具体的要求，所以工程内容和实物形态都具有个别性、差异性。产品的差异性决定了工程造价的个别性差异。同时每项工程所处地区、地段都不相同，使这一特点得到强化。

（3）工程造价的动态性。每一项工程从决策到竣工交付使用，都有一个较长的建设期间，而且由于不可控因素的影响，在预计工期内，许多影响工程造价的动态因素，如工程变更，设备材料价格，工资标准以及费率、利率、汇率都会发生变化。这种变化必然会影响造价的变动。所以，工程造价在整个建设期中处于不确定状态，直至竣工决算后才能最终确定工程的实际造价。

（4）工程造价的层次性。造价的层次性取决于工程的层次性。一个建设项目往往有多个能够独立发挥设计效能的单项工程（车间、写字楼、住宅楼等）；一个单项工程又是由能够各自发挥专业效能的多个单位工程（土建工程、电气安装工程等）组成。与此相适应，工程造价有三个层次；建设项目总造价、单项工程造价、单位工程造价。如果专业分工更细，单位工程（如土建工程）的组成部分——分部分项工程也可以成为交换对象，如大型土方工程、基础工程、装饰工程等，这样工程造价的层次就增加分部工程和分项工程而成为 5 个层次。即使从造价的计算和工程管理的角度看，工程造价的层次性也是非常突出的。

（5）工程造价的兼容性。造价的兼容性首先表现在它具有两种含义，其次表现在造价构成因素的广泛性和复杂性。工程造价中成本因素非常复杂。其中为获得建设工程用地支出的费用、项目可行性研究和规划设计费用、与政府一定时期政策（特别是产业政策和税收政策）相关的费用占有相当的份额。盈利的构成也较为复杂，资金成本较大。

工程造价的职能除一般商品价格职能以外，它还有自己特殊的职能。

（1）预测职能。工程造价的大额性和多变性，无论是投资者或是建筑商都要对拟建工程进行预先测算。投资者预先测算工程造价不仅作为项目决策依据，同时也是筹集资金、控制造价的依据；承包商对工程造价的测算，既为投标决策提供依据，也为投标报价和成本管理提供依据。

（2）控制职能。工程造价的控制职能表现在两方面：一方面是它对投资的控制，即在投资的各个阶段，根据对造价的多次性预估，对造价进行全过程多层次的控制；另一方面，是对以承包商为代表的商品和劳务供应企业的成本控制。在价格一定的条件下，企业实际成本开支决定企业的盈利水平。成本越高盈利越低，成本高于价格就危及企业的生存。所以企业要以工程造价来控制成本，利用工程造价提供的信息资料作为控制成本的依据。

（3）评价职能。工程造价是评价总投资和分项投资合理性和投资效益的主要依据之一。在评价土地价格、建筑安装产品和设备价格的合理性时，就必须利用工程造价；在评价建设项目偿贷能力、获利能力和宏观效益时，也可依据工程造价；工程造价也是评价建筑企业管理水平和经营成果的依据。

（4）调控职能。工程建设直接关系到经济增长，也直接关系到国家重要资源分配和资金流向，对国计民生都产生重大影响。所以国家对建设规模、结构进行宏观调控在任何条件下都是不可或缺的，对政府投资项目进行直接调控和管理也是非常必需的。这些都要用工程造价作为经济杠杆，对工程建设中的物质消耗水平、建设规模、投资方向等进行调控和管理。

工程造价拥有上述特殊功能，是由建设工程自身特点决定的。工程造价职能实现的条件，最主要的是市场竞争机制的形成。在现代市场经济中，要求市场主体要有自身独立的经济利益，并能根据市场信息（特别是价格信息）和利益取向来决定其经济行为。无论是购买者还是出售者，在市场上都处于平等竞争的地位，他们都不可能单独影响市场价格，更没有能力单方面决定价格。价格是按市场供需变化和价值规律运动的：需求大于供给，价格上扬；供给大于需求，价格下跌。作为买方的投资者和作为卖方的建筑安装企业，以及其他商品和劳务的提供者，是在市场竞争中根据价格变动，根据自己对市场走向的判断来调节自己的经济活动。这种不断的调节使价格总是趋向价值基础，形成价格围绕价值上下波动的基本运动形态。也只有在这种条件下价格才能实现它的基本职能和其他各项职能。

因此，建立和完善市场机制，创造平等竞争的环境是十分迫切而重要的任务。具体来说，投资者和建筑安装企业等商品和劳务的提供者，首先要从固有的体制束缚中摆脱出来，使自己真正成为具有独立经济利益的市场主体，能够了解并适应市场信息的变化，能够做出正确的判断和决策。其次，要给建筑安装企业创造平等竞争的条件，使不同类型、不同所有制、不同规模、不同地区的企业，在同一项工程的投标竞争中处于同样平等的地位，为此就要规范建筑市场和规范市场主体的经济行为。再次，要建立完善的、灵敏的价格信息系统。建设工程价格职能的充分实现，在国民经济的发展中会起到多方面的良好作用。

1.1.1.3 工程造价的作用

工程造价涉及国民经济各部门、各行业，涉及社会再生产中的各个环节，也直接关系到人民群众的生活和城镇居民的居住条件，所以它的作用范围和影响程度都很大。其作用主要有以下几点：

（1）建设工程造价是项目决策的工具。建设工程投资大、生产和使用周期长等特点决定了项目决策的重要性。工程造价决定了项目的一次投资费用。投资者是否有足够的财务能力支付这笔费用，是否认为值得支付这项费用，是项目决策中要考虑的主要问题。财务能力是一个独立的投资主体必须首先要解决的。如果建设工程的价格超过投资者的支付能力，就会迫使他放弃拟建的项目；如果项目投资的效果达不到预期目标，他也会自动放弃拟建的工程。因此在项目决策阶段，建设工程造价就成为项目财务分析和经济评价的重要依据。

（2）建设工程造价是制订投资计划和控制投资的有效工具。投资计划是按照建设工期、工程进度、建设工程价格等逐年分月加以制订的。正确的投资计划有助于合理和有效地使用资金。工程造价在控制投资方面的作用非常明显。工程造价是通过多次性预估，最终通过竣工决算确定下来的。每一次预估的过程就是对造价的控制过程，而每一次估算对下一次估算又都是对造价严格的控制，具体来说，后一次估算不能超过前一次估算的一定幅度。这种控制是在投资者财务能力的限度内为取得既定的投资效益所必需的。建设工程造价对投资的控制也表现在利用制定各类定额、标准和参数，对建设工程造价的计算依据进行控制。在市场经济利益风险机制的作用下，造价对投资的控制作用成为投资的内部约束机制。

（3）建设工程造价是筹集建设资金的依据。投资体制的改革和市场经济的建立，要求项目的投资者必须有很强的筹资能力，以保证工程建设有充足的资金供应。工程造价基本决定了建设资金的需要量，从而为筹集资金提供了比较准确的依据。当建设资金来源于金融机构的贷款时，金融机构在对项目的偿贷能力进行评估的基础上，也需要依据工程造价确定给予投资者的贷款数额。

（4）建设工程造价是合理利益分配和调节产业结构的手段。工程造价的高低，涉及国民经济各部门和企业间的利益分配。在市场经济中，工程造价受供求状况的影响，并在围绕价值的波动中实现对建设规模、产业结构和利益分配的调节。加上政府正确的宏观调控和价格政策导向，工程造价在这方面的作用会充分发挥出来。

（5）工程造价是评价投资效果的重要指标。建设工程造价是一个包含多层次工程造价的体系，就一个工程项目来说，它既是建设项目的总造价，又包含单项工程的造价和单位工程的造价，同时也包含单位生产能力的造价，或一个平方米建筑面积的造价等。所有这些，使工程造价自身形成了一个指标体系。所以它能够为评价投资效果提供出多种评价指标，并能够形成新的价格信息，为今后类似项目的投资提供参照系。

1.1.2 工程造价相关概念

1.1.2.1 静态投资与动态投资

静态投资是以某一基准年、月的建设要素的价格为依据所计算出的建设项目投资的瞬时值。但它含因工程量误差而引起的工程造价的增减。静态投资包括建筑安装工程费，设备和工、器具购置费，工程建设其他费用，基本预备费。

动态投资是指为完成一个工程项目的建设，预计投资需要量的总和。它除了包括静态投资所含内容之外，还包括建设期贷款利息、投资方向调节税、涨价预备费等。动态投资适应了市场价格运行机制的要求，使投资的计划、估算、控制更加符合实际，符合经济运动规律。

静态投资和动态投资虽然内容有所区别，但二者有密切联系。动态投资包含静态投资，静态投资是动态投资最主要的组成部分，也是动态投资的计算基础。并且这两个概念的产生都和工程造价的确定直接相关。

1.1.2.2 建设项目总投资

建设项目总投资是投资主体为获取预期收益，在选定的建设项目上投入所需全部资金的经济行为。所谓建设项目，一般是指在一个总体规划和设计的范围内，实行统一施工、统一管理、统一核算的工程，它往往由一个或数个单项工程组成。建设项目按用途可分为生产性项目和非生产性项目。生产性建设项目总投资包括固定资产投资和包含铺底流动资金在内的流动资产投资两部分；而非生产性建设项目总投资只有固定资产投资，不含上述流动资产投资。建设项目总造价是项目总投资中的固定资产投资总额。

1.1.2.3　固定资产投资

固定资产投资是投资主体为了特定的目的，以达到预期收益（效益）的资金垫付行为。在我国，固定资产投资包括基本建设投资、更新改造投资和房地产开发投资和其他固定资产投资四部分。其中基本建设投资是用于新建、改建、扩建和重建项目的资金投入行为，是形成固定资产的主要手段，在固定资产投资中占的比重最大，约占全社会固定资产投资总额的 50%~60%。更新改造投资是在保证固定资产简单再生产的基础上，通过以先进科学技术改造原有技术以实现以内涵为主的，固定资产扩大化再生产的资金投入行为，约占全社会固定资产投资总额的 20%~30%，是固定资产再生产的主要方式之一。房地产开发投资是房地产企业开发厂房、宾馆、写字楼、仓库和住宅等房屋设施和开发土地的资金投入行为，目前在固定资产投资中占 20%左右。其他固定资产投资，是按规定不纳入投资计划和用专项资金进行基本建设和更新改造的资金投入行为。它在固定资产投资占的比重较小。

基本建设投资是形成新增固定资产、扩大生产能力和工程效益的主要手段。在投资构成中建筑安装工程费用约占 50%~60%。但在生产性基本建设投资中，设备费则占有较大的份额。在非生产性基本建设投资中，由于经济发展、科技进步和消费水平的提高，设备费也有增大的趋势。

建设项目的固定资产投资也就是建设项目的工程造价，二者在量上是等同的。其中建筑安装工程投资也就是建筑安装工程造价，二者在量上也是等同的。这也可以看出工程造价两种含义的同一性，即投资主体为特定的目的，以达到预期收益的资金垫付行为。

1.1.2.4　建筑安装工程造价

建筑安装工程造价，亦称建筑安装产品价格。它是建筑安装产品价值的货币表现。在建筑市场，建筑安装企业生产的产品作为商品既有使用价值也有价值。和一般商品一样，它的价值是由 $C + V + m$ 构成。所不同的只是由于这种商品所具有的技术经济特点，使它的交易方式、计价方法、价格的构成因素，以至付款方式都存在许多特点。

建筑安装工程造价是比较典型的生产领域价格。从投资的角度看，它是建设项目投资中的建筑安装工程投资，也是项目造价的组成部分。但这一点并不妨碍建筑业在国民经济中的支柱产业地位，也不影响建筑安装企业作为独立的商品生产者所承担的市场主体角色。在这里，投资者和承包商之间是完全平等的买者与卖者之间的商品交换关系，建筑安装工程实际造价是他们双方共同认可的，由市场形成的价格。

1.1.3　工程造价的计价特征

工程造价的特点，决定了工程造价的计价特征，了解这些特征，对工程造价的确定和控制是非常必要的。它也涉及与工程造价相关的一些概念。

（1）单件性计价特征。产品的个体差别性决定每项工程都必须单独计算造价。

（2）多次性计价特征。建设工程周期长、规模大、造价高，因此按建设程序要分阶段进行，相应地也要在不同阶段多次性计价，以保证工程造价确定与控制的科学性。多次性计价是一个逐步深化、逐步细化、逐步接近实际造价的过程。其过程如图 1-1 所示。

1）投资估算。在编制项目建议书和可行性研究阶段，对投资需要量进行估算是一项

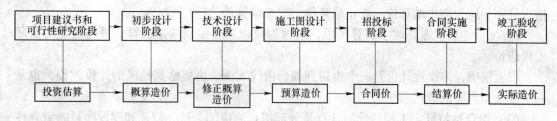

图 1-1　工程多次性计价示意图
（连线表示对应关系，箭头表示多次计价流程及逐步深化过程）

不可缺少的组成内容。投资估算是指在项目建议书和可行性研究阶段对拟建项目所需投资，通过编制估算文件预先测算和确定的过程；也可表示估算出的建设项目的投资额，或称估算造价。投资估算是决策、筹资和控制造价的主要依据。

2）概算造价。指在初步设计阶段，根据设计意图，通过编制工程概算文件预先测算和确定的工程造价。概算造价较投资估算造价准确性有所提高，但它受估算造价的控制。概算造价的层次性十分明显，分建设项目概算总造价、各个单项工程概算综合造价、各单位工程概算造价。

3）修正概算造价。指在采用三阶段设计的技术设计阶段，根据技术设计的要求，通过编制修正概算文件预先测算和确定的工程造价。它对初步设计概算进行修正调整，比概算造价准确；但受概算造价控制。

4）预算造价。指在施工图设计阶段，根据施工图纸通过编制预算文件，预先测算和确定的工程造价。它比概算造价或修正核算造价更为详尽和准确，但同样要受前一阶段确定的工程造价的控制。

5）合同价。指在工程招投标阶段发承包双方通过签订总承包合同、建筑安装工程承包合同、设备材料采购合同，以及技术和咨询服务合同，在相应工程合同中约定的工程造价。该价款即是包括了分部分项工程费、措施项目费、其他项目费、规费和税金的合同总金额。合同价具有市场价格的性质，它是由承发包双方，即商品和劳务买卖双方，根据市场行情共同议定和认可的成交价格，但它并不等同于实际工程造价。按计价方法不同，建设工程合同有许多类型，不同类型合同的合同价内涵也有所不同。与此相关，还有两个重要概念：招标控制价和投标价。

① 招标控制价。指招标人根据国家或省级、行业建设主管部门颁发的有关计价依据和办法，以及拟定的招标文件和招标工程量清单，结合工程具体情况编制的招标工程的最高投标限价。符合投标预审/或后审条件且参加投标的投标人应该在该控制价范围内进行投标报价。

② 投标价。指投标人投标时响应招标文件要求所报出的总价。若该投标人中标且与招标人签订发承包合同，其投标价即为该招标工程项目的签约合同价。

6）结算价。是指在合同实施阶段，在工程结算时按合同调价范围和调价方法，对实际发生的工程量增减、设备和材料价差等进行调整后计算和确定的价格。结算价是该结算工程的实际价格。

工程结算是指发承包双方根据合同约定，对合同工程在实施中、终止时、已完工后进行的合同价款计算、调整和确认。包括期中结算、终止结算、竣工结算，对应阶段工程价格也分别相应为期中结算价、终止结算价、竣工结算价。

7）实际造价。是指竣工决算阶段，通过为建设项目编制竣工决算，最终确定的实际工程造价。

以上说明，多次性计价是一个由粗到细、由浅入深、由概略到精确的计价过程，也是一个复杂而重要的管理系统。

（3）组合性特征。工程造价的计算是分部组合而成的。这一特征和建设项目的组合性有关。一个建设项目是一个工程综合体。这个综合体可以分解为许多有内在联系的独立和不独立的工程，如图 1-2 所示。从计价和工程管理的角度，分部分项工程还可以分解。建设项目的这种组合性决定了计价的过程是一个逐步组合的过程。这一特征在计算概算造价和预算造价时尤为明显，所以也反映到合同价和结算价。其计算过程和计算顺序是：分部分项工程单价—单位工程造价—单项工程造价—建设项目总造价。

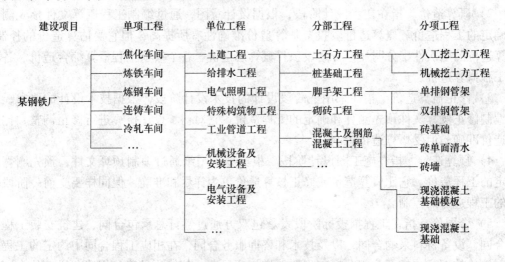

图 1-2　建设项目分解示意图

（4）方法的多样性特征。适应多次性计价有各不相同的计价依据，以及对造价的不同精确度要求，计价方法有多样性特征。计算和确定概、预算造价有两种基本方法，即单价法和实物法。计算和确定投资估算的方法有设备系数法、生产能力指数估算法等。不同的方法利弊不同，适应条件也不同，所以计价时要加以选择。

（5）依据的复杂性特征。由于影响造价的因素多，故计价依据复杂、种类繁多。主要可分为 7 类：

1）计算设备和工程量依据。包括项目建议书、可行性研究报告、设计文件等。

2）计算人工、材料、机械等实物消耗量依据。包括投资估算指标、概算定额、预算定额等。

3）计算工程单价的价格依据。包括人工单价、材料价格、材料运杂费、机械台班费等。

4）计算设备单价依据。包括设备原价、设备运杂费、进口设备关税等。

5）计算其他直接费、现场经费、间接费和工程建设其他费用依据。主要是相关的费用定额和指标。

6）政府规定的税、费。规费是指根据国家法律、法规规定，由省级政府或省级有关权力部门规定施工企业必须缴纳的，应计入建筑安装工程造价的费用。税金是指国家税法规定的应计入建筑安装工程造价内的营业税、城市维护建设税、教育费附加和地方教育附加。新的税制改革正在全面推行，按新税制改革方案，此处的营业税已改为增值税，目前该项改革正在推行和深化。

7）物价指数和工程造价指数。

工程造价计价依据的复杂性不仅使计算过程复杂，而且要求计价人员熟悉各类依据，并加以正确利用。

1.2　工程造价管理概述

工程造价有两种含义，工程造价管理也有两种管理。一是建设工程投资费用管理，二是工程价格管理。工程造价计价依据的管理和工程造价专业队伍建设的管理是为这两种管理服务的。

作为建设工程的投资费用管理，它属于投资管理范畴。更明确地说，它属于工程建设投资管理范畴。管理，是为了实现一定的目标而进行的计划、预测、组织、指挥、监控等系统活动。工程建设投资管理，就是为了达到预期的效果（效益）对建设工程的投资行为进行计划、预测、组织、指挥和监控等系统活动。但是，工程造价第一种含义的管理侧重于投资费用的管理，而不是侧重工程建设的技术方面。建设工程投资费用管理的含义是，为了实现投资的预期目标，在拟定的规划、设计方案的条件下，预测、计算、确定和监控工程造价及其变动的系统活动。这一含义既涵盖了微观的项目投资费用的管理，也涵盖了宏观层次的投资费用的管理。

作为工程造价第二种含义的管理，即工程价格管理，属于价格管理范畴。在社会主义市场经济条件下，价格管理分为两个层次。在微观层次上，是生产企业在掌握市场价格信息的基础上，为实现管理目标而进行的成本控制、计价、定价和竞价的系统活动。它反映了微观主体按支配价格运动的经济规律，对商品价格进行能动的计划、预测、监控和调整，并接受价格对生产的调节。在宏观层次上，是政府根据社会经济发展的要求，利用法律手段、经济手段、行政手段对价格进行管理和调控；以及通过市场管理规范市场主体价格行为的系统活动。工程建设关系国计民生，同时政府投资公共、公益性项目今后仍然会有相当份额。所以国家对工程造价的管理，不仅承担一般商品价格的调控职能，而且在政府投资项目上也承担着微观主体的管理职能。这种双重角色的双重管理职能，是工程造价管理的一大特色。区分两种管理职能，进而制定不同的管理目标，采用不同的管理方法是必然的发展趋势。

1.2.1　工程造价管理的发展

1.2.1.1　工程造价管理的产生

工程造价管理是随着社会生产力的发展，随着商品经济的发展和现代管理科学的发展而产生和发展的。从历史发展和发展的连续性来说，在生产规模狭小、技术水平低下的小商品生产条件下，生产者在长期劳动中会积累起生产某种产品所需要的知识和技能，也获得生产一件产品需要投入的劳动时间和材料方面的经验。这种经验，也可以通过从师学艺或从先辈那里得到。这种存在于头脑或书本中的生产和管理经验，也常运用于组织规模宏大的生产活动之中。在古代的土木建筑工程中尤为多见。埃及的金字塔，我国的长城、都江堰和赵州桥等，不但在技术上令人为之叹服，就是在管理上也可以想象其中不乏科学方法的采用。北宋时期丁渭修复皇宫工程中采用的挖沟取土，以沟运料，废料填沟的办法，所取得的"一举三得"的显效，可谓古代工程管理的范例。其中也包括算工算料方面的方法和经验。著名的古代土木建筑家李诚（北宋）编修的《营造法式》，成书于公元 1100年。它不仅是一本建筑工程技术的巨著，也是工料计算方面的巨著。《营造法式》共有 34卷，分为释名、各作制度、功限、料例和图样 5 个部分。第 1、2 卷主要是对土木建筑名词术语的考证，第 3~15 卷是石作、木作、瓦作等各作制度，说明各作的施工技术和方法；第 16~25 卷是各工种计算用工量的规定；第 26~28 卷是各工程计算用料的规定；第 29~34 卷是图样。从上述内容可以看到，34 卷中有 13 卷是关于算工算料的规定，这些规定，我们也可以看作是古代的工料定额。由此也可以看到，那时已有了造价管理的雏形。

清工部《工程做法则例》主要是一部算工算料的书。梁思成先生在《清式营造则例》一书的序中曾说，"《工程做法则例》是一部名不符实的书，因为只是二十七种建筑物的各部尺寸单和瓦工油漆等作的算工算料算账法"。在古代和近代，在算工算料方面流传许多秘传抄本，其中失传很多。梁思成先生根据所收集到的秘传抄本编著的《营造算例》，"在标列尺寸方面的确是一部原则的书，在权衡比例上则有计算的程式，⋯⋯其主要目的在算料"。这都说明，在中国古代工程中，是很重视材料消耗的计算的，并已形成了许多则例，形成一些计算工程工科消耗的方法和计算工程费用的方法。

但是，现代工程造价管理是产生于资本主义社会化大生产的出现。最先是产生在现代工业发展最早的英国。16 世纪~18 世纪，技术的发展促使大批工业厂房的兴建；许多农民在失去土地后向城市集中，需要大量住房，从而使建筑业逐渐得到发展，设计和施工逐步分离为独立的专业。工程数量和工程规模的扩大要求有专人对已完工程量进行测量、计算工料和进行估价。从事这些工作的人员逐步专门化，并被称为工料测量师。他们以工匠小组的名义与工程委托人和建筑师洽商，估算和确定工程价款。

1.2.1.2　工程造价管理的发展

从 19 世纪初期开始，资本主义国家在工程建设中开始推行招标承包制，要求工料测量师在工程设计以后和开工以前就进行测量和估价，根据图纸算出实物工程量并汇编成工程量清单，为招标者确定标底或为投标者做出报价。从此，工程造价管理逐渐形成了独立的专业。1881 年英国皇家测量师学会成立，这个时期完成了工程造价管理的第一次飞跃。至此，工程委托人能够做到在工程开工之前预先了解到需要支付的投资额，但是他还不能做到在设计阶段就对工程项目所需的投资进行准确预计，并对设计进行有效的监督、控制。因此，往往在招标时或招标后才发现，根据当时完成的设计，工程费用过高、投资不足，不得不中途停工或修改设计。业主为了使投资花得明智和恰当，为了使各种资源得到最有效的利用，迫切要求在设计的早期阶段以至在作投资决策时，就开始进行投资估算，并对设计进行控制。工程造价规划技术和分析方法的应用，使工料测量师在设计过程中有可能相当准确地做出概预算，甚至可在设计之前即做出估算，并可根据工程委托人的要求使工程造价控制在限额以内。这样，从 20 世纪 40 年代开始，一个"投资计划和控制制度"就在英国等经济发达的国家应运而生，完成了工程造价管理的第二次飞跃。承包商为适应市场的需要，也强化了自身的造价管理和成本控制。

从上述工程造价管理发展简史中不难看出，工程造价管理专业是随着工程建设的发展和商品经济的发展而产生并日臻完善的。这个发展过程归纳起来有以下几个特点：

（1）从事后算账发展到事先算账。即从最初只是消极地反映已完工程量的价格，逐步发展到在开工前进行工程量的计算和估价，进而发展到在初步设计时提出概算，在可行性研究时提出投资估算，成为业主做出投资决策的重要依据。

（2）从被动地反映设计和施工发展到能动地影响设计和施工。最初负责施工阶段工程造价的确定和结算，以后逐步发展为在设计阶段、投资决策阶段对工程造价做出预测，并对设计和施工过程投资的支出进行监督和控制，进行工程建设全过程的造价控制和管理。

（3）从依附于施工者或建筑师发展成一个独立的专业。如在英国，有专业学会，有统一的业务职称评定和职业守则；不少高等院校也开设了工程造价管理专业，培养专门人才。

1.2.2 我国工程造价管理体系

我国工程造价管理的目标是按照经济规律的要求，根据社会主义市场经济的发展形势，利用科学的管理方法和先进的管理手段，合理地确定造价和有效地控制造价，以提高投资效益和建筑安装企业经营效果。其任务是加强工程造价的全过程动态管理，强化工程造价的约束机制，维护有关各方的经济利益，规范价格行为，促进微观和宏观效益的统一。

1.2.2.1 我国工程造价管理的基本内容

工程造价管理的基本内容就是合理确定和有效地控制工程造价，主要包括：

（1）工程造价的合理确定。所谓工程造价的合理确定，就是在建设程序的各个阶段确定投资估算、概算造价、预算造价、承包合同价、结算价、竣工决算价。

1）在项目建议书阶段，按照有关规定，应编制初步投资估算。经有关部门批准，拟建项目列入国家中长期计划和开展前期工作的控制造价。

2）在可行性研究阶段，按照有关规定编制的投资估算，经有关部门批准，即为该项目控制造价。

3）在初步设计阶段，按照有关规定编制的初步设计总概算，经有关部门批准，即作为拟建项目工程造价的最高限额。对初步设计阶段，实行建设项目招标承包制签订承包合同协议的，其合同价也应在最高限价（总概算）相应的范围以内。

4）在施工图设计阶段，按规定编制施工区预算，用以核实施工图阶段预算造价是否超过批准的初步设计概算。

5）对施工图预算为基础招标投标的工程，承包合同价也是以经济合同形式确定的建筑安装工程造价。

6）在工程实施阶段要按照承包方实际完成的工程量，以合同价为基础，同时考虑因物价上涨所引起的造价提高，考虑到设计中难以预计的而在实施阶段实际发生的工程和费用，合理确定期中结算价和竣工结算价。

　　7）在竣工验收阶段，全面汇集在工程建设过程中实际花费的全部费用，编制竣工决算，如实体现该建设工程的实际造价。

　　工程竣工结算是指工程项目完工并经竣工验收合格后，发承包双方按照施工合同的约定对所完成的工程项目进行的工程价款计算、调整和确认。通常是承包方报送结算书，发包方或其委托的造价咨询单位对结算文件进行审核并达成结算价款的最终确定，该价款即为竣工结算价。

　　竣工决算是建设工程项目中的决算的简称，是综合反映项目从筹建开始到项目竣工交付使用为止的全部建设费用、投资效果和财务情况的总结性文件。其内容应包括从项目策划到竣工投产全过程的所有实际费用。竣工决算价反映该建设工程的实际造价。

　　建设程序和各阶段工程造价确定示意图如图 1-3 所示。

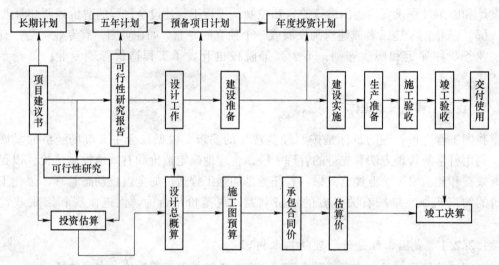

图 1-3　建设程序和各阶段工程造价确定示意图

　　（2）工程造价的有效控制。所谓工程造价的有效控制，就是在优化建设方案、设计方案的基础上，在建设程序的各个阶段，采用一定的方法和措施使工程造价的发生控制在合理的范围和核定的造价限额以内。具体来说，要用投资估算价控制设计方案的选择和初步设计概算造价；用概算造价控制技术设计和修正概算造价；用概算造价或修正概算造价控制施工图设计和预算造价。以求合理使用人力、物力和财力，取得较好的投资效益。控制造价在这里强调的是控制项目投资。

　　有效控制工程造价应体现以下三个原则：

　　1）以设计阶段为重点的建设全过程造价控制。工程造价控制贯穿于项目建设全过程，但是必须重点突出。很显然，工程造价控制的关键在于施工前的投资决策和设计阶段，在项目做出投资决策后，控制工程造价的关键就在于设计。建设工程全寿命费用包括工程造价和工程交付使用后的经常开支费用（含经营费用、日常维护修理费用、使用期内大修理和局部更新费用）以及该项目使用期满后的报废拆除费用等。据西方一些国家分析，设计费一般只相当于建设工程全寿命费用的 1% 以下，但正是这少于 1% 的费用对工程造价的影响度占 75% 以上。由此可见，设计质量对整个工程建设的效益是至关重要的。要有效地控制建设工程造价，就要坚决地把控制重点转到建设前期阶段上来，当前尤其应抓住设计这个关键阶段，以取得事半功倍的效果。

2）主动控制，以取得令人满意的结果。长期以来，人们一直把控制理解为目标值与实际值的比较，以及当实际值偏离目标值时，分析其产生偏差的原因，并确定下一步的对策。在工程项目建设全过程进行这样的工程造价控制当然是有意义的。但问题在于，这种立足于调查—分析—决策基础之上的偏离—纠偏—再偏离—再纠偏的控制方法，只能发现偏离，不能使已产生的偏离消失，不能预防可能发生的偏离，因而只能说是被动控制。自20世纪70年代初，人们将系统论和控制论研究成果用于项目管理后，将"控制"立足于事先主动地采取决策措施，以尽可能地减少以至避免目标值与实际值的偏离，这是主动的、积极的控制方法，因此被称为主动控制。也就是说，我们的工程造价控制，不仅要反映投资决策，反映设计、发包和施工，被动地控制工程造价，更要能动地影响投资决策，影响设计、发包和施工，主动地控制工程造价。

造价工程师的基本任务是对建设项目的建设工期、工程造价和工程质量进行有效的控制。为此，应根据业主的要求及建设的客观条件进行综合研究，实事求是地确定一套切合实际的衡量准则。只要造价控制的方案符合这套衡量准则，取得令人满意的结果，就可以说造价控制达到了预期的目标。

3）技术与经济相结合是控制工程造价最有效的手段。要有效地控制工程造价，应从组织、技术、经济等多方面采取措施。从组织上采取的措施，包括明确项目组织结构，明确造价控制者及其任务，明确管理职能分工；从技术上采取措施，包括重视设计多方案选择，严格审查监督初步设计、技术设计、施工图设计、施工组织设计，深入技术领域研究节约投资的可能；从经济上采取措施，包括动态地比较造价的计划值和实际值，严格审核各项费用支出，采取对节约投资的有力奖励措施等。

技术与经济相结合是控制工程造价最有效的手段，但是工程建设领域存在技术与经济分离的现象。技术人员应时刻考虑如何降低工程造价，但有些技术人员却把它看成是与己无关的财会人员的职责。而财会、概预算人员的主要责任是根据财务制度办事，他们往往不熟悉工程知识，也较少了解工程进展中的各种关系和问题，往往单纯地从财务制度角度审核费用开支，难以有效地控制工程造价。为此，迫切需要解决的是以提高工程造价效益为目的，在工程建设过程中把技术与经济有机结合，通过技术比较、经济分析和效果评价，正确处理技术先进与经济合理两者之间的对立统一关系，力求在技术先进条件下的经济合理，在经济合理基础上的技术先进，把控制工程造价观念渗透到各项设计和施工技术措施之中。

（3）工程造价管理的工作要素。工程造价管理围绕合理确定和有效控制工程造价这个基本内容，采取全过程全方位管理，其具体的工作要素大致归纳为以下几点：

1）可行性研究阶段对建设方案认真优选，编好、定好投资估算，充分考虑工程潜在风险，认真评估建设资金筹措方案。

2）从优选择建设项目的承建单位、咨询（监理）单位、设计单位，搞好相应的招标。

3）合理选定工程的建设标准、设计标准，贯彻国家的建设方针。

4）按估算对初步设计（含应有的施工组织设计）推行量财设计，积极合理地采用新技术、新工艺、新材料，优化设计方案，编好、定好概算，打足投资。

5）对设备、主材进行择优采购，抓好相应的招标工作。

6）择优选定建筑安装施工单位、调试单位，抓好相应的招标工作。

7）认真控制施工图设计，推行"限额设计"。

8）协调好与各有关方面的关系，合理处理配套工作（包括征地、拆迁、城建等）中的经济关系。

9）严格按概算对造价实行静态控制、动态管理。

10）用好、管好建设资金，保证资金合理、有效地使用，减少资金利息支出和损失。

11）严格合同管理，作好工程索赔价款结算。

12）强化项目法人责任制，落实项目法人对工程造价管理的主体地位，在法人组织内建立与造价紧密结合的经济责任制。

13）社会咨询（监理）机构要为项目法人积极开展工程造价提供全过程、全方位的咨询服务，遵守职业道德，确保服务质量。

14）各造价管理部门要强化服务意识，强化基础工作（定额、指标、价格、工程量、造价等信息资料）的建设，为建设工程造价的合理确定提供动态的可靠依据。

15）各单位、各部门要组织造价工程师的选拔、培养、培训工作，促进人员素质和工作水平的提高。

1.2.2.2　工程造价管理的组织

工程造价管理的组织，是指为了实现工程造价管理目标进行的有效组织活动，以及与造价管理功能相关的有机群体。它是工程造价动态的组织活动过程和相对静态的造价管理部门的统一。具体来说，主要是指国家、地方、部门和企业之间管理权限和职责范围的划分。

工程造价管理组织包括三个系统：

（1）政府行政管理系统。政府在工程造价管理中既是宏观管理主体，也是政府投资项目的微观管理主体。从宏观管理的角度，政府对工程造价管理有一个严密的组织系统，设置了多层管理机构，规定了管理权限和职责范围。现阶段的归口领导机构是国家住建部标准定额司，其在工程造价管理工作方面承担的主要职责是：

1）组织制定工程造价管理有关法规、制度并组织贯彻实施。

2）组织制定全国统一经济定额和部管行业经济定额的制订、修订计划。

3）组织制定全国统一经济定额和部管行业经济定额。

4）监督指导全国统一经济定额和部管行业经济定额的实施。

5）制定工程造价咨询单位的资质标准并监督执行，提出工程造价专业技术人员执业资格标准。

6）管理全国工程造价咨询单位资质工作，负责全国甲级工程造价咨询单位的资质审定。

建设部标准定额研究所在工程造价管理工作方面的主要职责是：

1）工程造价管理有关法规、制度的研究工作。

2）汇总编制全国统一经济定额和部管行业经济定额的制订、修订年度计划，提出计划初稿。

3）组织全国统一经济定额和部管行业经济定额的制定和修订的具体工作，提出定额报批稿审核意见。

4）参与全国统一经济定额和部管行业经济定额的实施与监督工作。

省、自治区、直辖市和行业主管部门的造价管理机构，是在其管辖范围内行使管理职能；省辖市和地区的造价管理部门在所辖地区内行使管理职能。其职责大体和国家建设部的工程造价管理机构相对应。

上述造价管理的研究机构，严格说不属于行政管理系统，但由于它密切配合和协助政府职能机构的工作，贯彻行政管理的意图，所以在这里划归政府管理系统，属于事业性单位。

（2）企、事业机构管理系统。企、事业机构对工程造价的管理，属微观管理的范畴。设计机构和工程造价咨询机构按照业主或委托方的意图，在可行性研究和规划设计阶段合理确定和有效控制建设项目的工程造价，通过限额设计等手段实现设定的造价管理目标，在招投标工作中编制招标控制价，参加评标、议标；在项目实施阶段，通过对设计变更、工期、索赔和结算等环节进行造价控制。设计机构和造价咨询机构，通过在全过程造价管理中的业绩，赢得自己的信誉，提高市场竞争力。承包企业的工程造价管理是企业管理中的重要组成，设有专门的职能机构参与企业的投标决策，并通过对市场的调查研究，利用过去积累的经验，研究报价策略，提出报价；在施工过程中，进行工程造价的动态管理，注意各种调价因素的发生和工程价款的结算，避免收益的流失，以促进企业盈利目标的实现。当然承包企业在加强工程造价管理的同时，还要加强企业内部的各项管理，特别要加强成本控制，才能切实保证企业有较高的利润水平。

（3）行业协会管理系统，中国建设工程造价管理协会的业务主管部门为住建部。它是我国造价组织的第三个系统。

1.2.2.3　中国建设工程造价管理协会

中国建设工程造价管理协会（简称"中价协"，英文名称 China Engineering Cost Association，缩写为 CECA）成立于 1990 年 7 月，其前身是 1985 年成立的"中国工程建设概预算委员会"。协会成立以来，在工程造价理论探索、信息交流、国际往来、咨询服务、人才培养等方面做了大量工作。在组织建设方面也做出了显著成绩，得到了广大造价工作者的支持与信任。但从形势的要求和国外的经验看，协会的作用还需要更好地发挥，其职责范围还可拓展。在政府机构改革、职能转换中，协会的职能应得到强化。由政府剥离出来的一些工作应该更多地由协会承担。协会应当作为与政府沟通的桥梁，贯彻政策意图，反馈造价管理的信息和存在的问题，对工程造价进行行业管理，使自己真正担当起行业管理的任务，以适应市场经济和改革、开放形势的要求。

协会的宗旨是：遵守宪法、法律、法规和国家政策，践行社会主义核心价值观，遵守社会道德风尚；贯彻执行党和政府的有关方针政策，为政府、行业和会员提供服务；秉承公平、公正的原则，维护会员的合法权益，向政府及其有关部门反映工程造价行业和会员的建议及诉求；规范工程造价咨询行业执业行为，引导会员遵守职业准则，推动行业诚信建设。为合理确定和有效控制建设项目工程造价，提高投资效益，在推进经济社会又好又快地持续发展中充分发挥桥梁和纽带作用。

协会的性质是：由工程造价咨询企业、注册造价工程师、工程造价管理单位以及与工程造价相关的建设、设计、施工、教学、软件等领域的资深专家、学者自愿结成的全国性、行业性社会团体，是非营利性社会组织。经住建部同意，民政部核准登记，本协会属非盈利性社会组织。

协会的主要的业务范围是：

（1）通过协助政府主管部门拟订工程造价咨询行业的规章制度、国家标准。

（2）制订工程造价行业职业道德准则、会员惩戒办法等行规行约，发布工程造价咨询团体标准，建立工程造价行业自律机制，开展信用评价等工作，推动工程造价行业诚信体系建设，引导行业可持续发展。

（3）根据授权开展工程造价行业统计、行业信息和监管平台的建设，进行行业调查研究，分析行业动态，发布行业发展报告。

（4）开展行业人才培训、业务交流、先进经验推介、法律咨询与援助、行业党建和精神文明建设等会员服务。

（5）主编《工程造价管理》期刊，编写工程造价专业继续教育等书籍，主办协会网站，开展行业宣传，为会员提供工程计价信息服务。

（6）建立工程造价纠纷调解机制，充分发挥行业协会在工程造价纠纷调解中的专业性优势，积极化解经济纠纷和社会矛盾，维护建筑市场秩序。

（7）加入相应国际组织，履行相关国际组织成员的职责和义务，开展国际交流与合作。

（8）承接政府及其管理部门授权或者委托的其他事项，开展行业协会宗旨允许的其他业务。

业务范围中属于法律、法规、规章规定须经批准的事项，依法经批准后开展。

1.2.2.4　我国工程造价管理企业与人员管理

按照 2006 年 7 月 1 日起施行的我国《工程造价咨询企业管理办法》，工程造价咨询企业，是指接受委托，对建设项目投资、工程造价的确定与控制提供专业咨询服务的企业。工程造价咨询企业应当依法取得工程造价咨询企业资质，并在其资质等级许可的范围内从事工程造价咨询活动。工程造价咨询企业应当遵循独立、客观、公正、诚实信用的原则从事工程造价咨询活动，不得损害社会公共利益和他人的合法权益。国务院建设主管部门负责全国工程造价咨询企业的统一监督管理工作。省、自治区、直辖市人民政府建设主管部门负责本行政区域内工程造价咨询企业的监督管理工作。有关专业部门负责对本专业工程造价咨询企业实施监督管理。工程造价咨询行业组织应当加强行业自律管理，鼓励工程造价咨询企业加入工程造价咨询行业组织。工程造价咨询企业资质等级分为甲级、乙级。工程造价咨询企业应配备造价工程师；工程建设活动中有关工程造价管理岗位按需要在计价、评估、审查（核）、控制及管理等岗位配备有造价工程师执业资格的专业技术人员。

造价工程师，是指通过职业资格考试取得中华人民共和国造价工程师职业资格证书，并经注册后从事建设工程造价工作的专业技术人员。国家设置造价工程师准入类职业资格，纳入国家职业资格目录。工程造价咨询企业应配备造价工程师；工程建设活动中有关工程造价管理岗位按需要配备造价工程师。

我国当前造价工程师分为一级造价工程师和二级造价工程师。国家住房城乡建设部、交通运输部、水利部、人力资源社会保障部共同制定造价工程师职业资格制度，并按照职责分工负责造价工程师职业资格制度的实施与监管。各省、自治区、直辖市住房城乡建设、交通运输、水利、人力资源社会保障行政主管部门，按照职责分工负责本行政区域内造价工程师职业资格制度的实施与监管。

国家对造价工程师职业资格实行执业注册管理制度。取得造价工程师职业资格证书且从事工程造价相关工作的人员，经注册方可以造价工程师名义执业。经批准注册的一级造价工程师/或二级造价工程师申请人，分别由住房城乡建设部、交通运输部、水利部核发《中华人民共和国一级造价工程师注册证》（或电子证书）；或由各省、自治区、直辖市住房城乡建设、交通运输、水利行政主管部门核发《中华人民共和国二级造价工程师注册证》（或电子证书）。造价工程师执业时应持注册证书和执业印章。

A 注册一级造价工程师

我国造价工程师执业资格考试始于1998年。1996年，依据《人事部、建设部关于印发〈造价工程师执业资格制度暂行规定〉的通知》（人发〔1996〕77号），国家开始实施造价工程师执业资格制度。1998年1月，人事部、建设部下发了《人事部、建设部关于实施造价工程师执业资格考试有关问题的通知》（人发〔1998〕8号），并于当年在全国首次实施了造价工程师执业资格考试，当时的造价工程师执业资格对应于现行的执业资格。

2018年12月根据人力资源社会保障部《关于公布国家职业资格目录的通知》（人社部发〔2017〕68号），住房城乡建设部、交通运输部、水利部、人力资源社会保障部联合印发了《造价工程师职业资格制度规定》和《造价工程师职业资格考试实施办法》（建人〔2018〕67号），住房和城乡建设部、交通运输部、水利部组织有关专家编制了《全国一级造价工程师职业资格考试大纲》，经人力资源社会保障部审定，自2019年1月1日起施行。一级造价工程师职业资格考试全国统一大纲、统一命题、统一组织。

凡遵守中华人民共和国宪法、法律、法规，具有良好的业务素质和道德品行，具备下列条件之一者，可以申请参加一级造价工程师职业资格考试：

（1）具有工程造价专业大学专科（或高等职业教育）学历，从事工程造价业务工作满5年；具有土木建筑、水利、装备制造、交通运输、电子信息、财经商贸大类大学专科（或高等职业教育）学历，从事工程造价业务工作满6年。

（2）具有通过工程教育专业评估（认证）的工程管理、工程造价专业大学本科学历或学位，从事工程造价业务工作满4年；具有工学、管理学、经济学门类大学本科学历或学位，从事工程造价业务工作满5年。

（3）具有工学、管理学、经济学门类硕士学位或者第二学士学位，从事工程造价业务工作满3年。

（4）具有工学、管理学、经济学门类博士学位，从事工程造价业务工作满1年。

（5）具有其他专业相应学历或者学位的人员，从事工程造价业务工作年限相应增加1年。

全国一级造价工程师职业资格考试分为四个科目："建设工程造价管理""建设工程计价""建设工程技术与计量"和"建设工程造价案例分析"，其中"建设工程技术与计量"及"建设工程造价案例分析"分为土木建筑工程、交通运输工程、水利工程、安装工程4个专业类别，考生在报名时可根据实际工作需要选择其中一个专业。四个科目分别单独考试、单独计分。在连续的4个考试年度通过全部考试科目，方可获得一级造价工程师职业资格证书。通过考试并取得一级造价工程师职业资格证书的人员，需要按照《造价工程师注册管理办法》进行注册和管理。

B　注册二级造价工程师

我国二级注册造价工程师，可以追溯至早期的概预算人员资格以及全国建设工程造价员资格。2005 年 9 月 16 日 发布《关于统一换发概预算人员资格证书事宜的通知》，将之前的概预算人员资格命名为"全国建设工程造价员资格"，2006 年，为进一步理顺和规范工程造价专业人才队伍结构，中国建设工程造价管理协会制定并发布了《建设工程造价员管理暂行办法》（中价协〔2006〕013 号）。2018 年 12 月根据人力资源社会保障部《关于公布国家职业资格目录的通知》（人社部发〔2017〕68 号），住房城乡建设部、交通运输部、水利部、人力资源社会保障部联合印发了《造价工程师职业资格制度规定》和《造价工程师职业资格考试实施办法》（建人〔2018〕67 号），住房和城乡建设部、交通运输部、水利部组织有关专家编制了《全国二级造价工程师职业资格考试大纲》，经人力资源社会保障部审定，自 2019 年 1 月 1 日起施行。二级造价工程师职业资格考试全国统一大纲，各省、自治区、直辖市自主命题并组织实施。

凡遵守中华人民共和国宪法、法律、法规，具有良好的业务素质和道德品行，具备下列条件之一者，可以申请参加二级造价工程师职业资格考试：

（1）具有工程造价专业大学专科（或高等职业教育）学历，从事工程造价业务工作满 2 年；具有土木建筑、水利、装备制造、交通运输、电子信息、财经商贸大类大学专科（或高等职业教育）学历，从事工程造价业务工作满 3 年。

（2）具有工程管理、工程造价专业大学本科及以上学历或学位，从事工程造价业务工作满 1 年；具有工学、管理学、经济学门类大学本科及以上学历或学位，从事工程造价业务工作满 2 年。

（3）具有其他专业相应学历或学位的人员，从事工程造价业务工作年限相应增加 1 年。

全国二级造价工程师职业资格考试分为两个科目："建设工程造价管理基础知识"和"建设工程计量与计价实务"，其中"建设工程计量与计价实务"分为土木建筑工程、交通运输工程、水利工程和安装工程 4 个专业类别，考生在报名时可根据实际工作需要选择其中一个专业。两个科目分别单独考试、单独计分。参加全部 2 个科目考试的人员，必须在连续的 2 个考试年度内通过全部科目，方可取得二级造价工程师职业资格证书。通过考试并取得二级造价工程师职业资格证书人员需要按照《造价工程师注册管理办法》进行注册和管理。

C　注册一级造价工程师与注册二级造价工程师执业范围的异同

一级造价工程师的执业范围包括建设项目全过程的工程造价管理与咨询等，具体工作内容：项目建议书、可行性研究投资估算与审核，项目评价造价分析；建设工程设计概算、施工预算编制和审核；建设工程招标投标文件工程量和造价的编制与审核；建设工程合同价款、结算价款、竣工决算价款的编制与管理；建设工程审计、仲裁、诉讼、保险中的造价鉴定，工程造价纠纷调解；建设工程计价依据、造价指标的编制与管理；与工程造价管理有关的其他事项。

二级造价工程师主要协助一级造价工程师开展相关工作，可独立开展以下具体工作：

建设工程工料分析、计划、组织与成本管理，施工图预算、设计概算编制；建设工程量清单、最高投标限价、投标报价编制；建设工程合同价款、结算价款和竣工决算价款的编制。

D 工程造价咨询企业资质管理与造价工程师执业资格管理改革的趋势

工程造价咨询企业资质管理将会迎来一场大的变革，将和招标代理资质、工程咨询资质一样或被取消。这是工程建设与咨询领域政府弱化企业资质甚至取消资质认定的市场化改革大方向。工程造价咨询资质的简化或者取消反映了市场化改革的方向。弱化工程造价咨询企业资质甚至取消资质认定，或许会取消对企业资产、主要人员、技术装备指标的考核，企业资质升级不需要造价工程师了，企业换证也不需要造价工程师了。但是工程项目管理是始终需要造价工程师的，国家对工程造价咨询企业的工程造价咨询与管理的项目管理岗位配备情况要求力度会逐步增大，市场造价工程师的需求会出现井喷状态，造价工程师证书含金量将会逐步加大。

1.3 国外工程造价管理的特点

我国的工程造价管理模式的建立与探索是一个渐进的过程。这一过程中，国外的先进经验和制度对我国的造价管理改革起到了非常重要的作用，其表现出以下特点。

1.3.1 国外发达国家的工程造价管理模式

就世界范围而言，工程造价管理模式并不统一，在不同的区域有不同的方式和管理形式。随着国际建筑业的发展，发达国家的建筑工程造价管理已在科学化、规范化、程序化的轨道上运行，并形成了许多好的国际惯例。以美、英、日本和德国等为代表的发达国家，在工程造价管理上结合本国的实际情况，建立了比较科学、严谨、完善的管理制度，通过制定切实可行的办法，使工程造价从投标报价到中标后的实施，得到全过程的控制与管理。这些成功的经验我国均可借鉴。

1.3.1.1 美国工程造价管理

美国现行的工程造价由两部分构成：一是业主经营所需费用，称为软费用，主要包括所需资金的筹措，设备购置及储备资金、土地征购及动迁补偿、财务费用、税金及其他各种前期费用；二是由业主委托设计咨询公司或者总承包公司编制的建安工程建设实际发生所需费用，一般称为硬费用，主要包括施工所需的工、料、机消耗使用费，现场业主代表及施工管理人员工资、办公和其他杂项费用，承包商现场的生活及生产设施费用，各种保险、税金、不可预见费等。此外承包商的利润一般占建安工程造价的 5%～15%，业主通过委托咨询公司实现对工程施工阶段造价的全过程管理。

美国没有统一的计价依据和标准，是典型的市场化价格。工程估算、概算、人工、材料和机械消耗定额，不是由政府部门组织制订的，而是由几个大区的行会（协会）组织，按照各施工企业工程积累的资料和本地区实际情况，根据工程结构、材料种类、装饰方式等，制订出单位建筑面积的消耗量和基价，并以此作为依据，将数据推向市场。这些数据资料虽不是政府部门的强制性法规，但因其建立在科学性、准确性、公正性及实际工程资料的基础上，能反映实际情况，故得到社会的普遍公认，并能顺利加以实施。

1.3.1.2　英国工程造价管理

英国工程造价管理有着悠久的历史，经过几百年的实践形成了全英统一的工程量标准计量规则（SMM）和工程造价管理体系，使工程造价管理工作形成了一个科学化、规范化的颇有影响的独立专业。

政府投资的工程项目由财政部门依据不同类别工程的建设标准和造价标准，并考虑通货膨胀对造价的影响等确定投资额，各部门在核定的建设规模和投资额范围内组织实施，不得突破。对于私人投资的项目政府不进行干预，投资者一般是委托中介组织进行投资估算。

英国无统一定额和计价标准，但它有统一的工程量计算规则，即《建筑工程量标准计算方法 SMM》，它较详细地规定了工程项目划分、计量单位和工程量计算规则。工程量计算规则就成为参与工程建设的各方共同遵守的计量、计价的基本规则，投标报价原则上是工程量、单价合同。

在英国工程造价的控制贯穿于立项、设计、招标、签约和施工结算等全过程，在既定的投资范围内随阶段性工作的不断深化使工期、质量、造价的预期目标得以实现。工程造价的确定由业主和承包商依据《建筑工程量标准计算方法 SMM》，并参照政府和各类咨询机构发布的造价指数、价格信息指标等来进行。

1.3.1.3　德国工程造价管理

德国人素来以严谨著称，他们把项目投资估算的准确性、严肃性、科学性和合理性作为首要问题，以科学合理地确定工程造价为基础，实施动态管理与控制。影响投资的因素有设计、市场材料、人工价格和其他特殊情况，项目投资的估算必须根据国家质量标准要求慎重地计算所需要的费用，而且必须要有一定的预测与浮动，一旦工程项目投资额确定后（政府工程经政府审批，私人工程经业主批准），在实施过程中，必须严格按照投资估算执行，不能随意修改和突破。各造价控制单位均在优化设计、采用新工艺、新材料、提高质量、缩短工期以及科学的管理和监控手段等方面对工程实行全过程的造价控制，如控制不好超出已定的投资额而又没有充分理由则控制单位要承担经济责任。

1.3.1.4　日本工程造价管理

日本工程造价实行的是全过程管理，从调查阶段、计划阶段、设计阶段、施工阶段、监理检查阶段、竣工阶段直至保修阶段均严格管理。

日本建筑学会成本计划分会负责制定日本建筑工程分部分项定额，编制工程费用估算手册，并根据市场价格波动变化进行定期修改，实行动态管理。

日本政府有关部门对所投资的公共建筑、政府办公楼、体育设施、学校、医院、公寓等项目，除负责统一组织编制并发布计价依据以确定工程造价外，还对上述公建项目的工程造价实行实施全过程的直接管理。

日本的工程计价模式是：第一，日本建设省发布了一整套工程计价标准，如《建筑工程积算基准》、《土木工程积算基准》。第二，量、价分开的定额制度，量是公开的，价是保密的。劳务单价通过银行调查取得；材料、设备价格由"建设物价调查会"和"经济调查会"负责定期采集、整理和编辑出版。建筑企业利用这些价格制定内部的工程复合单价，即我们所称的单位估价表。第三，政府投资的项目与私人投资的项目实施不同的管理。对政府投资的项目，分部门直接对工程造价从调查开始，直至交工实行全过程管理。为把造价严格控制在批准的投资额度内，各级政府都掌握有自己的劳务、材料、机械单价或利用出版的物价、指数编制内部掌握的工程复合单价。而对私人投资项目，政府通过市场管理，利用招标办法加以确认。

从四个经济发达国家的管理方式看，工程造价管理均处于有序的市场运行环境，实行了系统化、规范化、标准化的管理，在价格的确定和管理上以市场和社会认同为取向，在行业的管理归属上民间行业协会组织发挥着巨大作用。政府的宏观调控，先进的计价依据、计价方法，发达的咨询业，多渠道的信息发布等做法，基本上代表了现行工程造价管理的国际惯例。同时也可以看出，国外发达国家有关工程造价管理体制具有如下特点：一是行之有效的政府间接调控；二是有章可循的计价依据；三是多渠道的信息发布体系；四是量价分离的计算方法；五是发达的工程造价咨询业；六是行业协会不可替代的作用。

1.3.2　国外行业协会的发展

美国的工程造价咨询机构，既有政府创办的，也有民办的、民办官助以及大型企业创办的，其中以民办为多。他们充当着政府、业主和承包商的代理人和顾问，承担着大量的工程项目的管理和工程造价的确定与控制等方面的服务。他们十分注意历史资料的积累和分析整理，建立起本公司一套造价资料积累制度，同时注意服务效果的反馈，形成了信息反馈、分析、判断、预测等一整套的科学管理体系，并通过行业协会进行交流。

世界各国工程咨询行业唯一的全球性民间组织是"国际咨询工程师联合会"，法文缩写为 FIDIC，其主要成员是发达国家的相关协会，其编制的合同文件是集工业发达国家土木建筑业上百年的经验，把工程技术、法律、经济和管理等有机结合起来的一个合同条件，是国际权威性文件。从工程造价管理模式来看，合同所独有的特点如下：

（1）FIDIC 合同的基础是由介于业主和承包商之间的第三方中介服务组织，即咨询工程师来管理发承包合同，从而加强工程项目实施过程的控制。咨询工程师可据此验工计价、指令工程变更、发出计日工等，其工作原则是独立、公正和不偏不倚。

（2）FIDIC 合同最大的特点是工程量清单，合同执行过程中清单单价不变，工程量可通过核验调整。

（3）投标报价时，承包商按工程量清单计算出的合同总价仅是一个参考数值，项目实际总价等于原报的不变单价与实测的数量的乘积。

（4）业主在分包商选择上有很大发言权。

（5）工程风险的分担，业主和承包商各有风险责任范围，并以合同类型不同，风险承担的大小有所区别。

各国分支机构在研究和应用 FIDIC 合同条件方面、在工程造价的管理和控制方面，已经积累了宝贵的经验、有益的做法以及大量可供参考借鉴的成功模式和范例。

1.4　工程造价管理的发展趋势

1.4.1　前沿技术发展与突破

当代前沿技术，如人工智能技术、大数据技术、云计算技术、BIM 技术的推广和运用，使得工程计价与控制更加科学、精准、快捷和系统。运用前沿技术并借助网络系统，可以实现对大型工程项目的智能计价、可视化造价管理和监控，以及双向或多向（如项目建设单位、设计单位、施工单位、监理单位之间双向或多向）信息交换与互通、共享数据库和信息资源（如设计变更、工程更改、造价变动等）。

1.4.1.1　人工智能技术

诞生于 20 世纪 70 年代的人工智能（artificial intelligence）是研究、开发用于模拟、延伸和扩展人的智能的理论、方法、技术及应用系统的一门新的技术科学，是认知、决策、反馈的过程。经过 60 多年的演进，已在制造、教育、交通、商业、环境保护、健康医疗、网络安全、社会治理等很多领域和学科获得了广泛应用，目前已进入了新的发展阶段。2017 年 6 月，由联合建管（北京）国际工程科技有限公司开发的世界首个机器人造价师助理面世。借助机器人造价师助理，造价人员从十分烦琐的人工计算、核量、计价等工作中解脱出来；使合同管理变得简单有效；业主、承包商、咨询机构、设计方、监理方、运营机构等之间的协同变得方便简洁。

1.4.1.2　大数据与云计算技术

2012 年以来，大数据正日益对生产、流通、分配、消费活动以及社会生活方式和国家治理能力产生深刻影响，数据已成为许多国家基础性战略资源。不同于传统数据，大数据呈现出大量化（volume）、多样化（variety）、快速化（velocity）和价值化（value）特征，人类已然进入了大数据时代。云计算（clod computing）是一种基于互联网技术支持的信息使用和传递模式，是一种通过互联网提供动态信息的虚拟资源计算。云计算可以提供方便、快捷、有效的网络信息。

《工程造价事业发展"十三五"规划》提出，优化以工程计价依据和信息为主的公共服务，实现建设工程各阶段工程计价定额的全覆盖和工程计价信息的动态化；实现各阶段工程计价文件的规范化、数据格式的通用化，积极推进大数据服务。可以考虑建立国家级、部门和地方级、企业级三个级别的大数据库。从造价大数据库的内容来看，可以考虑建立计价规范和依据数据库、各类定额和指标数据库、工料机单价数据库、已完工程数据库及其他数据库。从大数据用户角度考虑，可以建立业主、承包商、中介服务机构、政府交易平台、造价指导和监督部门、数据维护等大数据应用及维护接口。通过大数据系统和云计算平台实现造价信息的高效共享和运用，从而大幅提升造价科学管理水平。

1.4.1.3　基于 BIM 技术的建设项目全寿命周期造价管理

BIM（building information modeling）即建筑信息模型技术。自 2002 年问世以来，已经得到工程建设行业普遍认同。BIM 以三维数字技术为基础，将工程项目的相关信息集成数据模型，以数字化方式表达工程项目实体及功能特性。BIM 技术的广泛运用，将极大地提高建筑工程的集成化程度、参建各方的工作效率、项目全生命周期的质量和效益。基于BIM构建的工程5D（3D实体＋成本＋进度）关系数据库，可以建立与成本相关数据的时间、空间、工序维度关系，使数据处理能力达到了构件级，成本汇总、统计、拆分对应瞬间可得，从而大大提高了实际成本数据处理分析的效率。

运用BIM技术可以实现估算价、概算价、投标价、合同价、结算价和运维成本的快速计算，使得建设项目全寿命周期造价控制和成本管理更加科学有效。在投资估算阶段（对应于投资决策阶段），造价人员可从BIM模型中获取粗略的工程量数据，结合造价指标估算项目投资，并与财务分析模型集成，快速得到设计方案的投资效益指标，为项目投资决策提供参考依据。在概、预算阶段（对应于设计阶段），造价人员可从BIM模型中获得较为详细的工程量和相关参数，计算出概算投资（或预算投资），并将计算结果反馈至设计人员，协助设计人员开展限额设计和价值工程活动。在招投标阶段，根据BIM可以编制精确的工程量清单、招标控制价或投标报价，为制定招投标策略提供精准依据。在施工阶段，BIM模型可详细记录各类变更信息，为审核设计变更和工程更改提供第一手资料，同时也为支付工程进度款提供依据。在竣工结算阶段，BIM模型可以提供精准的结算工程量，为竣工结算打下坚实基础。随着BIM技术在工程造价领域的广泛运用，将彻底改变传统的工程造价管理方式。未来的工程造价管理必将是全寿命周期的、全方位的、精细化的、高效的、低成本的管理。

可以预见，随着人工智能、大数据、云计算、BIM等前沿技术的开发与运用，通过整合"云技术"、"BIM技术"和"人工智能技术"，将极大地推动工程造价管理的全方位深层次变革，更好地实现工程造价动态管理的理念，引领工程造价领域新的发展方向。

1.4.2　工程管理体制与机制变革

随着改革开放的进一步深入推进，我国社会体制机制等多方面的改革也在全面深化，建设行业和基本建设领域也不例外。以新发展理念为引领，建设行业和基本建设领域，以推进建筑工业化为主线，推进供给侧结构性改革，进一步深化建筑业"放管服"改革，加快推进建筑业转型升级。在此过程中，建设行业和基本建设领域逐步实施了一系列改革举措，如加快推进转变建造方式，全面推广绿色建筑、全力推行装配式建筑和住宅全装修；加快转变工程建设组织模式，加快推行工程总承包、培育全过程工程咨询服务。

（1）加快推行工程总承包。2017年2月，国务院办公厅颁布《关于促进建筑业持续健康发展的意见》（国办发〔2017〕19号）文件，提出装配式建筑原则上应采用工程总承包模式。政府投资工程应完善建设管理模式，带头推行工程总承包。

工程总承包，指总承包企业按照与建设单位签订的合同，对工程项目的勘察、设计、采购、施工等实行全过程的承包建设，并对工程的质量、安全、工期和造价等全面负责的工程项目承包方式。

工程总承包是一种新型的建设组织方式，它不同于以往传统的DBB（design-bid-build）模式。DBB模式，在施工图的基础上招标与建造，而工程总承包，是在方案设计或初步设计基础上承包，施工图设计由工程总承包企业负责。此前的《建设项目工程量清单计价规范》（GB 50500）及计量计价预算定额，都是以施工图为基础。因此，工程总承包对工程计价及工程造价管理提出了新的挑战。为规范建设项目工程总承包计价行为，促进工程总承包健康发展，住建部在前期调研的基础上，于2018年12月发布《房屋建筑和市政基础设施项目工程总承包计价计量规范》（征求意见稿），待程序完成后，予以正式实施。

（2）培育全过程工程咨询。2019年3月，国家发改委和住建部联合发布《推进全过程工程咨询服务发展的指导意见》（发改投资规〔2019〕515号）文件，提出深化工程领域咨询服务供给侧结构性改革，破解工程咨询市场供需矛盾，完善政策措施，创新咨询服务组织实施方式，大力发展以市场需求为导向、满足委托方多样化需求的全过程工程咨询服务模式。遵循项目周期规律和建设程序的客观要求，在项目决策和建设实施两个阶段，着力破除制度性障碍，重点培育发展投资决策综合性咨询和工程建设全过程咨询。鼓励投资咨询、勘察、设计、监理、招标代理、造价等企业采取联合经营、并购重组等方式发展全过程工程咨询，培育一批具有国际水平的全过程工程咨询企业。

全过程工程咨询，是借鉴和参照国际通行规则，深化工程建设项目组织实施方式改革，提高工程建设管理水平，提升行业集中度，保证投资效益和规范建设市场秩序的重要措施，也是现有造价、设计等从事工程咨询企业调整经营结构，谋划转型升级，增强综合实力，加快与国际建设管理服务方式接轨，为推动中国工程咨询企业"走出去"，为实现"一带一路"倡议服务。

复习思考题

1-1　什么是工程造价，它的特点是什么，其职能和计价特征有哪些？

1-2　工程建设基本程序包括哪几个阶段，它们的主要内容是什么？

1-3　举例说明什么是建设项目、单项工程、单位工程、分部工程和分项工程。

1-4　如何理解工程造价的两种含义？

1-5　什么是工程造价管理，它有哪些内容？

1-6　从工程造价管理角度，试述投资估算、设计概算、施工预算、竣工结算之间的异同。

1-7　怎样才能合理确定和有效控制工程造价？

1-8　什么是造价工程师，现阶段对造价工程师是如何进行分级管理的，其分别对一级和二级造价工程师有哪些素质要求？

1-9　试比较我国的工程造价管理模式与西方主要发达国家（美、英、德、日）的工程造价管理模式有何异同。

1-10　试谈一谈你对全过程工程造价咨询/管理的理解。

2　工程造价的构成

学习目标：（1）掌握我国工程造价的构成和组价原理；（2）掌握国产设备和进口设备的价格组成；（3）重点掌握建筑安装工程的费用构成和计算方式，特别是《建设工程工程量清单计价规范》（GB 50500—2013）颁布施行后，建筑安装工程的费用构成调整及其计算的主要内容。

2.1　我国工程造价构成概述

建设工程造价具体包括设备及工器具购置费用、建筑安装工程费用、工程建设其他费用、预备费和建设期贷款利息。建设工程造价构成内容如图 2-1 所示，以下逐节进行讲解。

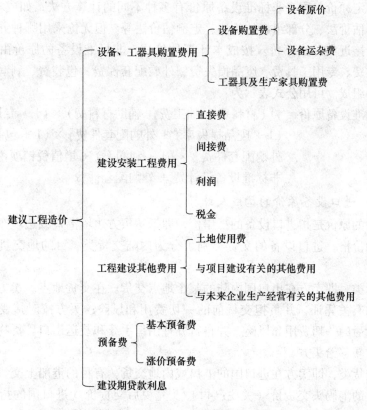

图 2-1　建设项目总投资费用的构成

2.2　设备及工器具购置费用的构成

设备及工器具购置费用是由设备购置费和工具、器具及生产家具购置费组成的。

2.2.1　设备购置费的构成及计算

设备购置费是指为建设项目自制的或购置达到固定资产标准的各种国产或进口设备、工器具的购置费用。它由设备原价和设备运杂费构成，即：

$$设备购置费 = 设备原价 + 设备运杂费 \tag{2-1}$$

其中，设备原价是指国产设备或进口设备的原价；运杂费是指除设备原价之外的关于设备采购、运输、途中包装及仓库保管等方面支出费用的总和。

设备购置费分为外购设备费和自制设备费。其中，外购设备是指设备生产厂制造，符合规定标准的设备；自制设备是指按订货要求，并根据具体的设计图纸自行制造的设备。

2.2.1.1　国产设备购置费的构成及计算

国产设备原价一般是指设备制造厂的交货价，即出厂价或订货合同价。它一般根据生产厂家或供应商的询价、报价、合同价确定，或采用一定的方法计算确定。国产设备原价分为国产标准设备原价和国产非标准设备原价。

国产标准设备原价分带有备件的原价和不带备件的原价两种，计算时一般采用带有备件的出厂价确定原价。国产非标准设备原价有多种不同的计算方法，如成本计算估价法、系列设备插入估价法、分部组合估价法、定额估价法等。但无论采用哪种方法都应该使非标准设备计价接近实际出厂价。按成本计算估价法，非标准设备的原价由材料费、加工费、辅助材料费、专用工具费、废品损失费、外购配套件费、包装费、利润、税金、非标准设备设计费组成。可用公式表示为：

$$单台非标准设备原价 = \{[（材料费 + 加工费 + 辅助材料费）×（1 + 专用工具费率）×$$
$$（1 + 废品损失率）+ 外购配套件费] ×（1 + 包装费率）-$$
$$外购配套件费\} ×（1 + 利润率）+ 增值税销项税 +$$
$$非标准设备设计费 + 外购配套件费 \tag{2-2}$$

2.2.1.2　进口设备原价的构成及计算

进口设备的原价是指进口设备的抵岸价，即抵达买方边境港口或边境车站，且交完关税为止形成的价格。进口设备的交货类别可分为内陆交货类、目的地交货类、装运港交货类。

内陆交货类，即卖方在出口国内陆的某个地点交货。在交货地点，卖方及时提交合同规定的货物和有关凭证，并负担交货前的一切费用和风险；买方按时接受货物，交付货款，负担接货后的一切费用和风险，并自行办理出口手续和装运出口。货物的所有权也在交货后由卖方转移给买方。

目的地交货类，即卖方在进口国的港口或内地交货，有目的港船上交货价、目的港船边交货价和目的港码头交货价（关税已付）及完税后交货价（进口国的指定地点）等几种交货价。它们的特点是：买卖双方承担的责任、费用和风险是以目的地约定交货点为分界线，只有当卖方在交货点将货物置于买方控制下才算交货，才能向买方收取货款。这种交货类别对卖方来说承担的风险较大，在国际贸易中卖方一般不愿采用。

装运港交货类，即卖方在出口国装运港交货，主要有装运港船上交货价（FOB），习惯称离岸价格；运费在内价（CFR）以及运费、保险费在内价（CIF），习惯称到岸价格。它们的特点是：卖方按照约定的时间在装运港交货，只要卖方把合同规定的货物装船后提供货运单据便完成交货任务，可凭单据收回货款。

装运港船上交货价（FOB）是我国进口设备采用最多的一种货价。采用船上交货价时卖方的责任是：在规定的期限内，负责在合同规定的装运港口将货物装上买方指定的船只，并及时通知买方；负担货物装船前的一切费用和风险；负责办理出口手续；提供出口国政府或有关方面签发的证件；负责提供有关装运单据。买方的责任是：负责租船或订舱，支付运费，并将船期、船名通知卖方；负担货物装船后的一切费用和风险；负责办理保险及支付保险费，办理在目的港的进口和收货手续；接受卖方提供的有关装运单据，并按合同规定支付货款。

2.2.1.3 进口设备抵岸价的构成及计算

进口设备抵岸价的构成可概括为：

进口抵岸价 = 货价 + 国际运费 + 运输保险费 + 银行财务费 + 外贸手续费 + 关税 +
$$\text{增值税} + \text{消费税} + \text{海关监管手续费} + \text{车辆购置附加费} \qquad (2\text{-}3)$$

（1）货价。一般指装运港船上交货价（FOB）。设备货价分为原币货价和人民币货价，原币货价一律折算为美元，人民币货价按原币货价乘以外汇市场美元兑换人民币中间价确定。进口设备货价按有关生产厂商询价、报价、订货合同价计算。

（2）国际运费。即从装运港（站）到达我国抵达港（站）的运费。我国进口设备大部分采用海洋运输，小部分采用铁路运输，个别采用航空运输。进口设备国际运费计算公式为：

$$\text{国际运费（海、陆、空）} = \text{原币货价（FOB 价）} \times \text{运费率} \qquad (2\text{-}4)$$
$$\text{国际运费（海、陆、空）} = \text{运量} \times \text{单位运价} \qquad (2\text{-}5)$$

其中，运费率或单位运价参照有关部门或进出口公司的规定执行。

（3）运输保险费。对外贸易货物运输保险是由保险人（保险公司）与被保险人（出口人或进口人）订立保险契约，在被保险人交付议定的保险费后，保险人根据保险契约的规定对货物在运输过程中发生的承保责任范围内的损失给予经济上的补偿。这是一种财产保险。计算公式为：

$$\text{运输保险费} = [\text{原币货价（FOB 价）} + \text{国外运费}] \div (1 - \text{保险费率}) \times \text{保险费率}$$
$$(2\text{-}6)$$

其中，保险费率按保险公司规定的进口货物保险费率计算。

（4）银行财务费。一般是指中国银行手续费，可按式（2-7）简化计算：

$$\text{银行财务费} = \text{人民币货价（FOB 价）} \times \text{银行财务费率（一般为 0.4\% ~ 0.5\%）} \quad (2\text{-}7)$$

（5）外贸手续费。指按商务部规定的外贸手续费率计取的费用，外贸手续费率一般取1.5%。计算公式为：

$$\text{外贸手续费} = [\text{装运港船上交货价（FOB 价）} + \text{国际运费} + \text{运输保险费}] \times \text{外贸手续费率}$$
$$(2\text{-}8)$$

（6）关税。由海关对进出国境或关境的货物和物品征收的一种税。计算公式为：

$$关税 = 到岸价格（CIF 价）× 进口关税税率 \tag{2-9}$$

其中，到岸价（CIF 价）作为关税完税价格包括离岸价格（FOB 价）、国际运费、运输保险费等费用。进口关税税率分为优惠和普通两种。优惠税率适用于与我国签订有关税互惠条款的贸易条约或协定的国家的进口设备；普通税率适用于与我国未签订有关税互惠条款的贸易条约或协定的国家的进口设备。进口关税税率按我国海关总署发布的进口关税税率计算。

（7）增值税。是对从事进口贸易的单位和个人，在进口商品报关进口后征收的税种。我国增值税条例规定，进口应税产品均按组成计税价格和增值税税率直接计算应纳税额。自 2019 年 4 月 1 日起，进口货物原适用 16% 增值税税率的，调整为 13%。即：

$$进口产品增值税额 = 组成计税价格 × 增值税税率 \tag{2-10}$$

$$组成计税价格 = 关税完税价格 + 关税 + 消费税 \tag{2-11}$$

（8）消费税。对部分进口设备（如轿车、摩托车等）征收，一般计算公式为：

$$应纳消费税额 = （到岸价 + 关税）÷（1 - 消费税税率）× 消费税税率 \tag{2-12}$$

其中，消费税税率根据规定的税率计算。

（9）海关监管手续费。指海关对进口减税、免税、保税货物实施监督、管理、提供服务的手续费。对于全额征收进口关税的货物不计本项费用。其公式如下：

$$海关监管手续费 = 到岸价 × 海关监管手续费率（一般为 0.3\%） \tag{2-13}$$

（10）车辆购置附加费。进口车辆需缴进口车辆购置附加费。其公式如下：

$$进口车辆购置附加费 = （到岸价 + 关税 + 消费税 + 增值税）× 进口车辆购置附加费率$$
$$\tag{2-14}$$

2.2.1.4 设备运杂费的构成及计算

设备运杂费通常由运费和装卸费、包装费、设备供销部门手续费和采购与仓库保管费四项构成。

（1）运费和装卸费。国产设备由设备制造厂交货地点起至工地仓库（或施工组织设计指定的需要安装设备的堆放地点）止所发生的运费和装卸费；进口设备则由我国到岸港口或边境车站起至工地仓库（或施工组织设计指定的需安装设备的堆放地点）止所发生的运费和装卸费。

（2）包装费。在设备原价中没有包含的，为运输而进行的包装所支出的各种费用。

（3）设备供销部门手续费。按有关部门规定的统一费率计算。

（4）采购与仓库保管费。指采购、验收、保管和收发设备所发生的各种费用，包括设备采购人员、保管人员和管理人员的工资、工资附加费、办公费、差旅交通费，设备供应部门办公和仓库所占固定资产使用费、工具用具使用费、劳动保护费、检验试验费等。这些费用应按有关部门规定的采购与保管费费率计算。

设备运杂费按式（2-15）计算：

$$设备运杂费 = 设备原价 × 设备运杂费率 \tag{2-15}$$

其中，设备运杂费率按有关部门的规定计取。

2.2.2 工器具及生产家具购置费

工器具及生产家具购置费，是指新建或扩建项目初步设计规定的，保证初期正常生产必须购置的没有达到固定资产标准的设备、仪器、工卡模具、器具、生产家具和备品备件的购置费用。一般以设备购置费为计算基数，按照部门或行业规定的工器具及生产家具费率计算。计算公式为

$$工器具及生产家具购置费 = 设备购置费 \times 定额费率$$

【例2-1】 有关引进设备的费用计算

由某国唯玛公司引进年产2万吨某产品的工业项目，以丙烯、氯气为原料，利用该公司氯醇化、皂化精馏的技术，在我国某港口城市内投资建设。该市地形平坦，运输条件优越。该工程项目占地面积15910m²，绿化覆盖系数35%。建设期1年，固定资产总投资18566万元，流动资金2700万元。引进部分的合同总价1200万美元。辅助生产装置、公用工程等均由国内设计配套。

引进合同价款的细项如下：硬件费910万美元，其中工艺设备费590万美元，仪表110万美元，电气设备60万美元、工艺管道105万美元、仪表材料25万美元、电气材料20万美元；软件费290万美元，其中要计算关税的项目有：设计费、技术秘密及使用费140万美元；不计算关税的有：技术服务费及资料费150万美元。人民币兑换美元的外汇牌价均按1美元=6.8元人民币计算。

设备采用FOB付款形式，国际运费费率6%，保险费费率3.5‰，银行财务费率5‰，外贸手续费率1.5%，关税税率17%，增值税税率17%，海关监管手续费率3‰。

项目设计范围：主要生产装置，包括氯醇化、皂化及石灰乳配制、精馏和焚烧等生产工艺装置，由唯玛公司引进；辅助生产装置、公用工程、服务工程、生活福利工程及厂外工程均由国内设计制造。

根据以上资料，计算进口设备原价。

解：

$$货价 = (910 + 290) \times 6.8 = 8160(万元人民币)$$

$$国外运输费 = 910 \times 6.8 \times 6\% = 371.28(万元人民币)$$

$$国外运输保险费 = (910 \times 6.8 + 371.28) \times 3.5‰/(1 - 3.5‰)$$
$$= 23.04(万元人民币)$$

$$硬件关税 = (910 \times 6.8 + 371.28 + 23.04) \times 17\%$$
$$= 6582.32 \times 17\%$$
$$= 1118.99(万元人民币)$$

$$软件关税 = 290 \times 8.3 \times 17\% = 1972 \times 17\% = 335.24(万元人民币)$$

$$增值税 = (到岸价 + 关税) \times 17\%$$
$$= (6582.32 + 1972 + 1454.23) \times 17\%$$
$$= 1701.45(万元人民币)$$

$$银行财务费 = 8160 \times 银行财务费率$$
$$= 8160 \times 5‰$$
$$= 40.80(万元人民币)$$

$$外贸手续费 = 到岸价 \times 外贸手续费率$$

$$= (6582.32 + 1972) \times 1.5\%$$
$$= 128.31(万元人民币)$$

故合计为：　8160 + 371.28 + 23.04 + 1454.23 + 1701.45 + 40.80 + 128.31
　　　　　　　= 11879.11(万元人民币)

2.3　建筑安装工程费用的构成

在工程造价构成中，建筑安装工程费用具有相对独立性，是建筑安装工程价值的货币表现，也可称为建筑安装工程造价。建筑安装工程费用由建筑工程费用和安装工程费用两部分组成。

2.3.1　建筑安装工程费用构成概述

2.3.1.1　建筑工程费用

建筑工程费用包括以下四方面内容：

（1）各类房屋建筑工程和列入房屋建筑工程预算的供水、供暖、卫生、通风、煤气等设备费用及其装饰、油饰工程的费用，列入建筑工程预算的各种管道、电力、电信和敷设工程的费用。

（2）设备基础、支柱、工作台、烟囱、水塔、水池、灰塔等建筑工程及各种炉窑的砌筑工程和金属结构工程的费用。

（3）为施工而进行的场地平整，工程和水文地质勘察，原有建筑物和障碍物的拆除及施工临时用水、电、气、路和完工后的场地清理、环境绿化、美化等工作的费用。

（4）矿井开凿，井巷延伸，露天矿剥离，石油、天然气钻井，修建铁路、公路、桥梁、水库、堤坝、灌渠及防洪等工程的费用。

2.3.1.2　安装工程费用

安装工程费用包括以下两方面内容：

（1）生产、动力、起重、运输、传动和医疗、实验等各种需要安装的机械设备的装配费用，与设备相连的工作台、梯子、栏杆等装设工程费用，附属于被安装设备的管线敷设工程费用，以及被安装设备的绝缘、防腐、保温、油漆等工作的材料费和安装费。

（2）为测定安装工程质量，对单台设备进行单机试运转、对系统设备进行系统联动无负荷试运转工作的调试费。

2.3.2　按费用构成要素划分的建筑安装工程费

建筑安装工程费用，即建筑安装工程造价，是指在建筑安装工程施工过程中直接发生的费用和施工企业在施工组织管理中间接为工程支出的费用，以及按国家规定施工企业应获得的利润和应缴纳的税金的总和。根据建设部颁布的《建筑安装工程费用项目组成》（建标〔2013〕44号，自2013年7月1日起施行）文件规定，我国建筑安装工程费按照费用构成要素划分：由人工费、材料（包含工程设备，下同）费、施工机具使用费、企业管理费、利润、规费和税金组成。其中人工费、材料费、施工机具使用费、企业管理费和利润包含在分部分项工程费、措施项目费、其他项目费中。其中的税金包括营业税、城市维护建设税、教育费附加、地方教育费附加。但是随着"营改增"改革，各地进行调整。浙江省建筑安装工程费用的构成如图 2-2 所示。图中不仅给出了建筑安装工程的费用构成要素，而且标示出了这些费用要素与清单科目的关系。

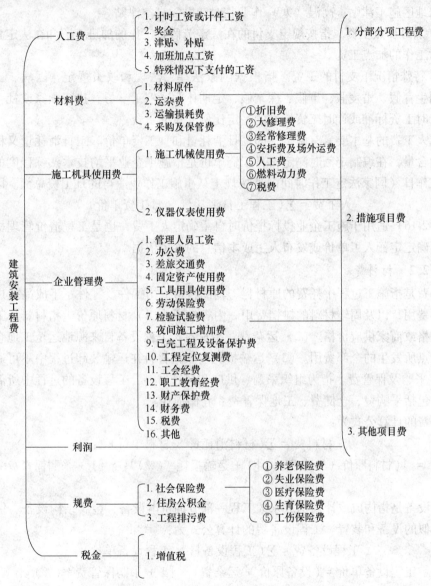

图 2-2　按费用构成要素划分的建筑安装工程费用项目组成

2.3.2.1　人工费

人工费是指按工资总额构成规定，支付给从事建筑安装工程施工的生产工人和附属生产单位工人的各项费用。内容包括：

（1）计时工资或计件工资。指按计时工资标准和工作时间或对已做工作按计件单价支付给个人的劳动报酬。

（2）奖金。指对超额劳动和增收节支支付给个人的劳动报酬。如节约奖、劳动竞赛奖等。

（3）津贴补贴。指为了补偿职工特殊或额外的劳动消耗和因其他特殊原因支付给个人的津贴，以及为了保证职工工资水平不受物价影响支付给个人的物价补贴。如流动施工津贴、特殊地区施工津贴、高温（寒）作业临时津贴、高空津贴等。

（4）加班加点工资。指按规定支付的在法定节假日工作的加班工资和在法定日工作时间外延时工作的加点工资。

（5）特殊情况下支付的工资。指根据国家法律、法规和政策规定，因病、工伤、产假、计划生育假、婚丧假、事假、探亲假、定期休假、停工学习、执行国家或社会义务等原因按计时工资标准或计时工资标准的一定比例支付的工资。

构成人工费的基本要素有两个，即工日消耗量和日工资单价。工日消耗量又称为人工工日定额含量，在编制定额时测定；日工资单价是指施工企业平均技术熟练程度的生产工人在每工作日（国家法定工作时间内）按规定从事施工作业应得的日工资总额。因此有：

$$人工费 = \sum（工程工日消耗量 \times 日工资单价）\tag{2-16}$$

式（2-16）适用于施工企业投标报价时自主确定人工费，也是工程造价管理机构编制计价定额确定定额人工单价或发布人工成本信息的参考依据。

2.3.2.2　材料费

材料费是指施工过程中耗费的原材料、辅助材料、构配件、零件、半成品或成品、工程设备的费用，以及周转材料的摊销费用。内容包括：（1）材料原价。指材料、工程设备的出厂价格或商家供应价格。（2）运杂费。指材料、工程设备自来源地运至工地仓库或指定堆放地点所发生的全部费用。（3）运输损耗费。指材料在运输装卸过程中不可避免的损耗。（4）采购及保管费。指为组织采购、供应和保管材料、工程设备的过程中所需要的各项费用。包括采购费、仓储费、工地保管费、仓储损耗。

材料费的计算公式为：

$$材料费 = \sum（材料消耗量 \times 材料单价）\tag{2-17}$$

$$材料单价 = \{（材料原价 + 运杂费）\times [1 + 运输损耗率(\%)]\} \times [1 + 采购保管费率(\%)]\tag{2-18}$$

工程设备是指构成或计划构成永久工程一部分的机电设备、金属结构设备、仪器装置及其他类似的设备和装置。工程设备费的计算公式为：

$$工程设备费 = \sum（工程设备量 \times 工程设备单价）\tag{2-19}$$

$$工程设备单价 = （设备原价 + 运杂费）\times [1 + 采购保管费率(\%)]\tag{2-20}$$

2.3.2.3　施工机具使用费

施工机具使用费是指施工作业所发生的施工机械、仪器仪表使用费或其租赁费。

（1）施工机械使用费。以施工机械台班耗用量乘以施工机械台班单价表示，施工机械台班单价由下列七项费用组成：1）折旧费。指施工机械在规定的使用年限内，陆续收回其原值的费用。2）大修理费。指施工机械按规定的大修理间隔台班进行必要的大修理，以恢复其正常功能所需的费用。3）经常修理费。指施工机械除大修理以外的各级保养和排除临时故障所需的费用。包括为保障机械正常运转所需替换设备与随机配备工具附具的摊销和维护费用，机械运转中日常保养所需润滑与擦拭的材料费用及机械停滞期间的维护和保养费用等。4）安拆费及场外运费。安拆费指施工机械（大型机械除外）在现场进行安装与拆卸所需的人工、材料、机械和试运转费用以及机械辅助设施的折旧、搭设、拆除等费用；场外运费指施工机械整体或分体自停放地点运至施工现场或由一施工地点运至另一施工地点的运输、装卸、辅助材料及架线等费用。5）人工费。指机上司机（司炉）和其他操作人员的人工费。6）燃料动力费。指施工机械在运转作业中消耗的各种燃料及水、电等。7）税费。指施工机械按照国家规定应缴纳的车船使用税、保险费及年检费等。

施工机械使用费的计算公式为：

$$施工机械使用费 = \sum(施工机械台班消耗量 \times 机械台班单价) \tag{2-21}$$

$$机械台班单价 = 台班折旧费 + 台班大修费 + 台班经常修理费 + 台班安拆费及场外运费 +$$
$$台班人工费 + 台班燃料动力费 + 台班车船税费 \tag{2-22}$$

工程造价管理机构在确定计价定额中的施工机械使用费时，应根据《建筑施工机械台班费用计算规则》结合市场调查编制施工机械台班单价。施工企业可以参考工程造价管理机构发布的台班单价，自主确定施工机械使用费的报价，如租赁施工机械，公式为：

$$施工机械使用费 = \sum(施工机械台班消耗量 \times 机械台班租赁单价)$$

（2）仪器仪表使用费。指工程施工所需使用的仪器仪表的摊销及维修费用。其计算公式为：

$$仪器仪表使用费 = 工程使用的仪器仪表摊销费 + 维修费 \tag{2-23}$$

2.3.2.4 企业管理费

企业管理费是指建筑安装企业组织施工生产和经营管理所需的费用。内容包括：

（1）管理人员工资。指按规定支付给管理人员的计时工资、奖金、津贴补贴、加班加点工资及特殊情况下支付的工资等。

（2）办公费。指企业管理办公用的文具、纸张、账表、印刷、邮电、书报、办公软件、现场监控、会议、水电、烧水和集体取暖降温（包括现场临时宿舍取暖降温）等费用。

（3）差旅交通费。指职工因公出差、调动工作的差旅费、住勤补助费，市内交通费和误餐补助费，职工探亲路费，劳动力招募费，职工退休、退职一次性路费，工伤人员就医路费，工地转移费以及管理部门使用的交通工具的油料、燃料等费用。

（4）固定资产使用费。指管理和试验部门及附属生产单位使用的属于固定资产的房屋、设备、仪器等的折旧、大修、维修或租赁费。

（5）工具用具使用费。指企业施工生产和管理使用的不属于固定资产的工具、器具、家具、交通工具和检验、试验、测绘、消防用具等的购置、维修和摊销费。

（6）劳动保险和职工福利费。指由企业支付的职工退职金、按规定支付给离休干部的经费，集体福利费、夏季防暑降温、冬季取暖补贴、上下班交通补贴等。

（7）劳动保护费。指企业按规定发放的劳动保护用品的支出。如工作服、手套、防暑降温饮料以及在有碍身体健康的环境中施工的保健费用等。

（8）检验试验费。指施工企业按照有关标准规定，对建筑以及材料、构件和建筑安装物进行一般鉴定、检查所发生的费用，包括自设试验室进行试验所耗用的材料等费用。不包括新结构、新材料的试验费，对构件做破坏性试验及其他特殊要求检验试验的费用和建设单位委托检测机构进行检测的费用，对此类检测发生的费用，由建设单位在工程建设其他费用中列支。但对施工企业提供的具有合格证明的材料进行检测不合格的，该检测费用由施工企业支付。

（9）工会经费。指企业按《中华人民共和国工会法》规定的全部职工工资总额比例计提的工会经费。

（10）职工教育经费。指按职工工资总额的规定比例计提，企业为职工进行专业技术和职业技能培训，专业技术人员继续教育、职工职业技能鉴定、职业资格认定以及根据需要对职工进行各类文化教育所发生的费用。

（11）财产保险费。指施工管理用财产、车辆等的保险费用。

（12）财务费。指企业为施工生产筹集资金或提供预付款担保、履约担保、职工工资支付担保等所发生的各种费用。

（13）税费。指企业按规定缴纳的房产税、车船使用税、土地使用税、印花税等。

（14）其他。包括技术转让费、技术开发费、投标费、业务招待费、绿化费、广告费、公证费、法律顾问费、审计费、咨询费、保险费等。

企业管理费是按照一定的计费基数乘以企业管理费费率确定的。企业管理费的计算按取费基数的不同分为以下三种情况：

（1）以分部分项工程费为计算基础，其计算公式为：

$$企业管理费费率(\%) = \frac{生产工人年平均管理费}{年有效施工天数 \times 人工单价} \times 人工费占分部分项工程费比例(\%)$$

$$(2\text{-}24)$$

（2）以人工费和机械费合计为计算基础，其计算公式为：

$$企业管理费费率(\%) = \frac{生产工人年平均管理费}{年有效施工天数 \times (人工单价 + 每一工日机械使用费)} \times 100\%$$

$$(2\text{-}25)$$

（3）以人工费为计算基础，其计算公式为：

$$企业管理费费率(\%) = \frac{生产工人年平均管理费}{年有效施工天数 \times 人工单价} \times 100\% \qquad (2\text{-}26)$$

上述公式适用于施工企业投标报价时自主确定管理费，是工程造价管理机构编制计价定额，确定企业管理费的参考依据。

工程造价管理机构在确定计价定额中企业管理费时，应以定额人工费或（定额人工费+定额机械费）作为计算基数，其费率根据历年工程造价积累的资料，辅以调查数据确定，列入分部分项工程和措施项目中。

2.3.2.5　利润

利润是指施工企业完成所承包工程获得的盈利。按照不同的计价程序，利润的计算各不相同。施工企业在投标报价时应该根据工程的难易程度并结合企业自身需求及建筑市场实际自主确定，列入报价中。

工程造价管理机构在确定计价定额中的利润时，应以定额人工费或（定额人工费+定额机械费）作为计算基数，其费率根据历年工程造价积累的资料，并结合建筑市场实际确定，以单位（单项）工程测算，利润占税前建筑安装工程费的比重可按不低于5%且不高于7%的费率计算。利润应列入分部分项工程和措施项目中。

2.3.2.6 规费

规费是指按国家法律、法规规定，由省级政府和省级有关权力部门规定必须缴纳或计取的费用。包括：

（1）社会保险费。

1）养老保险费。指企业按照规定标准为职工缴纳的基本养老保险费。

2）失业保险费。指企业按照规定标准为职工缴纳的失业保险费。

3）医疗保险费。指企业按照规定标准为职工缴纳的基本医疗保险费。

4）生育保险费。指企业按照规定标准为职工缴纳的生育保险费。

5）工伤保险费。指企业按照规定标准为职工缴纳的工伤保险费。

（2）住房公积金。指企业按规定标准为职工缴纳的住房公积金。

社会保险费和住房公积金应以定额人工费为计算基础，根据工程所在地省、自治区、直辖市或行业建设主管部门规定费率计算。

$$社会保险费和住房公积金 = \sum(工程定额人工费 × 社会保险费和住房公积金费率)$$

$$(2-27)$$

式（2-27）中，社会保险费和住房公积金费率可根据每万元发承包价的生产工人人工费和管理人员工资含量与工程所在地规定的缴纳标准综合分析取定。

（3）工程排污费。指按规定缴纳的施工现场工程排污费。工程排污费等其他应列而未列入的规费应按工程所在地环境保护等部门规定的标准缴纳，按实计取列入。其他应列而未列入的规费应该根据工程所在地环境保护部门规定的标准缴费，按实际发生计取列入。

2.3.2.7 税金

税金是指国家税法规定的应计入建筑安装工程造价内的建筑服务增值税。税金计算公式为：

$$税金 = 税前工程造价 × 9\% \tag{2-28}$$
$$工程造价 = 税前工程造价 × (1 + 9\%) \tag{2-29}$$

其中，9%为建筑业增值税税率，税前工程造价为人工费、材料费、施工机具使用费、企业管理费、利润和规费之和，各费用项目均以不包含增值税可抵扣进项税额的价格计算。

2.3.3 按造价形成划分的建筑安装工程费

建筑安装工程费按照工程造价形成由分部分项工程费、措施项目费、其他项目费、规费、税金组成，分部分项工程费、措施项目费、其他项目费包含人工费、材料费、施工机具使用费、企业管理费和利润（图2-3）。

2.3.3.1 分部分项工程费

分部分项工程费是指各专业工程的分部分项工程应予列支的各项费用。

（1）专业工程。指按现行国家计量规范划分的房屋建筑与装饰工程、仿古建筑工程、通用安装工程、市政工程、园林绿化工程、矿山工程、构筑物工程、城市轨道交通工程、爆破工程等各类工程。

（2）分部分项工程。指按现行国家计量规范对各专业工程划分的项目。如房屋建筑与

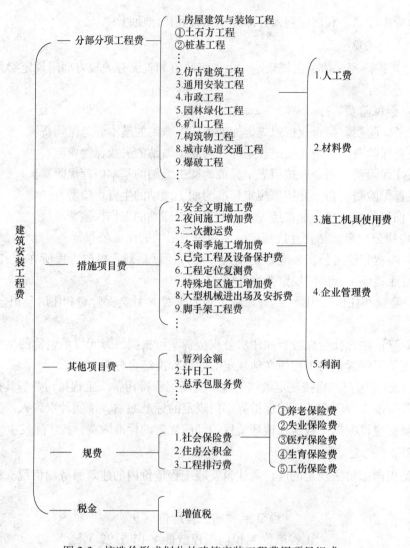

图 2-3　按造价形成划分的建筑安装工程费用项目组成

装饰工程划分的土石方工程、地基处理与桩基工程、砌筑工程、钢筋及钢筋混凝土工程等。

各类专业工程的分部分项工程划分见现行国家或行业计量规范。分部分项工程费的计算公式如下：

$$分部分项工程费 = \sum (分部分项工程量 \times 综合单价) \qquad (2\text{-}30)$$

式（2-30）中，综合单价包括人工费、材料费、施工机具使用费、企业管理费和利润以及一定范围的风险费用。

2.3.3.2　措施项目费

措施项目费是指为完成建设工程施工，发生于该工程施工前和施工过程中的技术、生活、安全、环境保护等方面的费用。内容包括：

（1）安全文明施工费。包括以下几方面内容：

1）环境保护费。指施工现场为达到环保部门要求所需要的各项费用。

2）文明施工费。指施工现场文明施工所需要的各项费用。

3）安全施工费。指施工现场安全施工所需要的各项费用。

4）临时设施费。指施工企业为进行建设工程施工所必须搭设的生活和生产用的临时建筑物、构筑物和其他临时设施费用。包括临时设施的搭设、维修、拆除、清理费或摊销费等。

安全文明施工费属于国家计量规范规定不宜计量的措施项目，其计算公式如下：

$$安全文明施工费 = 计算基数 × 安全文明施工费费率(\%) \qquad (2-31)$$

计算基数应为定额基价（定额分部分项工程费 + 定额中可以计量的措施项目费）、定额人工费或（定额人工费 + 定额机械费），其费率由工程造价管理机构根据各专业工程的特点综合确定。

（2）夜间施工增加费。指因夜间施工所发生的夜班补助费、夜间施工降效、夜间施工照明设备摊销及照明用电等费用。夜间施工增加费属于国家计量规范规定不宜计量的措施项目，其计算公式如下：

$$夜间施工增加费 = 计算基数 × 夜间施工增加费费率(\%) \qquad (2-32)$$

（3）二次搬运费。指因施工场地条件限制而发生的材料、构配件、半成品等一次运输不能到达堆放地点，必须进行二次或多次搬运所发生的费用。二次搬运费属于国家计量规范规定不宜计量的措施项目，其计算公式如下：

$$二次搬运费 = 计算基数 × 二次搬运费费率(\%) \qquad (2-33)$$

（4）冬雨季施工增加费。指在冬季或雨季施工需增加的临时设施、防滑、排除雨雪，人工及施工机械效率降低等费用。冬雨季施工增加费属于国家计量规范规定不宜计量的措施项目，其计算公式如下：

$$冬雨季施工增加费 = 计算基数 × 冬雨季施工增加费费率(\%) \qquad (2-34)$$

（5）已完工程及设备保护费。指竣工验收前，对已完工程及设备采取的必要保护措施所发生的费用。已完工程及设备保护费属于国家计量规范规定不宜计量的措施项目，其计算公式如下：

$$已完工程及设备保护费 = 计算基数 × 已完工程及设备保护费费率(\%) \qquad (2-35)$$

夜间施工增加费、二次搬运费、冬雨季施工增加费和已完工程及设备保护费四项费用的计费基数应为定额人工费或（定额人工费 + 定额机械费），其费率由工程造价管理机构根据各专业工程特点和调查资料综合分析后确定。

（6）工程定位复测费。指工程施工过程中进行全部施工测量放线和复测工作的费用。

（7）特殊地区施工增加费。指工程在沙漠或其边缘地区、高海拔、高寒、原始森林等特殊地区施工增加的费用。

（8）大型机械设备进出场及安拆费。指机械整体或分体自停放场地运至施工现场或由一个施工地点运至另一个施工地点，所发生的机械进出场运输及转移费用及机械在施工现场进行安装、拆卸所需的人工费、材料费、机械费、试运转费和安装所需的辅助设施的费用。

（9）脚手架工程费。指施工需要的各种脚手架搭、拆、运输费用以及脚手架购置费的摊销（或租赁）费用。

措施项目及其包含的内容详见各类专业工程的现行国家或行业计量规范。国家计量规范规定应予计量的措施项目，其计算公式为：

$$措施项目费 = \sum (措施项目工程量 \times 综合单价) \qquad (2-36)$$

2.3.3.3　其他项目费、规费和税金

（1）其他项目费。其他项目费是指分部分项工程费、措施项目费所包含的内容以外，由招标人承担的与建设工程有关的其他费用，包括暂列金额、暂估价、计日工和总承包服务费等。

1）暂列金额。指建设单位在工程量清单中暂定并包括在工程合同价款中的一笔款项。用于施工合同签订时尚未确定或者不可预见的所需材料、工程设备、服务的采购，施工中可能发生的工程变更、合同约定调整因素出现时的工程价款调整以及发生的索赔、现场签证确认等的费用。暂列金额由建设单位根据工程特点，按有关计价规定估算，施工过程中由建设单位掌握使用、扣除合同价款调整后如有余额，归建设单位。

2）暂估价。指建设单位在工程量清单中提供的用于支付必然发生但暂时不能确定价格的材料、工程设备的单价以及专项施工技术措施项目、专业工程等的金额。其中，材料及工程设备暂估价是指发包阶段已经确认发生的材料、工程设备，由于设计标准未明确等原因造成无法当时确定准确价格，或者设计标准虽已明确，但一时无法取得合理询价，由建设单位在工程量清单中给定的一个暂估单价。材料、工程设备暂估价列入分部分项工程费相应综合单价内计算。专业工程暂估价是指发包阶段已经确认发生的专业工程，由于设计未详尽、标准未明确或者需要由专业承包人完成等原因造成无法当时确定准确价格，由建设单位在工程量清单中给定的一个暂估总价。施工技术专项措施项目暂估价是指发包阶段已经确认发生的施工技术措施项目，由于需要在签约后由承包人提出专项方案并经论证、批准方能实施等原因造成无法当时准确计价，由建设单位在工程量清单中给定的一个暂估总价。

3）计日工。指在施工过程中，施工企业完成建设单位提出的施工图纸以外的零星项目或工作所需的费用。计日工由建设单位和施工企业按施工过程中的签证计价。

4）总承包服务费。指总承包人为配合、协调建设单位进行的专业工程发包，对建设单位自行采购的材料、工程设备等进行保管以及施工现场管理、竣工资料汇总整理等服务所需的费用。总承包服务费由建设单位在招标控制价中根据总包服务范围和有关计价规定编制，施工企业投标时自主报价，施工过程中按签约合同价执行。

（2）规费和税金。内容与2.3.2.6节和2.3.2.7节相同。建设单位和施工企业均应按照省、自治区、直辖市或行业建设主管部门发布标准计算规费和税金，不得作为竞争性费用。

2.4　工程建设其他费用的构成

工程建设其他费用是指建设单位在从工程筹建起到工程竣工验收交付使用止的整个建设期间，除建筑安装工程费用和设备、工器具购置费以外的，为保证工程建设顺利完成和交付使用后能够正常发挥效用而发生的各项费用的总和。工程建设其他费用具体包括土地使用费、与项目建设有关的其他费用、与未来生产经营有关的其他费用。

2.4.1　土地使用费

土地使用费是指建设项目通过划拨或出让方式取得土地使用权而支付的土地征用及迁

移补偿费，或者通过土地使用权出让方式取得土地使用权而支付的土地使用权出让金。

（1）土地征用及迁移补偿费。指建设项目通过划拨方式取得无限期的土地使用权后，依照《中华人民共和国土地管理法》等规定支付的费用，包括征用集体土地的费用和对城市土地实施拆迁补偿所需费用。其总和一般不得超过被征土地年产值的 20 倍，土地年产值可按该地被征用前 3 年的平均产量和国家规定的价格计算。具体包括土地补偿费，青苗补偿费和被征用土地上的房屋、水井、树木等附着物补偿费，安置补助费，耕地占用税或城镇土地使用税，土地登记费及征地管理费，征地动迁费，水利水电工程、水库淹没处理补偿费等。

（2）土地使用权出让金。指建设项目通过土地使用权出让方式，取得有限期的土地使用权后，依照《中华人民共和国城镇国有土地使用权出让和转让暂行条例》规定支付的土地使用权出让金。

2.4.2 与项目建设有关的其他费用

（1）建设单位管理费。指建设项目从立项、筹建、建设、联合试运转到竣工验收交付使用全过程管理所需费用，包括以下两部分内容。

1）建设单位开办费。指新建项目为保证筹建和建设工作正常进行所需办公设备、生活家具、用具、交通工具等的购置费用。

2）建设单位经费。包括工作人员的基本工资、工资性津贴、职工福利费、劳动保护费、劳动保险费、办公费、差旅交通费、工会经费、职工教育经费、固定资产使用费、工具用具使用费、技术图书资料费、生产人员招募费、工程招标费、合同契约公证费、工程质量监督检测费、工程咨询费、法律顾问费、审计费、业务招待费、排污费、竣工交付使用清理及竣工验收费、后评价等费用；不包括应计入设备、材料预算价格的建设单位采购及保管设备材料所需的费用。

（2）研究试验费。指为建设项目提供或验证设计参数、数据资料等进行必要的研究试验及设计规定在施工中必须进行的试验、验证所需的费用，包括自行或委托其他部门研究试验所需人工费，材料费，实验设备及仪器使用费，支付的科技成果、先进技术的一次性技术转让费。

（3）勘察设计费。指为建设项目提供项目建议书、可行性研究报告及设计文件等所需费用，主要包括：编制项目建议书、可行性研究报告及投资估算、工程咨询、评价及为编制上述文件所进行勘察、设计、研究试验等所需费用；委托勘察、设计单位进行初步设计、施工图设计及概预算编制等所需费用；在规定范围内由建设单位自行完成的勘察、设计工作所需费用。

（4）工程监理费。指委托工程监理单位对工程实施监理工作所需支出的费用。

（5）工程保险费。指建设项目在建设期间根据需要，实施工程保险所需费用。它包括以各种建筑工程及其在施工过程中的物料、机器设备为保险标的的建筑工程一切险，以安装工程中的各种机器、机械设备为保险标的的安装工程一切险，以及机器损坏保险等。

（6）建设单位临时设施费。指建设期间建设单位所需临时设施的搭设、维修、摊销费用或租赁费用。临时设施包括临时宿舍、文化福利及公用事业房屋与构筑物、仓库、办公室、加工厂及规定范围内道路、水、电、管线等临时设施和小型临时设施。

（7）施工机构迁移费。指施工机构根据建设任务的需要，经有关部门决定成建制地（指公司或公司所属工程处、工区）由原驻地迁移到另一个地区的一次性搬迁费用。

（8）供电贴费。指按照国家规定，建设项目应交付的供电工程贴费、施工临时用电贴费，提供供电贴费是解决电力建设资金不足的临时对策。供电贴费是用户申请用电时，由供电部门统一规划并负责建设的 110kV 以下各级电压外部供电工程的建设、扩充、改建等费用的总称。

（9）引进技术和设备进口项目的其他费用。包括为引进技术和进口设备派出人员进行设计和联络、设备材料监检、培训等所发生的差旅费、置装费、生活费用等；国外工程技术人员来华差旅费、生活费和接待费用等；国外设计及技术资料费、专利和专有技术费，以及延期或分期付款利息；引进设备检验及商检费。

（10）工程总承包费。指具有总承包条件的工程公司，对工程建设项目从开始建设至竣工投产全过程的总承包所需费用。它包括组织勘察设计、设备材料采购、施工招标、施工管理、竣工验收的各种管理费用；不实行工程总承包的项目不计该费用。

2.4.3　与未来生产经营有关的其他费用

（1）联合试运转费。联合试运转费是指新建企业或新增加生产工艺过程的扩建企业在竣工验收前，按照设计规定的工程质量标准，进行整个车间的负荷或无负荷联合试运转所发生的费用支出超出试运转收入的亏损部分。其内容包括试运转所需的原料、燃料、油料和动力的费用，机械使用费用，低值易耗品及其他物品的购置费用和施工单位参加联合试运转人员的工资等。试运转收入包括试运转产品销售和其他收入，不包括应由设备安装工程费项下列支的单台设备调试费和试车费用。联合试运转费一般根据不同性质的项目按需要试运转车间的工艺设备购置费的百分比计算。

（2）生产准备费。生产准备费是指新建企业或新增生产能力的企业，为保证竣工交付使用而进行必要的生产准备所发生的费用。内容包括：生产人员培训费，包括自行培训、委托其他单位培训的人员的工资、工资性补贴、职工福利费、差旅交通费、学习资料费、学习费、劳动保护费等；生产单位提前进厂参加施工、设备安装、调试等，以及熟悉工艺流程及设备性能等人员的工资、工资性补贴、职工福利费、差旅交通费、劳动保护费等。

（3）办公和生活家具购置费。指为保证新建、改建、扩建项目初期正常生产、使用和管理所必须购置的办公和生活用具的费用。改建、扩建项目所需的办公和生活用具的购置费应低于新建项目相应的购置费。

2.5　预备费和建设期贷款利息

2.5.1　预备费

预备费包括基本预备费和涨价预备费。

（1）基本预备费。基本预备费是指在初步设计及概算内难以预料的工程费用。内容包括：在批准的初步设计范围内，技术设计、施工图设计及施工过程中所增加的工程费用，设计变更、局部地基处理等增加的费用；一般自然灾害造成的损失和预防自然灾害所采取的措施费用，实行工程保险的工程项目费用应适当降低；竣工验收时为鉴定工程质量对隐蔽工程进行必要的挖掘修复费用。

（2）涨价预备费。涨价预备费是指建设项目在建设期间内由于价格等变化引起工程造价变化的预测预留费用，包括人工费、设备费、材料费、施工机械的价差费，建筑安装工程费及工程建设其他费用调整，利率、汇率调整等增加的费用。

2.5.2 建设期贷款利息

建设期贷款利息是指为筹措建设项目资金发生的各项费用，包括建设期间投资贷款利息、企业债券发行费、国外借款手续费和承诺费、汇兑净损失及调整外汇手续费、金融机构手续费及为筹措建设资金发生的其他财务费用等。

复习思考题

2-1 简述我国现行工程造价的构成。

2-2 简述进口设备原价的构成。

2-3 某进口设备到岸价为 8300 万元，关税税率为 20%，增值税税率为 17%，没有消费税，则该进口设备应缴纳的增值税额为多少？

2-4 某建设项目从美国进口设备重 1000t；装运港船上交货价为 600 万美元；海运费为 300 美元/t；海运保险费和银行手续费的费率分别为 2.66‰和 5‰；外贸手续费费率为 1.5%；增值税税率为 17%；关税税率为 22%；从到货口岸至安装现场 500km，运输费为 0.5 元/(t·km)，装卸费均为 50 元/t；国内运输保险费费率为 1‰；设备的现场保管费费率为 2‰；汇率为 1 美元=6.8 元人民币。试计算该进口设备的购置费。

2-5 某项目总投资为 2000 万元，分 3 年完成。第一年投资 500 万元，第二年投资 1000 万元，第三年投资 500 万元。建设期内年利率为 10%，则该项目建设期利息为多少？

2-6 某项目建设期初静态投资为 15000 万元，建设期 3 年，第一年计划投资 40%，第二年计划投资 40%，第三年计划投资 20%，预计年均价格上涨率为 3%，则该项目建设期的涨价预备费为多少？

3 工程造价计价依据

学习目标：(1) 熟悉工程建设定额的作用和特点；(2) 掌握工程定额计价的基本方法；(3) 理解和掌握预算定额、概算定额、概算指标、费用定额的概念以及它们之间的区别与联系；(4) 明确工程造价计价依据的作用及特点。

3.1 定额原理

定额是一种规定的额度，广义地说，也是处理特定事物的数量界限。在现代社会经济生活中，定额几乎无处不在。就生产领域来说，工时定额、原材料消耗定额、原材料和成品半成品储备定额、流动资金定额等，都是企业管理的重要基础。在工程建设领域也存在多种定额，它是工程造价计价的重要依据。更为重要的是，在市场经济条件下，从市场价格机制角度，该如何看待现行工程建设定额在工程价格形成中的作用。因此，在研究工程造价的计价依据时，有必要首先对定额和工程建设定额的基本原理有一个基本认识。

3.1.1 定额的概念

定额是人们根据各种不同的需要，对某一事物规定的数量标准，是一种规定的额度。在现代社会经济生活和社会生活中，定额作为一种管理手段被广泛应用。例如分配领域的工资标准、生产和流通领域的原材料消耗标准、技术方面的设计标准等。定额已成为人们对社会经济进行计划、组织指挥、协调和控制等一系列管理活动的重要依据。

工程定额是指在正常的施工条件和合理劳动组织、合理使用材料及机械的条件下，完成单位合格产品所必须消耗资源的数量标准，其中的资源主要包括在建设生产过程中需投入的人工、机械、材料和资金等生产要素。工程定额反映了工程建设投入与产出的关系，它一般除了规定的数量标准以外，还规定了具体的工作内容、质量标准和安全要求等，是数量、质量和安全的统一体。

"正常施工条件"是指绝大多数施工企业和施工队、班组，在合理组织施工的条件下所处的施工条件。施工条件一般包括工人的技术等级是否与工作等级相符、工具与设备的种类和质量、工程机械化程度、材料实际需要量、劳动的组织形式、工资报酬形式、工作地点的组织和其准备工作是否及时、安全技术措施的执行情况、气候条件、劳动竞赛开展情况等。正常施工条件界定是定额研究对象的前提条件，因为针对不同的自然、社会、经济和技术条件，完成单位建设工程产品的消耗内容和数量是不同的。正常的施工条件应该符合有关的技术规范，符合正确的施工组织和劳动组织条件，符合已经推广的先进的施工方法和施工技术。它是施工企业和施工队（班组）应该具备也能够具备的施工条件。

"合理劳动组织、合理使用材料和机械"是指应该按照定额规定的劳动组织条件来组织生产（包括人员、设备的配置和质量标准），施工过程中应当遵守国家现行的施工规范、规程和标准等。

"单位合格产品"中的"单位"是指定额子目中规定的定额计量单位，因定额性质的不同而不同。如预算定额一般以分项工程来划分定额子目，每一子目的计量单位因其性质不同而不同。"合格"是指施工生产所完成的成品或半成品必须符合国家或行业现行的施工验收规范和质量评定标准的要求。"产品"指的是"工程建设产品"，称为工程建设定额的标定对象或研究对象。不同的工程定额有不同的标定对象，所以它是一个笼统的概念，即工程建设产品是一种假设产品，其含义随不同的定额而改变，它可以指整个工程项目的建设过程，也可以指工程施工中的某个阶段，甚至可以指某个施工作业过程或某个施工工艺环节。

由以上分析可以看出，工程定额不仅规定了建设工程投入产出的数量标准，同时还规定了具体的工作内容、质量标准和安全要求。

在理解上述工程定额的概念时，还必须注意以下两个问题：

（1）工程定额具有生产消费定额的性质。定额一般可以划分为生产性定额和非生产性定额两大类。其中，生产性定额主要是指在一定生产力水平条件下，完成单位合格产品所必需消耗的人工、材料、机械及资金的数量标准，它反映了在一定的社会生产力水平条件下的产品生产和生产消费之间的数量关系。工程建设是物质资料的生产过程，物质资料的生产过程也是生产的消耗过程。一个工程项目的建成要消耗大量的人力、物力和资金。工程定额所反映的正是在一定的生产力发展水平条件下，完成工程建设中的某项合格产品与各种生产消耗之间的特定的数量关系，同时也反映了当时的施工技术和管理水平。

（2）工程定额的定额水平反映了当时的生产力发展水平。一般把定额所反映的资源消耗量的大小称为定额水平。定额水平受一定时期的生产力发展水平的制约。一般来说，生产力发展水平高，生产效率高，生产过程中的消耗就少，定额所规定的资源消耗量应相应地降低，称为定额水平高；反之，生产力发展水平低，则生产效率低，生产过程中的消耗就多，定额所规定的资源消耗量应相应地提高，称为定额水平低。

3.1.2　定额的产生和发展

所谓定额，是进行生产经营活动时，在人力、物力、财力消耗方面应遵守或达到的数量标准。19世纪末20世纪初，在美国形成了系统的经济管理理论。定额的产生就是与管理科学的形成和发展紧密联系在一起的，它的代表人物有美国人泰勒和吉尔布雷斯夫妇等。

定额和企业管理成为一门科学是从"泰勒制"开始的，它的创始人是美国工程师泰勒（F. W. Taylor，1856~1915）。当时，美国工业发展很快，但由于传统的旧的管理方法，工人的劳动生产率低、劳动强度很高，生产能力得不到充分发挥。改善管理就成了生产发展的迫切要求，泰勒适应了这一客观要求，开始着手企业管理的研究。他提倡科学管理，进行了各种有效的试验，努力把当时科学技术的最新成就应用于企业管理。泰勒的科学管理的目标就是提高劳动生产率、提高工人的劳动效率。他突破了当时传统管理方法的羁绊，通过科学试验，对工作时间的合理利用进行细致的研究，制定出"标准"的操作方法；通过对工人进行训练，要求工人取消那些不必要的操作程序，并且在此基础上制定出较高的工时定额；用工时定额评价工人工作的好坏。为了使工人能达到定额、提高工作效率，又制定了工具、机器、材料和作业环境的标准。"泰勒制"的核心内容包括两方面：

（1）科学的工时定额。较高的定额直接体现了"泰勒制"的主要目标，即提高工人的劳动生产率、降低产品成本、增加企业盈利，而其他方面的内容则是为了达到这一主要目标制定的措施。

（2）工时定额与有差别的计件工资制度相结合。这使其本身也成为提高劳动效率的有力措施。

"泰勒制"的产生和推行，在提高劳动生产率方面取得了显著的效果，也给企业管理带来了根本性的改革和深远的影响。但是泰勒的研究完全没有考虑人作为价值创造者的主观能动性和创造性。继泰勒之后，一方面管理科学从操作方法、作业水平的研究向科学组织的研究上扩展，另一方面它也利用现代自然科学和技术科学的新成果作为科学管理的手段。管理科学的发展成果极大地促进了定额的发展。

20世纪20年代出现的行为科学，从社会学和心理学的角度，对工人在生产中的行为以及这些行为产生的原因进行分析研究，强调重视社会环境、人际关系对人的行为的影响。行为科学认为人的行为受动机支配，只要能给他创造一定的条件，他就会希望取得工作的成就，努力去达到目标。因此，行为科学主张用诱导的办法，鼓励职工发挥主动性和积极性，而不是用对工人进行管束和强制以达到提高生产效率的目的。行为科学弥补了泰勒等人科学管理的某些不足，但它并不能取代科学管理，不能取消定额。定额实际上符合社会化大生产对于效率的追求。就工时定额来说，它不仅是一种强制力量，而且也是一种引导和激励的力量，而且定额产生的信息，对于计划、组织、指挥、协调、控制等管理活动，以至决策过程都是不可或缺的；同时，一些新的技术方法在制定定额中得到运用，制定定额的范围大大突破了工时定额的内容。1945年出现了事前工时定额制定标准，即以新工艺投产之前就已经选择好的工艺设计和最有效的操作办法为制定基础编制出工时定额，其目的是降低和控制单位产品上的工时消耗。这样就把工时定额的制定提前到工艺和操作方法的设计过程之中，以加强预先控制。

综上所述，定额伴随着管理科学的产生而产生，伴随着管理科学的发展而发展。定额是管理科学的基础，它在现代化管理中一直占有重要地位。

3.1.3　工程建设定额的作用和特点

3.1.3.1　工程定额的作用

工程定额是经济生活中诸多定额中的一类。工程建设定额是一种计价依据，也是投资决策及价格决策依据，对完善我国固定资产投资市场和建筑市场都能起到作用。

（1）工程定额在工程建设中的作用。

1）工程定额是实施科学管理的必要手段。工程定额中对资金和资源的消耗标准以及施工定额提供的人工、材料、机械台班消耗标准，是企业编制施工进度计划、施工作业计划、下达施工任务，合理组织调配资源，进行成本核算的依据；是考核评比、开展劳动竞赛及实行计件工资和超额奖励的尺度；是施工企业进行投标报价的重要依据。

2）工程定额是节约社会劳动的重要手段。定额可以促使企业节约社会劳动（工作时间、原料等）和提高劳动效率、加快工作进度；可以增强市场竞争能力，降低社会成本，提高企业利润。同时，定额作为工程造价计算的重要依据，又可以促使企业自身加强管理，把社会劳动的消耗控制在合理的范围内；促使企业在投资时合理、有效的利用和分配社会劳动，提高企业的管理水平，从而提高在市场上的竞争力。

（2）工程定额在建筑市场交易中的作用。

1）工程定额有利于市场行为的规范化、促进市场公平竞争。工程定额是价格决策和投资决策的重要依据。对于施工企业来说，企业在投标报价时，只有充分考虑定额的要求，才能得到科学的、充分的数据和信息，从而做出正确的价格决策；才能占有市场优势和增加在市场竞争中的主动性。对于投资者来说，投资者可以利用定额来权衡财务状况、方案优劣、支付能力和确定控制价等，预测资金投入和预期的回报；还可以充分利用有关定额的大量信息，有效地提高项目决策的科学性，优化其投资行为。

2）工程定额有利于完善市场的信息。在市场经济中，信息是其中不可或缺的要素，它的可靠性、完备性和灵敏性是市场成熟和市场效率的标志。定额中的数据来源于大量的工程项目实践，工程定额就是把处理过的工程造价数据积累转化成一种工程造价信息，定额中的数据就是对大量市场信息的加工，也是对大量信息进行市场传递，同时也是市场信息的反馈。当信息越可靠、完备性越好、灵敏度越高时，定额中的数据就越准确，从而增加在市场竞争中的主动性。

3）工程定额是建设工程计价的依据。在编制设计概算、施工图预算、清单计价与报价、竣工结算时，确定人工、材料和施工机械台班的消耗量，进行单价计算与组价，一般都以工程定额作为计价依据。

3.1.3.2 工程定额的特点

工程定额具有以下几个特点：

（1）科学性。定额是人们生产实践的总结，其定额值的测定是在先进合理的技术条件、组织条件下，根据一般的劳动情况、技术水平，对各工序进行分解，分别测定每一工序的各种资源消耗数量，然后在反复观测、整理、分析对比的基础上才最终确定的。因此，定额的科学性一方面是指定额必须和生产力发展水平相适应；另一方面是指定额值的测定是在实践的基础上，通过科学的测定、分析、计算，用科学的方法和手段测定出来的，它符合生产消费的客观规律。

（2）指导性。运用科学的方法编制的定额具有对实际工作的指导性。在定额执行范围内的定额执行者和使用者均以该定额内容与水平为依据，以保证有一个统一的核算尺度，从而使比较、考核经济效果和有效的监督管理有了统一的标准。

（3）群众性与实践性。群众性是指它的制定和执行都具有广泛的群众基础。即广大群众是测定、编制定额的参加者；定额水平高低的取舍主要取决于群众的生产能力和创造水平；定额中的劳动消耗数量标准，是按照平均先进水平，即一般劳动量制定的，是广大群众经过努力能够实现的指标。同时由于定额广泛来源于实践而又运用于实践，因此它又具有实践性。

（4）稳定性与时效性。任何一种工程定额都是一定时期技术发展和管理水平额反映，在一段时间内，人、材、机的配置和消耗量均表现为相对稳定的状态，这是有效执行定额所必须的。定额水平是与社会生产力发展水平相适应的，当定额执行一段时间以后，随着新设备、新工艺、新材料的不断涌现，原有定额就会逐渐不适应生产力发展水平，成为落后、陈旧的定额，这时就应重新编制、修订定额，这反映了定额的时效性。但重新修订定额的时间既不宜过长，也不宜过于频繁，否则会因定额的执行时间太短而失去定额的稳定性。

3.1.4　工程定额的分类和体系

3.1.4.1　工程定额的分类

工程定额是一个综合概念，是工程建设中各类定额的总称。为了对工程建设定额有一个全面的了解，可以按照不同的原则和方法对它进行科学的分类。按不同的分类方法，工程定额可以按不同的标准进行划分，不同类型的定额其作用也不尽相同，见表3-1。

表 3-1　工程定额的分类

序号	分类依据	定额种类		备注
1	生产要素	劳动定额	时间定额	基本定额
			产量定额	
		材料消耗定额		
		机械台班定额	时间定额	
			产量定额	
2	编制程序和用途	工序定额		由劳动定额、材料消耗定额和机械台班定额组成
		施工定额		
		消耗量定额		
		综合预算定额或清单计价定额		
		概算定额		
		概算指标		
		估算指标		
		工期定额		
3	制定单位和执行范围	全国统一定额		
		行业定额		
		地区定额		
		企业定额		
		补充定额		
4	投资费用性质	直接费用定额		综合费用定额包括措施费、企业管理费、规费、利润和税金
		建筑安装工程综合费用定额		
		工、器具定额		
		工程建设其他费用定额		

续表 3-1

序号	分类依据	定额种类	备注
5	专业性质	全国通用定额	
		行业通用定额	
		专业专用定额	

（1）按生产要素分类。按定额反映的生产要素性质，工程定额可分为劳动消耗定额、材料消耗定额及机械台班消耗定额三种形式。

1）劳动消耗定额。劳动消耗定额也称"劳动定额"，是指在正常的生产条件下，完成单位合格工程建设产品所需消耗的劳动力的数量标准。劳动定额所反映的是活劳动消耗。按反映活劳动消耗的方式不同，劳动定额有时间定额和产量定额两种形式。时间定额是指为完成单位合格工程建设产品所需消耗生产工人的工作时间标准，以劳动力的工作时间消耗为计量单位来反映；产量定额是指生产工人在单位时间里必须完成工程建设产品的产量标准，以生产工人在单位时间里所必须完成的工程建设产品的数量来反映。为了便于综合和核算，劳动定额大多采用时间定额的形式。

2）材料消耗定额。材料消耗定额是指在正常的生产条件下，完成单位合格工程建设产品所需消耗的材料的数量标准。包括工程建设中使用的原材料、成品、半成品、构配件、燃料以及水、电等动力资源等。

3）机械台班消耗定额。机械台班消耗定额是指在正常的生产条件下，完成单位合格工程建设产品所需消耗的机械的数量标准。按反映机械消耗的方式不同，机械台班消耗定额同样有时间定额和产量定额两种形式。时间定额是指为完成单位合格工程建设产品所需消耗机械的工作时间标准，以机械的工作时间消耗为计量单位来反映；产量定额是指机械在单位时间里必须完成工程建设产品的产量标准，以机械在单位时间里所必须完成的工程建设产品的数量来反映。由于我国习惯上是以一台机械一个工作班（台班）为机械消耗的计量单位，所以又称为机械台班消耗定额。

在工程建设领域，任何建设过程都要消耗大量人工、材料和机械。所以把劳动消耗定额、材料消耗定额和机械台班消耗定额称为三大基本定额，它们是组成任何使用定额消耗内容的基础。三大基本定额都是计量性定额。

（2）按定额编制程序和用途分类。按照定额的编制程序和用途，可以把工程定额分为工序定额、施工定额、消耗量定额、综合预算定额或清单计价定额、概算定额、概算指标、估算指标和工期定额八种。

1）工序定额。工序定额是以个别工序为测定对象的定额。它是组成一切工程定额的基本元素。在实际施工中除了为计算个别工序的用工量外，很少采取工序定额，但它却是劳动定额形成的基础。按照某一专业平均劳动计算的工序定额可以作为衡量工序劳动绩效的标准。

2）施工定额。施工定额是指在正常施工条件下，具有合理劳动组织的建筑安装工人，为完成单位合格工程建设产品所需人工、机械、材料消耗的数量标准。它是根据专业施工的作业对象和工艺，以同一施工过程为对象制定的，也是一种计量性的定额。施工定额是施工单位内部管理的定额，是生产、作业性质的定额，属于企业定额的性质。施工定额反映了企业的施工水平、装备水平和管理水平，主要用于编制施工作业计划、施工预算、施工组织设计，签发施工任务单和限额领料单，作为考核施工单位劳动生产率水平、管理水平的标尺和确定工程成本、投标报价的依据。施工定额也是编制预算定额的依据。

3）消耗量定额。由建设行政主管部门根据合理的施工组织设计，按照正常施工条件制定的，生产一个规定计量单位工程合格产品所需人工、材料、机械台班的社会平均消耗量标准。消耗量定额反映的是人工、材料和机械台班的消耗量标准，适用于市场经济条件下建筑安装工程计价，体现了工程计价"量价分离"的原则。

4）综合预算定额或清单计价定额。综合预算定额具有概算定额和预算定额的双重作用。综合预算定额是指在合理的劳动组织和正常的施工条件下，为完成单位合格工程建设产品所需人工、机械、材料消耗的数量标准。它是根据发生在整个施工现场的各项综合操作过程和各项构件的制作过程以分部分项工程为对象制定的。在我国现行的工程造价管理体制下，预算定额是由政府授权部门根据社会平均的生产力发展水平和生产效率水平编制的一种社会标准，它属于社会性定额。综合预算定额是编制单位工程初步设计概算和施工图预算、招标工程标底及投标报价的依据，也是承发包双方编制施工图预算、签订工程承包合同以及编制竣工决算的依据。针对清单计价模式，有些省份专门编制了用于清单计价的定额，即根据清单项目内容不同，由若干个消耗量定额子目组成的综合定额。

5）概算定额。概算定额是计价性的定额，主要用于在初步设计阶段进行设计方案技术经济比较，编制初步设计概算，计算和确定工程概算造价，计算劳动、机械台班、材料需要量使用的定额。它一般是在消耗量定额的基础上或者根据历史的工程预、决算资料和价格变动等资料，以工程的扩大结构构件的制作过程甚至整个单位工程施工过程为对象制定的，是消耗量定额的综合扩大，其定额水平一般为社会平均水平。

6）概算指标。概算指标是在初步设计阶段编制工程概算，计算和确定工程的初步设计概算造价，计算人工、材料、机械台班需要量时采用的一种定额。它的设定与初步设计的深度相适应。概算指标比概算定额更加综合扩大，它一般是在概算定额和消耗量定额的基础上编制的。概算指标提供的数据也是计划工作的依据和参考，因此，它是控制项目投资的工具。

7）估算指标。投资估算指标是比概算定额更为综合、扩大的指标，是以整个房屋或构筑物为标定对象编制的计价性定额。它是在各类实际工程的概预算和决算资料的基础上通过技术分析和统计分析编制而成的。主要用于编制投资估算和设计概算，作为投资项目可行性分析、项目评估和决策等的依据；也可进行设计方案的技术经济分析，考核建设成本。

8）工期定额。工期定额是指在一定生产技术和自然条件下，完成某个单位工程平均需要的标准天数，它包括建设工期和施工工期两个层次。建设工期是指建设项目或独立的单项工程在建设过程中所耗用的时间总量。一般以月数或天数表示。它从开工建设时算起，到全部建成投产或交付使用时停止。但不包括由于决策失误而停（缓）建所延误的时间。施工工期一般是指单项工程或单位工程从开工到完工所经历的时间。施工工期是建设工期中的一部分。如单位工程施工工期，是指从正式开工起至完成承包工程全部设计内容并达到国家验收标准的全部有效天数。

工程定额中，常用施工定额、消耗量定额和概算定额。这三种定额之间的相互关系如图 3-1 所示。

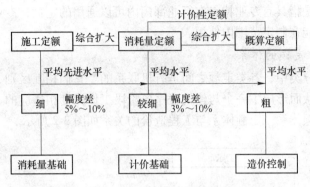

图 3-1 常用定额之间的关系

（3）按照制定单位和执行范围分类。按照制定单位和执行范围可分为全国统一定额、行业定额、地区定额、企业定额、补充定额等。

（4）按照投资的费用性质分类。按照投资的费用性质可以分为直接费用定额，建筑安装工程综合费用定额，工、器具定额和工程建设其他费用定额四类。

1）直接费用定额。包括建筑工程定额和设备安装工程定额两大类。其中，建筑工程定额在工程定额中是一种非常重要的定额。建筑工程一般指房屋和构筑物工程。具体包括一般土建工程、装饰工程、电气工程、管道工程、特殊构筑物工程等。广义的建筑工程概念几乎等同于土木工程的概念；设备安装工程定额也是整个建设工程定额中的重要组成部分。设备安装工程是对需要安装的设备进行定位、组合、校正、调试等工作的工程。在工业项目中，机械设备和电气设备安装工程占有重要地位，在非生产性的项目中，随着社会生活和城市设施的日益现代化，设备安装工程量也在不断增加。

2）建筑安装工程综合费用定额。建筑安装工程综合费用定额是直接费用定额中没有包括但又直接或间接为组织工程建设而进行的生产经营活动和扩大生产所需的各项费用。建筑安装工程综合费用定额是建筑安装工程的重要计价依据，一般以某个或多个自变量为计算基础，确定专项费用计算标准的经济文件。它包括措施项目费、企业管理费、规费、利润和税金。

3）工、器具定额。它是为新建或扩建项目投产运转首次配备的工器具的数量标准。工、器具是指按照有关规定不够固定资产标准而起劳动手段作用的工具、器具和生产用家具，如工具箱、计量器、仪器等。

4）工程建设其他费用定额。它是独立于建筑安装工程、设备和工器具购置之外的其他费用开支的标准。它的发生和整个项目的建设密切相关，其他费用定额按各项独立费用分别制定，如建设单位管理费定额、生产职工培训费定额、办公和生活家具购置费定额。工程建设的其他费用主要包括土地使用费、与项目建设有关的其他费用、与未来企业生产经营有关的其他费用三方面费用。这些费用的发生和整个项目的建设密切相关。它一般占项目总投资的 10%~40%。其他费用定额是按各项独立费用分别制定的，以便合理控制这些费用的开支。

（5）按照专业性质分类。按照工程项目的专业性质可以分为全国通用定额、行业通用定额和专业专用定额三类。其中，全国通用定额是指在部门间和地区间都可以使用的定额；行业通用定额是指具有专业特点在行业部门内可以通用的定额；专业专用定额是指特殊专业的定额，只能在制定范围内使用。

3.1.4.2　工程定额的体系

在工程定额的分类中，各类定额之间是有机联系的。它们相互区别、相互交叉、相互补充、相互联系，从而形成了一个与建设程序各阶段工作深度相适应的、层次分明、分工有序的庞大工程定额体系。定额体系与工程造价的关系如图 3-2 所示。

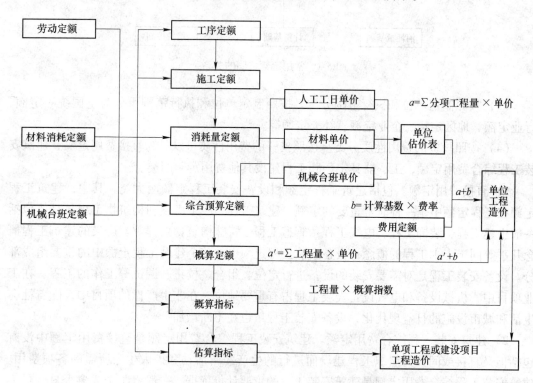

图 3-2　定额体系与工程造价的关系图

3.2　企业定额与施工定额

3.2.1　企业定额概述

3.2.1.1　企业定额概念、分类及作用

（1）企业定额概念。企业定额是指企业根据自身的技术水平和管理水平，编制完成单位合格产品所必需消耗的人工、材料和施工机械台班等的数量标准。企业定额反映企业的施工生产与生产消费之间的数量关系，是施工企业生产力水平的体现。企业的技术和管理水平不同，企业定额的定额水平也就不同，它是企业参与市场竞争的核心竞争能力的具体表现。企业定额水平一般应高于国家现行定额水平，这样才能满足生产技术发展、企业管理和市场竞争的需要，才能在激烈的市场竞争中赢得利润。

（2）企业定额的分类。企业定额包括企业的计量定额、直接费定额和费用定额三个部分，而计量定额是其他定额编制的基础。

1）计量定额。计量定额是以工作内容为对象，以各种生产要素消耗量形式表现的定额。主要包括劳动定额、材料消耗定额、材料损耗率定额、机械使用定额、机械台班费用定额等。这些定额的编制除了参考全国统一建设工程基础（或消耗量）定额的编制方法和内容外，还要考虑企业的具体情况，如企业的劳动力搭配情况、机械设备装备情况、材料利用及来源。

2）直接费定额。直接费定额是根据企业的计量定额所列的各种生产要素消耗量与其单价综合而成的，包括人工费、材料费、机械费、设备费等。各种要素的单价要结合市场行情和企业自身的承受能力灵活确定。

3）费用定额。费用定额是直接费定额中没有包括而又直接或间接地为组织工程建设所进行的生产经营活动所需的费用。费用定额的编制应根据国家对建设工程费用定额项目划分的原则确定项目，根据建筑市场竞争状况、企业的财务状况以及企业对某一特定项目的预期目标而采用灵活的策略，具体确定计算尺度。

这三种定额内容不同，使用时间的长短也不同，相辅相成。计量定额只受企业素质等重大因素的影响，一定时期内保持相对稳定，但在国家政策有重大变化时应及时调整；直接费定额和费用定额受价格因素的直接影响，并且价格因素处于不稳定之中，因此计价定额应因时、因地、因事进行调整。

（3）企业定额的构成及表现形式。企业定额的构成及表现形式因企业的性质不同、取得资料的详细程度不同、编制的目的不同、编制的方法不同而不同。其构成及表现形式主要有企业劳动定额、企业材料消耗定额、机械台班使用定额、企业施工定额、企业定额估价表、企业定额标准、企业产品出厂价格、企业机械台班租赁价格等。

（4）企业定额的作用。

1）企业定额是企业管理和施工计划管理的基础。企业定额在企业计划管理方面的作用，表现在它既是企业编制施工组织设计的依据，也是企业编制施工作业计划的依据，同时还是投标报价的依据。

2）企业定额是组织和指挥施工生产的有效工具。企业组织和指挥施工班组进行施工，是按照作业计划，通过下达施工任务单和限额领料单来实现的。

施工任务单，既是下达施工任务的技术文件，也是班组经济核算的原始凭证。它列出了应完成的施工任务和要求，并且是进行班组或工人工资结算的依据。

限额领料单是项目部随施工任务单同时签发的领取材料的凭证。这一凭证是根据施工任务和施工的材料定额填写的。其中领料的数量，是班组为完成规定的工程任务消耗材料的最高限额。这一限额也是评价班组完成任务情况的一项重要指标。

3）企业定额是计算工人劳动报酬的根据。企业定额是衡量工人劳动数量和质量、计算工人工资的基础依据，真正体现按劳取酬的分配原则。

4）企业定额是企业激励工人的条件。企业定额是实现激励的标准尺度。完成和超额完成定额，不仅能获取更多的工资报酬，而且也能满足自尊和获取他人（社会）认同的需要，并且进一步满足尽可能发挥个人潜力以实现自我价值的需要。

5）企业定额有利于推广先进技术。企业定额水平中包含着某些已成熟的先进的施工技术和经验，工人要达到和超过定额，就必须掌握和运用这些先进技术。

6）企业定额是编制施工预算、加强企业成本管理的基础。施工预算是施工单位用以确定单位工程人工、机械、材料和资金需要量的计划文件。施工预算以施工定额为编制基础，既反映设计图的要求，也考虑在现有条件下可能采取的节约人工、材料和降低成本的各项具体措施。严格执行施工定额不仅可以起到控制成本、降低费用开支的作用，还可以为企业加强班组核算和增加盈利，创造良好的条件。

7）企业定额是施工企业进行工程投标、编制投标报价的主要依据。在确定工程投标报价时，首先是依据企业定额计算出施工企业拟完成投标工程的计划成本。在掌握工程成本的基础上，再根据所处的环境和条件，确定在该工程上拟获得的利润、预计的工程风险费用和其他应考虑的因素，从而确定投标报价。

3.2.1.2　企业定额编制的原则

（1）平均先进性原则。平均先进是就定额的水平而言。所谓平均先进水平是在正常的施工条件下，使大多数生产工人经过努力可以达到或超过定额，并促使少数工人可赶上或接近的水平。这种水平使先进者有一定压力，使中间水平者感到可望可及，使落后者感到一定危机，使他们认识到必须努力改善施工条件，提高技术水平和管理水平，尽快达到定额水平。

（2）简明适用性原则。劳动定额的内容和项目划分，需满足施工管理的各项要求，如计件工资的计算、签发任务单、制定计划等。对常用的、主要的工程项目要求划分粗细适当、简单明了、适用性强。

（3）以专家为主编制定额的原则。企业定额的编制要有一支经验丰富、技术与管理知识全面、有一定政策水平的稳定的专家队伍，同时也要注意必须走群众路线，这在现场测定和组织新定额试点时尤为重要。

（4）独立自主的原则。企业独立自主地制定定额，主要是自主地确定定额水平，自主地划分定额项目，自主地根据需要增加新的定额项目。但是，企业定额毕竟是一定时期企业生产力水平的反映，它不可能也不应该割断历史。因此，企业定额应是对原有国家、部门和地区性施工定额的继承和发展。

（5）动态管理原则。企业定额是一定时期内技术发展和管理水平的反映，在一段时期内表现出稳定的状态。而这种稳定性又是相对的，它具有显著的时效性。当企业定额不再适应市场竞争和成本控制的需要时，就需要重新编制或修订，否则就会挫伤群众的积极性，甚至产生负面效应。

（6）保密原则。企业定额的指标体系及标准要严格保密，如被竞争对手获取，会使企业陷入十分被动的境地，给企业带来不可估量的损失。

3.2.2　施工过程和工作时间研究

制定企业施工定额时，首先要对影响定额水平和项目划分的各种因素进行分析，其主要工作是研究工时消耗，即科学地区分定额时间和非定额时间，合理地采取措施，使非定额时间降到最低限度。

3.2.2.1　施工过程

（1）施工过程的概念。施工过程是为了完成某一项施工任务，在施工现场进行的生产过程。施工过程可大可小，大到一个建设项目，小到一个工序，其最终目的是要建造、改建、扩建、修复或拆除工业及民用建筑物和构筑物的全部或一部分，如砌筑墙体、粉刷墙面、安装门窗、敷设管道等都是施工过程。

每个施工过程的目的是要获得一定的产品，该产品既可能是改变了劳动对象的外表形态、内部结构或性质，也可能是改变了劳动对象的位置等。施工过程中所获得的产品必须符合建筑和结构设计及现行技术规范的要求。只有合格的产品才能计入施工过程中消耗工作时间的劳动成果。

施工过程与其他物质生产过程一样，包括一般所说的生产三要素，即劳动者、劳动对象、劳动工具。施工过程的基本内容是劳动过程，即不同工种、不同技术等级的施工工人，使用各种劳动工具（手动工具、小型机具和大中型机械及用具等），按照一定的施工工序和操作方法，直接或间接作用于各种劳动对象（各种建筑、装饰材料、半成品、预制品和各种设备、零配件等），使其按照人们预定的目的，生产出合格建筑产品的过程。

每一个施工过程的完成，均需具备下述四个条件：1) 具有完成施工过程的劳动者、劳动工具和劳动对象；2) 具有完成施工过程的工作地点，即施工过程所在地点、活动空间；3) 具有为完成施工过程的空间组织，即施工现场范围内的"七通一平"、建筑与装饰材料、工器具的存放等空间相对位置的布置；4) 具有为完成施工过程的指挥、协调等组织管理工作。

施工过程除上述劳动过程的基本内容外，对某些产品的完成还需要借助于自然力的作用。通过自然过程使劳动对象发生某些物理的或化学的变化，如混凝土浇灌后的自然养护、门窗油漆的干燥等。因此，施工过程通常是在许多相关联的劳动过程和自然过程的有机结合下完成的。

施工过程需要合理的组织，这既是社会化大生产的客观要求，也是提高经济效益的重要保证。只有对施工过程中的劳动者、劳动工具、劳动对象以及自然过程中的各个环节、阶段和工序进行优化合理安排，使施工过程在空间上、时间上衔接平衡，紧密配合，形成一个协调的施工系统，才能保证产品生产工艺流程最短、时间最省、消耗最少，并按预先规定的工程结构、质量、数量和期限等全面完成施工生产任务。要实现这一目标，就需要分析研究施工活动中的全部工时消耗，对不必要的工时消耗采取措施予以消除或减少，以便正确制定劳动定额，使其切合生产实际，符合预定目标，不断提高劳动生产率。

（2）施工过程的分类。对施工过程的研究，首先是对施工过程进行分类，并对施工过程的组成及其各组成部分的相互关系进行分析。按不同的分类标准，施工过程可以分成不同的类型。

1) 按施工的性质不同，可以分为建筑过程、安装过程和建筑安装过程。建筑过程是指工业与民用建筑的新建、恢复、改建、移动或拆除的施工过程；安装过程是指安装工艺设备或科学实验等设备的施工过程，以及用大型预制构件装配工业和民用建筑的施工过程；现代建筑技术的发展和新型建筑材料的应用，使建筑过程和安装过程往往交错进行，难以区分，在这种情况下进行的施工过程就称为建筑安装过程。

2) 按操作方法不同，可以分为手工操作过程、机械化过程和人机并作过程（半机械化过程）。手动过程是指劳动者从事体力劳动，在无任何动力驱动的机械设备参与下所完成的施工过程；机动过程是指劳动者操纵机器所完成的施工过程；机手并动过程是指劳动者利用由动力驱动的机械所完成的施工过程。

3）按施工过程劳动分工的特点不同，可以分为个人完成的过程、工人班组完成的过程和施工队完成的过程。

4）按施工过程组织上的复杂程度，可以分为工序、工作过程和综合工作过程。

① 工序。工序是组织上不可分开和操作上属于同一类的作业环节。工序的主要特征是劳动者、劳动对象、使用的劳动工具和材料均不发生变化。如果其中有一个因素发生了变化，就意味着从一个工序转入了另一个工序。从施工的技术操作和组织的观点看，完成一项施工活动一般要经过若干道工序。例如，生产工人在工作面上砌筑砖墙这一施工过程，一般可以划分成铺砂浆、砌砖、刮灰缝等工序；现场使用混凝土搅拌机搅拌混凝土，一般可以划分成将材料装入料斗、提升料斗、将材料装入搅拌机鼓筒、开机拌和及料斗返回等工序；钢筋工程一般可以划分成调直、除锈、切断、弯曲、运输和绑扎等工序。

工序又可以分为更小的组成部分——操作和动作。操作是一个动作接一个动作的组合，如钢筋剪切可以划分为到钢筋堆放处取钢筋、把钢筋放到作业台上、操作钢筋剪切机、取下剪切完的钢筋等操作。动作是由每一个操作分解的一系列连续的针对劳动对象所做出的举动，如到钢筋堆放处取钢筋，可以划分为走到钢筋堆放处、弯腰、抓取钢筋、直腰、回到作业平台等动作。

将一个施工过程分解成一系列工序的目的，是为了分析、研究各工序在施工过程中的必要性和合理性。测定每个工序的工时消耗，分析各工序之间的关系及其衔接时间，最后测定工序上的时间消耗标准。一般来说，测定定额只分解到工序为止。

② 工作过程。工作过程是由同一工人或同一工人班组所完成的在技术操作上相互有机联系的工序的总和。其特点是在此过程中生产工人的编制不变、工作地点不变，而材料和工具则可以发生变化。例如，同一组生产工人在工作面上进行铺砂浆、砌砖、刮灰缝等工序的操作，从而完成砌筑砖墙的生产任务。在此过程中生产工人的编制不变、工作地点不变，而材料和工具则发生了变化，由于铺砂浆、砌砖、刮灰缝等工序是砌筑砖墙这一生产过程不可分割的组成部分，它们在技术操作上相互紧密地联系在一起，所以这些工序共同构成一个工作过程。再如，现场生产工人进行装料入斗、提升料斗、材料入鼓、开机拌和及料斗返回等工序的操作，从而完成使用混凝土搅拌机搅拌混凝土这一生产过程的生产任务。所以，上述这些工序共同构成一个工作过程。从施工组织的角度看，工作过程是组成施工过程的基本单元。

③ 综合工作过程。综合工作过程是同时进行的、在施工组织上有机地联系在一起的、最终能获得一种产品的工作过程的总和。其范围可大到整个工程或小到某个构件，例如，混凝土构件现场浇筑的生产过程，是由搅拌、运送、浇捣及养护混凝土等一系列工作过程组成的；钢筋混凝土梁、板等构件的生产过程，是由模板工程、钢筋工程和混凝土工程等一系列工作过程组成的；建筑物土建工程，是由土方工程、钢筋混凝土工程、砌筑工程、装饰工程等一系列工作过程组成的。

5）按施工工序是否重复循环，分为循环施工过程和非循环施工过程。施工过程的工序或其组成部分，如果以同样次序不断重复，并且每经一次重复都可以生产同一种产品，就称为循环的施工过程；反之，若施工过程的工序或其组成部分不是以同样的次序重复，或者生产出来的产品各不相同，这种施工过程就称为非循环的施工过程。

6）根据施工各阶段工作在产品形成中所起作用分类，分为：① 施工准备过程。施工准备过程是指在施工前所进行的各种技术、组织等准备工作。如编制施工组织设计、现场准备、原材料的采购、机械设备进场、劳动力的调配和组织等。② 基本施工过程。基本施工过程是指为完成建筑工程或产品所必须进行的生产活动。如基础打桩、墙体砌筑、构件吊装、门窗安装、管道铺设、电器照明安装等。③ 辅助施工过程。辅助施工过程是指为保证基本施工过程正常进行所必需的各种辅助性生产活动。如施工中临时道路的铺筑、临时供水、照明设施的安装，机械设备的维修保养等。④ 施工服务过程。施工服务过程是指为保证实现基本和辅助施工过程所需要的各种服务活动。如原材料、半成品、机具等的供应、运输和保管，现场清理等。上述四部分既有区别，又互相联系，其核心是基本施工过程。

7）按劳动者、劳动工具、劳动对象所处位置和变化分类，每一施工过程又可分为：① 工艺过程。工艺过程是指直接改变劳动对象的性质、形状、位置等，使其成为预期的建筑产品的过程。如房屋建筑中的挖基础、砌砖墙、粉刷墙面、安装门窗等。由于工艺过程是施工过程中最基本的内容，因而它是工作研究和制定劳动定额的重点。② 搬运过程。搬运过程是指将原材料、半成品、构件、机具设备等从某处移动到另一处，保证施工作业顺利进行的过程。但操作者在作业中随时拿起或存放在工作地的材料等，是工艺过程的一部分，不应视为搬运。如砌砖工将已堆放在砌筑地点的砖块拿起砌在砖墙上，这一操作就属于工艺过程，而不应视为搬运过程。③ 检验过程。检验过程主要包括对原材料、半成品、构配件等的数量、质量进行检验，判定其是否合格、能否使用；对施工活动的成果进行检测，判别其是否符合质量要求；对混凝土试块、关键零部件进行测试以及作业前对准备工作和安全措施进行检查等。检验工作一般分为自检、互检和专业检。

在施工过程分类的基础上，对某个工作过程的各个组成部分之间存在的相互关系进行分析，目的是全面地确定工作过程各组成部分在工艺逻辑和组织逻辑上的相互关系，为时间测量创造条件。

（3）施工过程的研究。施工过程的研究需采用适当的研究方法，对被研究的施工过程展开系统的、逐项的分析、记录和考察、研究，以求得在现有设备技术条件下改进落后和薄弱的工作环节，获得更有效、更经济的施工程序和方法。对于施工过程研究的工作方法主要有模型法和动作分析法等，模型法主要包括实物模型、图式模型和数学模型三种；动作分析主要包括动作要素研究和动作经济原理研究两方面内容。因使用工具、设备的不同，施工过程分为手动施工过程（如砌筑砖墙）和机械施工过程（如预制构件吊装）。每一施工过程都是由一系列工序连贯而成的。

3.2.2.2　工作时间分析

所谓工作时间，就是工作班的延续时间。工作时间是按现行制度规定的八小时工作制的工作时间，午休时间不包括在内。研究施工中的工作时间，最主要的目的是确定劳动定额，而其研究前提是，应对工作时间按其消耗性质进行分类。对工作时间消耗的分析研究，可分为两个系统进行，即工人工作时间消耗和施工机械工作时间消耗。

A　工人工作时间

工人工作时间可分成定额时间和非定额时间两部分。定额时间是指为完成某一部分建筑产品所必需耗用的时间；非定额时间是指非生产必需的时间，也就是损失时间，如图3-3 所示。

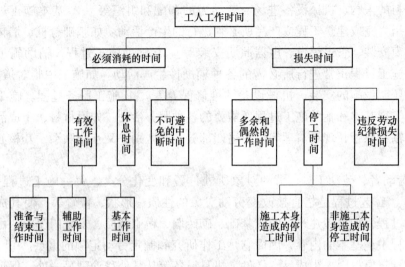

图 3-3 工人工作时间分类

（1）定额时间由有效工作时间、休息时间及不可避免的中断时间三部分组成。

1）有效工作时间是从生产效果看与产品生产直接有关的时间消耗。其中包括基本工作时间、辅助工作时间、准备与结束工作时间的消耗。

① 准备与结束工作时间。这是指在工作开始前的准备工作和结束工作所消耗的时间。准备与结束工作时间可分班内的准备与结束工作（如工作班中的领料、领工具、布置工作地点、检查、清理及交接班等）时间、任务内的准备与结束工作（如接受任务书、技术交底、熟悉施工图等及与整个任务有关的准备与结束工作）时间。

② 基本工作时间。基本工作时间是工人完成产品的施工工艺过程（基本工作）消耗的时间。通过这些工艺过程可以使材料改变外形结构与性质，可以使预制构配件安装组合成型。基本工作时间包括的内容依工作性质各不相同，基本工作时间的长度和工作量大小成正比例。

③ 辅助工作时间。辅助工作时间是指为了保证基本工作正常进行所必需的辅助性工作所消耗的时间。如转移工作位置，校正、移动临时性工作台等。辅助工作时间里不能使产品的形状大小、性质或位置发生变化。

2）休息时间是工人在工作过程中为恢复体力所必需的短暂休息和生理需要的时间消耗。这种时间是为了保证工人精力充沛地进行工作，所以在定额时间中必须进行计算。休息时间的长短与劳动性质、劳动条件、劳动强度和劳动危险性等密切相关。

3）不可避免的中断时间是由于施工工艺特点引起的工作中断所必需的时间。与施工过程工艺特点有关的工作中断时间，应包括在定额时间内，但应尽量缩短此项时间消耗。如汽车司机在装、卸车期间的中断时间。与工艺特点无关的工作中断所占用时间，是由于劳动组织不合理引起的，属于损失时间，不能计入定额时间。

（2）非定额时间由多余工作和偶然工作、停工及违反劳动纪律的损失时间三部分组成。非定额时间即损失时间。

1）多余工作就是工人进行了任务以外的工作而又不能增加产品数量的工作。如重砌质量不合格的墙体。多余工作的工时损失，一般都是由于工程技术人员和工人的差错而引起的，因此，不应计入定额时间中。

2）偶然工作也是工人在任务外进行的工作，但能够获得一定产品。如抹灰工不得不补上偶然遗留的墙洞等。从偶然工作的性质来看，在定额中不应考虑它所占用的时间，但是由于偶然工作能获得一定产品，拟定定额时要适当考虑它的影响。

3）停工时间是工作班内停止工作造成的工时损失。停工时间按其性质可分为施工本身造成的停工时间和非施工本身造成的停工时间两种。施工本身造成的停工时间是由于施工组织不善、材料供应不及时、工作面准备工作做得不好、工作地点组织不良等情况引起的停工时间。非施工本身造成的停工时间是由于停电等外因引起的停工时间。

4）违反劳动纪律造成的工作时间损失是指工人迟到、早退、擅离工作岗位、工作时间内聊天等造成的工时损失。

B 机械工作时间

机械工作时间分类如图 3-4 所示。机械工作时间亦分成定额时间与非定额时间两部分。

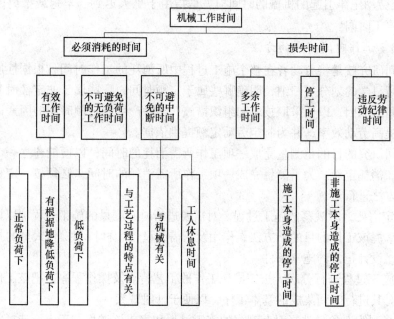

图 3-4 机械工作时间分类

（1）定额时间由有效工作时间、不可避免的无负荷时间及不可避免的中断时间三部分组成。

1）有效工作时间中又包括正常负荷下、有根据地降低负荷下和低负荷下的工作时间。正常负荷下的工作时间包括由于技术原因，机械可能低于规定负荷下工作的情况。如汽车运载重量轻的货物而不能达到规定载重吨位。降低负荷的工作时间是指由于管理失职、机械陈旧或故障原因所导致的损失时间。

2）不可避免的无负荷工作时间是指由于施工工艺和组织的特点所引起的机械无负荷工作时间，例如筑路机在工作区末端调头等。它又分循环不可避免无负荷工作时间及定时不可避免的无负荷工作时间。

3）不可避免的中断时间有以下三种原因：① 与操作有关的不可避免的中断时间。如载重汽车在装卸车时的中断时间、转移工作地点的中断时间。② 与机械有关的不可避免的中断时间。如机械准备与结束工作时的中断时间、正常维修保养机械时的中断时间等。③ 工人休息时间。这是指当使用机械的工人必须休息时，使机械暂时中断的时间。

（2）非定额时间包括多余和偶然工作时间、停工时间及违反劳动纪律时间等。

1）机械的多余工作时间包括两个方面：一是机械进行任务内和工艺过程内未包括的工作而延续的时间。如工人没有及时供料而使机械空运转的时间；二是机械在负荷下所做的多余工作，如混凝土搅拌机搅拌混凝土时超过规定搅拌时间。

2）机械的停工时间按其性质也可分为施工本身和非施工本身造成的停工。前者是由于施工组织得不好而引起的停工现象，如临时没有工作面、未能及时供给机械用水、未及时供给机械燃料而引起的停工；后者是由于气候条件所引起的停工现象，如暴雨时压路机的停工。

3）违反劳动纪律引起的机械的时间损失是指由于工人迟到、早退或擅离岗位等原因引起的机械停工时间。

3.2.2.3　工作时间研究的方法

工作时间研究就是将劳动者在整个施工过程中所消耗的工作时间，根据性质、范围和具体情况进行科学的划分、归纳，明确哪些属于定额时间，哪些属于非定额时间，找出造成非定额时间的原因，以便采取技术和组织措施，消除产生非定额时间的因素以充分利用工作时间，提高劳动效率，并为制定劳动定额提供依据。

工作时间研究的目的是测量完成一项工作所需消耗的时间，以便能建立一个工人或一台机械的生产消耗定额。为了测量完成一项工作所需消耗的时间，必须按一定程序并采用计时观察的方法进行。

（1）确定需要计时观察的施工过程。对需要进行时间测量的施工过程加以详细调查和分析，充分掌握该工作的目的、方法、作用及所需的设备、材料和操作人员的技术水平等限定性条件，设计正常的施工条件。

（2）对施工过程进行分解。按完成该工作的工艺特点及操作程序，把该工作分解成一系列有利于对其进行时间集成的基本工序，以便于计时观察。

（3）选择观察对象。选择对其观察的施工过程和完成该过程的工人。选择的施工过程要完全符合正常施工条件，选择的工人应具有熟练的工作技能，他所承担的工作与其技术等级相符。

（4）计时观察。对每一个工序所需要的时间进行实际测定。对时间进行测量时，一般采用测量者直接对完成基本操作过程所需的时间进行观察记录，具体方法有测时法、写实记录法和工作日写实法。在实测基本操作所需的时间时，必须按规范操作，这样可以减少测时误差。测时的同时，还应记录实物和劳务产量，记录施工过程所处的施工条件和确定影响工时消耗的因素。

（5）确定每一基本操作的基本时间。即使同一个操作人员，在多次反复操作中，对同一基本操作所费的时间也不一定相同。通常把多次测试所得的一系列时间消耗的平均值作为该基本操作的"基本时间"。

（6）确定所测量的工作的基本时间。根据该工作的工艺特点及操作程序，对基本操作的标准时间进行综合，不是把一系列基本操作的标准时间进行简单的相加，而是必须根据该工作的工艺特点及操作程序进行综合汇总。

（7）确定适当的时间损耗率。为了得到一个切合实际的时间消耗标准，还要考虑一个合理的时间损耗率。时间损耗率的确定可以采用现场写实记录或统计分析等方法。

（8）确定该项工作的时间消耗标准。把完成工作的基本时间加上合理的时间损耗即得到该工作的标准的时间消耗，该标准的时间消耗是编制定额的基础。

时间研究的方法试图运用现场测量和统计分析的原理，排除施工过程中的一系列影响工作效率的干扰因素，从而确定在既定的标准工作条件下的时间消耗标准，为完成某项施工作业确定合适的时间标准。必须明确的是，时间研究只有在环境条件、设备条件、工具和材料条件、管理条件等工作条件不变，且都已标准化、规范化的前提下，才是有效的。其不能从一个无组织、无效率的施工现场中得来。因为完成同样一项工作，在不同的施工现场条件下所花费的工作时间是不一样的。尤其是在建筑业，由于建筑工程的单件性，而且施工过程受到的干扰因素多，完成某项工作时的工作条件和现场环境相对不稳定，操作的标准化、规范化程度低，所以标准化的时间研究有困难，但它还是在建筑业的定额管理工作中发挥着重要的作用。通过改善施工现场的工作条件以提高操作的标准化和规范化，时间研究将在建筑业的管理工作中发挥越来越重要的作用。

3.2.3　企业施工定额的编制

施工定额是以同一性质的施工过程或工序为测算对象，确定建筑安装工人在正常的施工条件下，为完成某种单位合格产品的人工、材料和机械台班消耗的数量标准。施工定额由人工消耗定额、材料消耗定额和机械台班消耗定额组成，是最基本的定额。施工定额是企业定额的一种。施工定额的内容虽近似于预算定额，但由于施工定额与预算定额的作用不同，所以二者之间是有差别的，一般施工定额较预算定额细致，是预算定额编制的基础。施工定额是控制和考核工程成本的重要依据，其水平高低，关系到国家、集体和个人三者利益的分配。因此，施工定额的水平应当是平均先进水平。

施工定额制定实施后，还应根据新技术和先进施工经验的情况，适时进行修订。对于已经成熟并得到普遍推广的先进技术和经验，应作为确定定额水平的依据，将已经提高了的社会生产力水平肯定下来。

3.2.3.1　人工消耗定额的编制原理

（1）人工消耗定额的概念及表达形式。人工消耗定额即劳动消耗定额，简称劳动定额或人工定额，它是指在正常施工技术条件和合理劳动组织条件下，为完成单位合格产品的施工任务所需消耗的工作时间，或在一定的工作时间中生产工人必须完成合格产品的施工任务的数量。它分时间定额和产量定额两种形式。

1）时间定额。时间定额是完成单位合格工程建设产品的施工任务所必需消耗的工时数量。它以正常的施工技术和合理的劳动组织为条件，以一定技术等级的工人小组或个人完成质量合格的工程建设产品的施工任务为前提。

时间定额包括准备与结束工作时间、基本工作时间、辅助工作时间、不可避免的中断时间和必需的休息时间。时间定额以一个工人 8 小时工作日的工作时间为 1 个"工日"单位。

$$单位产品的时间定额（工日）= 1 \div 每工日的产量 \qquad (3-1)$$

2）产量定额。产量定额是指在单位时间（一个工日）内必须完成质量合格产品的施工任务的数量。产量定额同样是要以正常的施工技术和合理的劳动组织为条件，以一定技术等级的工人小组或个人完成质量合格产品的施工任务为前提。从以上有关时间定额和产量定额的概念可以看出，时间定额与产量定额二者是互为倒数的关系，即：

$$每工日的产量定额 = 1 \div 单位产品的时间定额（工日） \qquad (3-2)$$

（2）拟定正常的施工条件。编制劳动定额时拟定正常的施工条件包括：

1）拟定工作地点的组织。工作地点应清洁，有秩序，工人操作时不受妨碍，施工所需的工具和材料的放置位置应妥当，便于取用，以提高工作效率。

2）拟定工作组成。将工作过程按劳动分工划分为若干工序，以达到合理地使用工人。

3）拟定合理的工人编制。确定小组人数、技术工人配备，以及劳动的分工与协作，使每个工人都能发挥作用，均衡地担负工作。

（3）定额消耗量的确定方法。包括技术测定法、比较类推法、统计分析法和经验估计法。

1）技术测定法。这是指应用前述的时间研究的方法获得工时消耗数据，进而制定劳动消耗定额的方法。其程序如下：① 根据观察测时资料确定被选定的工作过程（施工定额标定对象）中各工序的基本工作时间和辅助工作时间。② 确定不可避免的中断时间、准备与结束工作时间以及休息时间占工作班延续时间的百分比。在确定不可避免的中断时间时，必须注意区别两种不同的情况：一种是由于班组工人所担负的任务不均衡引起的中断，这种工作中断不应计入施工定额的时间消耗中，而应该通过改善班组人员编制、合理进行劳动分工来克服；另一种情况是由工艺特点所引起的不可避免的中断，此项工作的时间消耗可以列入工作过程的时间定额。不可避免的中断时间根据测时资料通过整理分析获得。由于工作过程中不可避免的中断发生较少，加之不易获得充足的资料，也可以根据经验数据，以占工作日的一定百分比确定此项工时消耗的时间定额。休息时间是工人恢复体力所必需的时间，应列入工作过程时间定额。休息时间应根据工作班作息制度、经验资料、观察测时资料以及对工作的疲劳程度作全面分析来确定。应考虑尽可能利用不可避免的中断时间作为休息时间。准备与结束工作时间的确定也应根据工作班的作息制度、经验资料、观察测时资料等做出全面分析来确定。③ 计算各工序的标准时间（包括基本工作和辅助工作）消耗，并按该工作过程中各工序在工艺及组织上的逻辑关系进行综合，把各工序的标准时间综合成工作过程的标准时间消耗，该标准时间消耗即为该工作过程的定额时间。

2）比较类推法。比较类推法是借助一个已精确测定好的典型项目的定额，类推出同类型其他相邻项目的定额的方法。这种方法计算简便而准确，但选择典型定额务必恰当而合理，类推计算结果有的需要做一定调整。适用于制定规格较多的同类型工作过程的劳动定额。

3）统计分析法。统计分析法是根据记录统计资料，利用统计学原理，将以往施工中所积累的同类型工程项目的工时耗用量加以科学的分析、统计，并考虑施工技术与组织变化的因素，经分析研究后制定劳动定额的一种方法。

采用统计分析法符合实际，适用面广，但前提是需有准确的原始记录和统计工作基础，并且选择正常的及一般水平的施工单位与班组，同时还要选择部分先进和落后的施工单位与班组进行分析和比较，为了使定额保持平均先进水平，必须采用从统计资料中求平均先进值的方法。

4）经验估计法。此法适用于制定那些次要的、消耗量小的、品种规格多的工作过程的劳动定额，完全是凭借经验。根据分析图纸、现场观察、分解施工工艺、组织条件和操作方法来估计。

采用经验估计法时，必须挑选有丰富经验的、秉公正派的工人和技术人员参加，并且要在充分调查和征求群众意见的基础上确定。在使用中要统计实耗工时，当与所制定的定额相比差异幅度较大时，说明所估计的定额不具有合理性，要及时修订。

3.2.3.2　材料消耗定额的编制原理

A　材料消耗定额的概念

材料消耗定额是指在合理使用材料的条件下，完成单位合格工程建设产品的施工任务所需消耗一定品种、一定规格的建筑材料（包括半成品、燃料、配件、水、电等）的数量标准。

在我国的建设工程成本构成中，材料费比重最高，平均占 60%～70%。材料消耗量的多少、消耗是否合理，关系到资源的有效利用，对建设工程的造价和成本控制有着决定性影响。

材料消耗定额在很大程度上可以影响材料的合理匹配和使用。在产品生产数量和材料质量一定的情况下，材料的供应计划和需求都会受材料定额的影响。重视和加强材料定额管理，制定合理的材料消耗定额，是编制材料需要量计划、运输计划、供应计划，签发限额领料单和进行经济核算的根据。制定合理的材料消耗定额，是组织材料的正常供应，保证生产顺利进行，以及合理利用资源，减少积压、浪费的必要前提。

B　材料定额消耗量的构成

施工中材料的消耗，一般可分为必需消耗的材料和损失的材料两类。其中必需消耗的材料是确定材料定额消耗量所必须考虑的消耗；对于损失的材料，由于它属于施工生产中不合理的耗费，可以通过加强管理来避免这种损失，所以在确定材料定额消耗量时一般不考虑损失材料的因素。

所谓必需消耗的材料，是指在合理用料的条件下，完成单位合格工程建设产品的施工任务所必需消耗的材料。它包括直接用于工程（即直接构成工程实体或有助于工程形成）的材料、不可避免的施工废料和不可避免的材料损耗。其中直接用于工程的材料数量，称为材料净耗量；不可避免的施工废料和材料损耗数量，称为材料合理损耗量。

$$材料消耗量 = 材料净耗量 + 材料合理损耗量 \qquad (3\text{-}3)$$

材料合理损耗量是不可避免的损耗。例如，在操作面上运输及堆放材料时，在允许范围内不可避免的损耗、加工制作中的合理损耗及施工操作中的合理损耗等。常用计算式为：

$$材料合理损耗量 = 材料消耗量 \times 材料损耗率 \qquad (3\text{-}4)$$

材料的损耗量与材料的消耗量之比的百分数为材料的损耗率。材料的损耗率通过观测和统计确定。在定额编制过程中，一般可以使用观测法、试验法、统计法和理论计算法等四种方法确定材料的定额消耗量。

C   材料消耗量的确定方法

材料消耗量的确定方法如下：

（1）观测法。观测法亦称现场测定法，是在合理使用材料的条件下，在施工现场按一定程序对完成合格工程建设产品施工任务的材料耗用量进行测定，通过分析、整理，最后得出材料消耗定额的方法。

（2）试验法。试验法是指在材料实验室中进行试验和测定数据，例如，以各种原材料为变量因素，求得不同强度等级混凝土的配合比，从而计算出每立方米混凝土的各种材料耗用量。

（3）统计法。统计法是指通过对现场进料、用料的大量统计资料进行分析计算，获得材料消耗的数据。这种方法由于不能分清材料消耗的性质，因而不能作为确定材料净耗量和材料合理损耗量的精确依据。

（4）理论计算法。理论计算法是根据施工图，运用一定的数学公式，直接计算材料耗用量。计算法只能计算出单位产品的材料净耗量，材料的合理损耗量仍要在现场通过实测取得。这是一般板块类材料计算常用的方法。

D   直接性材料定额消耗量的确定

用计算法确定材料用量方法比较简单，下面介绍两种用计算法确定材料用量的方法。

（1）砖砌体材料用量的计算。设每立方米砖砌体净用量中，标准砖为 A 块，砂浆为 B m^3，有：每立方米 $=A \times$ 一块砖带砂浆体积，则每立方米砖砌体砖的净块数为：

$$A = \frac{1}{(240 + 10) \times (53 + 10) \times (墙厚 /K)} \qquad (3\text{-}5)$$

因墙厚为砖宽的倍数，且墙厚为构造尺寸，如 1/2 砖墙 $K=1$；1 砖墙 $K=2$；2 砖墙 $K=4$（此处的 1/2、1、2 砖墙称为表示墙厚的砖数），故砂浆净用量 B 为：

$$B = 1 - A \times 砖的长 \times 宽 \times 厚砖 \qquad (3\text{-}6)$$

$$（砂浆）损耗量 = 净用量 \times 损耗率 \qquad (3\text{-}7)$$

【例 3-1】 计算标准砖一砖外墙每立方米砌体砖和砂浆的总消耗量（砖和砂浆损耗率均为 1%）。

解： $A = 2 \times (1/0.24) \times (0.24 + 0.01) \times (0.053 + 0.01) = 529.1$（块）

砖总消耗量 $= 529.1 \times (1 + 1\%) = 534.29$（块）

$B = 1 - 529.1 \times 0.24 \times 0.115 \times 0.053 = 0.226$（m^3）

砂浆总消耗量 $= 0.226 \times (1 + 1\%) = 0.228$（m^3）

（2）块料面层材料用量计算。每 $100m^2$ 块料面层中：

$$块料净用量 = 100/[（块料长 + 灰缝） × （块料宽 + 灰缝）] \qquad (3-8)$$

$$灰缝材料净用量 = [100 - 块料净用量 × 块料长 × 宽] × 灰缝厚 \qquad (3-9)$$

$$结合层材料净用量 = 100 × 结合层厚 \qquad (3-10)$$

【例 3-2】 1：1 水泥砂浆贴 152×152×5 瓷砖墙面，结合层厚度 10mm 厚，试计算每 $100m^2$ 墙面瓷砖和砂浆的总消耗量（灰缝宽 2mm），瓷砖损耗率 1.5%，砂浆损耗率 1%。

解： 每 $100m^2$ 瓷砖墙面中：

瓷砖净用量 = 100/[（0.152 + 0.002）×（0.152 + 0.002）] = 4216.56（块）

瓷砖总消耗量 = 4216.56 ×（1 + 1.5%）= 4279.81（块）

结合层砂浆净用量 = 100 × 0.01 = 1.00（m^3）

缝隙砂浆净用量 = [100 - 4216.56 × 0.152 × 0.152] × 0.005 = 0.013（m^3）

砂浆总消耗量 = （1 + 0.013）×（1 + 1%）= 1.023（m^3）

E　周转性材料定额消耗量的确定

施工过程中的材料消耗，除了构成工程实体的实体性材料消耗外，还有施工工具和措施性的材料消耗，即通常所说的周转材料。周转材料是指能参与多个施工过程多次使用的材料，如模板、脚手架等。

由于周转材料能服务于多个施工生产过程，所以其定额消耗量是按照摊销量进行计算的。所谓摊销量是指完成单位工程建设产品所必需消耗的数量，一般根据完成一定分部分项工程的一次使用量，根据现场调研、观测、分析确定的周转次数，并统计确定损耗率计算得出。

3.2.3.3　机械消耗定额的编制原理

（1）机械消耗定额的概念及表达形式。机械消耗定额是指在正常的生产条件下，完成单位合格产品的施工任务所需机械消耗的数量标准。由于我国习惯上是以一台机械一个工作班（台班）为机械时间消耗的计量单位，所以又称为机械台班消耗定额。按反映机械台班消耗方式的不同，机械消耗定额同样有时间定额和产量定额两种形式。

1）机械时间定额。时间定额是以机械的工作时间消耗为计量单位来反映机械的消耗，其形式表现为完成单位合格工程建设产品的施工任务所需消耗机械的工作时间标准。计算单位用"台班"或"台时"来表示。工人使用一台机械工作一个班称为一个台班，它既包括机械本身的工作，又包括使用该机械的工人的工作。

$$机械时间定额（台班）= 1 ÷ 机械台班的产量 \qquad (3-11)$$

2）机械产量定额。产量定额是以机械在单位时间里所必须完成的合格工程建设产品施工任务的数量来反映机械的消耗，其形式表现为机械在单位时间里必须完成单位合格工程建设产品的施工任务的产量标准。计量单位是以产品的计量单位来表示的。从数量上看，时间定额与产量定额是互为倒数的关系，即：

$$机械台班产量定额 = 1 ÷ 机械时间定额（台班） \qquad (3-12)$$

机械必须由工人小组配合，人工配合机械完成某一单位合格产品所必须消耗的工日数，称为人工时间定额。

$$人工时间定额 = 工人人数 × 机械时间定额 \qquad (3-13)$$

（2）拟定施工机械工作的正常条件。机械操作的劳动生产率受施工条件的影响更大，编制机械消耗定额时更应重视确定机械工作的正常条件。

1）工作地点的合理组织。对施工地点机械和材料的放置位置、工人从事操作的场所等，均应做出科学合理的平面布置和空间安排。

2）拟定合理的工人编制。根据施工机械的性能和设计能力、工人的专业分工和劳动工效，合理确定操纵机械的工人和直接参加机械化施工过程的工人人数，确定维护机械的工人人数及配合机械施工的工人人数。工人的编制往往要通过观察测试、理论计算和经验资料合理确定，应保持机械的正常生产率和工人正常的劳动效率。

（3）机械消耗定额的确定方法：

1）确定机械的基本时间消耗。机械基本时间消耗的确定，应采用时间研究的方法通过现场观察测时获得各工序的时间消耗数据，并按机械施工的工艺及组织要求将各工序的时间消耗进行综合，最终得到完成一个计量单位工程建设产品的施工任务所需的基本时间消耗。机械的基本时间消耗，包括在满载和有根据地降低负荷下的工作时间、不可避免的无负荷工作时间等工序作业过程上的时间消耗。

2）确定机械一小时纯工作生产率。机械一小时纯工作生产率，是指在正常施工组织条件下，具备必需的知识和技能的技术工人操纵机械一小时的生产率。

$$机械一小时纯工作生产率 = 机械纯工作一小时正常循环次数 \times 一次循环生产的产品数量$$

$$(3-14)$$

确定机械纯工作一小时正常循环次数，首先要确定机械循环一次的正常延续时间。可以根据现场观察资料和机械说明书确定各循环组成部分的延续时间，将其综合，并注意减去各组成部分之间的交叉重叠时间，即：

$$机械一次循环的正常延续时间 = \sum 循环各组成部分正常延续时间 - 交叠时间$$

$$(3-15)$$

$$机械纯工作一小时正常循环次数 = 60 \times 60(s) \div 一次循环的正常延续时间 \quad (3-16)$$

3）确定施工机械的正常利用系数。考虑到不可避免的中断时间，在确定机械消耗定额时必须适当考虑机械在工作班中的正常利用系数。施工机械的正常利用系数是指机械在工作班内对工作时间的利用率。机械的利用系数与机械在工作班内的工作状况有着密切的关系。所以，要确定施工机械的正常利用系数，必须拟定机械工作班的正常状况，关键是保证合理利用工时。其原则是：尽量利用不可避免的中断时间以及工作开始前与结束后的时间进行机械的维护保养；尽量利用不可避免的中断时间作为工人休息时间；根据机械工作的特点，对担负不同工作的工人规定不同的工作开始与结束时间；合理组织施工现场，排除由于施工管理不善造成机械停歇等。

$$机械正常利用系数 = 机械在一个工作班内纯工作时间 \div 一个工作延续时间(8 小时)$$

$$(3-17)$$

4）确定机械定额消耗量。在获得完成一个计量单位工程建设产品的施工任务所需的基本时间消耗数据和机械正常利用系数之后，采用式（3-18）计算施工机械定额的消耗量：

$$施工机械台班产量定额 = 机械一小时纯工作生产率 \times 工作班延续时间 \times$$
$$机械正常利用系数 \quad\quad (3-18)$$

3.3 预算定额

3.3.1 预算定额的概念及分类

3.3.1.1 预算定额的概念

预算定额是指在正常的施工条件下，为完成单位合格工程建设产品的施工任务所需人工、材料和机械台班的数量标准，是计算建筑安装产品价格的基础。

预算定额是工程建设中的一项重要的技术经济文件，它的各项指标反映了在完成规定计量单位符合设计标准和施工及验收规范要求的分项工程消耗的劳动和物化劳动的数量限度。这种限度最终决定单项工程和单位工程的成本和造价。

在编制施工图预算时，需要按照施工图纸和工程量计算规则计算工程量，还需要借助于某些可靠的参数计算人工、材料、机械（台班）的耗用量，并在此基础上计算出资金的需要量，计算出建筑安装工程的价格。

我国现行的工程建设概、预算制度，规定了通过编制概算和预算确定造价，概算定额、概算指标、预算定额为计算人工、材料、机械（台班）耗用量提供统一的可靠参数；同时，现行制度还赋予概、预算定额相应的权威性，使之作为建设单位和施工企业之间建立经济关系的重要基础。

3.3.1.2 预算定额的用途和作用

（1）预算定额是编制施工图预算、确定建筑安装工程造价的基础。施工图设计一经确定，工程预算造价就取决于预算定额水平和人工、材料及机械台班的价格。预算定额起控制劳动消耗、材料消耗和机械台班使用的作用，进而起着控制建筑产品价格的作用。

（2）预算定额是编制施工组织设计的依据。施工组织设计的重要任务之一，是确定施工中所需人力、物力的供求量，并做出最佳安排。

（3）预算定额是工程结算的依据。工程结算是建设单位和施工单位按照工程进度对已完成的分部分项工程实现货币支付的行为。按进度支付工程款，需要根据预算定额将已完分项工程的造价算出。单位工程验收后，再按竣工工程量、预算定额和施工合同规定进行结算，以保证建设单位建设资金的合理使用和施工单位的经济收入。

（4）预算定额是施工单位进行经济活动分析的依据。预算定额规范的物化劳动和劳动消耗指标，是施工单位在生产经营中允许消耗的最高标准。预算定额决定着施工单位的收入，因而施工单位必须以预算定额作为评价企业工作的重要标准，作为努力实现的目标。施工单位可根据预算定额对施工中的劳动、材料、机械的消耗情况进行具体的分析，以便找出并克服低功效、高消耗的薄弱环节，提高竞争能力。只有在施工中尽量降低劳动消耗，采用新技术，提高劳动者素质，提高劳动生产率，才能取得较好的经济效果。

（5）预算定额是编制概算定额的基础。概算定额是在预算定额基础上综合扩大编制的。利用预算定额作为编制依据，不但可以节省编制工作的大量人力、物力和时间，收到事半功倍的效果，还可以使概算定额在水平上与预算定额保持一致，以免造成执行中的不一致。

（6）预算定额是合理编制招标标底、投标报价的基础。在深化改革中，预算定额的指令性作用将日益削弱，而施工单位按照工程个别成本报价的指导性作用仍然存在。因此，预算定额作为编制标底的依据和施工企业报价的基础作用仍将存在，这也是由预算定额本身的科学性和权威性决定的。

3.3.1.3　预算定额的种类

（1）按专业性质分，预算定额有建筑工程定额和安装工程定额两大类。建筑工程定额按专业对象分为建筑工程预算定额、市政工程预算定额、铁路工程预算定额、公路工程预算定额、房屋修缮工程预算定额及矿山井巷工程预算定额等；安装工程定额按专业对象分为电气设备安装工程预算定额、机械设备安装工程预算定额、通信设备安装工程预算定额、化学工业设备安装工程预算定额、工业管道安装工程预算定额、工艺金属结构安装工程预算定额及热力设备安装工程预算定额等。

（2）按管理权限和执行范围划分，预算定额可分为全国统一定额、行业统一定额和地区统一定额等。全国统一定额由国务院建设行政主管部门组织制定发布；行业统一定额由国务院行业主管部门制定发布；地区统一定额由省、自治区、直辖市建设行政主管部门制定发布。

（3）预算定额按物资要素可分为劳动定额、机械定额和材料消耗定额。它们相互依存形成一个整体，作为编制预算定额的依据，各自不具有独立性。

3.3.2　预算定额的编制原则、依据和程序

3.3.2.1　预算定额的编制原则

为保证预算定额的质量，充分发挥预算定额的作用，实际使用简便，在编制工作中应遵循以下原则。

（1）按社会平均水平确定预算定额的原则。预算定额是确定和控制建筑安装工程造价的主要依据。因此，它必须遵照价值规律的客观要求，即按生产过程中所消耗的社会必要劳动时间确定定额水平。即按照"在现有的社会正常的生产条件下，在社会平均的劳动熟练程度和劳动强度下制造某种使用价值所需要的劳动时间"来确定定额水平。所以，预算定额的平均水平，是在正常的施工条件下，合理的施工组织和工艺条件、平均劳动熟练程度和劳动强度下，完成单位分项工程基本构造要素所需要的劳动时间。

预算定额的水平以大多数施工单位的施工定额水平为基础。但是，预算定额绝不是简单地套用施工定额的水平。首先，要考虑预算定额中包含了更多的可变因素，需要保留合理的幅度差，如人工幅度差、机械幅度差、材料的超运距、辅助用工，以及材料堆放、运输、操作损耗和由细到粗综合后的量差等；其次，预算定额应当是平均水平，而施工定额是平均先进水平，两者相比，预算定额水平相对要低一些，但是应限制在一定范围之内。

（2）简明适用的原则。预算定额项目是在施工定额的基础上进一步综合，通常将建筑物分解为分部、分项工程。简明适用是指在编制预算定额时，对那些主要的、常用的、价值量大的项目，分项工程划分宜细；对那些次要的、不常用的、价值量相对较小的项目则可以放粗一些。

预算定额要项目齐全，要注意补充那些因采用新技术、新结构、新材料而出现的新的定额项目。如果项目不全，缺项多，就会使计价工作缺少充足的可靠的依据。补充定额一般因资料所限，费时费力，可靠性较差，容易引起争执。

对定额的"活口"也要设置适当。所谓活口，即在定额中规定当符合一定条件时，允许该定额另行调整。在编制中要尽量不留活口，对实际情况变化较大、影响定额水平幅度大的项目，确需留的，也应该从实际出发尽量少留，即使留有活口，也要注意尽量规定换算方法，避免采取按实计算。

简明适用还要求合理确定预算定额的计算单位，简化工程量的计算，尽可能避免同一种材料用不同的计量单位和一量多用。尽量减少定额附注和换算系数。

（3）坚持统一性和差别性相结合的原则。所谓统一性，就是从培育全国统一市场规范计价行为出发，计价定额的制定规划和组织实施由国务院建设行政主管部门归口，并负责全国统一定额的制定或修订，颁发有关工程造价管理的规章制度及办法等。这样有利于通过定额和工程造价的管理实现建筑安装工程价格的宏观调控。通过编制全国统一定额，使建筑安装工程具有一个统一的计价依据，也使考核设计和施工的经济效果具有一个统一的尺度。

所谓差别性，就是在统一性的基础上，各部门和省、自治区、直辖市主管部门可以在自己的管辖范围内，根据本部门和地区的具体情况，制定部门和地区性定额、补充性制度和管理办法，以适应我国幅员辽阔、地区间部门发展不平衡和差异大的实际情况。

3.3.2.2 预算定额编制的依据

预算定额编制的依据如下：

（1）现行劳动定额和施工定额。

（2）现行设计规范、施工及验收规范、质量评定标准和安全操作规程。

（3）具有代表性的典型工程施工图及有关标准图。

（4）新技术、新结构、新材料和先进的施工方法等。

（5）有关科学试验、技术测定的统计、经验资料。

（6）现行的预算定额、材料预算价格及有关文件规定等。

3.3.2.3 预算定额编制的程序

预算定额编制的程序如下：

（1）根据需要选择划分工程计量的标准，明确定额的标定对象。划分工程计量的标准、明确定额的标定对象可以按国家的统一标准，或者是某个行业协会制定的标准，也可以在上述标准的基础上细分为更多项目，或进行某些项目的综合。

（2）拟定工程的施工方案及相应的资源配置。预算定额所规定的消耗量标准是指在某一特定的施工方案及资源配置条件下的消耗量，因为不同的施工方案及资源配置情况得到不同的资源消耗量，所以在编制预算定额前必须明确工程的施工方案及相应的资源配置。

（3）确定预算定额的消耗量。根据拟定好的施工方案及相应的资源配置，设计分项工程施工的工艺流程，明确分项工程施工中所包含的工作过程及各个工作过程之间的相互关系，并在此基础上综合与此相关的施工定额消耗量，进而形成预算定额的消耗量。

（4）确定预算定额项目的价格。根据一定时期人、材、机资源的市场价格，确定各种变动因素对价格的影响，分别采用综合取定的方法确定人、材、机的"预算价格"，进而将人、材、机的消耗量与其预算单价结合形成预算定额项目的价格。

（5）编制定额项目表及相应的使用说明。有关定额的说明主要是对定额的编制原理、已包括的消耗内容、没包括的消耗内容以及有关附注等所作的说明。定额项目表和相应的使用说明是预算定额不可缺少的组成部分，它们相辅相成，共同组成预算定额。

3.3.3 预算定额人工消耗量的确定方法

预算定额中的人工消耗量是指在正常条件下，为完成单位合格产品的施工任务所必需的生产工人的人工消耗。预算定额人工消耗量的确定可以有以下两种方法。

3.3.3.1 以施工定额为基础确定

它是在施工定额的基础上，将预算定额标定对象所包含的若干个工作过程所对应的施工定额按施工作业的逻辑关系进行综合，从而得到预算定额的人工消耗量标准。

预算定额中的人工消耗量应该包括为完成分项工程所综合的各个工作过程的施工任务而在施工现场开展的各种性质的工作所对应的人工消耗，包括基本用工、辅助用工、超运距用工以及人工幅度差。

（1）基本用工。基本用工是指完成单位合格分项工程所包括的各项工作过程的施工任务必需消耗的技术工种的用工。内容包括：

1）完成定额计量单位的主要用工。由于该工时消耗所对应的工作均发生在分项工程的工序作业过程中，各工作过程的生产率受施工组织的影响大，其工时消耗的大小应根据具体的施工组织方案进行综合计算。例如实际工程中的砖基础，随着墙身厚度不同人工消耗也不同，在编制消耗量定额时如果不区分厚度，统一按立方米砌体计算，则需要按统计的比例加权平均得出综合的人工消耗。计算公式为：

$$基本用工 = \sum（综合取定的工程量 \times 劳动定额） \tag{3-19}$$

2）按施工定额规定应增（减）计算的人工消耗量。由于预算定额是在施工定额子目的基础上综合扩大的，包括的工作内容较多，施工的工效视具体部位而不一样，所以需要另外增加（减少）人工消耗，而这种人工消耗也可列入基本用工内。

（2）辅助用工。辅助用工是指技术工种施工定额内不包括而在预算定额内又必须考虑的各种辅助工序用工，如材料加工等的用工。可根据材料加工数量和时间定额进行计算。

$$辅助用工 = \sum（材料加工数量 \times 相应加工材料的施工定额） \tag{3-20}$$

（3）超运距用工。超运距是指施工定额中已包括的材料、半成品场内水平搬运距离与预算定额所考虑的现场材料、半成品堆放地点到操作地点的水平运输距离之差。发生在超运距上的运输材料、半成品的人工消耗即为超运距用工。

$$超运距 = 预算定额取定的运距 - 施工定额已包括的运距 \tag{3-21}$$

（4）人工幅度差。人工幅度差即预算定额与施工定额的差额，主要是指在施工定额中未包括而在正常施工条件下不可避免但又很难准确计量的各种零星的人工消耗和各种工时损失。内容包括：

1）各工种间的工序搭接及交叉作业互相配合或影响所发生的停歇用工。

2）施工机械在单位工程之间转移及临时水电线路移动造成的停工。

3）质量检查和隐蔽工程验收工作的影响。

4）班组操作地点转移用工。

5）工序交接时对前一工序不可避免的修整用工。

6）施工中不可避免的其他零星用工。

人工幅度差计算公式如下：

人工幅度差 = （基本用工 + 辅助用工 + 超运距用工）× 人工幅度差系数　（3-22）

人工幅度差系数一般为 10% ~ 15%。在预算定额中，人工幅度差的用工量一般列入其他用工量中。

当分别确定了为完成分项工程的施工任务所必需的基本用工、辅助用工、超运距用工及人工幅度差后，把这四项用工量简单相加即为该分项工程总的人工消耗量。

【例 3-3】 已知完成单位合格产品的基本用工为 20 工日，超运距用工为 3 工日，辅助用工为 1.5 工日，人工幅度差系数是 10%，试求预算定额中的人工工日消耗量。

解：人工幅度差 = （基本用工 + 辅助用工 + 超运距用工）× 人工幅度差系数

$$= （20 + 3 + 1.5）× 10\% = 2.45 （工日）$$

人工工日消耗量 $= 20 + 3 + 1.5 + 2.45 = 26.95（工日）$

3.3.3.2　以现场观察测定资料为基础确定

当遇到施工定额缺项时，应首先用这种方法。即运用时间研究的技术，通过对施工作业过程进行观察测定取得数据，并在此基础上编制施工定额，从而确定相应的人工消耗量标准。在此基础上，再用第一种方法来确定预算定额的人工消耗量标准。

3.3.4　预算定额机械台班消耗量的确定方法

预算定额中的机械台班消耗量是指在正常施工生产条件下，为完成单位合格产品的施工任务所必需消耗的某类某种型号施工机械的台班数量。它应该包括为完成该分部分项工程或结构构件所综合的各个工作过程的施工任务而在施工现场开展的各种性质的机械操作所对应的机械台班消耗。一般来说，它由分部分项工程或结构构件所综合的有关工作过程所对应的施工定额所确定的机械台班消耗量以及施工定额与预算定额的机械台班幅度差组成。

3.3.4.1　机械台班消耗量的确定

机械台班消耗量是指发生在分部分项工程或结构构件施工过程中各工序作业过程上的机械消耗。由于各工序作业过程的生产效率受该分部分项工程或结构构件的施工组织方案的影响较大，施工机械固有的生产能力不易充分发挥。所以，考虑到施工机械在调度上的不灵活性，预算定额中综合工序机械台班消耗量的大小应根据具体的施工组织方案进行综合计算。

3.3.4.2　机械台班幅度差的确定

机械台班幅度差是指预算定额规定的台班消耗量与相应的综合工序机械台班消耗量之间的数量差额。一般包括如下内容：

（1）施工技术原因引起的中断及合理停置时间。

（2）因供电供水故障及水电线路移动检修而发生的运转中断时间。

（3）因气候原因或机械本身故障引起的中断时间。

（4）各工种间的工序搭接及交叉作业互相配合或影响所发生的机械停歇时间。

（5）施工机械在单位工程之间转移造成的机械中断时间。

（6）因质量检查和隐蔽工程验收工作的影响引起的机械中断时间。

（7）施工中不可避免的其他零星的机械中断时间等。

大型机械幅度差系数一般为：土方机械 25%，打桩机械 33%，吊装机械 30%。其他分部工程中如钢筋加工、木材、水磨石等各项专用机械的幅度差为 10%。

综上所述，预算定额的机械台班消耗量按式（3-23）计算：

　　预算定额机械台班消耗 = 施工定额中机械台班消耗 ×（1 + 机械幅度差系数）

$$(3\text{-}23)$$

3.3.5　预算定额材料消耗量的确定

预算定额中的材料消耗量指在正常施工生产条件下，为完成单位合格产品的施工任务所必需消耗的材料、成品、半成品、构配件及周转性材料的数量标准。从消耗内容看，包括为完成该分项工程或结构构件的施工任务必需的各种实体性材料（如标准砖、混凝土、钢筋等）的消耗和各种措施性材料（如模板、脚手架等）的消耗；从引起消耗的因素看，包括直接构成工程实体的材料净耗量、发生在施工现场该施工过程中材料的合理损耗量及周转性材料的摊销量。

预算定额中材料消耗量的确定方法与施工定额中材料消耗量的确定方法一样。但由于预算定额中分项子目内容已经在施工定额基础上做了某些综合，有些工程量计算规则也做了调整，因此材料消耗指标也有了变化。两种定额材料消耗指标在编制形式上的差异主要有以下几个方面：

（1）施工材料消耗定额反映的是平均先进水平，预算定额中材料消耗量指标反映的是平均水平，二者水平差对主要材料是通过不同的损耗率来体现，对周转材料可通过周转补损率和周转次数来体现。即编制预算定额时应采用比施工定额更大的损耗率，预算定额中材料损耗率的损耗范围比施工定额中材料损耗率的损耗范围更广，它必须考虑整个施工现场范围内材料堆放、运输、制备及施工操作过程中的损耗。周转材料周转次数应按平均水平确定。

（2）消耗量定额的某些分项内容比施工定额的内容具有较大的综合性。例如某些地区消耗量定额一砖内墙砌体就综合了施工定额中的双面清水墙、单面清水墙和混水墙的用料，以及附属于内墙中的烟囱、孔洞等结构的加工材料。因此，编制消耗量定额材料消耗量指标时应根据定额分项子目内容进行相应综合。

3.3.6　建筑安装工程人工、材料、机械台班单价的确定方法

在我国，预算定额一直沿用由政府颁发的计价定额的形式。预算定额单价是完成某一分部分项工程消耗的各种资源的价格标准。其确定方法是：按照预算定额中分项工程的人工、材料、机械台班定额消耗量乘以施工资源的价格（人工价格、材料预算价格和机械台班预算价格）进行计算。施工资源的价格是指为了获取并使用该施工资源所必需发生的单位费用，而单位费用的大小取决于获取该资源时的市场条件、取得该资源的方式、使用该资源的方式以及一些政策性的因素。

3.3.6.1 人工工日预算价格的确定

人工单价是指一个建筑安装工人工作一个工作日应计入预算中的全部人工费用。人工单价主要包括计时工资或计件工资、奖金、津贴补贴、加班加点工资、特殊情况下支付的工资。

目前，我国职工工资标准一般是按月计算的，所以在确定人工单价时，应将月工资标准换算成日工资标准。其计算公式为：

人工工日预算价格 =

$$\frac{生产工人平均月工资（计时、计件）+ 平均月（奖金 + 津贴补贴 + 特殊情况下支付的工资）}{年平均每月法定工作日}$$

(3-24)

人工单价，在各部门或各地区并不完全相同，有高有低，所以计入预算定额的人工单价一般是按某一平均技术等级为标准日工资单价。目前，多数地区预算定额的人工单价均采用不分工种、不分技术等级按综合工日给出的人工单价。

3.3.6.2 材料预算价格的确定

材料预算价格是指材料由来源地（或交货地点）到达施工工地仓库或施工现场存放地点后的出库价格。包括原材料、辅助材料、构配件、零件、半成品或成品、工程设备的费用单价，以及周转材料的摊销费用单价。材料预算价格一般由材料原价、运杂费、运输损耗费和采购及保管费组成。

（1）材料原价。指材料、工程设备的出厂价格或商家供应价格。

（2）运杂费。指材料、工程设备自来源地运至工地仓库或指定堆放地点所发生的全部费用。

（3）运输损耗费。指材料在运输装卸过程中不可避免的损耗。

（4）采购及保管费。指为组织采购、供应和保管材料、工程设备的过程中所需要的各项费用。包括采购费、仓储费、工地保管费、仓储损耗。

$$材料预算单价 =（材料原价 + 运杂费）×［1 + 运输损耗率（\%）］×$$
$$［1 + 采购保管费率（\%）］ \qquad (3-25)$$

工程设备是指构成或计划构成永久工程一部分的机电设备、金属结构设备、仪器装置及其他类似的设备和装置。其预算单价计算公式为：

$$工程设备预算单价 =（设备原价 + 运杂费）×［1 + 采购保管费率（\%）］ \quad (3-26)$$

3.3.6.3 施工机具使用台班预算价格的确定

施工机具使用费是指施工作业所发生的施工机械、仪器仪表使用费或其租赁费。

施工机械使用费以施工机械台班耗用量乘以施工机械台班单价表示，施工机械台班单价应由下列七项费用组成：

（1）折旧费。指施工机械在规定的使用年限内，陆续收回其原值的费用。

$$折旧费 = 机械预算单价 ×（1 - 残值率）× 贷款利息系数／使用总台班数 \quad (3-27)$$
$$使用总台班 = 折旧年限 × 年平均 - 工作台班 = 大修周期 × 大修间隔台班 \quad (3-28)$$
$$大修周期 = 寿命期大修理次数 + 1 \quad (3-29)$$

（2）大修理费。指施工机械按规定的大修理间隔台班进行必要的大修理，以恢复其正常功能所需的费用。

$$大修理费 = 大修理一次费用 \times 大修理次数 \div 使用总台班 \tag{3-30}$$

（3）经常修理费。指施工机械除大修理以外的各级保养和临时故障排除所需的费用。包括为保障机械正常运转所需替换设备与随机配备工具附具的摊销和维护费用，机械运转中日常保养所需润滑与擦拭的材料费用及机械停滞期间的维护和保养费用等。

$$经常修理费 = 中修费 + \sum（各级保养一次费用 \times 各级保养次数）\div 大修理间隔台班 \tag{3-31}$$

（4）安拆费及场外运费。安拆费指施工机械（大型机械除外）在现场进行安装与拆卸所需的人工、材料、机械和试运转费用以及机械辅助设施的折旧、搭设、拆除等费用；场外运费指施工机械整体或分体自停放地点运至施工现场或由一施工地点运至另一施工地点的运输、装卸、辅助材料及架线等费用。

（5）人工费。指机上司机（司炉）和其他操作人员的人工费。

（6）燃料动力费。指施工机械在运转作业中所消耗的各种燃料及水、电等。

（7）税费。指施工机械按照国家规定应缴纳的车船使用税、保险费及年检费等。

$$施工机械台班预算单价 = 台班折旧费 + 台班大修费 + 台班经常修理费 +$$
$$台班安拆费及场外运费 + 台班人工费 +$$
$$台班燃料动力费 + 台班车船税费 \tag{3-32}$$

【例 3-4】　某建筑机械耐用总台班数为 2000 台班，使用寿命为 7 年，该机械预算价格为 5 万元，残值率为 2%，银行贷款利率为 5%，试求该机械台班折旧费。

解：机械台班折旧费= 机械预算价格 ×（1 − 残值率）× 贷款利息系数 / 耐用总台班数
$$= （50000/2000）\times（1 − 2\%）\times [1 +（7 + 1）\times 5\%/2]$$
$$= 29.4(元 / 台班)$$

则该机械台班折旧费为 29.4 元/台班。

3.3.6.4　预算定额单价的确定

预算定额单价即定额基价，其表现形式有分部分项工程直接费单价和综合费用单价两种形式。

（1）分部分项工程直接费单价。

$$分部分项工程直接费单价 = 分部分项工程人工费 + 材料费 +$$
$$工程设备费 + 施工机具使用费 \tag{3-33}$$

其中：

人工费 = $\sum$（分部分项工程人工工日消耗量 × 人工工日预算单价）

材料费 = $\sum$（分部分项工程材料耗用量 × 材料预算单价）

工程设备费 = $\sum$（分部分项工程设备量 × 工程设备单价）

施工机具使用费= 施工机械使用费 + 仪器仪表使用费

$$= \sum（分部分项工程机械台班耗用量 \times 机械台班预算单价）+$$
$$\sum（分部分项工程使用的仪器仪表摊销费 + 维修费）$$

（2）分部分项工程综合费用单价。综合费用单价即在定额基价中除了直接费以外，还综合了其他费用，如综合了其他直接费、现场经费和间接费。

分部分项工程综合费用单价 = 分部分项工程直接费 + 其他直接费 + 现场经费 + 间接费

$$(3-34)$$

3.4 工程单价与单位估价表❶

3.4.1 工程单价的概念与性质

3.4.1.1 工程单价的含义

工程单价，一般是指单位假定建筑安装产品的不完全价格。通常是指建筑安装工程的预算单价和概算单价。

工程单价与完整的建筑产品（如单位产品、最终产品）价值在概念上完全不同。完整的建筑产品价值是建筑物或构筑物在真实意义上的全部价值，即完全成本加利税。单位假定建筑安装产品单价不仅不是可以独立发挥建筑物或构筑物价值的价格，甚至也不是单位假定建筑产品的完全价格，因为这种工程单价仅仅是某一单位工程直接费中的直接工程费，即由人工、材料和机械费构成。

在确立社会主义市场经济体制之后，为了适应改革、开放形势发展的需要并与国际接轨，出现了建筑安装产品的综合单价，也可称为全费用单价，这种单价不仅含有人工、材料、机械台班三项直接工程费，而且包括措施费、间接费、利润和税金等内容。尽管如此，这种分部分项工程综合单价仍然是建筑安装产品的不完全价格。

3.4.1.2 分部分项工程单价的种类

（1）按工程单价的运用对象划分，分为建筑工程单价和安装工程单价。

（2）按用途划分，分为预算单价和概算单价。

1）预算单价。预算单价是通过编制单位估计表、地区单位估价表及设备安装价目表确定的单价，用于编制施工图预算。例如单位估价表、单位估价汇总表和安装价目表中计算的工程单价。在预算定额和概算定额中列出的"预算价值"或"基价"，都应视作该定额编制时的工程单价。如前所述，在基础定额中没有列出预算单价的内容。

2）概算单价。概算单价是通过编制单位加指标确定的单价，用于编制设计概算。如在单位价值计算表中所计算的工程单价。

（3）按适用范围划分。

1）地区单价。根据地区性定额和价格等资料编制，在地区范围内使用的工程单价属地区单价。例如地区单位估价表和汇总表计算和列出的预算单价。

2）个别单价。这是为适应个别工程编制概算或预算的需要而计算出的工程单价。

（4）按编制依据划分，分为定额单价和补充单价。

（5）按单价的综合程度划分。

1）工料单价。也称为直接工程费单价。如预算定额中的"基价"。只包括人工费、材料费和机械台班使用费。

2）综合单价。又称为全费用单价。除直接工程费外，还包括间接费、利润和税金，

---

❶ 以下预算定额引自《浙江省房屋建筑与装饰工程预算定额（2018 版）》。

并考虑风险费用。

3.4.1.3 工程单价的用途

（1）确定和控制工程造价。工程单价是确定和控制概算造价的基本依据。由于它的编制依据和编制方法规范，在确定和控制工程造价方面有不可忽视的作用。

（2）利用编制统一性地区工程单价。简化编制预算和概算的工作量和缩短工作周期，同时也为投标报价提供依据。

（3）利用工程单价可以对结构方案进行经济比较，优选设计方案。

（4）利用工程单价进行工程款的期中结算。

3.4.2 工程单价的编制方法

3.4.2.1 工程单价的编制依据

（1）预算定额和概算定额。编制预算单价或概算单价，主要依据之一是预算定额或概算定额。首先，工程单价的分项是根据定额的分项划分的，所以工程单价的编号、名称、计量单位的确定均以相应的定额为依据；其次。分部分项工程的人工、材料和机械台班消耗的种类和数量。也是以相应的定额为依据。

（2）人工、材料和机械台班单价。工程单价除了要依据概算、预算定额确定分部分项工程的工、料、机的消耗数量外，还必需依据上述三项"价"的因素，才能计算出分部分项工程的人工费、材料费和施工机具使用费，进而计算出工程单价。

（3）间接费、利润、积金的取费标准。这是计算综合单价的必要依据。

3.4.2.2 工程单价的编制方法

工程单价的编制方法，简单说就是工、料、机的消耗量和工、料、机单价的结合过程。计算公式如下：

（1）分部分项工程直接费单价按式（3-35）计算：

$$分部分项工程直接费单价 = 分部分项工程人工费 + 材料费 +$$
$$工程设备费 + 施工机具使用费 \tag{3-35}$$

其中：

人工费 = $\sum$（分部分项工程人工工日消耗量 × 人工工日预算单价）

材料费 = $\sum$（分部分项工程材料耗用量 × 材料预算单价）

工程设备费 = $\sum$（分部分项工程设备量 × 工程设备单价）

施工机具使用费 = 施工机械使用费 + 仪器仪表使用费

$$= \sum（分部分项工程机械台班耗用量 × 机械台班预算单价）+$$
$$\sum（分部分项工程使用的仪器仪表摊销费 + 维修费）$$

（2）分部分项工程全费用单价按式（3-36）计算：

$$分部分项工程全费用单价 = 分部分项工程直接工程费单价（基价）×（1 + 间接费率）×$$
$$（1 + 利润率）×（1 + 税率） \tag{3-36}$$

3.4.3 单位估价表

3.4.3.1 单位估价表的概念和编制方法

单位估价表是以货币形式确定一定计量单位的分部分项工程或结构构件单价的计算

表。单位估价表是确定工程单价的工具，它是在拟定分部分项工程或结构构件的人工、材料、机械台班标准消耗量和相应的人工、材料、机械台班单价的基础上，通过计算、汇总后形成工程单价的。单位估价表的形式见表 3-2。

表 3-2 单位估价表

序号	项 目	单位	单价	数量	合计
1	综合人工	工日	×××	12.45	××××
2	水泥混合砂浆 M5	m³	×××	1.39	××××
3	普通黏土砖	千块	×××	4.34	××××
4	水	m³	×××	0.87	××××
5	灰浆搅拌机 200L	台班	×××	0.23	××××
	合 计				××××

编制单位估价表就是分别将消耗量定额子目中的"三量"与对应的"三价"相乘，得出各分项工程人工费、材料费和施工机械使用费，最后汇总起来就是工程预算单价，即基价。

$$分项工程基价 = 人工费 + 材料费 + 施工机械使用费 \qquad (3-37)$$

地区统一单位估价表编制出来以后，就形成了地区统一的工程预算单价。这种单价是根据现行定额和当地的价格水平编制的，具有相对的稳定性。但是为了适应市场价格的变动，在编制预算时必须根据工程造价管理部门发布的调价文件对固定的工程预算单价进行修正。修正后的工程单价乘以根据图纸计算出来的工程量就可以获得符合实际市场情况的工程的直接工程费。

3.4.3.2 单位估价表的作用

（1）单位估价表是编制和审查建筑安装工程施工图预算、清单计价，确定工程造价的依据。

（2）在招投标阶段，单位估价表是编制招标控制价的依据。

（3）单位估价表是设计单位对设计方案进行技术经济分析比较的依据。

（4）单位估价表是施工单位实行经济核算，考核工程成本的依据。

（5）单位估价表是制定概算定额、概算指标的依据。

3.4.3.3 单位估价汇总表

单位估价汇总表是将单位估价表中的各个子项目的单价，分别按其中的人工费、材料费、施工机械使用费等费用项目汇总起来而形成的表格。其项目划分和单位估价表是相互对应的，只是略去了单位估价表中人工、材料和机械台班的消耗数量，保留了单位估价表中的人工费、材料费、机械费等费用项目。单位估价汇总表的形式见表 3-3。

表 3-3 单位估价汇总表

定额编号	工程名称	计量单位	单位价值	其 中			附注
3-32	空斗墙一斗一盖	10m³	×××				
3-33	空斗墙三斗一盖	10m³	×××				
3-34	空斗墙五斗一盖	10m³	×××				
3-35	空斗墙全空斗	10m³	×××				

3.4.4 预算定额的应用

3.4.4.1 预算定额的直接套用

当设计图纸与定额项目的内容相一致时，可直接套用预算定额中的工料消耗量指标及预算单价（基价），并据此计算该分项工程的工、料、机需用量及直接工程费。但是要注意定额项目的选用规则：

（1）项目名称的确定。项目名称确定的原则是：设计规定的做法与要求必须与定额的做法和工作内容符合才能直接套用，否则必须根据有关规定进行换算或补充。

（2）计量单位的变化。消耗量定额在编制时，为了保证预算价值的精确性，对某些价值较低的工程项目采用了扩大计量单位的办法。如抹灰工程的计量单位，一般采用 $100m^2$；混凝土工程的计量单位，一般采用 $10m^3$ 等。在使用定额时必须注意计量单位的变化，以避免由于错用计量单位造成预算价值过大或过小的差错。

（3）定额项目划分的规定。消耗量定额的项目划分是根据各个工程项目的人工、材料、机械消耗水平的不同和工具、材料品种以及使用的机械类型不同划分的，一般有以下几种划分方法：

1）按工程的现场条件划分。如挖土方按土壤的等级划分。

2）按施工方法的不同划分。如灌注混凝土桩分钻桩孔、打孔、打孔夯扩、人工挖孔等。

3）按照具体尺寸或质量的大小划分。如钢屋架制作定额分为每榀 1.5t 以内、5t 以内、8t 以内和 8t 以外；挖土方分为深 2m 以内、4m 以内和 6m 以内等项目。

定额中凡注明××以内（或以下）者均包括××本身在内；而××以外（或以上）者，均不包括××本身。

【例 3-5】 试求用 M7.5 水泥石灰砂浆砌筑一砖烧结普通砖墙的基价以及人工、材料和机械费。

解： 直接套用估价表，查定额手册，得定额编号为 4-27，见表 3-4，完成 $10m^3$ 砖基础的基价 = 4625.31 元/$10m^3$

其中：　　　　　　　　　人工费 = 1363.50 元/$10m^3$

材料费 = 3238.94 元/$10m^3$

机械费 = 22.87 元/$10m^3$

表 3-4　烧结类砖主体砌筑

工作内容：调制、运砂浆、砌砖　　　　　　　　　　　　　　　　　计量单位：$10m^3$

定　额　编　号		4-27
项　　目		非黏土烧结实心砖
		1 砖墙厚
基价/元		4625.31
其中	人工费/元	1363.50
	材料费/元	3238.94
	机械费/元	22.87

续表 3-4

名　　称		单位	单价/元	消耗量
人工	二类人工	工日	135.00	10.100
材料	非黏土烧结实心砖 240×115×53	千块	426.00	5.290
	干混砌筑砂浆 M7.5	m³	413.73	2.360
	水	m³	4.27	1.100
	其他材料费	元	1	4.30
机械	干混砂浆罐式搅拌机 20000L	台班	193.83	0.118

3.4.4.2 预算定额的换算

当设计图纸要求与定额项目的内容不一致时，为了能计算出设计图纸内容要求项目的直接工程费及工料消耗量，需要对预算定额项目与设计内容要求之间的差异进行调整，这就是预算定额的换算。经过换算后的定额项目，要在其定额编号后加注"换"字，以示区别。对预算定额进行换算必须以定额说明关于定额换算的具体规定为依据，定额不允许换算的项目，不得换算。

预算定额的换算，主要有混凝土、砌筑砂浆强度等级的换算，抹灰砂浆种类或配合比的换算以及木材体积的换算等。混凝土和砂浆的换算是较为常见的。为了保持定额的水平，在消耗量定额的说明中规定了有关的换算原则，一般包括：

（1）定额的砂浆、混凝土强度等级。当与定额不同时，允许按定额附录的砂浆、混凝土配合比表换算，但只是换算其材料构成的差异及因此导致的分项工程单价的差异，而配合比中的各种材料用量不得调整。换算方法如下：

$$换算后基价 = 原定额基价 + 定额混凝土（砂浆）用量 ×$$

$$［换入混凝土（砂浆）单价 - 换出混凝土（砂浆）单价］ \quad (3-38)$$

（2）定额中抹灰项目已考虑了常用厚度，各层砂浆的厚度一般不作调整。如果设计有特殊要求时，定额中人工、材料可以按厚度比例换算。

（3）必须按消耗量定额中的各项规定换算定额。

【例 3-6】 计算 M5 水泥石灰砂浆砌筑一砖烧结普通砖墙的基价以及定额单位的主要材料耗用量。

解：（1）确定换算定额编号，查定额手册，得定额编号为 4-27，见表 3-4。M7.5 水泥石灰砂浆砌筑一砖烧结普通砖墙的基价为 4625.31 元/10m³，砂浆用量为 2.36m³/10m³。

（2）确定换入、换出砂浆的基价。查定额手册砂浆配合比，定额编号为 2，M5 水泥石灰砂浆的基价为 227.82 元/m³；定额编号为 3，M7.5 水泥石灰砂浆的基价为 228.35 元/m³，见表 3-5。

（3）计算换算基价。

换算后基价 = 4625.31 + 2.36 × （227.82 - 228.35）= 4624.06（元/10m³）

（4）换算后主要材料耗用量分析。

普通砖：5.290 千块/10m³

水泥砂浆 M5：164kg/m³ × 2.36m³/10m³ = 387.04kg/10m³

石灰膏：$0.115m^3/m^3 \times 2.36m^3/10m^3 = 0.2714m^3/10m^3$

黄砂：$1.515t/m^3 \times 2.36m^3/10m^3 = 3.5754t/10m^3$

表 3-5　砂浆配合比　　　　　　　　　　计量单位：m^3

定 额 编 号				1	2	3	4
项　目				混合砂浆			
				强度等级			
				M2.5	M5	M7.5	M10
基价/元				219.46	227.82	228.35	231.51
	名　称	单位	单价/元	消耗量			
材料	普通硅酸盐水泥42.5	kg	0.34	141.000	164.000	187.000	209.000
	石灰膏	m^3	270.00	0.113	0.115	0.088	0.072
	黄砂（净沙）综合	t	92.23	1.515	1.515	1.515	1.515
	水	m^3	4.27	0.300	0.300	0.300	0.300

3.4.4.3　预算定额的补充

工程建设日益发展，新技术、新材料不断采用，在一定时间范围内编制的预算定额不可能包括施工中可能遇到的所有项目。当设计的分部分项工程既不能直接套用定额，又不能对预算定额进行换算或调整时，则可以编制补充预算定额，经批准备案，一次性使用。

（1）消耗量定额出现缺项的原因：

1）设计中采用了定额中没有选用的新材料。

2）设计中选用了定额中未编列的砂浆配合比或混凝土配合比。

3）设计中采用了定额中没有的新的结构做法。

4）施工中采用了定额中未包括的施工工艺等。

（2）编制补充定额的原则：

1）定额的组成内容应与现行定额中同类分项工程相一致。

2）人工、材料、机械消耗量计算口径应与现行定额相统一。

3）工程主要材料的损耗率应符合现行定额规定，施工中用的周转性材料计算应与现行定额保持一致。

4）施工中可能发生的互相关联的可变性因素要考虑周全，数据统计必须真实。

5）各项数据必须是实验结果或实际施工情况的统计，数据的计算必须实事求是。

（3）编制补充定额的要求：

1）编制补充定额，要特别注重收集和积累原始资料，原始资料的取定要有代表性，必须深入施工现场进行全过程测定，测定数据要准确。

2）注意做好补充定额使用的信息反馈工作，并在此基础上加以修改、补充、完善。

3）经验指导与广泛听取意见相结合。

4）借鉴其他城市、企业、项目编制的有关补充定额，作为参考依据。

3.5 概算定额与概算指标

3.5.1 概算定额

3.5.1.1 概算定额的概念

概算定额是在预算定额基础上，确定完成合格的单位扩大分项工程或单位扩大结构构件所需消耗的人工、材料和机械台班的数量标准，所以概算定额又称作扩大结构定额。

概算定额是预算定额的合并与扩大。它将预算定额中有联系的若干个分项工程项目综合为一个概算定额项目。

概算定额与预算定额的相同之处在于，它们都是以建（构）筑物各个结构部分和分部分项工程为单位表示的，内容也包括人工、材料和机械台班使用量定额三个基本部分，并列有基准价。概算定额表达的主要内容、主要方式及基本使用方法都与预算定额相近。

定额基准价 = 定额单位人工费 + 定额单位材料费 + 定额单位施工机具使用费

$$= \sum（人工概算定额消耗量 × 人工工资单价）+ \sum（材料概算定额消耗量 × 材料预算价格）+ \sum（施工机具概算定额消耗量 × 施工机具台班费用单价）$$

(3-39)

概算定额与预算定额的不同之处在于项目划分和综合扩大程度上的差异，同时，概算定额主要用于设计概算的编制。由于概算定额综合了若干分项工程的预算定额，从而使概算工程量计算和概算表的编制比编制施工图预算简化一些。

3.5.1.2 概算定额的作用

概算定额的作用如下：

（1）是初步设计阶段编制概算、扩大初步设计阶段编制修正概算的主要依据。

（2）是对设计项目进行技术经济分析比较的基础资料之一。

（3）是建设工程主要材料计划编制的依据。

（4）是编制概算指标的依据。

3.5.1.3 概算定额的编制原则和编制依据

（1）概算定额的编制原则。概算定额应该贯彻社会平均水平和简明适用的原则。由于概算定额和预算定额都是工程计价的依据，所以应符合价值规律和反映现阶段大多数企业的设计、生产及施工管理水平。概算定额的内容和深度是以预算定额为基础的综合和扩大，在合并中不得遗漏或增减项目，以保证其严密性和正确性。概算定额务必达到简化、准确和适用。

（2）概算定额的编制依据。由于概算定额的使用范围不同，其编制依据也略有不同。其编制依据一般有以下几种：

1）现行的设计规范和建筑工程预算定额。

2）具有代表性的标准设计图纸和其他设计资料。

3）现行的人工工资标准、材料预算价格、机械台班预算价格及其他的价格资料。

3.4.1.4 概算定额的编制步骤

概算定额的编制一般分三个阶段进行，即准备阶段、编制初稿阶段和审查定稿阶段。

（1）准备阶段。该阶段主要是确定编制机构和人员组成，进行调查研究，了解现行概算定额执行情况和存在的问题，明确编制目的，制订概算定额的编制方案和确定概算定额的项目。

（2）编制初稿阶段。该阶段是根据已经确定的编制方案和概算定额项目，收集和整理各种编制依据，对各种资料进行深入细致的测算和分析，确定人工、材料和机械台班的消耗量指标，最后编制概算定额初稿。

（3）审查定稿阶段。该阶段的主要工作是测算概算定额水平，即测算新编制概算定额与原概算定额及现行预算定额之间的水平。测算时既要分项进行测算，又要通过编制单位工程概算以单位工程为对象进行综合测算。概算定额水平与预算定额水平之间应有一定的幅度差，幅度差一般在5%以内。

概算定额经测算比较后，可报送国家授权机关审批。

3.4.1.5　概算定额的内容

按专业特点和地区特点编制的概算定额手册，内容基本上是由文字说明、定额项目表和附录三个部分组成。

（1）文字说明部分。文字说明部分包括总说明和分部工程说明。在总说明中主要阐述概算定额的编制依据、使用范围、包括的内容及作用、应遵守的规则及建筑面积计算规则等；分部工程说明主要阐述本分部工程包括的综合工作内容及分部分项工程的工程量计算规则等。

（2）定额项目表。定额项目表是概算定额手册的主要内容，由若干分节定额组成。各节定额由工程内容、定额表及附注说明组成。定额表中列有定额编号、计量单位、概算价格，以及人工、材料、机械台班消耗量指标，综合了预算定额的若干项目与数量。

概算定额项目一般按以下两种方法划分。一是按工程结构划分：一般是按土石方、基础、墙、梁板柱、门窗、楼地面、屋面、装饰、构筑物等工程结构划分；二是按工程部位（分部）划分：一般是按基础、墙体、梁柱、楼地面、屋盖、其他工程部位等划分，如基础工程中包括了砖、石、混凝土基础等项目。

3.5.2　概算指标

3.5.2.1　概算指标的概念及其作用

建筑安装工程概算指标通常是以整个建筑物和构筑物为对象，以建筑面积、体积或成套设备装置的台或组为计量单位而规定的人工、材料、机械台班的消耗量标准和造价指标。

从上述概念中可以看出建筑安装工程概算定额与概算指标的主要区别如下：

（1）确定各种消耗量指标的对象不同。概算定额是以单位扩大分项工程或单位扩大结构构件为对象；而概算指标则是以整个建筑物（如100m^{2}或1000m^{2}建筑物）和构筑物为对象。因此，概算指标比概算定额更加综合与扩大。

（2）确定各种消耗量指标的依据不同。概算定额以现行预算定额为基础，通过计算之后才综合确定各种消耗量指标；而概算指标中各种消耗量指标的确定，则主要来自各种预算或结算资料。

概算指标和概算定额、预算定额一样，都是与各个设计阶段相适应的多次性计价的产物，它主要用于投资估价、初步设计阶段。其作用主要有：

（1）概算指标可以作为编制投资估算的参考。

（2）概算指标中的主要材料指标可以作为匡算主要材料用量的依据。

（3）概算指标是设计单位进行设计方案比较、建设单位选址的一种依据。

（4）概算指标是编制固定资产投资计划、确定投资额和主要材料计划的主要依据。

3.5.2.2 概算指标编制的原则

（1）按平均水平确定概算指标的原则。在我国社会主义市场经济条件下，概算指标作为确定工程造价的依据，同样必须遵照价值规律的客观要求，在其编制时必须按社会必要劳动时间，贯彻平均水平的编制原则。只有这样才能使概算指标合理确定和控制工程造价的作用得到充分发挥。

（2）概算指标的内容与表现形式要贯彻简明适用的原则。为适应市场经济的客观要求，概算指标的项目划分应根据用途的不同，确定其项目的综合范围。遵循粗而不漏、适应面广的原则，体现综合扩大的性质。概算指标从形式到内容应该简明易懂，要便于在采用时根据拟建工程的具体情况进行必要的调整换算，能在较大范围内满足不同用途的需要。

（3）概算指标的编制依据必须具有代表性。概算指标所依据的工程设计资料，应是有代表性的，技术上是先进的，经济上是合理的。

3.5.2.3 概算指标的分类

概算指标可分为两大类，一类是建筑工程概算指标，另一类是安装工程概算指标。如图 3-5 所示。

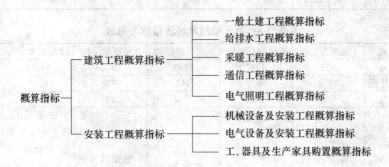

图 3-5 概算指标分类

3.5.2.4 概算指标的表现形式

按具体内容和表示方法的不同，概算指标一般有综合指标和单项指标两种形式

综合指标是以一种类型的建筑物或构筑物为研究对象，以建筑物或构筑物的体积或面积为计量单位，综合了该类型范围内各种规格的单位工程的造价和消耗量指标形成的，它反映的不是具体工程的指标，而是一类工程的综合指标，是一种概括性较强的指标。见表 3-6~表 3-8。

单项指标则是一种以典型的建筑物或构筑物为分析对象的概算指标，仅仅反映某一具体工程的消耗情况。见表 3-9。

表 3-6 各类工业项目投资参考指标

序号	项 目	投资分配/%					
		建筑工程			设备及安装工程		其他
		工业建筑	民用建筑	厂外工程	设备	安装	
1	冶金工业	33.4	3.5	1.3	48.2	5.7	7.9
2	电工器材工业	27.7	5.4	0.8	51.7	2.2	12.2
3	石油工业	22	3.5	1	50	10	13.5
4	机械制造工业	27	3.9	13	56	2.3	9.5
5	化学工业	33	3	1	46	11	9
6	建筑材料工业	35.6	3.1	3.5	50	2.8	5
7	轻工业	25	4.4	0.5	55	6.1	9
8	电力工业	30	1.6	1.1	51	13	3.3
9	煤炭工业	41	6	2	38	7	6
10	食品工业（冻肉厂）	55	3	0.5	30	9	2.5
11	纺织工业（棉纺厂）	29	4.5	1	53	4	8.5

表 3-7 建筑工程每 100m² 工料消耗指标

项 目	人工及主要材料												
	人工 /工日	钢材 /t	水泥 /t	模板 /m³	成材 /m³	砖 /千块	黄砂 /t	碎石 /t	毛石 /t	石灰 /t	玻璃 /m²	油毡 /m²	沥青 /kg
工业与民用建筑综合	315	3.04	13.57	1.69	1.44	14.76	44	46	8	1.48	18	110	240
工业建筑	340	3.94	14.45	1.82	1.43	11.56	46	51	10	1.02	18	133	300
民用建筑	277	1.68	12.24	1.50	1.48	19.58	42	36	6	2.63	17	67	160

表 3-8 办公楼技术经济指标汇总表

层数及结构形式		2 层混合结构	4 层混合结构	6 层框架结构	9 层框架结构	12 层框架结构	29 层框剪结构
总建筑面积	m²	435	1377	4865	5378	14800	21179
总造价	万元	27.8	86.7	243	309	1595	2008
檐高	m	7.1	13.5	23.4	29	46.9	90.9
工程特征及设备选型		混合结构，钢筋混凝土带基，桩基(0.2m×0.2m×8m×109 根)，铝合金茶色玻璃窗，硬木弹簧门，外墙石屑砂浆面层，内墙刷乳胶漆，2 件卫生洁具	混合结构，无梁带基，外墙刷 PA-1 涂料，2 件卫生洁具，吊扇，直式空调器，50 门共电式交换机 1 套	框架结构，钢筋混凝土有梁满堂基础，内外墙面刷涂料，地面做 777 涂料，吊扇，50 门共电式交换机 1 套，窗式空调器，2t 电梯 1 部	框架结构独立柱基，桩基(0.4m×0.4m×26.5m×365 根)，铝合金门窗，外墙做水刷石，地面做 777 涂料，2 件卫生洁具，吊扇，1t 电梯 3 部	框架结构，独立柱基，桩基（0.4m×0.4m×17m×262 根），古铜色铝合金茶色玻璃门窗，外墙石屑砂浆面层，局部泰山面砖，彩磨地面，2 件卫生洁具，窗式空调器，400 门自动电话交换机，1t 电梯 3 部	框剪结构，箱基（底板厚1200mm），桩基（0.45m×0.45m×38.2m×251 根），铝合金弹簧门，铝合金窗，外墙贴马赛克，局部轻钢龙骨吊顶，水磨石地面，3 件卫生洁具，0.5t 电梯 2 部，1t 电梯 4 部

层数及结构形式		2 层混合结构	4 层混合结构	6 层框架结构	9 层框架结构	12 层框架结构	29 层框剪结构
每平方米建筑面积总造价	元	639	631	500	573	1078	948
其中：土建		601	454	382	453	823	744
设备		35	176	112	115	242	191
其他		3	1	6	5	13	13
主要材料消耗指标	水泥 kg/m²	251	212	234	247	292	351
	钢材 kg/m²	28	28	55	57	79	74
	钢模 kg/m²	1.2	2.2	2.5	3	5.2	7.4
	原木 m³/m²	0.022	0.018	0.015	0.023	0.029	0.018
混凝土折厚	cm/m²	19	12	23	54	48	58

表 3-9 某 12 层框架结构办公楼技术经济明细指标

项目名称		办公楼			水泥	kg/m²	292
檐高/m	46.9	建筑占地面积/m²	2455	每平方米主要材料及其他指标	钢材	kg/m²	79
层数/层	12	总建筑面积/m²	14800		钢模	kg/m²	520
层高/m	3.6	其中：地上面积/m²			原木	m³/m²	0.029
开间/m	7	地下面积/m²		混凝土折厚	地上	cm/m²	30
进深/m	6	总造价/万元			地下	cm/m²	9
间	132	单位造价/元·m⁻²	1078		桩基	cm/m²	102

工程特征	框架结构，独立桩基，桩基（0.4m×0.4m×17m×262 根，0.45m×0.45m×30m×294 根），古铜色铝合金茶色玻璃门窗，外墙石屑砂浆面层，局部泰山面砖，内墙乳胶漆，彩色水磨石地面
设备选型	2 件卫生洁具，局部窗式空调器，400 门自动电话交换机 1 套，3 部 1t 全自动电梯

项目名称	总值/元	占分部造价/%	占总造价/%	技术经济指标				
				单位	数量	单价 1	单价 2	单价 3
（一）土建	6290330	100	70.2	m²	14800	425	823	1440
1. 地上部分	5145700	81.8		m²	14800	348	674	1180
2. 地下部分								
3. 打桩	1144640	18.2		m²	14800	78	144	252
（二）设备	2469710	100	27.6	m²	14800	167	242	424
1. 给排水	209510	8.5		m²	14800	14	20	35
2. 照明、防雪	284880	11.5		m²	14800	19	28	49
3. 电力	38790	1.6		kW	273	142	206	361
4. 空调	190160	7.7		m²	14800	13	19	33
5. 弱电	1359360	55.0		m²	14800	91	132	231
6. 动力	9940	0.4		m²	14800	0.63	0.91	2
7. 冷冻设备	53780	2.2		kcal	184000	0.29	0.42	0.74
8. 电梯	323210	13.1		部	3	107360	155672	272426
（三）其他	194750		2.2	m²	14800	13	13	23
合　计	8954790		100	m²	14800	605	1078	1887

　　单项指标的编制较为简单，按具体的施工图纸和预算定额编制工程预算书，算出工程造价及资源消耗量，再将其除以建筑面积即得单项指标。

　　综合指标的编制是一个综合过程，其基本原理是将不同工程的单项指标进行加权平均，计算能综合反映一般水平的单位造价及资源消耗量指标，该指标即为工程的综合指标。

3.6　建筑安装工程费用定额

3.6.1　概述

3.6.1.1　建筑安装工程费用计算程序

　　建筑安装工程费用计算程序按照不同阶段的计价活动分别进行设置，包括建筑安装工程概算费用计算程序和建筑安装工程施工费用计算程序。本节以《浙江省建设工程计价规则》（2018版）为例，介绍计算程序及费用定额。

　　（1）建筑安装工程概算费用组成和计算程序见表3-10。

表 3-10　建筑安装工程概算费用计算程序

序号		费用项目	计算方法（公式）
一		分部分项工程费	∑（分部分项工程数量 × 综合单价）
	其中	1. 人工费+机械费	∑分部分项工程（定额人工费 + 定额机械费）
二		总价综合费用	一 × 总价综合费率
三		其他费用	2 + 3 + 4
	其中	2. 标化工地预留费	一×费率
		3. 优质工程预留费	（一 + 二）× 费率
		4. 概算扩大费用	（一 + 二）× 扩大系数
四		税前概算费用	一 + 二 + 三
五		税金（增值税销项税）	四 × 税率
六		建筑安装工程概算费用	四 + 五

　　注：1. 分部分项工程费所列"人工费+机械费"，是指按照现行概算定额消耗量及其基期价格计算的用于取费基数部分的人工费与机械费之和（简称"定额人工费+定额机械费"）。2. 优质工程预留费以分部分项工程费加综合费用为基数进行计算，并纳入计税基数。当优质工程预留费及其税金的计算额度超过相应等级的优质工程增加费最高限额时，按最高限额计算。3. 建筑安装工程概算统一采用增值税一般计税方法进行编制。4. 遇尚未颁发概算专业定额，参照相应预算定额编制概算。

　　（2）招投标阶段建筑安装工程施工费用计算程序见表3-11。

表 3-11　招投标阶段建筑安装工程施工费用计算程序

序号		费用项目	计算方法（公式）
一		分部分项工程费	∑（分部分项工程数量 × 综合单价）
	其中	1. 人工费+机械费	∑分部分项（定额人工费 + 定额机械费）

序号	费用项目		计算方法（公式）
二	措施项目费		
	（一）施工技术措施项目费		∑（技措项目工程数量 × 综合单价）
其中	2. 人工费+机械费		∑技措项目（定额人工费 + 定额机械费）
	（二）施工组织措施项目费		按实际发生项之和进行计算
其中	3. 安全文明施工基本费		
	4. 提前竣工增加费		
	5. 二次搬运费		（1 + 2）× 费率
	6. 冬雨季施工增加费		
	7. 行车、行人干扰增加费		
	8. 其他施工组织措施费		按相关规定进行计算
三	其他项目费		
	（三）暂列金额		9 + 10 + 11
其中	9. 标化工地暂列金额		（1 + 2）× 费率
	10. 优质工程暂列金额		除暂列金额外工程造价 × 费率
	11. 其他暂列金额		除暂列金额外工程造价 × 估算比例
	（四）暂估价		12 + 13
其中	12. 承包人发包专业工程暂估价		按除税金以外的全部费用进行计算
	13. 施工技术专项措施项目暂估价		按除税金以外的全部费用进行计算
	（五）计日工		∑人工、材料、机具台班（暂估数量 × 综合单价）
	（六）总承包服务费		14 + 15
其中	14. 发包人发包专业工程管理费		发包人发包专业工程暂估价 × 费率
	15. 发包人提供材料及工程设备保管费		甲供材料暂估金额×费率+甲供工程设备暂估金额×费率
四	规费		（1 + 2）× 费率
五	税前工程造价		一 + 二 + 三 + 四
六	税金（增值税销项税或征收率）		五 × 税率
七	建筑安装工程造价		五 + 六

注：1. 分部分项工程费、施工技术措施项目费所列"人工费+机械费"，招投标阶段是指按照现行预算定额消耗量（或 企业定额消耗量）及其基期价格计算的，用于取费基数部分的人工费与施工机具使用费之和（简称"定额人工费+定额机械费"）。2. 其他项目费的组成内容按照施工总承包工程需求设置；未实行施工总承包的工程及发包人单独发包的专业工程，其组成内容应根据实际情况作适当调整。3. 其他项目费中的暂列金额，除标化工地暂列金额按总承包单位自行承包内容考虑外，优质工程暂列金额、其他暂列金额已综合考虑发包人单独发包的专业工程内容，发包人发包专业工程不再列项计算。4. 其他项目费中的暂估价，不包括按暂估单价计算的材料（工程设备）暂估价，发生时应统一列入分部分项工程项目的综合单价内计算。所列承包人发包专业工程暂估价，按除税金以外的全部费用考虑；所列施工技术专项措施项目暂估价，仅按总承包单位自行承包内容考虑。5. 其他项目费中的总承包服务费，所列发包人提供材料及工程设备保管费，分别以发包人拟提供的甲供材料暂估金额（含进项税）和甲供工程设备暂估金额（含进项税）为基数进行计算。6. 建筑安装工程招标控制价、投标报价，可选择增值税一般计税法或简易计税法进行编制。

3.6.1.2　费用定额的分类、编制依据和原则

（1）费用定额的分类。按照建筑安装工程费用的性质分类，费用定额包括分部分项工程费用定额（包括施工定额和消耗量定额）、措施项目费用定额、间接费用定额、利润和税金。

（2）费用定额的编制依据：

1）国家相关法律、法规、条例的规定。如住房和城乡建设部、财政部《关于印发〈建筑安装工程费用项目组成〉的通知》（建标〔2013〕44号）；原建设部办公厅《建筑工程安全防护、文明施工措施费用及使用管理规定》（建办〔2005〕89号）；《关于做好建筑业营改增建设工程计价依据调整准备工作的通知》（建办标〔2016〕4号）。

2）企业内部有关费用支出情况。

3）项目相关费用支出情况。

（3）费用定额的编制原则：

1）以住房和城乡建设部、财政部颁发的建标〔2013〕44号文件规定为基础，结合企业实际情况编制。

2）以工程项目发生的实际管理费开支作为测定费用的基础。

3）以企业近几年的竣工工程统计资料作为基础测定各类工程权数，以加权平均方式按工程类别分摊公司、分公司管理费。

4）区分工业建筑、民用建筑、构筑物等不同工程，并按工程面积、层高、跨度等划分工程类型，形成建筑、安装、装饰等配套的费用定额体系。

费用定额综合反映该地区该类工程发生的平均费用水平，由于各个企业管理水平、企业体制不同，其在施工中发生的费用也是不同的。因此，只有编制出反映企业实际费用的费用定额，才能准确计算工程造价。

5）细算粗编。在编制费用定额时，收集相关资料要细、内容要全，计算要仔细、认真；编制成册时，要体现一定的综合性，以保证费用定额的涵盖性广。

6）社会平均水平原则。建设工程费用定额水平应按照社会必要劳动量确定，反映社会平均水平。费用定额的编制是一项政策性很强的技术经济工作，并且与国家和企业的利益密切相关。各项费用应符合国务院、财政部、劳动和社会保障部以及省人民政府有关规定。

7）简明适用原则。制定费用定额时要结合工程建设的经济技术特点，在认真分析各项费用属性的基础上理顺费用项目的划分，制定相应的费率，计取各项费用的方法应力求简单。

8）定性分析与定量分析相结合原则。费用定额的编制要充分考虑可能对工程造价造成影响的各种因素。

3.6.2　分部分项工程费用定额

分部分项工程费按分部分项工程数量乘以综合单价以其合价进行计算。

3.6.2.1　工程数量

（1）采用国标工程量清单计价的工程，分部分项工程数量应根据国家计量规范中清单

项目（含本省补充清单项目）规定的工程量计算规则和本省有关规定进行计算。

（2）采用定额项目清单计价的工程，分部分项工程数量应根据本省预算定额中定额项目规定的工程量计算规则进行计算。

3.6.2.2 综合单价

（1）工料机费用。编制招标控制价时，综合单价所含人工费、材料费、机械费，应按照预算定额中定额项目的人工、材料（工程设备）、施工机械（仪器仪表）台班消耗量（或数量）以相应"基准价格"进行计算。

编制投标报价时，综合单价所含人工费、材料费、机械费，可按企业定额和当时当地市场价格自主确定。其中，材料（工程设备）的"暂估单价"应与招标控制价保持一致。采用一般计税方法计价的工程，综合单价中的材料（工程设备）与施工机械（仪器仪表）台班价格应为除税价格；采用简易计税方法计价的工程，综合单价中的材料（工程设备）与施工机械（具）台班价格应为含税价格。

（2）企业管理费、利润。采用国标工程量清单计价的工程，编制招标控制价和投标报价时，综合单价所含企业管理费、利润应以清单项目中"定额人工费+定额机械费"之和乘以企业管理费、利润费率分别进行计算。编制招标控制价时，企业管理费、利润费率应按相应施工弹性区间费率的中值计算。

（3）风险费用。风险费用是指隐含于综合单价之中，用于化解发承包双方在工程合同中约定风险内容和范围（幅度）内人工、材料（工程设备）、施工机械（仪器仪表）台班的市场价格波动风险的费用。

3.6.3 措施项目费用定额的编制

3.6.3.1 概念

措施项目费用定额是指直接工程费以外的建筑安装施工生产过程中发生的施工准备、组织施工生产的各项费用开支标准。措施项目费按施工技术措施项目费、施工组织措施项目费之和进行计算。

3.6.3.2 组织措施项目费用定额

施工组织措施项目费分为安全文明施工费（含安全文明施工基本费和标化工地增加费）、提前竣工增加费、二次搬运费、冬雨季施工增加费和行车、行人干扰增加费，除安全文明施工基本费属于必须计算的施工组织措施费项目外，其余施工组织措施费项目可根据工程实际需要进行列项，工程实际不发生的项目不应计取其费用。

施工组织措施项目费均以"定额人工费+定额机械费"乘以施工组织措施项目相应费率以其合价之和进行计算。由于设计变更等原因增减的工程项目，其施工取费费率按本定额费率标准执行的，其取费基数的计算口径与编制招标控制价相同。编制招标控制价时，提前竣工增加费，二次搬运费，冬雨季施工增加费，行车、行人干扰增加费费率应按相应施工费率的中值计算。

（1）安全文明施工基本费。安全文明施工基本费应根据分档测定费率和取费基数额度（合同标段用于取费的定额人工费与定额机械费之和），采用差额分档递减以累进制方式确定基准费率。编制招标控制价时，应按基准费率进行计算；编制投标报价时，应以不低于基准费率下限进行计算。对于安全防护、文明施工有特殊要求和危险性较大的工程，需增加安全防护、文明施工措施所发生的费用可另列项目计算或要求投标报价的施工企业在费率中考虑。

（2）标化工地增加费。标化工地施工费的基本内容已在安全文明施工基本费中综合考虑，但属于国家、省、设区市、县市区级安全文明施工标准化工地的，应计算标化工地增加费。由于标化工地一般在工程竣工后进行评定，且不一定发生或达到预期要求的等级，编制招标控制价、投标报价时，标化工地增加费应以暂列金额方式在其他项目费中列项计算；编制竣工结算价时，标化工地增加费应在施工组织措施项目费中列项。合同约定有创国家、省、设区市、县市区级安全文明施工标准化工地要求而实际未创建的，不计算标化工地增加费；实际创建等级与合同约定不符的，按实际创建等级相应费率标准的 75% ~ 100% 计算标化工地增加费，并签订补充协议。

（3）提前竣工增加费。提前竣工增加费以工期缩短的比例计取，工期缩短比例按以下公式确定。

$$工期缩短比例 = [（定额工期 - 合同工期）/ 定额工期] \times 100\% \qquad (3\text{-}40)$$

缩短工期比例在 30% 以上者，应按审定的措施方案计算相应的提前竣工增加费。实际工期比合同工期提前的，可参考本规定计算提前竣工增加费并在合同中约定。

（4）二次搬运费。二次搬运费费率适用于因施工场地狭小等特殊情况一次到不了施工现场而需要再次搬运发生的费用，不适用于上山及过河发生的费用。上山及过河发生的费用另行计算。

（5）冬雨季施工增加费。冬雨季施工增加费费率不包括暴雪、强台风、高温等异常恶劣气候引起的费用，发生时另行计算。

（6）行车、行人干扰增加费。行车、行人干扰增加费费率不包括市政工程施工区域沿线搭设的临时围挡（护栏）费用，发生时按相应专业定额规定计算。

3.6.3.3　技术措施项目费用定额

施工技术措施项目费按施工技术措施项目工程数量乘以综合单价以其合价之和进行计算。工程数量及综合单价的计算原则参照分部分项工程费相关内容处理。人工费中不包括机上人工费；大型机械设备进出场及安拆费不能直接作为机械费计算，但其中的人工费及机械费可作为取费基数。

3.6.4　其他项目费用定额

其他项目费用按照不同计价阶段结合工程实际确定计价内容，编制招标控制价或投标报价时，分为暂列金额、暂估价、计日工和总承包服务费；竣工结算计价时，分为专业工程结算价、计日工、总承包服务费、索赔与现场签证费和优质工程增加费。不同计价阶段的其他项目费均按各自规定以实际发生项的合价之和进行计算。

（1）暂列金额。暂列金额按标化工地暂列金额、优质工程暂列金额、其他暂列金额之和进行计算。

1）标化工地暂列金额。标化工地暂列金额应以招标控制价的分部分项工程费与施工技术措施项目费中按基期价格确定的"定额人工费+定额机械费"乘以标化工地费率进行计算。其中，招标文件有创安全文明施工标准化工地要求的，按要求等级费率计算。

2）优质工程暂列金额。优质工程暂列金额应以招标控制价除本费用之外的造价乘以优质工程增加费率进行计算。其中，招标文件有创优质工程要求的，按要求等级费率计算。

3）其他暂列金额。其他暂列金额应以招标控制价中除了暂列金额外的税前工程造价乘以相应估算比例进行计算，估算比例一般不高于 5%。

（2）暂估价。暂估价分承包人发包专业工程暂估价和施工技术专项措施项目暂估价。材料（工程设备）的暂估单价，统一列入分部分项工程项目的综合单价计算。

1）专业工程暂估价。专业工程暂估价按各专业工程的暂估总价之和进行计算。各专业工程的暂估总价应由发包人在发承包计价前，根据各专业工程的具体情况和有关计价规定以除税金以外的全部费用分别进行估算。

2）专项措施项目暂估价。专项措施项目暂估价按各施工技术专项措施项目的暂估总价之和进行计算。各施工技术专项措施项目的暂估总价应由发包人在发承包计价前，根据各施工技术专项措施项目的具体情况和有关计价规定以除税金以外的全部费用分别进行估算。

（3）计日工。计日工按计日工数量乘以综合单价以其合价之和进行计算。

（4）总承包服务费。总承包服务费按发包人发包专业工程管理费和甲供材料及工程设备保管费之和进行计算。

1）专业发包工程管理费。专业发包工程管理费按单独发包的专业工程金额乘以发包人发包专业工程管理费相应费率以其合价进行计算。编制招标控制价和投标报价时，发包人发包专业工程管理费以暂估价内的专业工程暂估价金额作为计算基数；竣工结算计价时，发包人发包专业工程管理费应以专业工程结算价金额作为计算基数。编制招标控制价时，专业工程管理费费率应根据要求提供的服务内容按相应施工弹性区间费率的中值计算；编制投标报价时，专业工程总承包管理费费率可在相应施工弹性区间费率的范围内自主确定；竣工结算时专业工程总承包管理费费率保持不变。

发包人仅要求总承包单位对分包的专业工程进行总承包管理和协调，包括提供堆放场地、现场供水供电管路与电源线（水电费用可以按计收）、施工现场安全管理、竣工资料的整理等服务，总承包单位可按分包专业工程造价的 1%~2% 计取管理费。总承包单位完成其承包的工程范围内的临时道路、围墙、脚手架等措施项目，应无偿提供给分包单位使用，分包单位则不得重复计算相应费用。

发包人要求总承包单位对分包的专业工程进行总承包管理和协调，并同时要求提供配合服务时，包括提供现场施工机械（含垂直机械）的使用，总承包单位可按分包专业工程造价的 2%~4% 计取专业工程管理费，分包单位则不得重复计算相应费用。

总承包单位事先没有与发包人约定提供配合服务的，分包单位又要求总承包单位提供垂直运输等配合服务时，分包单位支付给总包单位的配合服务费，由总分包单位根据实际的发生额自行约定。

2）甲供材料设备保管费。发包人自行提供材料、设备的，对材料、工程设备进行管理、服务的单位可向发包方计取材料、工程设备的保管费，即甲供材料及工程设备保管费，按甲供材料（工程设备）金额按照含税价乘以相应费率之和进行计算。

编制招标控制价和投标报价时，甲供材料及工程设备保管费以招标人（发包人）在发承包计价前确定的甲供材料（工程设备）暂估金额作为计算基数；竣工结算计价时，甲供材料及工程设备保管费应以发承包双方共同确认的甲供材料（工程设备）实际金额作为计算基数。编制招标控制价时，甲供材料及工程设备保管费费率应按相应施工弹性区间费率的中值计算；编制投标报价时，甲供材料及工程设备保管费费率可在相应施工弹性区间费率的范围内自主确定；竣工结算时甲供材料及工程设备保管费费率保持不变。已计算总承包服务费的甲供材料及工程设备，其采购保管费内的保管费用不再重复计算。

（5）专业工程结算价。承包人发包专业工程结算价按各专业工程结算金额之和进行计算，各专业工程结算金额应根据各专业工程发承包合同的规定，按不包含增值税在内的全部费用进行计价。

（6）索赔与现场签证费。索赔与现场签证费分为索赔费用和现场签证费用，按索赔费用和现场签证费用之和进行计算。

1）索赔费用。索赔费用按各索赔事件的费用索赔金额之和进行计算。费用索赔金额按照除增值税外的全部费用进行计价。以除增值税外的全部费用计价时，应包括相应的施工组织措施项目费、企业管理费和规费。

2）现场签证费用。现场签证费用按各签证事项的费用签证金额之和进行计算。费用签证金额按照除增值税外的全部费用进行计价。以除增值税外的全部费用计价时，应包括相应的施工组织措施项目费、企业管理费和规费。

（7）优质工程增加费。浙江省计价定额的消耗量水平按合格工程考虑，获得国家、省、设区市、县市区级优质工程的，应计算优质工程增加费。优质工程增加费以获奖工程的分部分项工程费除本费用之外的造价乘以优质工程增加费相应费率进行计算。

由于优质工程是在工程竣工后进行评定，且不一定发生或达到预期要求的等级，遇发包人有优质工程要求的，编制招标控制价和投标报价时优质工程增加费应以暂列金额方式在其他项目费中列项计算。

合同约定有工程获奖目标等级要求而实际未获奖的，不计算优质工程增加费；实际获奖等级与合同约定目标等级不符的，按实际获奖等级相应费率标准的75%～100%计算优质工程增加费并签订补充协议。

3.6.5　规费和税金费用定额

（1）规费费用定额的编制要求：

1）规费应根据国家法律、法规所测定的费率进行计算，不得作为竞争性费用。

2）编制招标控制价和投标报价时，规费均以"定额人工费+定额机械费"之和乘以规费相应费率进行计算。

（2）税金费用定额的编制要求：

1）增值税应根据国家税法所规定的计税基数和税率进行计算，不得作为竞争性费用。

2）增值税以税前工程造价作为计税基数，按计税基数乘以增值税相应税率进行计算。遇税前工程造价包含甲供材料（工程设备）金额和发包人发包的专业工程金额的，应在计税基数中予以扣除。

3）增值税税率应根据计价工程按规定选择的适用计税方法，分别以增值税销项税额税率和增值税征收率进行计算。

3.7 投资估算指标

3.7.1 投资估算指标的作用和编制原则

工程建设投资估算指标是编制建设项目建议书、可行性研究报告等前期工作阶段投资估算的依据，也可作为编制同一资产长远规划投资额的参考。投资估算指标为完成项目建设的投资估算提供依据和手段，它在固定资产的形成过程中起着投资预测、投资控制、投资效益分析的作用，是合理确定项目投资的基础。投资估算指标中的主要材料消耗量也是一种扩大材料消耗量指标，可以作为计算建设项目主要材料消耗量的基础。估算指标的正确制定对于提高投资估算的准确度，对建设项目的合理评估、正确决策具有重要意义。

投资估算指标属于项目建设前期进行估算投资的技术经济指标，它不但要反映实施阶段的静态投资，还必须反映项目建设前期和交付使用期内发生的动态投资，以投资估算指标为依据编制的投资估算，包含项目建设的全部投资额。这就要求投资估算指标比其他各种计价定额具有更大的综合性和概括性。

因此，投资估算指标的编制工作除应遵循一般定额的编制原则外，还必须坚持下述原则：

（1）投资估算指标项目的确定，应考虑以后几年编制建设项目建议书和可行性研究报告投资估算的需要。

（2）投资估算指标的分类、项目划分、项目内容、表现形式等要结合各专业的特点，并且要与项目建议书、可行性研究报告的编制深度相适应。

（3）投资估算指标的编制内容、典型工程的选择，必须遵循国家的有关建设方针。

（4）投资估算指标的编制要反映不同行业、不同项目和不同工程的特点。投资估算指标要适应项目前期工作深度的需要，而且具有更大的综合性。

（5）投资估算指标的编制要体现国家对固定资产投资实施间接调控作用的特点。

（6）投资估算指标的编制要贯彻静态和动态相结合的原则。

3.7.2 投资估算指标的内容

投资估算指标是确定和控制建设项目全过程各项投资支出的技术经济指标，其范围涉及建设前期、建设实施期和竣工验收交付使用期等各个阶段的费用支出，内容因行业不同而各异，一般可分为建设项目综合指标、单项工程指标和单位工程指标三个层次。

（1）建设项目综合指标。建设项目综合指标指按规定应列入建设项目总投资的从立项筹建开始至竣工验收交付使用的全部投资额，包括单项工程投资、工程建设其他费用和预备费等。建设项目综合指标一般以项目的综合生产能力单位投资表示，如"元/t"、"元/kW"；或以使用功能表示，如医院床位："元/床"。

（2）单项工程指标。单项工程指标指按规定应列入能独立发挥生产能力或使用效益的单项工程内的全部投资额，包括建筑工程费，安装工程费，设备、工器具及生产家具购置费和其他费用。单项工程一般划分原则如下：

1）主要生产设施。指直接参加生产产品的工程项目，包括生产车间或生产装置。

2）辅助生产设施。指为主要生产车间服务的工程项目，包括集中控制室，中央实验室，机修、电修、仪器仪表修理等车间，原材料、半成品、成品及危险品等仓库。

3）公用工程。包括给排水系统、供热系统、供电及通信系统以及热电站、热力站、煤气站、空压站、冷冻站、冷却塔和全厂管网等。

4）环境保护工程。包括废气、废渣、废水等处理和综合利用设施及全厂性绿化。

5）总图运输工程。包括厂区防洪、围墙大门、传达及收发室、汽车库、消防车库、厂区道路、桥涵、厂区码头及厂区大型土石方工程。

6）厂区服务设施、生活福利设施及厂外工程。

单项工程指标一般以单项工程生产能力单位投资，如"元/t"，或其他单位表示。

（3）单位工程指标。单位工程指标指按规定应列入能独立设计、施工的工程项目的费用，即建筑安装工程费用。单位工程指标一般以如下方式表示：房屋区别不同结构形式以"元/m²"表示；道路区别不同结构层、面层以"元/m"表示；水塔区别不同结构层、容积以"元/座"表示。

3.7.3　投资估算指标的编制方法

投资估算指标的编制工作涉及建设项目的产品规模、产品方案、工艺流程、设备选型、工程设计和技术经济等各个方面，既要考虑到现阶段技术状况，又要展望近期技术发展趋势和设计动向，从而可以指导以后建设项目的实践。投资估算指标的编制一般分以下三个阶段进行。

（1）收集整理资料阶段。收集整理已建成或正在建设的、符合现行技术政策和技术发展方向、有可能重复采用的、有代表性的工程设计施工图、标准设计以及相应的竣工决算或施工图预算资料等，这些资料是编制工作的基础；同时，对调查收集到的资料要选择占投资比重大、相互关联多的项目进行认真的分析整理，才能重复利用。

（2）平衡调整阶段。由于调查收集的资料来源不同，虽然经过一定的分析整理，但难免会由于设计方案、建设条件和建设时间上的差异带来的某些影响，使数据失准或漏项等，因而必须对有关资料进行综合平衡调整。

（3）测算审查阶段。测算是将新编的指标和选定工程的概预算，在同一价格条件下进行比较，检验其"量差"的偏离程度是否在允许偏差的范围之内，如偏差过大，要查找原因，进行修正，以保证指标的确切、实用。

由于投资估算指标的计算工作量非常大，在现阶段计算机已经广泛普及的条件下，应尽可能应用电子计算机进行投资估算指标的编制工作。

3.8　工程造价指数

3.8.1　工程造价指数的概念

工程造价指数是反映一定时期内由于价格变化对工程造价影响程度的一种指标。它反映了工程造价报告期与基期相比的价格变动程度与趋势，是分析价格变动趋势及其原因、估计工程造价变化对宏观经济的影响、承发包双方进行工程估价和结算的重要依据。

工程造价指数一般按照工程的范围不同划分为单项价格指数和综合价格指数两类。单项价格指数是分别反映各类工程的人工、材料、施工机械及主要设备等单项费用报告期对基期价格的变化程度指标，如人工费价格指数、主要材料价格指数、施工机械台班价格指数、主要设备价格指数等；综合价格指数是综合反映不同范围的工程项目中各类综合费用报告期对基期价格的变化程度指标，如建筑安装工程直接费造价指数、其他直接费及间接费价格指数、建筑安装工程造价指数、工程建设其他费用指数、单项工程或建设项目造价指数等。

工程造价指数还可根据不同基期划分为定基指数和环比指数。定基指数是各时期价格与某固定时期的价格对比后编制的指数；环比指数是各时期价格都以其前一期价格为基础编制的指数。工程造价指数一般以定基指数为主。

3.8.2 工程造价指数的编制

在市场经济体制下，建筑市场供求和价格水平经常发生变化，从而对工程造价造成一定的影响，这不仅使不同时期的工程在"量"与"价"两方面失去了可比性，也给工程造价的合理确定和有效控制造成了困难。所以，根据工程建设特点编制工程造价指数，就成为解决这些问题的有效途径。

工程造价指数一般应按照各类构成要素分别编制各类单项工程价格指数，然后汇总得到综合造价指数。

（1）工料机价格指数。按式（3-41）计算：

$$工料机价格指数 = P_n/P_0 \tag{3-41}$$

式中　P_0——基期人工费、施工机械台班费、材料预算价格；

　　　P_n——报告期人工费、施工机械台班费、材料预算价格。

（2）建筑安装工程造价指数。按式（3-42）计算：

建筑安装工程造价指数 = 人工费指数 × 基期人工费占建筑安装工程造价比例 +

　　　　　　$\sum$（单项材料价格指数 × 基期该单项材料费占建筑安装工程造价比例）+

　　　　　　$\sum$（单项施工机械台班价格指数 × 基期该单项机械费占建筑安装工程造价比例）+

　　　　　　（其他直接费、间接费综合指数）×

　　　　　　（基期其他直接费、间接费占建筑安装工程造价比例） （3-42）

（3）设备工器具价格指数。按式（3-43）计算：

　　设备工器具价格指数 = $\sum$（报告期设备工器具单价 × 报告期购置数量）÷

　　　　　　$\sum$（基期设备工器具单价 × 基期购置数量） （3-43）

（4）工程建设其他费用价格指数。按式（3-44）计算：

　　　工程建设其他费用价格指数 = 报告期每万元投资支出中其他费用 ÷

　　　　　　基期每万元投资支出中其他费用 （3-44）

（5）建设项目或单项工程造价指数。按式（3-45）计算：

　建设项目或单项工程造价指数 = 建筑安装工程造价指数 ×

　　　　　　基期建筑安装工程费用占总造价比例 + $\sum$（单项设备价格指数 ×

　　　　　　基期该项设备费占总造价比例）+ 工程建设其他费用指数 ×

　　　　　　基期工程建设其他费用占总造价比例 （3-45）

【例3-7】　某分项工程耗用人工 1000 工日，甲种材料 100t，乙种材料 200t，机械 100 台班。基期价格分别为：人工费 100 元/工日，材料甲 2500 元/t，材料乙 2600 元/t，机械 200 元/台班，其他直接费及间接费 10 万元，利润和税金 6 万元。投标报价时（报告期）价格分别为：人工 115 元/工日，材料甲 2600 元/t，材料乙 2700 元/t，机械 250 元/台班，其他直接费及间接费上涨 20%，利润和税金不变。求该分项工程投标报价时的工程造价指数和投标报价。

解：（1）计算组成该分项工程的各单项价格指数

$$人工价格指数 = 115/100 = 1.15$$
$$材料甲价格指数 = 2600/2500 = 1.04$$
$$材料乙价格指数 = 2700/2600 = 1.04$$
$$机械台班价格指数 = 250/200 = 1.25$$
$$其他直接费及间接费综合价格指数 = 1 + 0.2 = 1.2$$
$$利润和税金综合价格指数 6/6 = 1$$

（2）计算基期总造价

$$基期总造价 = (20 \times 1000 + 2500 \times 100 + 2600 \times 200 + 2000 \times 100 + 100000 + 60000) 元$$
$$= 97(万元)$$

（3）计算投标报价时的工程造价指数

$$工程造价指数 = (1.15 \times 2 + 1.04 \times 25 + 1.04 \times 52 + 1.25 \times 2 + 10 \times 1.2 + 6 \times 1)/97$$
$$= 106.06\%$$

表示该分项工程投标报价时，其完全单价比基期上涨 6.06%。

（4）计算投标报价

$$投标报价 = 97 \times 106.06\% = 102.88(万元)$$

复习思考题

3-1　我国工程建设定额有哪些作用，有何特点？

3-2　工程造价计价的依据有哪些？简述它们之间的联系与区别。

3-3　什么是工序，什么是施工过程？

3-4　人工消耗定额、材料消耗定额和机械台班使用定额的基本概念是什么？

3-5　企业定额编制的原则是什么？

3-6　概算定额、预算定额和施工定额有哪些区别和联系？

3-7　什么是材料预算价格，它是如何确定的？

3-8　什么是工程造价指数，它是如何编制的？

3-9　某施工机械预算价格为 30 万元，贷款利息为 10%，耐用总台班为 8000 台班，残值率为 3.5%，大修间隔台班为 1300 台班，一次大修需用修理费 6000 元。试求该机械的大修理费和台班折旧费。

3-10　某工程项目建筑安装工程投资额为 500 万元，价格指数为 112%，设备及工器具投资 900 万元，价格指数为 105%，工程建设其他费用投资 200 万元，价格指数为 108%。试求此基础上的工程造价指数，并说明其含义。

3-11　某工程需砌筑一段毛石护坡，拟采用 M5.0 水泥砂浆砌筑，根据甲乙双方商定，工程单价的确定方法是：首先现场测定每 $10m^3$ 砌体人工工日、材料、机械台班消耗指标，并将其乘以相应的当地价格确定。各项测定参数如下：

（1）砌筑 1m³ 毛石砌体需工时参数为：基本工作时间为 10.6h；辅助工作时间为工作延续时间的 3%，准备与结束时间为工作延续时间的 2%；不可避免的中断时间为工作延续时间的 2%；休息时间为工作延续时间的 20%；人工幅度差系数为 10%。

（2）砌筑 10m³ 毛石砌体需各种材料净用量为：毛石 7.50m³；M5.0 水泥砂浆 3.10m³；水 7.50m³。毛石和砂浆的损耗率分别为 2%、1%。

（3）砌筑 10m³ 毛石砌体需 200L 砂浆搅拌机 5.5 台班，机械幅度差为 15%。

试计算：

1）砌筑每 1m³ 毛石护坡工程的人工时间定额和产量定额。

2）假设当地人工日工资标准为 71 元/工日，毛石单价为 58 元/m³；M5.0 水泥砂浆单价为 121.76 元/m³；水单价为 1.80 元/m³；其他材料费为毛石、水泥砂浆和水费用的 2%。200L 砂浆搅拌机台班费为 45.5 元/台班。试确定每 10m³ 砌体的单价。

3）若毛石护坡砌筑砂浆设计变更为 M10 水泥砂浆，该砂浆现行单价 143.75 元/m³，定额消耗量不变，每 10m³ 砌体的单价又为多少？

4 工程量清单计价原理

学习目标：（1）了解《建设工程工程量清单计价规范》编制的指导思想、原则；（2）熟悉工程量清单的概念、特点和作用；（3）掌握工程量清单的内容及编制；（4）熟悉工程量清单计价的概念、特点和意义；（5）掌握工程量清单计价的基本原理；（6）掌握工程量清单计价方法与编制。

4.1 概 述

工程量清单计价是国际通行的计价做法，在我国实行工程量清单计价，可以使招投标活动的透明度增加，在充分竞争的基础上降低造价，提高投资效益；同时有利于提高国内建设各方主体参与国际化竞争的能力，有利于提高工程建设的管理水平，为建设市场主体创造一个与国际惯例接轨的市场竞争环境。

4.1.1 《建设工程工程量清单计价规范》简介

根据建设部 2002 年工作部署和建设部标准定额司工程造价管理工作要点，为改革工程造价计价方法，推进工程量清单计价，建设部标准定额研究所受建设部标准定额司的委托，于 2002 年 2 月 28 日开始组织有关专家编制《全国统一工程量清单计价办法》，为了增强工程量清单计价办法的权威性和强制性，经有关专家建议改为《建设工程工程量清单计价规范》，经建设部批准现已正式颁布，于 2003 年 7 月正式施行。该规范根据《中华人民共和国招投标法》、建设部第 107 号令《建设工程施工发包与承包计价管理办法》等法规和规定，按照我国工程造价管理改革的要求，本着国家宏观调控、市场竞争形成价格的原则制定，是我国深化工程造价管理改革的重要举措。2008 年 7 月 9 日，中华人民共和国住房与城乡建设部又颁布了《建设工程工程量清单计价规范》（GB 50500—2008），总结了《建设工程工程量清单》（GB 50500—2003）实施以来的经验，针对执行中存在的问题，特别是清理拖欠工程款工作中普遍反映的，在工程实施阶段中有关工程价款调整、支付、结算等方面缺乏依据的问题，主要修订了原规范正文中不尽合理、可操作性不强的条款及表格格式，特别增加了采用工程量清单计价如何编制工程量清单、招标控制价、投标报价、合同价款约定以及工程计量与价款支付、工程价款调整、索赔、竣工结算、工程计价争议处理等内容，并增加了条文说明。为了进一步适应建设市场的发展，需要借鉴国外经验，总结我国工程建设实践，进一步健全、完善计价规范。2009 年 6 月 5 日，标准定额司根据住房城乡建设部《关于印发 2009 年工程建设标准规范制订、修订计划的通知》（建标函〔2008〕88 号），发出《关于请承担〈建设工程工程量清单计价规范〉（GB 50500—

2008）修订工作任务的函》（建标造函〔2009〕44 号），由住房城乡建设部标准定额研究所、四川省建设工程造价管理总站会同有关单位共同修订，2012 年 6 月完成了国家标准《建设工程工程量清单计价规范》（GB 50500—2013）以及《房屋建筑与装饰工程工程量计算规范》《仿古建筑工程工程量计算规范》等 9 本计算规范。

4.1.1.1　《建设工程工程量清单计价规范》编制的指导思想

该规范编制的指导思想是：政府宏观调控，市场竞争形成价格，创造公平、公正、公开竞争的环境，以建设全国统一的、有序的建筑市场，既要与国际惯例接轨，又考虑我国的实际现状。政府宏观调控主要体现在：一是规定了全部使用国有资金或以国有资金投资为主的建设工程要严格执行该规范的有关规定，这与招标投标规定的政府投资要进行公开招标是相适应的；二是该规范统一了分部分项工程项目名称及特征、统一了计量单位、统一了工程量计算规则、统一了项目编码，为建立全国统一的建设市场和规范计价行为提供了依据。市场竞争形成价格主要体现在：该规范不规定人工、材料、机械的消耗量，促使企业提高管理水平，引导企业学会编制自己的消耗量定额，以适应市场需要；为企业报价提供了自主空间，投标企业可以结合自身的生产效率、消耗水平和管理能力与已储备的本企业报价资料，按照该规范规定的原则和方法，投标报价；工程造价的最终确定，由承包、发包双方在市场竞争中按价值通过合同确定。

4.1.1.2　《建设工程工程量清单计价规范》编制的主要原则

（1）政府宏观调控，企业自主报价，市场竞争形成价格。按照政府宏观调控、企业自主报价、市场竞争形成价格的指导思想，为规范发包方与承包方的计价行为，确定工程量清单计价原则、方法和必须遵循的规则，包括统一项目编码、项目名称及特征描述、计量单位、工程量计算规则等，留给企业自主报价、参与市场竞争的空间，将属于企业性质的施工方法、施工措施和人工、材料、机械的消耗水平、取费等由企业来确定，给企业以充分的权利，以促进生产力的发展。

（2）与现行定额既有机结合又有区别。由于现行预算定额是我国经过几十年长期实践总结出来的，有一定的科学性和实用性，从事工程造价管理工作的人员已经形成了运用预算定额的习惯，《建设工程工程量清单计价规范》以现行的"全国统一工程预算定额"为基础，特别是项目划分、计量单位、工程量计算规则等方面，尽可能与现行定额衔接。与工程预算定额有所区别的原因：预算定额是按照各省、市的要求和具体情况制定、发布、贯彻执行的，其中有许多不适应《建设工程工程量清单计价规范》编制的部分，主要表现在：定额项目按国家规定以工序为划分项目；施工工艺、施工方法是根据大多数企业的施工方法综合取定的；人工、材料、机械消耗量根据"社会平均水平"综合测定；取费标准是根据不同地区平均测算。因此企业报价时就会表现为平均主义，企业不能结合项目的具体情况和自身技术管理自主报价，不能充分调动企业加强管理的积极性。

（3）既考虑我国工程造价管理的现状，又尽可能与国际惯例接轨的原则。《建设工程工程量清单计价规范》要根据我国当前工程建设市场发展的形势，逐步解决定额计价中与当前工程建设市场不相适应的因素，适应我国社会主义市场经济发展的需要，适应与国际接轨的需要，积极稳妥地推行工程量清单计价。因此，在编制中，既借鉴一些国家及地区的一些做法和思路，同时，也结合我国现阶段的具体情况。如：实体项目的设置方面，就结合了当前按专业设置的一些情况，有关名词尽量沿用国内习惯叫法，如"措施项目"就是国内的习惯叫法，国外称之为"开办项目"；而措施项目的内容则借鉴了部分国外的做法。

4.1.1.3　《建设工程工程量清单计价规范》（GB 50500—2013）的内容

该规范由正文和附录两大部分组成。

正文由总则、术语、一般规定、工程量清单编制、招标控制价、投标报价、合同价款约定、工程计量、合同价款调整、合同价款期中支付、竣工结算与支付、工程计价表格等组成。

（1）总则。共7条。规定了建设工程工程量清单计价规范制定的目的、依据、适用范围、工程量清单计价活动应遵循的基本原则及附录的作用等。

（2）术语。共52条。对计价规范特有的术语给予定义或说明含义。例如，"总承包服务费"是指为配合协调发包人进行工程分包自行采购设备、材料等进行管理、服务以及施工现场管理、竣工资料汇总整理等服务所需的费用。

（3）一般规定。规定了计价方式、发包人提供材料和工程设备、承包人提供材料和工程设备、计价风险。

（4）工程量清单编制。规定了清单编制人，工程量清单组成和分部分项工程量清单、措施项目清单、其他项目清单、规费税金清单的编制等。

（5）工程量清单计价。规定了招标控制价、投标报价、合同价款约定、工程计量、合同价款调整、合同价款期中支付、竣工结算与支付、合同解除的价款结算与支付、合同价款争议的解决、工程造价鉴定、工程计价资料与档案等。

（6）工程计价表格。对工程量清单计价表格格式、组成等方面做了统一规定。

附录是计价规范的组成部分，主要是工程量清单及计价编制的封面与表格等。

4.1.1.4　《建设工程工程量清单计价规范》的特点

（1）强制性。主要表现在，一是由建设主管部门按照强制性国家标准的要求批准颁布，规定全部使用国有资金投资或国有资金投资为主的工程建设项目应按清单规范规定执行，必须采用工程量清单计价；二是明确工程量清单是招标文件的组成部分，并规定了招标人在编制工程量清单时必须遵守的规则，做到"四个统一"。即统一项目编码、统一项目名称、统一项目单位、统一工程量计算规则。

（2）实用性。附录中工程量清单项目及计算规则的项目名称表现的是工程实体项目，项目明确清晰，工程量计算规则简洁明了；特别还列有项目特征和工程内容，易于编制工程量清单时确定具体项目名称和投标报价。

（3）竞争性。一是《建设工程工程量清单计价规范》中的措施项目。在工程量清单中只列"措施项目"一栏，具体采用什么措施，如模板、脚手架、临时设施、施工排水等详细内容由投标人根据企业的施工组织设计，视具体情况决定后报价，因为这些项目各企业有所不同，是企业竞争的内容，是留给企业竞争的空间。二是《建设工程工程量清单计价规范》措施项目中人工、材料和施工机械没有具体的消耗量，投标企业可以依据企业定额和市场价格信息，也可以参照建设行政主管部门发布的社会平均消耗量定额进行报价，《建设工程工程量清单计价规范》将报价权交给企业。

（4）通用性。采用工程量清单计价与国际惯例接轨，符合工程量计算方法标准化、工程量计算规则统一化、工程造价确定市场化的要求。

4.1.2　工程量清单计价与传统计价法

4.1.2.1　工程量清单计价的特点和优势

（1）充分体现了施工企业自主报价、市场竞争形成价格。

（2）搭建了一个平等竞争平台，满足充分竞争的需要。

（3）促进施工企业整体素质提高，增强竞争能力。

（4）有利于招标人对投资的控制，提高投资效益。

（5）风险分配合理。

（6）有利于简化工程结算，正确处理工程索赔。

4.1.2.2　工程量清单计价与定额计价的关系

目前工程量清单、定额计价并存，定额计价模式逐步向工程量清单计价模式转轨，最后实现单一的工程量清单计价模式。工程量清单项目一般包含多项工程内容，计价时需要对清单项目分解为若干个"可组合的主要工程内容"，再按定额计价模式下的工程计算规则计算"可组合的主要工程内容"，所以工程量清单计价中存在部分定额计价的成分。

4.1.2.3　工程量清单计价与传统计价法的区别

（1）适用范围不同。全部使用国有资金投资或国有资金投资为主的建设工程项目必须使用工程量清单计价，除此以外的工程可以使用定额计价模式或清单计价模式。

（2）工程量计算规则不同。工程量清单计价模式采用国标《建设工程工程量清单计价规范》，全国统一；定额计价模式采用各省、直辖市建筑工程预算定额，在本地区内统一，具有局限性。

（3）采用的计价方法不同。工程量清单计价模式采用综合单价法，综合单价包括人工费、材料费、机械使用费、管理费、利润，并考虑风险因素。工程量清单报价具有直观且单价相对固定的特点，工程量发生变化时，单价一般不作调整。定额计价模式采用工料单价法，一般是总价形式。

（4）编制工程量的单位不同。传统定额预算计价法的工程量由招标单位和投标单位分别按图计算，工程量清单计价的工程量由招标单位统一计算或委托有工程造价咨询资质的单位统一计算，"工程量清单"是招标文件的重要组成部分，各投标单位根据招标人提供的工程量清单以及自身的技术装备、施工经验、企业成本、企业定额、管理水平自主填写报价。

（5）项目划分不同。工程量清单项目中一个项目包含多项工程内容，体现的是"综合实体"；而工程量定额计价项目内容项目相对单一，一般一个项目包含一个工程内容。

（6）编制工程量清单的时间不同。传统的定额预算计价法是在发出招标文件后编制，而工程量清单报价法必须在发出招标文件前编制。

（7）编制的依据不同。传统的定额预算计价法的人工、材料、机械台班消耗量是依据建设行政部门颁发的预算定额，人工、材料、机械台班单价依据工程造价管理部门发布的价格信息进行计算。工程量清单报价法的招标控制价是根据招标文件中的工程量清单和有关要求、施工现场情况、合理的施工方法以及建设行政主管部门制定的有关工程造价计价办法编制的。企业的投标报价则根据企业定额和市场价格信息，或参照建设行政主管部门发布的社会平均消耗量定额编制。

（8）费用组成不同。传统预算定额计价法的工程造价由直接费、间接费、利润、税金组成；工程量清单计价法的工程造价包括分部分项工程费、措施项目费、其他项目费、规费和税金。

（9）评标采用的办法不同。传统预算定额计价一般采用百分制评分法；工程量清单计价法投标一般采用合理低报价中标，既要对总价进行评分，还要对综合单价进行分析评分。

（10）项目编码不同。传统预算定额项目编码，全国各省市采用不同的定额子目，而工程量清单计价全国实行统一编码，其项目编码采用 12 位阿拉伯数字表示，1~9 位为统一编码不能变动，后三位码由清单编制人根据项目设置的清单项目编制。

（11）风险分担不同。清单计价模式下，招标人承担工程量计算风险，投标人则承担单价风险；定额计价模式下的招投标工程，工程量由投标人自行计算，工程量计算风险和单价风险均由投标人承担。

（12）合同调整的方式不同。传统的定额预算计价的合同调整方式有变更鉴证、定额解释、政策性调整；工程量清单计价法的合同调整方式主要是索赔。工程量清单的综合单价一般通过招标中报价的形式体现，一旦中标，报价就作为签订施工合同的依据相对固定下来，不能随意调整。工程结算按承包商实际完成的工程量乘以清单中相应的单价计算，减少了调整活口。

4.2　工程量清单的内容与编制

4.2.1　工程量清单的基本概念

工程量清单是表现拟建工程的分部分项工程项目、措施项目、其他项目、规费项目、税金项目名称和相应数量的明细清单，是按照招标要求和施工设计图纸要求规定，将拟建招标工程的全部项目和内容，依据统一的工程量计算规则、一定的计量单位、技术标准、统一的工程量清单项目编制规则要求，计算拟建招标工程的各分部分项的、可供编制标底和投标报价的实物工程量的汇总表格。

工程量清单是在发包方和承包方之间，从工程招投标直至竣工结算为止，双方进行经济核算、工程管理等活动，均以其为工程数量依据。工程量清单一个最基本的功能是作为信息的载体为潜在的投标者提供必要的信息，其主要作用有：

（1）为投标者提供一个公开、公平、公正的竞争环境；

（2）计价、询标、评标的基础；

（3）为施工过程中支付工程进度款提供依据；

（4）为办理竣工结算和工程索赔提供重要依据。

4.2.2 工程量清单的组成内容

工程量清单是招标文件的组成部分，由有编制招标文件能力的招标人或受其委托具有相应资质的工程造价咨询机构、招标代理机构依据有关计价办法、招标文件的有关要求、设计文件和施工现场实际情况进行编制。

工程量清单主要由分部分项工程清单、措施项目清单、其他项目清单、规费项目清单、税金项目清单表组成。编制程序如图 4-1 所示。

| 工程量清单编制准备工作 | → | 按图纸和计算规则计算工程量 | → | 输入项目及工程量 | → | 工程量清单输出 | → | 打印 |

图 4-1 工程量清单编制流程

分部分项工程量清单为不可调整的闭口清单，投标人对招标文件提供的分部分项工程量清单必须逐一计价，对清单所列内容不允许作任何更改变动。投标人如果认为清单内容有不妥或遗漏，只能通过质疑的方式提出，由清单编制人作统一的修改更正，并将修正后的工程量清单发往所有投标人。

措施项目清单为可调整清单，投标人对招标文件中所列项目，可根据企业自身特点作适当的变更增减。投标人要对拟建工程可能发生的措施项目和措施费用作通盘考虑，清单计价一经报出，即被认为是包括了所有应该发生的措施项目的全部费用。如果报出的清单中没有列项，且施工中又必须发生的项目，业主有权认为，其已经综合在分部分项工程量清单的综合单价中，将来措施项目发生时投标人不得以任何借口提出索赔与调整。

其他项目清单是指除分部分项工程量清单、措施项目清单外的由于招标人的特殊要求而设置的项目清单。税金项目清单应根据税务部门的规定列项。

4.2.3 工程量清单的编制

编制工程量清单要熟悉、了解施工图纸、标准图集、地质勘察报告等资料，并对施工现场做好踏勘、咨询工作。

4.2.3.1 工程量清单的编制依据

(1)《建设工程工程量清单计价规范》。

(2) 施工设计图纸及说明、设计修改、变更通知等技术资料。

(3) 相关的设计、工程施工和验收规范以及标准等。

(4) 地质资料勘察报告。

(5) 当地相关文件、规定等。

4.2.3.2 分部分项工程量清单的编制

分部分项工程量清单包括项目编码、项目名称及项目特征、计量单位和工程量计算规则，全国统一，计价规范中为黑体字部分，称为"四统一"。是编制工程量清单的依据，也是必须严格执行的原则。在设置清单项目时，以规范附录中项目名称为主体，考虑该项目的规格、材质等特征，结合拟建工程的实际情况，详细反映影响工程造价的主要因素。

A 项目编码

项目编码按计价规范规定，以五级编码设置，用十二位阿拉伯数字表示。一、二、

三、四级编码统一，第五级编码由工程量清单编制人根据具体工程的清单项目特征自行编码，且应从 001 开始。

各级编码代表的含义如下：

（1）第一级表示专业工程代码（第一、二位）。

01——房屋建筑与装饰装修工程编码

02——仿古建筑工程编码

03——通用安装工程编码

04——市政工程编码

05——园林绿化工程编码

06——矿山工程编码

07——构筑物工程编码

08——城市轨道交通工程编码

09——爆破工程编码

（2）第二级表示附录分类顺序码（第三、四位）。

房屋建筑与装饰装修工程共分 16 项实体项目，以及措施项目。

附录 A　土（石）方工程……………………编码 0101

附录 B　地基处理与边坡支护工程………编码 0102

附录 C　桩基工程……………………………编码 0103

附录 D　砌筑工程……………………………编码 0104

附录 E　混凝土及钢筋混凝土工程………编码 0105

附录 F　金属结构工程………………………编码 0106

附录 G　木结构工程…………………………编码 0107

附录 H　门窗工程……………………………编码 0108

附录 J　屋面及防水工程……………………编码 0109

附录 K　保温、隔热、防腐工程……………编码 0110

附录 L　楼地面装饰工程……………………编码 0111

附录 M　墙柱面装饰与隔断、幕墙工程…编码 0112

附录 N　天棚工程……………………………编码 0113

附录 P　油漆、涂料、裱糊工程…………编码 0114

附录 Q　其他装饰工程………………………编码 0115

附录 R　拆除工程……………………………编码 0116

附录 S　措施项目……………………………编码 0117

（3）第三级表示分部工程顺序码（第五、六位）。

以砌筑工程为例，共分四个分部。

D.1　砖砌体……………………编码 010401

D.2　砌块砌体…………………编码 010402

D.3　石砌体……………………编码 010403

D.4　垫层………………………编码 010404

（4）第四级表示分项工程项目名称顺序码（第七、八、九位）。

以 D.1 砖砌体部分为例：

砖基础……………………… 编码 010401001

砖砌挖孔桩护壁………………编码 010401002

实心砖墙……………………编码 010401003

⋮

（5）第五级表示清单项目名称顺序码（第十、十一、十二位）。

该编码由清单编制人在全国统一九位编码的基础上自行设置，其第十到第十二位上自行设置，从 001 开始由小到大编制。例如现浇钢筋混凝土矩形柱考虑混凝土强度等级等要求进行编码：

010401001001——砖基础（砌筑砂浆 M10）

010401001002——砖基础（砌筑砂浆 M7.5）

B 项目名称及项目特征

（1）项目名称。均以形成的工程实体而命名。项目名称如果有缺项，招标人可以按相应的原则进行补充，并报当地工程造价管理部门备案。

（2）项目的设置或划分是以形成工程实体为原则，它也是计量的前提。因此项目名称均以工程实体命名。所谓实体是指形成生产或工艺作用的主要实体部分，对附属或次要部分均不设置项目。项目必须包括或形成实体部分的全部工程内容。

（3）项目特征。项目特征是清单项目计价的关键依据之一，项目特征的描述是工程量清单编制的主要工作，应保证描述的准确完整。

分部分项工程量清单项目名称的设置，应考虑以下三个因素：项目名称、项目特征、拟建工程的实际情况。

工程量清单编制时，应以附录中的项目名称为主体，考虑该项目的规格、型号、材质等特征要求，结合拟建工程的实际情况，使其工程量清单项目名称具体化、细化，能够反映影响工程造价的主要因素。

项目名称如有缺项，招标人可按相应的原则，在工程量清单编制时，进行补充。补充项目应填写在工程量清单相应分部项目之后，并在"项目编码"栏中以"补"字示之。

C 计量单位

计量单位应采用基本单位，除了各专业另有特殊规定外，均应按《建设工程工程量清单计价规范》规定的计量单位计量。即：

（1）计算重量——吨或千克（t 或 kg）。

（2）计算体积——立方米（m^3）。

（3）计算面积——平方米（m^2）。

（4）计算长度——米（m）。

（5）其他——个、套、块、樘、组、台……。

（6）没有具体数量的项目——系统、项……。

各专业有特殊计量单位的，需另行加以说明。

D 工程内容

工程内容指完成该清单项目需要发生的具体工程，是工程施工和报价的主要内容，与项目特征有着对应的关系。工程量清单中项目名称、组合子目即工程量清单中的工程内容。具体组合可参考《浙江省建筑工程计价指引》。

例如：装饰装修工程墙面装饰抹灰，可能发生的具体内容有基层清理、砂浆制作、运输、底层抹灰、抹面层、装饰面、勾分格缝等。

如果发生附录工程内容未列全的其他具体工程，由投标人按招标文件或图纸要求编制，以完成清单项目为准，综合考虑到报价中。

　　E　工程数量的计算

工程数量的计算主要根据设计图纸的尺寸和工程量计算规则计算得到。这里的工程量计算规则指国标清单编制规则。除另有说明外，按工程实体尺寸计算，并以完成后的净值计算。投标人在投标报价时，应在单价中考虑施工中的各种损耗和需要增加的施工数量。

工程数量的有效数应遵守下列规定：

（1）以"t"为单位，应保留小数点后三位数，第四位四舍五入。

（2）以"m^3，m^2，m，kg"为单位，应保留小数点后两位数，第三位数四舍五入。

（3）以"个"、"项"等为单位，应取整数。

4.2.3.3　措施项目清单

措施项目清单是指为完成工程项目施工，发生于该工程施工前和施工过程中技术、生活、安全等方面的非工程实体项目的明细清单。

（1）措施项目清单编制时应力求全面，可参照《建设工程工程量清单计价规范》所列项目。通用项目内容为各专业都可以列的措施项目，各专业工程内容为相应专业可列的措施项目，见表4-1，应根据拟建工程的实际情况选择列项。

（2）措施项目清单的编制应考虑多种因素，除工程本身因素外，还涉及水文、气象、环境、安全和施工企业的实际情况等。

（3）编制措施项目清单时应注意：措施项目清单以"项"为计量单位，相应数量为"1"。

影响措施项目设置的因素很多，《建设工程工程量清单计价规范》措施项目一览表中不能将所有的措施项目一一列出。出现表中未列出的措施项目，工程量的清单的编制人可作补充。在编制时，补充项目列在最后，在序号栏中填上"补"字。

表 4-1　措施项目一览表

类　别	序　号	项　目　名　称
通用项目	1	环境保护
	2	文明施工
	3	安全施工
	4	临时设施
	5	夜间施工
	6	二次搬运
	7	大型机械设备进出场及安拆
	8	混凝土、钢筋混凝土模板及支架

类 别	序 号	项 目 名 称
通用项目	9	脚手架
	10	已完成工程及设备保护
	11	施工排水、降水
建筑工程	1	垂直运输机械
	2	构件吊装机械等
装饰装修工程	1	垂直运输机械
	2	室内空气污染测试

4.2.3.4 其他项目清单

其他项目清单是指除分部分项工程量清单、措施项目清单外的由于招标人的特殊要求而设置的项目清单。工程建设标准的高低、工程的复杂程度、工程的工期长短、工程的组成内容、发包人对工程管理要求等都直接影响其他项目清单的具体内容。《建设工程工程量清单计价规范》提供了四项作为列项的参考。不足部分可据工程的具体情况进行补充。

(1) 暂列金额。暂列金额是指招标人在工程量清单中暂定并包括在合同价款中的一笔款项,用于施工合同签订时尚未确定或者不可预见的所需材料、设备、服务的采购,施工中可能发生的工程量变更、合同约定调整因素出现时的工程价款调整以及发生的索赔、现场签证确认等的费用。不管采用何种合同形式,其理想的标准是,合同价格就是其最终的竣工结算价格,或者至少两者应尽可能接近。但工程建设的特性决定了工程设计需要根据工程进展不断进行优化和调整,业主需求也可能随工程建设进展发生变化,另外工程建设过程中存在不可预见和不确定的因素,这些必然会影响合同价格调整。暂列金额正是为这类不可避免的价格调整而设立,以便达到合理确定和有效控制工程造价的目的。

(2) 暂估价,包括材料暂估价和专业工程暂估价。

暂估价指的是招标人在工程量清单中提供的用于支付必然发生但暂时不能确定价格的材料的单价以及专业工程的金额。暂估价数量和拟用项目应当结合工程量清单中的"暂估价表"予以补充说明。

需要纳入分部分项工程量清单项目综合单价中的暂估价应只是材料费,以方便投标人租价。

专业工程的暂估价一般应是综合暂估价,应当包括除规费和税金以外的管理费、利润等取费。

(3) 计日工。计日工是指在施工过程中,完成发包人提出的施工图纸以外的零星项目或工作,按合同中约定的综合单价计价。计日工对完成零星工作所消耗的人工工时、材料数量、施工机械台班进行计量,并按照计日工表中填报的适用项目的单价进行计价支付。

(4) 总承包服务费。总承包服务费是指为配合协调发包人进行工程分包自行采购设备、材料等进行管理、服务以及施工现场管理、竣工资料汇总整理等服务所需的费用。

4.2.3.5 规费项目清单

规费是政府和有关权力部门规定必须缴纳的费用。包括社会保险费、住房公积金、工程排污费。出现本规范未包括规费项目,编制人应根据省级政府或省级有关权力部门的规定列项。

4.2.3.6 税金项目清单

目前我国税法规定应计入建筑安装工程造价的税金项目为增值税。如国家税法发生变化，税务部门依据职权增加了税种，应对税金项目清单进行补充。

4.2.3.7 工程量清单的格式

工程量清单应采用统一格式，一般由下列内容组成。

以下以招标工程量清单格式为例。

A 封面

封面由招标人填写、签字、盖章，见表4-2。

表4-2 招标工程量清单封面

＿＿＿＿＿＿＿工程
招标工程量清单
招标人：＿＿＿（略）＿＿＿（单位签字盖章）
造价咨询人：＿＿＿（略）＿＿＿（单位签字盖章）
年 月 日

B 扉页

扉页格式见表4-3。

表4-3 工程量清单扉页

＿＿＿＿＿＿＿工程	
招标工程量清单	
招标人：＿＿＿（略）＿＿＿	造价咨询人：＿＿＿（略）＿＿＿
（单位盖章）	（单位资质专用章）
法定代表人	法定代表人
或其授权人：＿＿＿（略）＿＿＿	或其授权人：＿＿＿（略）＿＿＿
（签字或盖章）	（签字或盖章）
编制人：＿＿＿（略）＿＿＿	复核人：＿＿＿（略）＿＿＿
（造价人员签字盖专用章）	（造价工程师签字盖专用章）
编制时间：＿＿＿（略）＿＿＿	复核时间：＿＿＿（略）＿＿＿

C 总说明

总说明应包括以下内容：

（1）工程概况。包括建设规模、工程特征、计划工期、施工现场实际情况、交通运输情况、自然地理条件等。

（2）工程招标和分包范围。

（3）工程量清单编制依据。

（4）工程质量、材料、施工等的特殊要求。

（5）**招标人自行采购的材料名称、规格型号、数量等。**

（6）**其他项目清单中招标人部分预留金、材料购置费等的数量。**

（7）**其他需要说明的问题。**

其格式见表4-4。

表4-4 总说明

工程名称：×××住宅楼建筑工程　　　　　　　　　　　　　　　　　第 　页共 　页

1. 工程概况：建筑面积4800m²，6层，钢筋混凝土基础，框架结构。施工工期12个月。施工现场交通运输方便。

2. 招标范围：全部建筑工程。

3. 清单编制依据：建设工程工程量清单计价规范、施工设计图文件、施工组织设计等。

4. 工程质量应达优良标准。

5. 考虑施工中可能发生的设计变更或清单有误，预留金额10万元。

6. 投标人在投标时应按《建设工程工程量清单计价规范》规定的统一格式，提供"分部分项工程量清单综合单价分析表"、"措施项目费分析表"。

7. 随清单附有"主要材料价格表"，投标人应按规定内容填写。

　　D　分部分项工程量清单

分部分项工程量清单格式见表4-5。

表4-5 分部分项工程和单价措施项目清单与计价表

工程名称：×××工程　　　　　　　　　　标段：　　　　　　　　第 　页共 　页

序号	项目编码	项目名称	项目特征	计量单位	工程数量	金额/元		
						综合单价	合价	其中暂估价

　　E　措施项目清单

措施项目清单格式见表4-6。

表4-6 总价措施项目清单与计价表

工程名称：×××工程　　　　　　　　　　标段：　　　　　　　　第 　页共 　页

序号	项目编码	项目名称	计算基础	费率	金额	调整费率	调整后金额
1							
2							
3							

　　F　其他项目清单

其他项目清单格式见表4-7。

表 4-7 其他项目清单

工程名称：×××工程　　　　　　　　　　标段：　　　　　　　　　第　页共　页

序号	项目名称	计量单位	金额/元
1.	暂列金额		
2	暂估价		
2.1	材料暂估价		
2.2	专业工程暂估价		
3	计日工		
4	总承包服务费		
合　计			

注：材料暂估单价进入清单项目综合单价，此处不汇总。

G　暂列金额明细表

暂列金额明细表格式见表 4-8。

表 4-8 暂列金额明细表

工程名称：　　　　　　　　　　　　　标段：　　　　　　　　　第　页共　页

序号	项目名称	计量单位	暂定金额/元	备　注
1				
2				
3				
4				
合　计				

注：此表由招标人填写，如不能详列，也可以列暂定金额总额，投标人应将上述暂列金额计入投标总价中。

H　材料暂估单价表

材料暂估单价表格式见表 4-9。

表 4-9 材料工程设备暂估单价及调整表

工程名称：　　　　　　　　　　　　　标段：　　　　　　　　　第　页共　页

序号	材料名称、规格、型号	计量单位	数量	单价/元	合价	差额	备注
1							
2							
3							

I　专业工程暂估价表

专业工程暂估价表格式见表 4-10。

表4-10 专业工程暂估价及结算价表

工程名称：　　　　　　　　　　　　　　　　标段：　　　　　　　　　　第 页共 页

序号	工程名称	工程内容	暂估金额/元	结算金额/元	差额	备注
1						
2						
3						

J 计日工表

计日工表格式见表4-11。

表4-11 计日工表

工程名称：×××工程　　　　　　　　　　　　标段：　　　　　　　　　　第 页共 页

序号	名　称	计量单位	暂定数量	实际数量	综合单价	合　价	
						暂定	实际
一	人工						
	普工	工日					
	人工小计						
二	材料						
	中砂	m^3					
	材料小计						
三	机械						
	灰浆搅拌机	台班					
	施工机械小计						
企业管理费及利润							
合　计							

K 规费、税金项目清单表

规费、税金项目清单表格式见表4-12。

表4-12 规费、税金项目清单表

工程名称：　　　　　　　　　　　　　　　　标段：　　　　　　　　　　第 页共 页

序号	项目名称	计算基础	费率/%	金额/元
1	规费			
1.1	社会保险费			
(1)	养老保险费			
(2)	失业保险费			
(3)	医疗保险费			
(4)	生育保险费			

续表 4-12

序号	项目名称	计算基础	费率/%	金额/元
（5）	工伤保险费			
1.2	住房公积金			
1.3	工程排污费			
2	税金			
合　计				

4.3　工程量清单计价的方法与编制

4.3.1　工程量清单计价的基本原理和特点

4.3.1.1　工程量清单计价基本原理

工程量清单计价是在建设工程招标工作中，由招标人按照国家统一的工程量计算规则提供工程数量，由投标人根据自己企业的定额合理确定人工、材料、施工机械等要素的投入与配置，并考虑自身的技术、财务、经营、能力进行投标报价，招标人根据具体的评标细则进行优选的工程造价计价模式。

工程量清单计价的基本原理：以招标人提供的工程量清单为平台，施工企业投标报价时使用企业定额。消耗量企业依据自身的情况确定，价格依据市场行情结合自身情况确定，企业管理费、利润根据自身实际情况确定。建设工程造价管理机构编制的工程定额及发布的工料机价格，可作为编制招标控制价的依据。

工程量清单计价是在建设工程招投标工作中，投标人按投标文件规定，根据工程量清单所列项目，根据自身的技术、财务、经营、能力进行投标报价，招标人根据具体的评标细则进行优选的工程造价计价模式。其程序如图 4-2 所示。

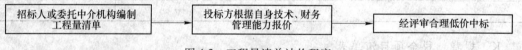

图 4-2　工程量清单计价程序

工程量清单计价作为一种市场价格的形成机制，其使用主要在工程招投标阶段。招标单位在工程方案设计、初步设计或部分施工图设计完成后，可以委托标底编制单位（或招标代理单位）按照统一的工程量计算规则，再以单位工程量为对象，计算并列出各分部分项工程的工程量清单、措施项目清单、其他项目清单。其工程量清单的粗细程度、准确程度取决于设计深度及编制人员的技术水平和经验。

投标单位接到招标文件后，首先要对招标文件进行透彻的分析研究，对图纸进行仔细的理解。其次要对招标文件中所列的工程量清单进行审核，审核中，要视招标单位是否允许对工程量清单内所列的工程量误差进行调整决定审核办法。如果允许调整，就要详细审核工程量清单内列的各工程项目的工程量，对有较大误差的，通过招标单位答疑会调整意见，取得招标单位同意后进行调整；如果不允许调整工程量，则不需要对工程量进行详细的审核，只对主要项目或工程量大的项目进行审核，发现这些项目有较大误差时，可以利用调整这些项目的单价的方法解决。为了简化计价程序，实现与国际接轨，工程量清单计价采用综合单价计价。综合单价计价应包括完成规定计量单位且合格所需的全部费用，也就是包括除规费、税金以外的全部费用。它不但适用于分部分项工程的工程量清单计价，也适用于措施项目清单计价、其他项目清单计价等。

在评标时可以对投标单位的最终总报价以及分项工程的综合单价的合理性进行评分。由于采用工程量清单计价方法，所有投标单位都站在同一起跑线上，因而竞争更为公平合理，有利于实现优胜劣汰，而且在评标时应坚持倾向于合理低标价中标的原则。当然，在评标时仍可采用综合计价方法，不仅考虑报价因素，而且还对投标单位的施工组织设计、企业业绩和信誉等按一定的权重分值进行计分，按总评分的高低确定中标单位。或者采用两阶段评标的办法，即先对投标单位的技术方案进行评价，在技术方案可行的前提下，再以投标单位的报价作为评标定标的唯一因素，这样既可以保证工程建设的质量，又有利于业主选择一个合理的、报价较低的单位中标。

4.3.1.2 工程量清单计价的方法

工程量清单报价应按照招投标文件有关规定，计算完成工程量清单所列项目的全部费用，包括分部分项工程费、措施项目费、其他项目费、规费和税金。

工程量清单计价按分部分项工程单价组成来分，主要有三种形式：工料单价法、综合单价法、全费用综合单价法。

$$工料单价 = 人工费 + 材料费 + 施工机械使用费 \tag{4-1}$$

$$综合单价 = 人工费 + 材料费 + 施工机械使用费 + 管理费 + 利润 + 风险费 \tag{4-2}$$

$$全费用综合单价 = 人工费 + 材料费 + 施工机械使用费 + 措施项目费 + 管理费 + 规费 + 利润 + 税金 \tag{4-3}$$

在《建设工程工程量清单计价规范》中，工程量清单计价采用的综合单价是指完成规定计量单位项目所需的人工费、材料费、机械使用费、管理费、利润，以及考虑相关的风险因素所产生的费用。工程量清单计价所采用的综合单价为不完全费用综合单价。

4.3.2 工程量清单计价的编制步骤

工程量清单计价的编制根据国家《建设工程工程量清单计价规范》规定进行。按招标文件提供的工程量清单，依据企业定额或者建设行政主管部门发布的参考价目，结合市场价格，组合计算人工费、材料费、机械使用费、管理费、利润以及应考虑的风险因素形成综合单价，计算分部分项工程量清单费用、措施项目清单费用、其他项目费用、规费、税金，汇总到单位工程费用和单项工程费用中，形成工程项目总价、招标控制价、投标价等。

4.3.2.1 清单项目及工程量的复核

（1）复核招标人提供的分部分项工程量清单、措施项目清单、其他项目清单、规费项目清单、税金项目清单等。

（2）复核招标人提供的工程量及项目特征。

投标人在工程量清单计价时如发现招标人提供的工程量清单中的项目、工程量与有关施工的设计图纸计算的项目、工程量差异较大时，应向招标人提出，由招标人进行澄清。投标人不得擅自调整。

4.3.2.2　工程项目总投标价的计算

$$分部分项工程费 = \sum 分部分项工程量 \times 分部分项综合单价 \qquad (4-4)$$

$$措施项目费 = \sum 措施项目工程量 \times 措施项目综合单价 \qquad (4-5)$$

$$单位工程投标价 = 分部分项工程费 + 措施项目费 + 其他项目费 + 规费 + 税金$$

$$(4-6)$$

$$单项工程投标价 = \sum 单位工程投标价 \qquad (4-7)$$

$$建设项目总投标价 = \sum 单项工程投标价 \qquad (4-8)$$

4.3.2.3　分部分项工程项目清单费计算

A　计算施工方案工程量

在工程量清单计价模式下，招标人提供的分部分项工程量是按施工图图示尺寸计算得到的工程净量。施工方案工程量，是根据设计图纸和施工组织设计（方案）需要增加的一些配合实施工程实体项目而发生的"附加量"和"损耗量"的计算。例如土石方工程，业主根据基础施工图，按清单工程量计算规则，以基础垫层底面积乘挖土深度计算工程量；而施工方案工程量要根据施工要求增加工作面和放坡等的工程量。

B　分部分项工程量清单的综合单价

（1）综合单价的组成：

$$综合单价 = 规定计量单位项目人工费 + 规定计量单位项目材料费 + 规定计量单位项目$$
$$机械使用费 + 取费基数 \times （企业营业管理费率 + 利润率） + 风险费用$$

$$(4-9)$$

式中：

$$规定计量单位项目人工费 = \sum （人工消耗量 \times 价格） \qquad (4-10)$$

$$规定计量单位项目材料费 = \sum （材料消耗量 \times 价格） \qquad (4-11)$$

$$规定计量单位项目机械使用费 = \sum （施工机械台班消耗量 \times 价格） \qquad (4-12)$$

"取费基数"按照各省施工取费定额的规定，例如浙江省为规定计量单位项目人工费和机械使用费之和或仅为人工费。

（2）综合单价的计算步骤：

1）根据工程量清单项目名称和拟建工程的具体情况，按照投标人的企业定额或参照本指引，分析确定该清单项目的各项可组合的主要工程内容，并据此选择对应的定额子目。

2）计算一个规定计量单位清单项目所对应定额子目的工程量。

3）根据投标人的企业定额或参照本省"计价依据"，并结合工程实际情况，确定各对应定额子目的人工、材料、施工机械台班消耗量。

4）依据投标人自行采集的市场价格或参照省、市、工程造价管理机构发布的价格信息，结合工程实际分析确定人工、材料、施工机械台班价格。

5）根据投标人的企业定额或参照本省"计价依据"，并结合工程实际、市场竞争情况，分析确定企业管理费率、利润率。

6）风险费用。按照工程施工招标文件（包括主要合同条款）约定的风险分担原则，结合自身实际情况，投标人防范、化解、处理应由其承担的、施工过程中可能出现的人工、材料和施工机械台班价格上涨，人员伤亡，质量缺陷，工期拖延等不利事件所需的费用。

4.3.2.4 分部分项工程费

$$分部分项工程项目清单费 = \sum（分部分项清单工程量 \times 综合单价）\qquad (4-13)$$

4.3.2.5 措施项目清单费计算

措施项目清单费由施工技术措施费和施工组织措施费组成。措施费对不同企业、不同工程来说，可能发生，也可能不发生，需要根据具体的情况确定。

措施费见表4-13。

表 4-13 措施费内容表

序 号	施工技术措施费	施工组织措施费
1	大型机械设备进出场及安拆费	环境保护费
2	混凝土、钢筋混凝土模板及支架费	文明施工费
3	脚手架费	安全施工费
4	施工排水、降水费	临时设施费
5	垂直运输费	夜间施工增加费
6	其他施工技术措施费	缩短工期增加费
7		二次搬运费
8		已完工程及设备保护费
9		其他施工组织措施费

（1）施工技术措施清单费：

$$施工技术措施清单费 = \sum（技术措施项目计价工程量 \times 综合单价）\qquad (4-14)$$

式中，技术措施项目计价工程量为根据工程要求、施工方案等，按照计价定额及其规则计算得到的施工工程数量。

（2）施工组织措施项目清单费：

$$施工组织措施清单费 = \sum（人工费 + 机械费）\times 费率 \qquad (4-15)$$

或

$$施工组织措施清单费 = \sum（人工费 \times 费率）\qquad (4-16)$$

式中，人工费、机械费为分部分项工程量清单费和施工技术措施项目清单费中的人工费和机械费之和。

注意：对于清单中已列入但投标人认为不发生的措施项目，金额一律以"0"表示。

4.3.2.6 其他项目清单费计算

其他项目清单费根据拟建工程的具体情况列项。

（1）暂列金额。暂列金额在招标控制价中，应根据工程特点，按有关计价规定估算；在投标价中，暂列金额应按招标人在其他项目清单中列出的金额填写。

（2）暂估价。在招标控制价中，暂估价中的材料单价应根据工程造价信息或参考市场价格估算，暂估价中的专业工程金额应分不同专业，按有关计价规定估算；在投标价中，材料暂估价应按招标人在其他项目清单中列出的单价计入综合单价，专业工程暂估价应按招标人在其他项目清单中列出的金额填写。

（3）计日工。在招标控制价中，计日工应根据工程特点和有关计价依据计算；在投标价中，计日工应按招标人在其他项目清单中列出的项目和数量，自主确定综合单价并计算计日工费用。

（4）总承包服务费。在招标控制价中，总承包服务费应根据招标文件列出的内容和要求估算；在投标价中，总承包服务费应根据招标文件列出的内容和提出的要求自主确定。

在竣工结算中，其他项目清单费应注意以下几项：

（1）计日工应按发包人实际签证确认的事项计算。

（2）暂估价中的材料单价应按发、承包双方最终确认价在综合单价中调整；专业工程暂估价应按中标价或发包人、承包人与分包人最终确认的计算。

（3）总承包服务费应根据合同约定金额计算，如发生调整，以发、承包双方确认调整的金额计算。

（4）索赔费用应根据发、承包双方确认的索赔事项和金额计算。

（5）现场签证费用应依据发、承包双方签证资料确认的金额计算。

（6）暂列金额应减去工程价款调整与索赔、现场签证金额计算，如有余额归发包人所有。

4.3.2.7 规费计算

规费一般按国家及有关部门规定的计算公式和费率标准进行计算。浙江省按建设工程施工取费定额有关规定计取，不得作为竞争性费用。

4.3.2.8 税金计算

税金是指国家税法规定的应计入建筑安装工程造价内的增值税。税金应按国家或省级、行业建设主管部门的规定计算，不得作为竞争性费用。

增值税的计税方法，包括一般计税方法和简易计税方法。

建筑业一般计税方法的税率为11%；简易计税方法对应的是征收率，征收率一般为3%。

4.3.3 工程量清单计价的格式

4.3.3.1 工程量清单计价投标报价格式

（1）封面；

（2）扉页；

（3）总说明；

（4）建设项目投标报价汇总表；

（5）单项工程投标报价汇总表；

（6）单位工程投标报价汇总表；

（7）分部分项工程和单价措施项目清单与计价表；

（8）工程量清单综合单价分析表；

(9) 综合单价调整表；

(10) 总价措施项目清单计价表；

(11) 其他项目清单计价与汇总表；

(12) 暂列金额明细表；

(13) 材料暂估单价表；

(14) 专业工程暂估价表；

(15) 计日工表；

(16) 总承包服务费计价表；

(17) 规费、税金项目计价表。

4.3.3.2 工程量清单计价格式填写规定

(1) 工程量清单计价格式应由投标人填写。封面应按规定内容填写、签字、盖章。以投标报价为例，格式见表 4-14。

表 4-14 封面

＿＿＿＿＿＿＿＿工程

投标总价

投标人：＿＿＿（略）＿＿＿（单位签字盖章）

年　　月　　日

(2) 扉页投标总价应按工程项目总投标价表合价金额填写。格式见表 4-15。

表 4-15 投标报价扉页

投标总价

招标人：＿＿＿（略）＿＿＿

工程名称：＿＿＿（略）＿＿＿

投标总价（小写）：＿＿＿（略）＿＿＿

投标总价（大写）：＿＿＿（略）＿＿＿

投标人：＿＿＿（略）＿＿＿（签字盖章）

法定代表人

或其授权人：＿＿＿（略）＿＿＿（签字盖章）

编制人：＿＿＿（略）＿＿＿（签字盖章）

编制时间：　年　　月　　日

（3）总说明（表4-16）。

表4-16 总说明

工程名称：×××工程   第 页共 页

1. 采用的计价依据
2. 采用的施工组织设计
3. 综合单价包含的风险因素、风险幅度
4. 措施项目的依据
5. 其他

（4）建设项目投标报价汇总表格式见表4-17。

表中单项工程名称应按单项工程投标报价汇总表中的工程名称填写。

表中金额应按单项工程投标报价汇总表的合计金额填写。

表4-17 建设项目投标报价汇总表

工程名称：   第 页总 页

序 号	单项工程名称	金额/元	其 中		
			暂估价/元	安全文明施工费/元	规费/元
合 计					

（5）单项工程投标报价汇总表格式见表4-18。

表中单位工程名称应按单位工程投标报价汇总表中的工程名称填写。

表中金额应按单位工程投标报价汇总表的合计金额填写。

暂估价包括分部分项工程中的暂估价和专业工程暂估价。

表4-18 单项工程投标报价汇总表

工程名称：   第 页总 页

序 号	单位工程名称	金额/元	其 中		
			暂估价/元	安全文明施工费/元	规费/元
合 计					

（6）单位工程投标报价汇总表格式见表4-19。

单位工程投标报价汇总表总的金额应分别按照分部分项工程量清单计价表、措施项目清单计价表和其他项目清单计价表的合计金额填写。

表 4-19 单位工程投标报价汇总表

工程名称：　　　　　　　　　　　　　　　标段：　　　　　　　　　　　　第　页总　页

序　号	汇总内容	金额/元	其中：暂估价/元
1	分部分项工程		
1.1			
1.2			
1.3			
2	措施项目		
2.1	安全文明施工费		
3	其他项目		
3.1	暂列金额		
3.2	专业工程暂估价		
3.3	计日工		
3.4	总承包服务费		
4	规费		
5	税金		
合　价			

（7）分部分项工程和单价措施项目清单与计价表格式见表 4-20。

分部分项工程和单价措施项目清单与计价表中的序号、项目编码、项目名称、项目特征描述、计量单位、工程数量必须按分部分项工程量清单中的内容填写。

根据建设部、财政部发布的《建筑安装工程费用组成》（建标〔2013〕44 号）的规定，为计取规费等的使用，可在分部分项工程量清单计价表中增设："直接费"、"人工费"或"人工费+机械费"。

表 4-20 分部分项工程和单价措施项目清单与计价表

工程名称：　　　　　　　　　　　　　　　标段：　　　　　　　　　　　　第　页总　页

序号	项目编码	项目名称	项目特征描述	计量单位	工程量	金额/元		
						综合单价	合价	其中：暂估价
本页小计								
合　计								

（8）工程量清单综合单价分析表格式见表 4-21。

表 4-21　工程量清单综合单价分析表

工程名称：　　　　　　　　　　　　　　标段：　　　　　　　　　第　页总　页

项目编码		项目名称		计量单位	

清单综合单价组成明细

定额编号	定额名称	定额单位	数量	单价				合价			
				人工费	材料费	机械费	管理费和利润	人工费	材料费	机械费	管理费和利润
人工单价			小　计								
元/工日			未计价材料费								
清单项目综合单价											

材料费明细	主要材料名称、规格、型号	单位	数量	单价/元	合价/元	暂估单价/元	暂估合价/元
	其他材料费			—		—	
	材料费小计			—		—	

（9）综合单价调整表。格式见表 4-22。

表 4-22　综合单价调整表

工程名称：　　　　　　　　　　　　　　标段：　　　　　　　　　第　页总　页

序号	项目编码	项目名称	已标价清单综合单价/元					调整后综合单价/元				
			综合单价	其中				综合单价	其中			
				人工费	材料费	机械费	管理费和利润		人工费	材料费	机械费	管理费和利润

造价工程师 （签章）	发包人代表 （签章）		造价人员 （签章）	承包人代表 （签章）
日期			日期	

（10）总价措施项目清单计价表。格式见表 4-23。

表中的序号、项目名称必须按措施项目清单的相应内容填写。投标人可根据施工组织设计采用的措施增加项目。

本表适用于以"项"计价的措施项目，根据建设部、财政部发布的《建筑安装工程费用组成》（建标〔2013〕44 号）的规定，计算基础可为"直接费"、"人工费"或"人工费+机械费"。

表 4-23   总价措施项目清单与计价表

工程名称：×××工程   标段：   第 页共 页

序号	项目编码	项目名称	计算基础	费率	金额	调整费率	调整后金额
1 2 3		安全文明 施工费	定额人工费	25%	*******		

（11）其他项目清单计价与汇总表。格式见表 4-24。

表中的序号、项目名称必须按其他项目清单的相应内容填写。

表 4-24   其他项目清单计价与汇总表

工程名称：   标段：   第 页总 页

序 号	项目名称	计量单位	金额/元	备注
1	暂列金额			
2	暂估价			
2.1	材料暂估价			
2.2	专业工程暂估价			
3	计日工			
4	总承包服务费			
合 计				

（12）暂列金额明细表。格式见表 4-25。

暂列金额明细表由招标人填写，如不能详列，也可以只列暂列金额总额，投标人应将其计入投标总价中。

表 4-25   暂列金额明细表

工程名称：   标段：   第 页总 页

序 号	项目名称	计量单位	暂定金额/元	备注
1				
2				
3				
合 计				

（13）材料暂估单价表。材料暂估单价表由招标人填写，投标人应将材料暂估单价计入工程量清单综合单价报价中，格式见表 4-9。

（14）专业工程暂估价表。专业工程暂估价表由招标人填写，投标人应将其计入投标总价中，格式见表4-10。

（15）计日工表。计日工表，项目名称、数量由招标人填写，编制招标控制价时，单价由招标人按有关计价规定确定；投标时，单价由投标人自主报价，计入投标总价中。格式见表4-26。

表 4-26　计日工表

工程名称：　　　　　　　　　　标段：　　　　　　　　　　第　页共　页

序　号	项目名称	计量单位	暂定数量	综合单价	合价
一	人工				
1					
2					
	人工小计				
二	材料				
1					
2					
	材料小计				
三	施工机械				
1					
2					
	施工机械小计				
	合　计				

（16）总承包服务费计价表。格式见表4-27。

表 4-27　总承包服务费计价表

工程名称：　　　　　　　　　　标段：　　　　　　　　　　第　页总　页

序号	项目名称	项目价值/元	服务内容	费率/%	金额/元
1	发包人发包专业工程				
2	发包人供应材料				
	合　计				

（17）规费、税金项目计价表。格式见表4-28。

规费、税金项目计价表，根据建设部、财政部发布的《建筑安装工程费用组成》（建标〔2013〕44号）的规定，计算基础可为"直接费""人工费"或"人工费+机械费"。

表 4-28　规费、税金项目清单计价表

工程名称：　　　　　　　　　　　　标段：　　　　　　　　　　　　第　页共　页

序　号	项目名称	计算基础	费率/%	金额/元
1	规费			
1.1	社会保险费			
(1)	养老保险费			
(2)	失业保险费			
(3)	医疗保险费			
(4)	生育保险费			
(5)	工伤保险费			
1.2	住房公积金			
1.3	工程排污费			
2	税金			
合　计				

复习思考题

4-1　什么是工程量清单，它由哪几部分组成？

4-2　采用工程量清单计价与传统计价法的区别是什么？

4-3　综合单价包括哪些内容，如何计算？

4-4　工程量清单计价的特点和作用是什么？

4-5　分部分项工程量清单的编制步骤有哪些？

4-6　如何编制措施项目清单？

4-7　工程量清单计价的基本方法和程序是什么？

4-8　其他项目清单的具体内容主要取决于哪些因素，"计价规范"主要提供了哪些作为列项的参考？

4-9　工程量清单项目编码的设置规定是什么？

4-10　规费、税金工程量清单包括哪些内容？

5 建设项目工程造价的计算与确定

学习目标：（1）掌握我国工程造价计价多次性原理并掌握在工程项目各阶段的计价文件的内涵；（2）掌握工程项目各阶段计价文件的作用及编制依据；（3）重点掌握各阶段计价文件的编制方法和程序。

5.1 概　　述

在工程项目实施过程中，由于投资分析和造价控制的需要，从筹建到项目竣工交付使用的工程建设的不同阶段，不同计价文件统称为工程造价，如决策阶段的投资估算、设计和施工阶段的建设工程概预算，而在建设项目完全竣工以后，为反映项目的实际造价和投资效果，还必须编制竣工决算，所以具有多次计价的特征。除此之外，由于建设工程工期长、规模大、造价高，需要按建设程序分段建设。在项目建设全过程中，根据建设程序的要求和国家有关文件规定，还要编制其他有关的工程造价文件，见表 5-1。

表 5-1　不同阶段工程造价文件的对比

类　别	投资估算	设计概算、修正设计概算	施工图预算	合同价	结算价	竣工决算
编制阶段	项目建议书、可行性研究	初步设计、扩大初步设计	招投标	合同谈判	施工	竣工验收
编制单位	建设单位、工程咨询机构	设计单位	施工单位或设计单位、工程咨询机构	承发包双方	施工单位	建设单位
编制依据	投资估算指标	概算定额	预算定额、企业定额、市场情况	概预算定额、工程量清单计价规范	预算定额、工程量清单、设计及施工变更资料	预算定额、工程量清单、工程建设其他费用定额、竣工决算资料
用途	投资决策	控制投资及造价	编制标底、投标报价等	确定工程承发包价格	确定工程实际建造价格	确定工程项目实际投资

（1）投资估算。投资估算一般是指在工程项目建设的前期工作阶段，项目建设单位向国家相关部门申请建设项目立项或国家、建设主体对拟建项目进行决策，确定建设项目在规划、项目建议书等不同阶段的投资总额而编制的造价文件。

任何一个拟建项目，都要通过全面的可行性论证后，才能决定其是否正式立项或投资建设。在可行性论证过程中，除考虑国民经济发展的需要和技术上的可行性外，还要考虑经济上的合理性。投资估算作为建设前期论证拟建项目在经济上是否合理的重要文件，是决策、筹资和控制造价的主要依据。

（2）设计概算。设计概算是设计文件的重要组成部分。它是由设计单位根据初步设计图纸、概算定额规定的工程量计算规则和设计概算编制方法，预先测定工程造价的文件。设计概算文件较投资估算准确性有所提高，但又受投资估算的控制。设计概算文件包括建设项目总概算、单项工程综合概算和单位工程概算。

（3）施工图预算。施工图预算是指在工程开工前，根据已批准的施工图纸，在施工方案（或施工组织设计）已确定的前提下，按照预算定额规定的工程量计算规则和施工图预算编制方法预先编制的工程造价文件。施工图预算造价较概算造价更为详尽和准确，但同样要受前一阶段所确定的概算造价的控制。根据我国《建设工程工程量清单计价规范》（GB 50500—2013）规定，"国有资金投资的建设工程招标，招标人必须编制招标控制价"，"投标价应由投标人或受其委托具有相应资质的工程造价咨询人编制"。招标控制价及投标价均属于施工图预算文件。

（4）合同价。合同价是指通过签订总承包合同、建筑安装工程承包合同、设备材料采购合同，以及技术和咨询服务合同确定的价格。合同价属于市场价格，它是由承发包双方，也即商品和劳务买卖双方根据市场行情共同议定和认可的成交价格，但它并不等同于实际工程造价。按计价方式不同，建设工程合同一般表现为三种类型，即总价合同、单价合同和成本加酬金合同。对于不同类型的合同，其合同价的内涵也有所不同。

（5）工程结算。结算价是指一个单项工程、单位工程、分部工程或分项工程完工后，经建设单位及有关部门验收并办理验收手续后，施工企业根据施工过程中现场实际情况的记录、设计变更通知书、现场工程更改签证、预算定额、材料预算价格和各项费用标准等资料，在工程结算时按合同调价范围和调价方法，对实际发生的工程量增减、设备和材料价差等进行调整后计算和确定的价格。结算价是结算工程价款、确定工程收入、考核工程成本、进行计划统计、经济核算及竣工决算等的依据，其中竣工结算是反映上述工程全部造价的经济文件。以此为依据，通过建设银行向建设单位办理完工程结算后，就标志着双方所承担的合同义务和经济责任的结束。

（6）竣工决算。竣工决算是指在竣工验收后，由建设单位编制的建设项目从筹建到建设投产或使用的全部实际成本的技术经济文件。它是最终确定的实际工程造价，是建设投资管理的重要环节，是工程竣工验收、交付使用的重要依据，也是进行建设项目财务总结，银行对其实行监督的必要手段。

上述几种造价文件之间存在的差异见表5-1。本章以下各节主要展开讲述各计价文件的编制程序和方法。

5.2 建设项目投资估算

5.2.1 投资估算的内容

投资估算是指在项目建议书阶段和可行性研究阶段，通过编制估算文件对拟建项目所需投资预先测算和确定的过程。从费用构成来看，其估算内容包括项目从筹建、施工直至竣工投产所需的全部费用。建设项目的投资估算包括固定资产投资估算和流动资金估算两部分。

固定资产投资按费用性质划分，包括设备及工器具购置费、建筑安装工程费用、工程建设其他费用、基本预备费、涨价预备费、建设期贷款利息。固定资产投资又可分为静态部分和动态部分，涨价预备费、建设期贷款利息等构成固定资产投资的动态部分，其余部分为静态投资部分。所谓"静态"是指编制预期造价时以某一基准年、月的建设要素的价格为依据所计算的建设项目造价的瞬时值，其中包括因工程量误差而可能引起的造价增加值；动态投资则包括基准年、月后因价格上涨等风险因素增加的投资，以及因时间推移而发生的投资利息支出，如涨价预备费、建设期贷款利息和由于汇率变动而引起的费用增加。

流动资金是指生产经营性项目投产后，用于购买原材料、燃料、支付工资及其他经营费用等所需的周转资金。它是伴随着固定资产投资而发生的长期占用的流动资产投资，其值等于项目投产运营后所需全部流动资产扣除流动负债后的余额。投资估算在项目开发建设过程中的作用有以下几点：

（1）项目建议书阶段的投资估算，是项目主管部门审批项目建议书的依据之一，并对项目的规划、规模起参考作用。

（2）项目可行性研究阶段的投资估算，是项目投资决策的重要依据，也是研究、分析、计算项目投资经济效果的重要条件。

（3）项目投资估算对工程设计概算起控制作用，设计概算不得突破批准的投资估算额，并应控制在投资估算额以内。

（4）项目投资估算可作为项目资金筹措及制定建设贷款计划的依据，建设单位可根据批准的项目投资估算额进行资金筹措和向银行申请贷款。

（5）项目投资估算是核算建设项目固定资产投资需要额和编制固定资产投资计划的重要依据。

5.2.2　投资估算的编制依据与方法

建设项目投资估算的编制依据一般包括：（1）项目的特征，包括拟建项目的类型、建设规模、建设地点、建设期、结构特征、施工方案、主要设备、建设标准等。（2）已建同类工程的竣工决算资料、概算定额及设计参数指标。（3）投资估算指标或概算指标、概算定额及设计参数指标。（4）项目所在地区的技术经济条件情况。（5）当地有关规定和政策等。

5.2.2.1　固定资产投资中静态投资部分的估算方法

项目不同决策阶段的投资估算，其估算方法和允许误差是不同的。在项目规划和项目建议书阶段，投资估算精度要求仅为±30%，可采取简单的匡算法，如单位生产能力法、生产能力指数法、比例法、系数法等；在初步可行性阶段投资估算精度要求较高（±20%），需采用相对详细的投资估算方法，如生产能力指数法；而在精度要求最高的详细可行性研究阶段（±10%），则宜采用像指标估算法等更为精确的估算方法。

A 单位生产能力估算法

该方法是依据调查的统计资料，利用相近规模的单位生产能力投资乘以建设规模，得到拟建项目投资。其计算公式为：

$$C_2 = \left(\frac{C_1}{Q_1}\right) Q_2 f \tag{5-1}$$

式中 C_1——已建类似项目的投资额；

C_2——拟建项目的投资额；

Q_1——已建类似项目的生产能力；

Q_2——拟建项目的生产能力；

f——不同时期、地点的定额、单价、费用变更等的综合调整系数。

由于在实际工作中不易找到与拟建项目完全类似的项目，所以通常是把项目按其下属的车间、设施和装置进行分解，分别套用类似车间、设施和装置的单位生产能力投资指标计算，然后加总求得项目总投资；或根据拟建项目的规模和建设条件，将类似项目投资进行适当调整后估算项目的投资额。因此使用这个方法的前提是新建项目与所选取项目的历史资料相类似，仅存在规模大小和时间上的差异。

【例 5-1】 某市某区卫生机构拟在当地建一座 400 个床位的某等级医院，该市另一区有一同等级的 500 个床位医院刚竣工，造价为 7500 万元。试估算新建项目的总投资。

解：根据以上资料，可首先推算出该等级医院单位生产能力投资，即建造每个床位的造价：

总造价 ÷ 总床位数 = 7500 ÷ 500 = 15(万元／床)

据此，即可迅速地计算出在同一个地方，且各方面具有可比性同等级的具有 400 个床位的医院的造价为：

15 万元 × 400 = 6000(万元)

单位生产能力估算法估算误差约为+30%，此法适合粗略地快速估算。由于误差大，使用时需要注意以下几点：

（1）地方性。建设地点不同，地方性差异主要表现为：两地经济情况不同；土壤、地质、水文情况不同；气候、自然条件的差异；材料、设备的来源，运输状况不同等。

（2）配套性。一个工程项目或装置，均有许多配套装置和设施，也可能产生差异，如公用工程、辅助工程、厂外工程和生活福利工程等，这些工程随地方差异和工程规模的变化均各不相同，它们并不与主体工程的变化呈线性关系。

（3）时间性。工程建设项目的兴建，不一定是在同一时间建设，时间差异或多或少存在，在这段时间内可能在技术、标准、价格等方面发生变化。

B 生产能力指数法

生产能力指数法又称数值估算法，它是根据已建成的类似项目的生产能力和投资额来粗略估算拟建项目投资额的方法。其计算公式为：

$$C_2 = C_1 \left(\frac{Q_2}{Q_1}\right)^x \cdot f \tag{5-2}$$

式中 x——生产能力指数；

其他符号含义同前。

式（5-2）表明，造价与规模（或容量）呈非线性关系，且单位造价随工程规模（或容量）的增大而减小。在正常情况下，$0 \leqslant x \leqslant 1$。不同生产率水平的国家和不同性质的项目中 x 的取值是不相同的。比如化工项目，美国取 $x = 0.6$，英国取 $x = 0.66$，日本取 $x = 0.7$。

若已建类似项目的生产规模与拟建项目生产规模相差不大，Q_1 与 Q_2 的比值在 $0.5 \sim 2$ 之间，则指数 x 的取值近似为 1。

若已建类似项目的生产规模与拟建项目生产规模相差不大于 50 倍，且拟建项目生产规模的扩大仅靠增大设备规模来达到时，则 x 的取值在 $0.6 \sim 0.7$ 之间；若是靠增加相同规格设备的数量来达到时，x 的取值在 $0.8 \sim 0.9$ 之间。

【例 5-2】　某市 2006 年兴建年产 2 万吨某产品的工业项目，以丙烯、氯气为原料，利用该公司氯醇化、皂化精馏的技术，固定资产总投资 18300 万元（静态部分为 15000 万元），流动资金 2700 万元。假如现在（2019 年）在该地拟开工兴建 3 万吨的同类型工业项目，则所需的静态投资为多少？（假定该产品的生产能力指数为 0.70，从 2006 年到 2019 年每年平均工程造价指数为 1.10）

解： $C_2 = C_1 \left(\dfrac{Q_2}{Q_1} \right)^x \cdot f = 15000 \times \left(\dfrac{3}{2} \right)^{0.7} \times (1.1)^{13} = 68779.66（万元）$

生产能力指数法与单位生产能力估算法相比精确度略高，其误差可控制在 ±20% 以内。尽管估价误差仍较大，但有它独特的好处：不需要详细的工程设计资料，只需知道工艺流程及规模即可；对于总承包工程而言，可作为估价的旁证。

C　系数估算法

系数估算法也称为因子估算法，它是以拟建项目的主体工程费或主要设备费为基数，以其他工程费占主体工程费的百分比为系数来估算项目总投资。这种方法简单易行，但是精度较低，一般用于项目建议书阶段。系数估算法的种类很多，以下介绍几种主要类型。

（1）设备系数法。以拟建项目的设备费为基数，根据已建成的同类项目的建筑安装费和其他工程费等占设备价值的百分比，求出拟建项目建筑安装工程费和其他工程费，进而求出建设项目总投资。其计算公式如下：

$$C = E(l + f_1 P_1 + f_2 P_2 + f_3 P_3 + \cdots + f_n P_n) + I \tag{5-3}$$

式中　C——建项目投资额；

　　　E——拟建项目设备费；

　　　P_n——已建项目中建筑安装费及其他工程费等占设备费的比重；

　　　f_n——由于时间引起的定额、价格、费用标准等变化的综合调整系数；

　　　I——拟建项目的其他费用。

（2）主体专业系数法。以拟建项目中投资比重较大，并与生产能力直接相关的主体专业投资为基数，根据已建同类项目的有关统计资料，计算出拟建项目各专业工程（总图、土建、采暖、给排水、管道、电气、自控等）占工艺设备投资的百分比，据此求出拟建项目各专业投资，然后加总即为项目总投资。

其计算公式为：

$$C = E(l + f_1 P_1' + f_2 P_2' + f_3 P_3' + \cdots + f_n P_n') + I \tag{5-4}$$

式中 P'_n——已建项目中各专业工程费用占设备费的比重；

其他符号含义同前。

（3）朗格系数法。以设备费为基数，乘以适当系数来推算项目的建设费用。其计算公式为：

$$D = (1 + \sum K_i) \cdot K_C \cdot C \tag{5-5}$$

式中 D——总建设费用；

C——主要设备费；

K_i——管线、仪表、建筑物等项费用的估算系数；

K_C——包括工程费、合同费、应急费等项费用的总估算系数。

总建设费用与设备费之比为朗格系数 K，即：

$$K = \frac{D}{C} = (1 + \sum K_i) \cdot K_C \tag{5-6}$$

该方法比较简单，但没有考虑设备规格、材质的差异，因此精确度不高。尽管如此，由于以设备费为计算基础，而设备费用在一项工程中所占的比重对于石油、石化、化工工程而言占 45%~55%，几乎占一半左右；同时一项工程中每台设备所含有的管道、电气、自控仪表、绝热、油漆、建筑等都有一定的规律，所以，只要对各种不同类型工程的朗格系数掌握得准确，估算精度误差就可控制为 10%~15%。

D 指标估算法

该方法是把建设项目划分为建筑工程、设备安装工程、设备购置费及其他基本建设费等费用项目或单位工程，再根据各种具体的投资估算指标（具体见第 3 章），进行各项费用项目或单位工程投资的估算，在此基础上，可汇总成每一单项工程的投资。另外，再估算工程建设其他费用及预备费，即求得建设项目总投资。

（1）建筑工程费用估算。建筑工程费用是指为建造永久性建筑物和构筑物所需要的费用，一般采用单位建筑工程投资估算法、单位实物工程量投资估算法、概算指标投资估算法等进行估算。

单位建筑工程投资估算法，以单位建筑工程量投资乘以建筑工程总量计算。一般工业与民用建筑以单位建筑面积（m²）的投资，工业窑炉砌筑以单位容积（m³）的投资，水库以水坝单位长度（m）的投资，铁路路基以单位长度（km）的投资，矿上掘进以单位长度（m）的投资，乘以相应的建筑工程量计算建筑工程费。

单位实物工程量投资估算法，以单位实物工程量的投资乘以实物工程总量计算。土石方工程按每立方米投资，矿井巷道衬砌工程按每延米投资，路面铺设工程按每平方米投资，乘以相应的实物工程总量计算建筑工程费。

概算指标投资估算法，对于没有上述估算指标且建筑工程费占总投资比例较大的项目，可采用概算指标估算法。采用此种方法，应占有较为详细的工程资料、建筑材料价格和工程费用指标，投入的时间和工作量大。

（2）设备及工器具购置费估算。设备购置费根据项目主要设备表及价格、费用资料编制，工器具购置费按设备费的一定比例计取。对于价值高的设备应按单台（套）估算购置费，价值较小的设备可按类估算，国内设备和进口设备应分别估算。具体估算方法见本书

第 2 章。

（3）安装工程费估算。安装工程费通常按行业或专门机构发布的安装工程定额、取费标准和指标估算投资。具体可按安装费率、每吨设备安装费或单位安装实物工程量的费用估算，即：

$$安装工程费 = 设备原价 \times 安装费率 \qquad (5-7)$$

$$安装工程费 = 设备吨位 \times 每吨安装费 \qquad (5-8)$$

$$安装工程费 = 安装工程实物量 \times 安装费用指标 \qquad (5-9)$$

（4）工程建设其他费用估算。工程建设其他费用按各项费用科目的费率或者取费标准估算。

（5）基本预备费估算。基本预备费在工程费用和工程建设其他费用基础上乘以基本预备费率。

使用估算指标法应根据不同地区、年代进行调整。因为地区、年代不同，设备与材料的价格均有差异，调整方法可以按主要材料消耗量或"工程量"为计算依据，也可以按不同的工程项目的"万元工料消耗定额"而定不同的系数。如果有关部门已颁布了有关定额或材料价差系数（物价指数），也可以据其调整。同时必须对工艺流程、定额、价格及费用标准进行分析，经过实事求是地调整与换算，提高其精确度。

5.2.2.2 固定资产投资动态投资部分的估算方法

建设投资动态部分主要包括价格变动可能增加的投资额、建设期贷款利息两部分内容，如果是涉外项目，还应该计算汇率的影响。动态部分的估算应以基准年静态投资的资金使用计划为基础计算，而不是以编制的年静态投资为基础计算。

A   涨价预备费的估算

涨价预备费的估算可按国家或部门（行业）的具体规定执行，一般按式（5-10）计算：

$$P_{\mathrm{F}} = \sum_{t=1}^{n} I_t \cdot \left[(1 + f)^t - 1 \right] \qquad (5-10)$$

式中 P_{F}——涨价预备费；

       I_t——第 t 年投资计划额；

       n——建设期年份数；

       f——年均投资价格上涨率。

式（5-10）中的年度投资计划额可由建设项目资金使用计划表中得出，年投资价格上涨率可根据工程造价指数信息的累积分析得出。

【例 5-3】 某项目的静态投资计划为 22310 万元，按项目进度计划，项目建设期为 3 年，3 年的投资分年使用比例为第 1 年 20%，第 2 年 55%，第 3 年 25%，建设期内年平均价格变动率预测为 6%，试估计该项目建设期的涨价预备费。

解：第 1 年投资计划额：

$$I_1 = 22310 \times 20\% = 4462(万元)$$

第 1 年涨价预备费：

$$P_{\mathrm{F1}} = I_1 \cdot \left[(1 + f) - 1 \right] = 4462 \times \left[(1 + 6\%) - 1 \right] = 267.72(万元)$$

第 2 年投资计划额：

$$I_2 = 22310 \times 55\% = 12270.5(万元)$$

第 2 年涨价预备费：

$$P_{F2} = I_1 \cdot [(1+f)^2 - 1] = 12270.5 \times [(1+6\%)^2 - 1] = 1516.63(万元)$$

第 3 年投资计划额：

$$I_3 = 22310 \times 25\% = 5577.5(万元)$$

第 3 年涨价预备费：

$$P_{F3} = I_1 \cdot [(1+f)^3 - 1] = 5577.5 \times [(1+6\%)^3 - 1] = 1065.39(万元)$$

所以，建设期的涨价预备费：

$$P_F = 267.72 + 1516.63 + 1065.39 = 2849.74(万元)$$

B 建设期贷款利息

建设期贷款利息包括向国内银行和其他非银行金融机构贷款、出口信贷、外国政府贷款、国际商业银行贷款及在境内外发行的债券等在建设期间内应偿还的贷款利息。建设期贷款利息按复利计算。

对于贷款总额一次性贷出且利率固定的贷款的计算公式为：

$$F = P(1+i)^n \tag{5-11}$$

$$贷款利息 = F - P \tag{5-12}$$

式中　P——一次性贷款金额；

　　　F——建设期还款时的本利和；

　　　i——年利率；

　　　n——贷款期限。

当总贷款是分年均衡发放时，建设期利息的计算可按当年借款在年中支用考虑，即当年贷款按半年计息，上年贷款按全年计息。计算公式为：

$$Q_j = (P_{j-1} + A_j/2)i \tag{5-13}$$

式中　Q_j——建设期第 j 年应计利息；

　　　P_{j-1}——建设期第 $j-1$ 年末贷款累计金额与利息累计金额之和；

　　　A_j——建设期第 j 年贷款金额；

　　　i——年利率。

C 汇率变化对涉外建设项目动态投资的影响及计算方法

汇率是两种不同货币之间的兑换比率，或者说是以一种货币表示的另一种货币的价格。汇率的变化意味着一种货币相对于另一种货币的升值或贬值。在我国，人民币与外币之间的汇率采取以人民币表示外币价格的形式给出。由于涉外项目的投资中包含人民币以外的币种，需要按照相应的汇率把外币投资额换算为人民币投资额，所以汇率变化就会对涉外项目的投资额产生影响。

（1）外币对人民币升值。项目从国外市场购买设备材料所支付的外币金额不变，但换算成人民币的金额增加；从国外借款，本息所支付的外币金额不变但换算成人民币的金额增加。

（2）外币对人民币贬值。项目从国外市场购买设备材料所支付的外币金额不变，但换算成人民币的金额减少；从国外借款，本息所支付的外币金额不变，但换算成人民币的金额减少。

估计汇率变化对建设项目投资的影响，是通过预测汇率在项目建设期内的变动程度，以估算年份的投资额为基数计算求得。

5.2.2.3　流动资金估算方法

流动资金是指生产经营性项目投产后，为进行正常生产运营，用于购买原材料、燃料，支付工资及其他经营费用等所需的周转资金。流动资金估算一般采用分项详细估算法。个别情况或者小型项目可采用扩大指标估算法。

A　分项详细估算法

流动资金的显著特点是在生产过程中不断周转，其周转额的大小与生产规模及周转速度直接相关。分项详细估算法是根据周转额与周转速度之间的关系，对构成流动资金的各项流动资产和流动负债分别进行估算。在可行性研究中，为简化计算，仅对存货、现金、应收账款和应付账款四项内容进行估算。计算公式为：

$$流动资金 = 流动资产 - 流动负债 \qquad (5\text{-}14)$$

$$流动资产 = 应收账款 + 存货 + 现金 \qquad (5\text{-}15)$$

$$流动负债 = 应付账款 \qquad (5\text{-}16)$$

$$流动资金本年增加额 = 本年流动资金 - 上年流动资金 \qquad (5\text{-}17)$$

估算的具体步骤是首先计算各类流动资产和流动负债的年周转次数，然后再分项估算占用资金额。其中周转次数是指流动资金的各个构成项目在一年内完成多少个生产过程。

$$周转次数 = 360(天) \div 最低周转次数 \qquad (5\text{-}18)$$

存货、现金、应收账款和应付账款的最低周转天数，可参照同类企业的平均周转天数并结合项目特点确定。又因为

$$周转次数 = 周转额 \div 各项流动资金平均占用额 \qquad (5\text{-}19)$$

如果周转次数已知，则

$$各项流动资金平均占用额 = 周转额 \div 周转次数 \qquad (5\text{-}20)$$

B　扩大指标估算法

扩大指标估算法是根据现在同类企业的实际资料，求得各种流动资金率指标，亦可依据行业或部门给定的参考值或经验确定比率，将各类流动资金率乘以相对应的费用基数来估算流动资金。一般常用的基数有销售收入、经营成本、总成本费用和固定资产投资等，究竟采用何种基数依行业习惯而定。扩大指标估算法简便易行，但准确度不高，适用于项目建议书阶段的估算。扩大指标估算法计算流动资金的公式为：

$$年流动资金额 = 年费用基数 \times 各类流动资金率 \qquad (5\text{-}21)$$

$$年流动资金额 = 年产量 \times 单位产品产量占用流动资金率 \qquad (5\text{-}22)$$

估算流动资金时应注意以下几点：

（1）在采用分项详细估算法时，应根据项目实际情况分别确定现金、应收账款、存货和应付账款的最低周转天数，并考虑一定的保险系数。因为最低周转天数减少，将增加周转次数，从而减少流动资金需用量，因而必须切合实际地选用最低周转天数。对于存货中的外购原材料和燃料，要分品种和来源，考虑运输方式和运输距离，以及占用流动资金的比重大小等因素确定。

（2）不同生产负荷下的流动资金应按不同生产负荷所需的各项费用金额，分别按照上

述的计算公式进行估算，而不能直接按照 100% 生产负荷下的流动资金乘以生产负荷百分比求得。

（3）流动资金是占用在流动资产上的资金，流动资金的筹措可通过长期负债和资本金（一般要求占 30%）的方式解决。流动资金一般要求在投产前一年开始筹措，为简化计算，可规定在投产的第一年开始按生产负荷安排流动资金需用量。其借款总值按全年计算利息，流动资金利息应计入生产期间财务费用，项目计算期末收回全部流动资金（不含利息）。

【例 5-4】 投资估算编制示例

拟建某工业建设项目，各项数据如下：（1）主要生产项目 7400 万元，其中建筑工程费 2800 万元，设备购置费 3900 万元，安装工程 700 万元。（2）辅助生产项目 4900 万元，其中建筑工程费 1900 万元，设备购置费 2600 万元，安装工程 400 万元。（3）公用工程 2200 万元，建筑工程费 1320 万元，设备购置费 660 万元，安装工程 220 万元。（4）环境保护工程 660 万元，其中建筑工程费 330 万元，设备购置费 220 万元，安装工程 110 万元。（5）总图运输工程 330 万元，其中建筑工程费 220 万元，设备购置费 110 万元。（6）服务性工程建筑工程费 160 万元。（7）生活福利工程建筑工程费 220 万元。（8）厂外工程建筑工程费 110 万元。（9）工程建设其他费用 400 万元。（10）基本预备费费率为 10%，建设期各年涨价预备费费率为 6%。（11）建设期为 2 年，每年建设投资相等。建设资金来源为：第一年贷款 5000 万元，第二年贷款 4800 万元，其余为自有资金。贷款年利率为 6%（每半年计息一次）。（12）固定资产投资方向调节税税率为 5%。

其建设项目固定资产投资估算表见表 5-2。

表 5-2 某建设项目固定资产投资估算表 （万元）

序号	工程费用名称	费 用 估 算					占固定资产投资比例/%
		建筑工程	设备购置	安装工程	其他费用	合计	
1	工程费用	7060	7490	1430		15980	81.23
1.1	主要生产项目	2800	3900	700		7400	
1.2	辅助生产项目	1900	2600	400		4900	
1.3	公用工程	1320	660	220		2200	
1.4	环保工程	330	220	110		660	
1.5	总图运输工程	220	110			330	
1.6	服务性工程	1600				1600	
1.7	生活福利工程	220				220	
1.8	厂外工程	110				110	
2	工程建设其他费				400	400	2.03
	1~2 小计	7060	7490	1430	400	16380	
3	预备费				3292	3292	16.74
3.1	基本预备费				1638	1638	
3.2	涨价预备费				1654	1654	
4	建设期贷款利息				621	621	
5	总 计	7060	7490	1430	4304	20284	

其中：

基本预备费 = $16380 \times 10\% = 1638$（万元）

涨价预备费 = $(16380 + 1638)/2[(1 + 6\%)^1 - 1] + (16380 + 1638)/2[(1 + 6\%)^2 - 1]$
　　　　　 = 1654（万元）

年实际贷款利率 = $(1 + 6\%/2)^2 - 1 = 6.09\%$

建设期贷款利息为：$152 + 460 = 612$（万元）

第一年贷款利息 = $1/2 \times 5000 \times 6.09\% = 152$（万元）

第二年贷款利息 = $(5000 + 152 + 1/2 \times 4800) \times 6.09\% = 460$（万元）

5.3　设计概算的编制

建设项目设计概算是初步设计文件的重要组成部分，是在投资估算的控制下由设计单位根据初步设计（或扩大初步设计）图纸及说明、概算定额（概算指标）、各项费用定额或取费标准（指标）、设备、材料预算价格等资料，编制和确定的建设项目从筹建至竣工交付使用所需全部建设费用文件。按照国家规定，采用两阶段设计的建设项目，初步设计阶段必须编制设计概算；采用三阶段设计的，扩大初步设计阶段必须编制修正概算。设计概算的主要作用体现在以下几个方面：

（1）设计概算是国家制定和控制建设投资的依据。设计概算投资一般应控制在批准的投资估算内，设计概算批准后不得任意修改和调整。

（2）设计概算是编制建设计划的依据。建设年度计划安排的工程项目，其投资需要量的确定、建设物资供应计划和建筑安装施工计划等，都以主管部门批准的设计概算为依据。若实际投资超过了总概算，设计单位和建设单位共同提出追加投资的申请报告，经上级计划部门批准后，方能追加投资。

（3）设计概算是进行拨款和贷款的依据。银行根据批准的设计概算和年度投资计划，进行拨款和贷款，并严格实行监督控制。

（4）设计概算是签订总承包合同的依据。对于施工期限较长的大中型建设项目，可以根据批准的建设计划、初步设计和总概算文件确定工程项目的总承包价，采用工程总承包的方式进行建设。

（5）设计概算是考核设计方案的经济合理性和控制施工图预算和施工图设计的依据。

（6）设计概算是考核和评价工程建设项目成本和投资效果的依据。工程建设项目的投资转化为建设单位的新增资产，可根据建设项目的生产能力计算建设项目的成本、回收期及投资效果系数等技术经济指标，并将以概算造价为基础计算的指标与以实际发生造价为基础计算的指标进行对比，从而对工程建设项目成本及投资效果进行评价。

5.3.1　设计概算的内容和编制依据

设计概算的编制依据有：（1）国家发布的有关法律、法规、规章、规程等；（2）批准的可行性研究报告及投资估算、设计图纸等有关资料；（3）有关部门颁布的现行概算定额、概算指标、费用定额等和建设项目设计概算编制办法；（4）有关部门发布的人工、材料价格，有关设备原价及运杂费率，造价指数等；（5）建设场地自然条件和施工条件，有关合同、协议等；（6）其他有关资料。

　　设计概算可分为单位工程概算、单项工程综合概算和建设项目总概算三级。各级概算之间的相互关系如图 5-1 所示。

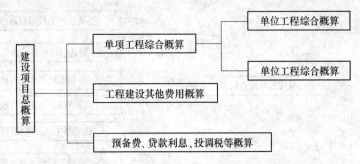

图 5-1　建设项目概算文件的组成内容

　　单位工程概算是确定各单位工程建设费用的文件，是编制单项工程综合概算的依据，是单项工程综合概算的组成部分。单位工程概算按其工程性质分为建筑工程概算和设备及安装工程概算两大类。建筑工程概算包括土建工程概算，给排水、采暖工程概算，通风、空调工程概算，电气照明工程概算，弱电工程概算，特殊构筑物工程概算等；设备及安装工程概算包括机械设备及安装工程概算、电气设备及安装工程概算，以及工器具及生产家具购置费概算等。

　　单项工程综合概算是确定一个单项工程所需建设费用的文件，它是由单项工程中的各单位工程概算汇总编制而成的，是建设项目总概算的组成部分。对一般工业与民用建筑工程而言，单项工程综合概算的组成内容如图 5-2 所示。

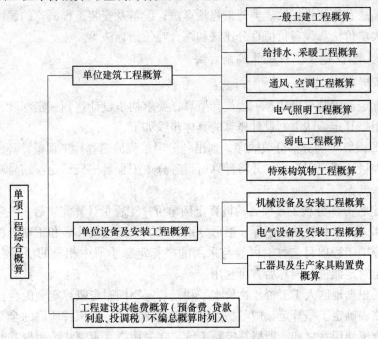

图 5-2　单项工程综合概算的组成内容

建设项目总概算是确定整个建设项目从筹建到竣工验收所需全部费用的文件，它是由各单项工程综合概算、工程建设其他费用概算、预备费、建设期贷款利息和固定资产投资方向调节税概算汇总编制而成的，如图5-3所示。

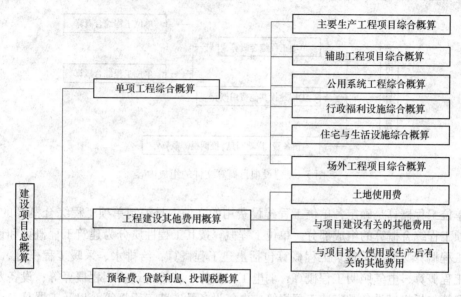

图 5-3   建设项目总概算的组成内容

5.3.2   单位工程概算编制方法

单位工程概算分建筑工程概算和设备及安装工程概算两大类。建筑工程概算的编制方法有概算定额法、概算指标法、类似工程预算法；设备及安装工程概算的编制方法有预算单价法、扩大单价法、设备价值百分比法和综合吨位指标法等。

5.3.2.1   单位建筑工程概算编制方法

A   概算定额法

利用概算定额编制单位建筑工程设计概算，要求初步设计达到一定深度，建筑结构比较明确。利用概算定额法编制设计概算的具体步骤如下：

（1）按照概算定额分部分项顺序，列出各分项工程的名称。工程量计算应按概算定额中规定的工程量计算规则进行，并将计算所得各分项工程量按概算定额编号顺序，填入工程概算表内。

（2）确定各分部分项工程项目的概算定额单价。工程量计算完毕后，逐项套用相应概算定额单价和人工、材料消耗指标，然后分别将其填入工程概算表和工料分析表中。如遇设计图中的分项工程项目名称、内容与采用的概算定额手册中相应的项目有某些不相符时，则按规定对定额进行换算后方可套用。

有些地区根据地区人工工资、物价水平和概算定额编制与概算定额配合使用的扩大单位估价表，该表确定了概算定额中各扩大分项工程或扩大结构构件所需的全部人工费、材料费、机械台班使用费之和，即概算定额单价。在采用概算定额法编制概算时，可以将计算出的扩大分部分项工程的工程量，乘以扩大单位估价表中的概算定额单价进行直接工程费的计算。计算概算定额单价的计算公式为：

概算定额单价＝概算定额人工费＋概算定额材料费＋概算定额机械台班使用费

$$= \sum（概算定额中人工消耗量 \times 人工单价）+ \sum（概算定额中材料消耗量 \times$$
$$材料预算单价）+ \sum（概算定额中机械台班消耗量 \times 机械台班单价）$$

$$(5-23)$$

（3）计算单位工程直接工程费和直接费。将已算出的各分部分项工程项目的工程量及在概算定额中已查出的相应定额单价和单位人工、材料消耗指标分别相乘，即可得出各分项工程的直接工程费和人工、材料消耗量；再汇总各分项工程的直接工程费及人工、材料消耗量，即可得到该单位工程的直接工程费和工料总消耗量；最后，再汇总措施费即可得到该单位工程的直接费。如果规定有地区的人工、材料价差调整指标，计算直接工程费时，按规定的调整系数或其他调整方法进行调整计算。

（4）根据直接费，结合其他各项取费标准，分别计算间接费、利润和税金。

（5）计算单位工程概算造价，其计算公式为：

$$单位工程概算造价 = 直接费 + 间接费 + 利润 + 税金 \qquad (5-24)$$

《浙江省建设工程计价规则》（2018版）规定"建筑安装工程统一按照综合单价法进行计价"，建筑安装工程概算费用由税前概算费用和税金（增值税销项税）组成，计价内容包括分部分项工程（包含施工技术措施项目）费、总价综合费用、概算其他费用和税金。建筑安装工程概算费用计算程序见表5-3。

表5-3 单位工程概算计算程序

序号	费用项目	计 算 方 法
一	概算定额分部分项工程费	$\sum$（概算分部分项工程数量 $\times$ 综合单价）
其中	1. 人工费＋机械费	$\sum$ 概算分部分项工程(定额人工费＋定额机械费)
二	总价综合费用	一 $\times$ 费率
三	概算其他费用	2＋3＋4
其中	2. 标化工地预留费	一 $\times$ 费率
	3. 优质工程预留费	（一＋二）$\times$ 费率
	4. 概算扩大费用	（一＋二）$\times$ 扩大系数
四	税前概算费用	一＋二＋三
五	税金（增值税销项税）	四 $\times$ 税率
六	建筑安装工程概算费用	四＋五

B 概算指标法

概算指标法适用于初步设计深度不够，不能准确地计算工程量，但工程设计采用技术比较成熟而又有类似工程概算指标可以利用的情况。该方法将拟建厂房、住宅的建筑面积或体积乘以技术条件相同或基本相同的概算指标而得出直接工程费，然后按规定计算出措施费、间接费、利润和税金等。因此，该方法计算精度较低，但由于其编制速度快，故有一定实用价值。在资产评估中，可作为估算建（构）筑物重置成本的参考方法。

a 拟建工程结构特征与概算指标相同时的计算

在使用概算指标法时，如果拟建工程在建设地点、结构特征、地质及自然条件、建筑面积等方面与概算指标相同或相近，就可直接套用概算指标编制概算。在直接套用概算指标时，拟建工程应符合以下条件：拟建工程的建设地点与概算指标中的工程建设地点相同；拟建工程的工程特征、结构特征分别与概算指标中的工程特征、结构特征基本相同；拟建工程的建筑面积与概算指标中工程的建筑面积相差不大。

根据选用的概算指标的内容，可选用两种套算方法。

一种方法是以指标中所规定的工程每平方米或立方米的造价，乘以拟建单位工程建筑面积或体积，得出单位工程的直接工程费，再计算其他费用，即可求出单位工程的概算造价。直接工程费计算公式为：

$$直接工程费 = 概算指标每平方米（立方米）工程造价 × 拟建工程建筑面积（体积）$$

$$(5-25)$$

这种简化方法的计算结果参照的是概算指标编制时期的价值标准，未考虑拟建工程建设时期与概算指标编制时期的价差，所以在计算直接工程费后还应用物价指数另行调整。

另一种方法以概算指标中规定的每 $100m^2$ 建筑物面积（或 $1000m^3$）所耗人工工日数、主要材料数量为依据，首先计算拟建工程人工、主要材料消耗量，再计算直接工程费，并取费。在概算指标中，一般规定了 $100m^2$ 建筑物面积（或 $1000m^3$）所耗工日数、主要材料数量，通过套用拟建地区当时的人工工日单价和主材预算单价，便可得到每 $100m^2$（或 $1000m^3$）建筑物的人工费和主材费而无需再作价差调整。计算公式为：

$$100m^2 建筑物面积的人工费 = 指标规定的工日数 × 本地区人工工日单价 \quad (5-26)$$

$$100m^2 建筑物面积的主要材料费 = \sum（指标规定的主要材料数量 ×$$
$$相应的地区材料预算单价）\quad (5-27)$$

$$100m^2 建筑物面积的其他材料费 = 主要材料费 × 其他材料费占主要材料费的百分比$$
$$100m^2 建筑物面积的机械使用费 = （人工费 + 主要材料费 + 其他材料费）×$$
$$机械使用费所占百分比 \quad (5-28)$$

$$每平方米建筑面积的直接工程费 = （人工费 + 主要材料费 + 其他材料费 +$$
$$机械使用费）÷ 100 \quad (5-29)$$

根据直接工程费，结合其他各项取费方法，分别计算措施费、间接费、利润和税金，得到每平方米建筑面积的概算单价，乘以拟建单位工程的建筑面积，即可得到单位工程概算造价。

【例 5-5】 某砖混结构住宅建筑面积为 $4000m^2$，其工程特征与在同一地区的某一工程项目类似，类似工程概算指标见表 5-4、表 5-5。试根据概算指标，编制土建工程概算。

表 5-4　某地区砖混结构住宅概算指标

工程名称	××住宅	结构类型	砖混结构	建筑层数	6 层
建筑面积	3800 平方米	施工地点	××市	竣工日期	××年××月

	基础		墙体		楼面		地面
结构特征	混凝土带型基础		240 空心砖墙		预应力空心板		混凝土地面，水泥砂浆面层
	屋面	门窗		装饰	电照		给排水
	炉渣找坡，油毡防水	钢窗、木窗、木门		混合砂浆抹内墙面、瓷砖墙裙、外墙彩色弹涂面	槽板明敷线路、白炽灯		镀锌给水钢管、铸铁排水管、蹲式大便器

表 5-5 工程造价及费用构成

项　目		平米指标/元·m⁻²	其中各项费用占总造价百分比/%							
			直接费					间接费	利润	税金
			人工费	材料费	机械费	措施费	合计			
工程总造价		1340.80	9.26	60.15	2.30	5.28	76.99	13.65	6.28	3.08
其中	土建工程	1200.50	9.49	59.68	2.44	5.31	76.92	13.66	6.34	3.08
	给排水工程	82.20	5.85	68.52	0.65	4.55	79.57	12.35	5.01	3.07
	电照工程	60.10	7.03	63.17	0.48	5.48	76.16	14.78	6.00	3.06

解：计算步骤及结果见表 5-6。

表 5-6 某住宅土建工程概算造价计算表

序号	项目内容	计　算　式	金额/元
1	土建工程造价	4000×1200.50 = 4802000	4802000
2	直接费	4802000×76.92% = 3693698.4	3693698.4
	其中：人工费	4802000×9.49% = 455709.8	455709.8
	材料费	4802000×59.68% = 2865833.6	2865833.6
	机械费	4802000×2.44% = 117168.8	117168.8
	措施费	4802000×5.31% = 254986.2	254986.2
3	间接费	4802000×13.66% = 655953.2	655953.2
4	利润	4802000×6.34% = 304446.8	304446.8
5	税金	4802000×3.08% = 147901.6	147901.6

所以，该住宅的土建工程概算造价为 4802000 元。

b　拟建工程结构特征与概算指标有局部差异时的调整

在实际工作中，经常会遇到拟建对象的结构特征与概算指标中规定的结构特征有局部不同的情况，因此必须对概算指标进行调整后方可套用。调整方法如下。

（1）调整概算指标中的每平方米（立方米）造价。这种调整方法是将原概算指标中的单位造价进行调整（仍使用直接工程费指标），扣除每平方米（立方米）原概算指标中与拟建工程结构不同部分的造价，增加每平方米（立方米）拟建工程与概算指标结构不同部分的造价，使其成为与拟建工程结构相同的工程单位直接工程费造价。计算公式为：

$$结构变化修正概算指标(元/m^2) = J + Q_1P_1 - Q_2P_2 \tag{5-30}$$

式中　J——原概算指标；

Q_1——概算指标中换入结构的工程量；

Q_2——概算指标中换出结构的工程量；

P_1——换入结构的直接工程费单价；

P_2——换出结构的直接工程费单价。

则拟建工程造价为：

$$直接工程费 = 修正后的概算指标 × 拟建工程建筑面积(或体积) \tag{5-31}$$

求出直接工程费后，再按照规定的取费方法计算其他费用，最终得到单位工程概算价值。

（2）调整概算指标中的工、料、机数量，这种方法是将原概算指标中每 $100m^2$（$1000m^3$）建筑面积（体积）中的工、料、机数量进行调整，扣除原概算指标中与拟建工程结构不同部分的工、料、机消耗量，增加拟建工程与概算指标结构不同部分的工、料、机消耗量，使其成为与拟建工程结构相同的每 $100m^2$（$1000m^3$）建筑面积（体积）工、料、机数量。计算公式为：

结构变化修正概算指标的工、料、机数量

= 原概算指标的工、料、机数量 + 换入结构件工程量 ×

相应定额工、料、机消耗量 − 换出结构件工程量 ×

相应定额工、料、机消耗量   （5-32）

以上两种方法，前者是直接修正概算指标单价，后者是修正概算指标工料机数量。修正之后，方可按上述方法分别套用。

【例 5-6】 假设新建单身宿舍一座，其建筑面积为 $3500m^2$，按概算指标和地区材料预算价格等算出一般土建工程单位造价为 640.00 元/m^2（其中直接工程费为 468.00 元/m^2），采暖工程 32.00 元/m^2，给排水工程 36.00 元/m^2，照明工程 30.00 元/m^2。按照当地造价管理部门规定，土建工程措施费费率为 8%，间接费费率为 15%，利率为 7%，税率为 3.4%。

但新建单身宿舍设计资料与概算指标相比较，其结构构件有部分变更，设计资料表明外墙为 1 砖半外墙，而概算指标中外墙为 1 砖外墙。根据当地土建工程预算定额，外墙带型毛石基础的预算单价为 147.87 元/m^3，1 砖外墙的预算单价为 177.10 元/m^3，1 砖半外墙的预算单价为 178.08 元/m^3；概算指标中每 $100m^2$ 建筑面积中含外墙带型毛石基础为 $18m^3$，1 砖外墙为 $46.5m^3$，新建工程设计资料表明，每 $100m^2$ 中含外墙带型毛石基础为 $19.6m^3$，1 砖半外墙为 $61.2m^3$。请计算调整后的概算单价和新建宿舍的概算造价。

解： 对土建工程中结构构件的变更和单价调整过程见表 5-7。

表 5-7   土建工程概算指标调整表

序号	结构名称	单位	数量（每 $100m^2$ 含量）	单价	合价
	换出部分：				
1	外墙带型毛石基础	m^3	18	147.87	2661.66
2	一砖外墙	m^3	46.5	177.10	8235.15
	合计	元			10896.81
	换入部分：				
3	外墙带型毛石基础	m^3	19.6	147.87	2898.25
4	一砖半外墙	m^3	61.2	178.08	10898.5
	合计	元			13796.75
结构变化修正指标	468.00 − 10896.81/100 + 13796.75/100 = 497.00（元）				

以上计算结果为直接工程费单价，需取费得到修正后的土建单位工程造价，即：

497.00 × (1 + 8%) × (1 + 15%) × (1 + 7%) × (1 + 3.4%) = 682.94（元/m^2）

其余工程单位造价不变，因此经过调整后的概算单价为：

682.94 + 32.00 + 36.00 + 30.00 = 780.94（元/m^2）

新建宿舍楼概算造价为：

$$780.94 \times 3500 = 2733290(元)$$

C 类似工程预算法

类似工程预算法是利用技术条件与设计对象相类似的已完工程或在建工程的工程造价资料来编制拟建工程设计概算的方法。该方法适用于拟建工程初步设计与已完工程或在建工程的设计相类似且没有可用的概算指标的情况，但必须对建筑结构差异和价差进行调整。

建筑结构差异的调整方法与概算指标法的调整方法相同。即先确定有差别的项目，然后分别按每一项目算出结构构件的工程量和单位价格（按编制概算工程所在地区的单价），然后以类似预算中相应（有差别）的结构构件的工程数量和单价为基础，算出总差价。将类似预算的直接工程费总额减去（或加上）这部分差价，就得到结构差异换算后的直接工程费，再行取费得到结构差异换算后的造价。

类似工程造价的价差调整方法通常有两种：一是类似工程造价资料有具体的人工、材料、机械台班的用量时，可按类似工程造价资料中的主要材料用量、工日数量、机械台班用量乘以拟建工程所在地的主要材料预算价格、人工工日单价、机械台班单价，计算出直接工程费，再行取费即可得出所需的造价指标；二是类似工程造价资料只有人工、材料、机械台班费用和其他费用时，可作如下调整：

$$D = A \cdot K \tag{5-33}$$

$$K = a\%K_1 + b\%K_2 + c\%K_3 + d\%K_4 + e\%K_5 \tag{5-34}$$

式中　　　　　D——拟建工程单方概算造价；

　　　　　　　A——类似工程单方预算造价；

　　　　　　　K——综合调整系数；

$a\%$, $b\%$, $c\%$, $d\%$, $e\%$——类似工程预算的人工费、材料费、机械台班费、措施费、间接费占预算造价的比重；

K_1, K_2, K_3, K_4, K_5——拟建工程地区与类似工程地区人工费、材料费、机械台班费、措施费、间接费价差系数。

$$K_1 = \frac{拟建工程概算的人工费(或工资标准)}{类似工程预算人工费(或工资标准)} \tag{5-35}$$

$$K_2 = \frac{\sum(类似工程主要材料数量 \times 编制概算地区材料预算价格)}{\sum 类似地区各主要材料费} \tag{5-36}$$

类似地，可得出其他指标的表达式。

【例 5-7】　某单位准备投资新建一幢办公楼，建筑面积为 3000m²。类似工程的建筑面积为 2800m²，预算造价为 3200000 元。各种费用占预算造价的比例为：人工费 6%，材料费 55%，机械使用费 6%，措施费 3%，其他费用 30%。各种价格差异系数为：人工费 $K_1 = 1.02$，材料费 $K_2 = 1.05$，机械使用费 $K_3 = 0.99$，措施费 $K_4 = 1.04$，其他费用 $K_5 = 0.95$。试用类似工程预算法编制概算。

解：综合调整系数 $K = 6\% \times 1.02 + 55\% \times 1.05 + 6\% \times 0.99 + 3\% \times 1.04 + 30\% \times 0.95 = 1.014$

价差修正后的类似工程预算造价 = $3200000 \times 1.014 = 3244800(元)$

价差修正后的类似工程预算单方造价 = $3244800/2800 = 1158.86(元/m^2)$

由此可得，拟建办公楼概算造价 = $1158.86 \times 3000 = 3476580(元)$

【例 5-8】 假设新拟建砖混结构住宅工程 3420m²，结构形式与已建成的某工程相同，只有外墙保温贴面不同，其他部分均较为接近。类似工程外墙面为珍珠岩板保温、水泥砂浆抹面，每平方米建筑面积消耗量分别为 0.044m³、0.842m²，珍珠岩板为 153.1 元/m³、水泥砂浆为 8.95 元/m²；拟建工程外墙为加气混凝土保温、外贴釉面砖，每平方米建筑面积消耗量分别为 0.08m³、0.8m²，加气混凝土 185.48 元/m³，贴釉面砖 49.75 元/m²。类似工程单方直接工程费为 465 元/m²，其中，人工费、材料费、机械费占单方直接工程费比例分别为 14%、78%、8%，综合费率为 20%。拟建工程与类似工程预算造价在这些方面的差异系数分别为 2.01、1.06 和 1.92。

问题：（1）应用类似工程预算法确定拟建工程的单位工程概算造价。

（2）若类似工程预算中，每平方米建筑面积主要资源消耗为：人工消耗 5.08 工日，钢材 23.8kg，水泥 205kg，原木 0.05m³，铝合金门窗 0.24m²，其他材料费为主材费的 45%，机械费占直接工程费比例为 8%，拟建工程主要资源的现行预算价格分别为人工 20.31 元/工日，钢材 3.1 元/kg，水泥 0.35 元/kg，原木 1400 元/m³，铝合金门窗平均 350 元/m²，拟建工程综合费率为 20%，应用概算指标法，确定拟建工程的单位工程概算造价。

解： 问题（1）：首先计算直接工程费差异系数，通过直接工程费部分的价差调整得到直接工程费单价，再做结构差异调整，最后取费得到单位造价，计算步骤如下。

拟建工程直接工程费差异系数 = 14% × 2.01 + 78% × 1.06 + 8% × 1.92 = 1.2618

拟建工程概算指标（直接工程费）= 465 × 1.2618 = 586.74（元/m²）

结构修正概算指标（直接工程费）= 586.74 + （0.08 × 185.48 + 0.82 × 49.75）−
$$（0.044 × 153.1 + 0.842 × 8.95）$$
$$= 628.10（元/m²）$$

拟建工程单位造价 = 628.10 × （1 + 20%）= 753.72（元/m²）

拟建工程概算造价 = 753.72 × 3420 = 2577722（元）

问题（2）：首先，根据类似工程预算中每平方米建筑面积的主要资源消耗和现行预算价算价格，计算拟建工程单位建筑面积的人工费、材料费、机械费。

人工费 = 每平方米建筑面积人工消耗指标 × 现行人工工日单价
$$= 5.08 × 20.31 = 103.17（元）$$

材料费 = ∑（每平方米建筑面积材料消耗指标 × 相应材料预算价格）
$$= （23.8 × 3.1 + 205 × 0.35 + 0.05 × 1400 + 0.24 × 350）×（1 + 45%）$$
$$= 434.32（元）$$

机械费 = 直接工程费 × 机械费占直接工程费的比率
$$= 直接工程费 × 8%$$

直接工程费 = 103.17 + 434.32 + 直接工程费 × 8%
$$= （103.17 + 434.32）/（1 − 8%）= 584.23（元/m²）$$

其次，进行结构差异调整，按照所给综合费率计算拟建单位工程概算指标、修正概算指标和概算造价。

结构修正概算指标（直接工程费）= 拟建工程概算指标 + 换入结构指标 − 换出结构指标
$$= 584.23 + 0.08 × 185.48 + 0.82 × 49.75 −$$
$$（0.044 × 153.1 + 0.842 × 8.95）$$
$$= 625.59（元/m²）$$

拟建工程单位造价 = 结构修正概算指标 × (1 + 综合费率)

$$= 625.59 × (1 + 20\%) = 750.71(元/m^2)$$

拟建工程概算造价 = 拟建工程单位造价 × 建筑面积

$$= 750.71 × 3420 = 2567428(元)$$

5.3.2.2 单位设备及安装工程概算编制方法

设备购置费由设备原价和运杂费两项组成。国产标准设备原价可根据设备型号、规格、性能、材质、数量及附带的配件，向制造厂家询价或向设备、材料信息部门查询或按主管部门规定的现行价格逐项计算。非主要标准设备和工器具、生产家具的原价可按主要标准设备原价的百分比计算，百分比指标按主管部门或地区有关规定执行。设备运杂费按有关部门规定的运杂费率计算，即：

$$设备运杂费 = 设备原价 × 运杂费率 \tag{5-37}$$

设备安装工程概算的编制方法包括：

(1) 预算单价法。当初步设计较深，有详细的设备清单时，可直接按安装工程预算定额单价编制设备安装工程概算，概算程序与安装工程施工图预算程序基本相同。

(2) 扩大单价法。当初步设计深度不够，设备清单不完备，只有主体设备或仅有成套设备重量时，可采用主体设备、成套设备的综合扩大安装单价来编制概算。

(3) 设备价值百分比法，又叫安装设备百分比法。当初步设计深度不够，只有设备出厂价而无详细规格、重量时，安装费可按其占设备费的百分比计算。其百分比值（即安装费率）由主管部门制定或由设计单位根据已完类似工程确定。该法常用于价格波动不大的定型产品和通用设备产品。计算公式为：

$$设备安装费 = 设备原价 × 安装费率 \tag{5-38}$$

(4) 综合吨位指标法。当初步设计提供的设备清单有规格和设备重量时，可采用综合吨位指标编制概算，其综合吨位指标由主管部门或由设计单位根据已完类似工程资料确定。该法常用于设备价格波动较大的非标准设备和引进设备的安装工程概算。计算公式为：

$$设备安装费 = 设备吨重 × 每吨设备安装费指标 \tag{5-39}$$

5.3.3 单项工程综合概算的编制

单项工程综合概算是以其所包含的建筑工程概算表和设备安装工程表为基础汇总编制的。当建设工程只有一个单项工程时，单项工程综合概算（实际上为总概算）还应包括工程建设其他费用概算（含建设期贷款利息、预备费和固定资产投资方向调节税）。

单项工程综合概算文件一般包括编制说明（不编制总概算时列入）和综合概算表两部分。编制说明主要包括编制依据、编制方法、主要设备和材料的数量及其他有关问题。综合概算表应根据单项工程所辖范围内的各单位工程概算等基础资料，按照国家规定的统一表格进行编制。对于工业建筑而言，其概算包括建筑工程和设备及安装工程；对于民用建筑工程而言，其概算包括一般土木建筑工程、给排水、采暖、通风及电气照明工程等。综合概算表见表5-8。

表 5-8 综合概算表

建设项目_____

单项工程_____   综合概算价值_____元

序号	工程或费用名称	概算价值							指标		占投资额比重 /%	备注
		建筑工程费	安装工程费	设备购置费	工器具及生产家具购置费	工程建设其他费用	合计	单位	数量	指标		
1	2	3	4	5	6	7	8	9	10	11	12	13
(1)	一般土建工程											
(2)	给水排水工程											
(3)	采暖工程											
(4)	通风工程											
(5)	电气照明工程											
	合　计											

审核_____   编制_____   日期____年____月____日

5.3.4 建设项目总概算编制方法

建设项目总概算是设计文件的重要组成部分。它由各单项工程综合概算、工程建设其他费用、建设期贷款利息、预备费、固定资产投资方向调节税和经营性项目的铺底流动资金组成,并按主管部门规定的统一表格编制而成。

设计概算文件一般应包括以下六部分。

(1) 封面、签署页及目录。

(2) 编制说明。编制说明应包括下列内容:

1) 工程概况。简述建设项目性质、特点、生产规模、建设周期、建设地点等主要情况。对于引进项目要说明引进内容及与国内配套工程等主要情况。

2) 资金来源及投资方式。

3) 编制依据及编制原则。

4) 编制方法。说明设计概算是采用概算定额法,还是采用概算指标法等。

5) 投资分析。主要分析各项投资的比重、各专业投资的比重等经济指标。

6) 其他需要说明的问题。

(3) 总概算表。总概算表应反映静态投资和动态投资两个部分 (表 5-9)。

(4) 工程建设其他费用概算表。工程建设其他费用概算按国家或地区或部委所规定的项目和标准确定,并按统一表式编制。

(5) 单项工程综合概算表和建筑安装单位工程概算表。

(6) 工程量计算表和工、料数量汇总表。

表 5-9　某工业建设项目总概算

序号（主项号）	工程项目或费用名称	建设规模 /t·a⁻¹	概算价值·静态部分·建筑工程费	设备购置费·需要安装设备	设备购置费·不需安装设备	安装工程费	其他	合计	其中外币（币种）	动态部分·合计	动态部分·其中外币（币种）	静、动态合计	技术经济指标·静态指标 /元·t⁻¹	技术经济指标·动态指标 /元·t⁻¹	占投资额·静态部分/%	占投资额·动态部分/%
一	工程费用															
1	主要生产工程	10000	764.08	1286.00	59.30	64.30		2173.68				2173.68				
2	辅助生产工程		242.13	854.00	27.00	42.70		1165.83				1165.83				
3	公用设施工程		122.65	86.00	56.00	4.30		268.95				268.95				
	小　计		1128.86	2226.00	142.30	111.30		3608.46				3608.46	3608.46			
二	工程建设其他费用															
1	土地征用费						75.20	75.02				75.20				
2	勘察设计费						113.00	113.02				113.00				
3	其他						66.00	66.00				66.00				
	小　计						254.20	254.20				254.20	253.20			
三	预备费															
1	基本预备费						308.00	308.00				308.00	308.00			
2	涨价预备费									354.60	354.60	354.60		354.60		
	小　计						308.00	308.00		354.60	354.60	662.60				
四	投资方向调节税									67.00	67.00	67.00		67.00		
五	建设期贷款利息									324.00	324.00	324.00		324.00		
	固定资产投资合计	10000	1128.86	2226.00	142.30	111.30	562.00	4170.66		745.60	745.60	4916.26	4170.66	745.60	84.83	15.17
六	铺底流动资金											500.00				
	建设项目概算总投资											5416.26				

5.4 施工图预算的编制

施工图预算是施工图设计预算的简称。它是指在施工图设计完成后，根据施工图，按照各专业工程的预算工程量计算规则计算出工程量，并考虑实施施工图的施工组织设计确定的施工方案或方法，按照现行预算定额、工程建设费用定额、材料预算价格和建设主管部门规定的费用计算程序及其他取费规定等，确定单位工程、单项工程及建设项目建筑安装工程造价的技术和经济文件。

施工图预算的作用主要体现在以下几个方面。

（1）施工图预算是设计阶段控制工程造价的重要环节，是控制施工图设计不突破设计概算的重要措施。

（2）施工图预算是进行招投标的基础，是业主制定招标控制价和投标人投标报价的主要依据。

（3）施工图预算是施工单位组织材料、机具、设备及劳动力供应的依据，是施工企业编制进度计划、进行经济核算的依据，也是施工单位拟定降低成本措施和按照工程量计算结果编制施工预算的依据。

（4）施工图预算是甲乙双方统计完成工作量，办理工程结算和拨付工程款的依据；也是工程造价管理部门监督、检查执行定额标准，测算造价指数的依据。

5.4.1 施工图预算的内容和编制依据

施工图预算包括单位工程预算、单项工程预算和建设项目总预算。通过施工图预算统计建设工程造价中的建筑安装工程费用。单位工程预算是根据单位工程施工图设计文件，现行预算定额，费用标准及人工、材料、设备、机械台班等预算价格资料，以一定方法编制出的施工图预算；汇总所有单位工程施工图预算，就成为单项工程施工图预算；再汇总所有单项工程施工图预算，便成为建设项目的总预算。

单位工程预算包括建筑工程预算和设备安装工程预算。对一般工业与民用建筑工程而言，建筑工程预算按其工程性质分为一般土建工程预算、采暖通风工程、煤气工程、电气照明工程预算、特殊构筑物（如炉窑、烟囱、水塔等）工程预算和工业管道工程预算等。设备安装工程预算可分为机械设备安装工程预算、电气设备安装工程预算和化工设备、热力设备安装工程预算等。

施工图预算的编制依据包括：

（1）施工图纸、说明书和标准图集。经审定的施工图纸、说明书和标准图集，完整地反映了工程的具体内容、各部分的具体做法、结构尺寸、技术特征及施工方法，是编制施工图预算的重要依据。

（2）现行计价规则、预算定额及单位估价表、建筑安装工程费用定额、工程量计算规则。国家和地区颁发的现行建筑、安装工程预算定额、建筑安装工程费用定额及单位估价表和相应的工程量计算规则，是编制施工图预算、确定分项工程子目、计算工程量、选用单位估价表、计算直接工程费的主要依据；企业定额也是编制施工图预算的主要依据。

（3）施工组织设计或施工方案、施工现场勘察及测量资料。施工组织设计或施工方案中包含了编制施工图预算必不可少的有关资料，如建设地点的土质、地质情况、土石方开挖的施工方法及余土外运方式与运距、施工机械使用情况、结构件预制加工方法及运距、重要的梁板柱的施工方案、重要或特殊机械设备的安装方案等。

（4）材料、人工、机械台班价格，工程造价信息及动态调价规定。在市场经济条件下，材料、人工、机械台班的价格是随市场而变化的。为使预算造价尽可能接近实际，各地区主管部门对此都有明确的调价规定。

（5）预算工作手册及有关工具书。预算工作手册和工具书包括了计算各种结构件面积和体积的公式，钢材、木材等各种材料规格、型号及用量数据，各种单位换算比例，特殊断面、结构件的工程量的速算方法，金属材料重量表等。

（6）工程承包协议或招标文件。它明确了施工单位承包的工程范围，应承担的责任、权利和义务。

5.4.2 土建工程施工图预算编制程序和方法

目前国内通常采用的施工图预算的编制方法有单价法和实物法。

5.4.2.1 单价法

用单价法编制施工图预算，就是根据地区统一单位估价表中的各项定额单价，乘以相应的各分项工程的工程量，汇总相加得到单位工程的人工费、材料费、机械使用费之和；再加上按规定程序计算出来的措施费、间接费、利润和税金，便可得出单位工程的施工图预算造价。用单价法编制施工图预算的主要计算公式为：

$$单位工程施工图预算直接工程费 = \sum（工程量 \times 预算定额单价） \tag{5-40}$$

定额计价方法就属于单价法，单价法编制施工图预算的步骤如图 5-4 所示。

图 5-4 单价法编制施工图预算的步骤

（1）搜集各种编制依据资料，资料包括施工图纸、施工组织设计或施工方案，现行建筑安装工程预算定额，取费标准，统一的工程量计算规则，预算工作手册和工程所在地区的材料、人工、机械台班预算价格与调价规定、工程预算软件等。

（2）熟悉施工图纸和定额，只有对施工图和预算定额有全面详细的了解，才能全面准确地计算出工程量，进而合理地编制出施工图预算造价。

（3）熟悉施工图纸和施工组织设计，熟悉施工图纸和施工组织设计中的施工方案、施工技术。

（4）计算工程量，工程量的计算在整个预算过程中是最重要、最烦琐的环节，不仅影响预算编制的及时性，更重要的是影响预算造价的准确性。因此，在工程量计算上要投入较大精力。计算工程量一般可按下列具体步骤进行：

1）根据施工图纸的工程内容和定额项目，列出计算工程量的分部分项工程；

2）根据一定的计算顺序和计算规则，列出计算式；

3）根据施工图示尺寸及有关数据，代入计算式进行数学计算；

4）按照定额中的分部分项工程的计量单位对相应的计算结果的计量单位进行调整，使之相一致。

（5）套用预算定额单价，工程量计算完毕并核对无误后，用所得到的分部分项工程量套用单位估价表中相应的定额单价，相乘后相加汇总，便可求出单位工程的直接工程费。

（6）编制工料分析表。根据各分部分项工程的实物工程量和相应定额中项目所列的用工工日及材料数量，计算出各分部分项工程所需的人工及材料数量，相加汇总便得出该单位工程所需要的各类人工和材料的数量。

（7）计算其他各项费用和汇总造价。按照建筑安装单位工程造价构成的规定费用项目的费率及计费基础，分别计算出措施费、间接费、利润和税金，按照规定对材料、人工、机械台班预算价格进行调整，并汇总得出单位工程造价。

（8）复核。单位工程预算编制后，有关人员应对单位工程预算进行复核，以便及时发现差错，提高预算质量。复核时应对工程量计算公式和结果、套用定额单价、各项费用的取费费率及计算基础和计算结果、材料和人工预算价格及其价格调整等方面是否正确进行全面复核。

（9）编制说明，填写封面。编制说明是编制者向审核者交代编制方面的有关情况，包括编制依据、工程性质、内容范围，设计图纸号、所用预算定额编制年份（即价格水平年份）、有关部门的调价文件号、套用单价或补充单位估价表方面的情况及其他需要说明的问题。封面填写应写明工程名称、工程编号、工程量（建筑面积）、预算总造价及单方造价、编制单位名称及负责人和编制日期、审查单位名称及负责人和审核日期等。

单价法是我国计划经济时期常用的预算方法，具有计算简单、工作量较小和编制速度较快、便于工程造价管理部门集中统一管理的优点。但由于是采用事先编制好的统一的单位估价表，其价格水平只能反映定额编制年份的价格水平，在市场价格波动较大的情况下，单价法的计算结果会偏离实际价格水平。另外，由于单价法采用地区统一的单位估价表进行计价，承包商之间竞争的并不是自身的施工、管理水平，所以单价法并不适应市场经济环境。

【例 5-9】　某市一住宅楼土建工程，该工程主体设计采用 7 层框架结构、钢筋混凝土筏式基础，建筑面积为 $7670.22m^2$。现取其基础部分来说明单价法编制施工图预算的过程。表 5-10 是该住宅采用单价法编制的单位工程（基础部分）施工图预算表。表中定额采用《浙江省建筑工程预算定额》（2010 版），且只列出分部分项工程的直接工程费加以说明，其他各项费用需在土建工程预算书汇总时计列。

表 5-10　某住宅楼建筑工程基础部分预算书（部分）

工程定额编号	工程或费用名称	计量单位	工程量	价值/元	
				单　价	合　价
(1)	(2)	(3)	(4)	(5)	(6)
1-15	平整场地	m^2	1393.59	0.72	1003.38
1-33	挖土机挖土（砂砾坚土）	m^3	2781.73	4.15	11544.18

续表 5-10

工程定额编号	工程或费用名称	计量单位	工程量	价值/元	
				单 价	合 价
3-3	干铺土石屑层	m³	892.68	126.20	112656.22
4-1	C10 混凝土基础垫层	m³	110.03	227.20	24998.82
4-4	C20 满堂基础	m³	469.80	271.90	127738.62
4-7	C20 矩形钢筋混凝土柱	m³	9.23	280.30	2587.17
3-13 换	M5 水泥砂浆砌砖基础	m³	34.99	248.02	8678.22
4-135	基础垫层模板	m²	23.11	23.32	538.93
4-144	满堂基础组合钢模	m²	385.23	28.39	10936.68
4-155	C20 矩形柱组合钢模	m²	134.11	27.25	3654.50
16-38	满堂脚手架（3.6m 内）	m²	370.13	1.42	525.58
1-18	回填土（夯填）	m³	1260.94	5.8	7313.45
	直接工程费小计				312175.75

5.4.2.2 实物法编制施工图预算

应用实物法编制施工图预算，首先根据施工图纸分别计算出分项工程量，然后套用相应预算人工、材料、机械台班的定额用量，再分别乘以工程所在地当时的人工、材料、机械台班的实际单价，求出单位工程的人工费、材料费和施工机械使用费，并汇总求和，进而求得直接工程费，然后再按规定计取其他各项费用，汇总后就可得出单位工程施工图预算造价。实物法编制施工图预算中主要的计算公式为：

单位工程预算直接工程费 = ∑（工程量 × 人工用量 × 当时当地人工工日单价）+

∑（工程量 × 材料用量 × 当时当地材料单价）+

∑（工程量 × 机械台班用量 × 当时当地机械台班单价）（5-41）

实物法编制施工图预算的步骤如图 5-5 所示。

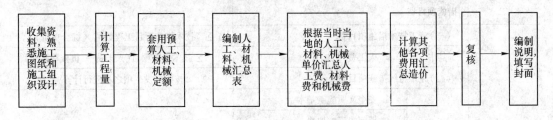

图 5-5 实物法编制施工图预算的步骤

从图 5-5 可以看出，实物法编制施工图预算的首尾步骤与单价法相同，两者最大的区别在于中间的步骤，也就是计算人工费、材料费和施工机械使用费及汇总三者费用之和的方法不同。

（1）确定相应人工、材料、机械台班消耗量。国家住建部 2015 年颁发的《房屋建筑与装饰工程消耗量定额》，是完成规定计量单位分部分项工程、措施项目所需的人工、材料、施工机械台班的消耗量标准，是各地区、部门工程造价管理机构编制建设工程定额确定消耗量、编制国有投资工程投资估算、设计概算、最好投标限价（标底）的依据。实际中，特别是从承包商角度，实物消耗量应根据企业自身消耗水平确定。这是因为完成单位工程量所消耗的人工、材料、机械台班的数量直接反映了企业的施工技术和管理水平，是施工企业之间展开竞争的一个重要方面。

（2）统计各分项工程人工、材料、机械台班消耗数量并汇总单位工程所需各类人工工日、材料和机械台班的消耗量。各分项工程人工、材料、机械台班消耗数量由分项工程的工程量乘以人工用量、材料用量和机械台班用量得出，汇总后便可得出单位工程各类人工、材料和机械台班的消耗量。

（3）用当时当地的各类人工、材料和机械台班的实际预算单价分别乘以相应的人工、材料和机械台班的消耗量，并汇总得出单位工程的人工费、材料费和机械使用费。人工单价、材料预算单价和机械台班的单价可在当地工程造价主管部门的专业网站查询，或由工程造价主管部门定期发布的价格、造价信息中获取，企业也可根据自己的情况自行确定。

在市场经济条件下，人工、材料和机械台班单价是随市场变化的，它们是影响工程造价最活跃、最主要的因素。用实物法编制施工图预算，可较好地反映实际价格水平，工程造价的准确性高，是与市场经济体制相适应的预算编制方法。工程量清单计价方法就是结合实物法，运用综合单价进行计价，其方法具体见第4章。

《浙江省建设工程施工费用定额》（2018版）规定的招投标阶段建筑安装工程施工费用计算程序见表5-11。

表5-11 招投标阶段建筑安装工程施工费用计算程序

序 号	费 用 项 目		计 算 方 法
一	分部分项工程费		Σ（分部分项工程数量×综合单价）
	其中	1. 人工费+机械费	Σ分部分项工程（人工费＋机械费）
二	措施项目费		（一）＋（二）
	（一）施工技术措施项目费		Σ（技术措施项目工程数量×综合单价）
	其中	2. 人工费+机械费	Σ技术措施项目（人工费＋机械费）
	（二）施工组织措施项目费		按实际发生项之和进行计算
	其中	3. 安全文明施工基本费	（1＋2）×费率
		4. 提前竣工增加费	
		5. 二次搬运费	
		6. 冬雨季施工增加费	
		7. 行车、行人干扰增加费	
		8. 其他施工组织措施费	按相关规定进行计算
三	其他项目费		（三）＋（四）＋（五）＋（六）

序　号	费用项目		计 算 方 法
	（三）暂列金额		9 + 10 + 11
	其中	9. 标化工地暂列金额	（1 + 2）× 费率
		10. 优质工程暂列金额	除暂列金额外税前工程造价 × 费率
		11. 其他暂列金额	除暂列金额外税前工程造价 × 估算比例
	（四）暂估价		12 + 13
	其中	12. 专业工程暂估价	按各专业工程的除税金外全费用暂估金额之和进行计算
		13. 专项措施暂估价	按各专项措施的除税金外全费用暂估金额之和进行计算
	（五）计日工		∑计日工（暂估数量 × 综合单价）
	（六）施工总承包服务费		14 + 15
	其中	14. 专业发包工程管理费	∑专业发包工程（暂估金额 × 费率）
		15. 甲供材料设备保管费	甲供材料暂估金额 × 费率 + 甲供设备暂估金额 × 费率
四	规费		（1 + 2）× 费率
五	税前工程造价		一 + 二 + 三 + 四
六	税金（增值税销项税或征收率）		五 × 税率
七	建筑安装工程造价		五 + 六

5.4.2.3 综合单价

综合单价即分项工程完全单价，是指将各种工料和价格从市场上采集后编制人工费、材料费及机械费，并参照费用定额把措施费、管理费和利润分解到各分部分项工程合成为综合单价，某分项工程综合单价乘以工程量即为该分项工程的合价，所有分项工程合价汇总后即为该工程的总价。各项费用和利润是用一个费率分摊到分项工程单价中，从而组成分项工程完全单价。目前我国的"综合单价"是"非完全单价"，只将企业管理费、利润、风险分摊在综合单价中。

【例 5-10】 某基础工程，基础为 C25 混凝土带形基础，垫层为 C15 混凝土垫层，垫层底宽度为 1400mm，挖土深度为 1800mm，基础总长为 220m，室外设计地坪以下基础的体积为 227m³，垫层体积为 31m³。请用清单计价法计算挖基础土方的分部分项工程项目综合单价。已知当地人工单价为 100 元/工日，8t 自卸汽车台班单价为 685 元/台班，管理费按人工费加机械费的 15% 计取，利润按人工费的 20% 计取。

解： 工程量清单计价采用综合单价模式，即综合了工料机费、企业管理费和利润。综合单价中的人工单价、材料单价、机械台班单价，可由企业根据自己的价格资料及市场价格自主确定，也可结合建设主管部门颁发的消耗量定额或企业定额确定。本例采用统一的消耗量定额确定消耗量，并与当地市场价格结合确定综合单价。

（1）清单工程量。

《建设工程工程量清单计价规范》（GB 50500—2013）中挖基础土方的工程量计算规

则：按设计图示尺寸以基础垫层底面积乘以挖土深度计算，即：

$$基础土方挖方总量 = 1.4 \times 1.8 \times 220 = 554(\text{m}^3)$$

（2）投标人报价计算。

首先，按照计价规范中挖基础土方的工程内容，找到与挖基础土方主体项目对应的辅助项目，可组合的内容包括人工挖土方、人工装自卸汽车运卸土方，运距 3km。

其次，结合施工图纸，计算各辅助项目的工程量。按照消耗量定额中的工程量计算规则计算各辅助项目的工程量。

① 人工挖土方（三类土，挖深 2m 以内）。

根据施工组织设计要求，需在垫层底面增加操作工作面，其宽度每边 0.25m，并且需从垫层底面放坡，放坡系数为 0.3。

$$基础土方挖方总量 = (1.4 + 2 \times 0.25 + 0.3 \times 1.8) \times 1.8 \times 220 = 966(\text{m}^3)$$

② 人工装自卸汽车运卸土方。

采用人工挖土方量为 966m³。

$$基础回填 = 人工挖土方量 - 基础体积 - 垫层体积 = 966 - 227 - 31 = 708(\text{m}^3)$$

剩余弃土为 966 − 708 = 258(m³)

由人工装自卸汽车运卸，运距 3km。

③ 综合单价计算。

人工挖土方（三类土，挖深 2m 以内），消耗量定额中该项人工消耗量为 53.51 工日/100m³，材料和机械消耗量为 0。

人工费：53.51/100 × 100 × 966 = 51690.66（元）；材料和机械费为 0；小计：51690.66 元。

人工装自卸汽车运卸弃土 3km，消耗量定额中该项人工消耗量为 11.32 工日/100m³，材料消耗量为 0，机械台班消耗量为 2.45 台班/100m³。

人工费：11.32/100 × 100 × 258 = 33060.74(元)；材料费为 0；机械费：2.45/100 × 685 × 258 = 4329.89(元)；小计：37390.63 元。

工料机费合计：51690.66 + 37390.63 = 89081.29(元)

管理费：（人工费 + 机械费）× 15% = (51690.66 + 33060.74 + 4329.89) × 15%
$$= 13362.19(元)$$

利润：人工费 × 20% = (51690.66 + 33060.74) × 20% = 16950.28(元)

总计：89081.29 + 13362.19 + 16950.28 = 119393.76(元)

综合单价：119393.76/554 = 215.51(元/m³)

5.5　工程结算的编制

5.5.1　概述

工程价款结算是指承包商在工程实施过程中，根据承包合同中关于付款条款的规定和已经完成的工程量，按照规定的程序向建设单位收取工程价款的一种经济活动。工程结算包括预付款的支付与抵扣、工程中间进度款的结算、保修金的扣除与返还、竣工结算等。

5.5.1.1 工程预付款

工程预付款是建设工程施工合同订立后由发包人按照合同约定，在正式开工前预先支付给承包人的工程款。《建设工程施工合同（示范文本）》中，有关工程预付款作了如下约定："实行工程预付款的，双方应当在专用条款内约定发包人向承包人预付工程款的时间和数额，开工后按约定的时间和比例逐次扣回。预付时间应不迟于约定的开工日期前7天。发包人不按约定预付，承包人在约定预付时间7天后向发包人发出要求预付的通知，发包人收到通知后仍不能按要求预付，承包人可在发出通知后7天停止施工，发包人应从约定应付之日起向承包人支付应付款的贷款利息，并承担违约责任。"

工程预付款是承包商为该承包工程项目贮备主要材料、结构件所需的流动资金，一般是根据施工工期、建安工作量、主要材料和构件费用占建安工作量的比例以及材料贮备周期等因素确定。计算公式为：

$$工程预付款数额 = \frac{工程总价 \times 材料比重}{合同工期} \times 材料贮备定额天数 \qquad (5-42)$$

$$工程预付款比率 = \frac{工程预付款数额}{工程总价} \times 100\% \qquad (5-43)$$

式中，材料贮备定额天数由当地材料供应的在途天数、加工天数、整理天数、供应间隔天数及保险天数等因素决定。

发包人支付给承包人的工程预付款是预支性的。随着工程进度的推进，拨付的工程进度款数额不断增加，工程所需主要材料、构件的用量逐渐减少，原已支付的预付款应以抵扣的方式予以陆续扣回。扣款的方法有：

（1）由发包人和承包人通过洽商用合同的形式予以确定，采用等比率或等额扣款的方式。也可针对工程实际情况具体处理，如有些工程工期较短、造价较低，就无需分期扣还；有些工期较长，如跨年度工程，其备料款的占用时间很长，根据需要可以少扣或不扣。

（2）从未施工工程尚需的主要材料及构件的价值相当于工程预付款数额时扣起，在每次中间结算工程价款中，按材料及构件比重扣抵工程价款，至竣工之前全部扣清。因此，确定起扣点是工程预付款抵扣的关键。

确定工程预付款起扣点的依据是：未完施工工程所需主要材料和构件的费用，等于工程预付款的数额。工程预付款起扣点计算公式为：

$$T = P - M/N \qquad (5-44)$$

式中 T——起扣点，即工程预付款开始扣回的累计完成工程金额；

P——承包工程合同总额；

M——工程预付款数额；

N——主要材料，构件所占比重。

在实际工程中，为了简化计算，往往按照工程造价的一定比例预付工程款。《浙江省建设工程计价规则》规定："工程预付款支付比例一般不低于签约合同价（扣除暂列金额）的10%，不高于合同金额的30%，具体根据工程规模、施工工期确定支付比例。对合同金额较大的工程，可按年度施工计划逐年预付。预付的工程款应在合同中约定抵扣方式，并在工程进度款中进行抵扣。""发包人支付的预付款中应包括安全文明施工基本费，合同工期在一年以内的，预付费用不得低于安全文明施工费总额的 50%；合同工期在一年以上的，预付费用不得低于 30%，其余部分与进度款同期支付。"

5.5.1.2 工程进度款

根据工程的进展，工程发包人向承包人支付进度款，其主要依据就是工程量。根据有关规定，工程量的确认应做到：

（1）承包方应按约定时间，向工程师提交已完工程量的报告。工程师接到报告后 7 天内按设计图纸核实已完工程量（以下称计量），并在计量前 24 小时通知承包方，承包方为计量提供便利条件并派人参加。承包方不参加计量，发包方自行进行，计量结果有效，作为工程价款支付的依据。

（2）工程师收到承包方报告后 7 天内未进行计量，从第 8 天起，承包方报告中开列的工程量即视为已被确认，作为工程价款支付的依据。工程师不按约定时间通知承包方，使承包方不能参加计量，计量结果无效。

（3）工程师对承包方超出设计范围和（或）因自身原因造成返工的工程量，不予计量。

《建设工程施工合同（示范文本）》中对工程进度款支付作了如下详细规定：

（1）工程款（进度款）在双方确认计量结果后 14 天内，发包方应向承包方支付工程款（进度款）。按约定时间发包方应扣回的预付款，与工程款（进度款）同期结算。

（2）符合规定范围的合同价款的调整，工程变更调整的合同价款及其他条款中约定的追加合同价款，应与工程款（进度数）同期调整支付。

（3）发包方超过约定的支付时间不支付工程款（进度款），承包方可向发包方发出要求付款通知，发包方收到承包方通知后仍不能按要求付款，可与承包方协商签订延期付款协议，经承包方同意后可延期支付。协议须明确延期支付时间和从发包方确认计量结果后第 15 天起计算应付款的贷款利息。

（4）发包方不按合同约定支付工程款（进度款），双方又未达成延期付款协议，导致施工无法进行，承包方可停止施工，由发包方承担违约责任。

5.5.1.3 保修金的返还

工程保修金一般为施工合同价款的 3%~5%，在专用条款中具体规定，在工程竣工时从应付工程款中扣除，以促使承包人对工程质量按规定时间进行保修。发包人应在质量保修期后 14 天内，将剩余保修金和利息返还承包人。

5.5.1.4 竣工结算

竣工结算是指承包商完成合同内工程的施工并通过了交工验收后，所提交的竣工结算书经过业主和监理工程师审查签证，送交经办银行或工程预算审查部门审查签认，然后由经办银行办理拨付工程价款手续的过程。竣工结算是承包人与业主办理工程价款最终结算的依据，是双方签订建筑安装工程承包合同终结的依据；同时，工程竣工结算是核定建设工程造价的依据，也是建设项目验收后编制竣工决算、核定新增资产价值的依据。因此，工程竣工结算应充分、合理地反映承包工程的实际价值。

工程竣工验收报告经发包人认可后 28 天内，承包人向发包人递交竣工结算报告及完整的结算资料，双方按照协议书约定的合同价款及专用条款约定的合同价款调整内容，进行工程竣工结算。专业造价管理者审核承包人报送的竣工结算报表；总造价管理者审定竣工结算报表；与发包人、承包人协商一致后，签发竣工结算文件和最终的工程款支付证书。

发包人收到承包人递交的竣工结算报告结算资料后 28 天内进行核实，给予确认或者提出修改意见。发包人确认竣工结算报告后通知经办银行向承包人支付竣工结算价款。承包人收到竣工结算价款后 14 天内将竣工工程交付发包人。

竣工结算要进行严格的审查，一般从以下几个方面入手：

（1）核对合同条款。首先，应核对竣工工程内容是否符合合同条件要求，工程是否竣工验收合格，只有按合同要求完成全部工程并验收合格才能竣工结算；其次，应按合同规定的结算方法、计价定额、取费标准、主材价格和优惠条款等，对工程竣工结算进行审核，若发现合同开口或有漏洞，应请建设单位与施工单位认真研究，明确结算要求。

（2）检查隐蔽验收记录。所有隐蔽工程均需进行验收，并由两人以上签证；实行工程管理的项目应经造价管理者签证确认。审核竣工结算时应核对隐蔽工程施工记录和验收签证，手续完整，工程量与竣工图一致方可列入结算。

（3）落实设计变更签证。设计修改变更应由原设计单位出具设计变更通知单和修改的设计图纸、校审人员签字并加盖公章，经建设单位和造价管理者审查同意、签证；重大设计变更应经原审批部门审批，否则不应列入结算。

（4）按图核实工程数量。竣工结算的工程量应依据竣工图、设计变更单和现场签证等进行核算，并按国家统一规定的计算规则计算工程量。

（5）执行综合单价。结算单价应按合同约定或招标规定的计价定额与计价原则执行。

（6）防止各种计算误差。工程竣工结算子目多，易产生计算误差，应认真核算，防止因误差造成多计或少算的情况发生。

竣工结算的编制应区分合同类型：采用总价合同的，应在合同价基础上对设计变更、工程洽商以及工程索赔等合同约定可以调整的内容进行调整；采用单价合同的，应计算或核定竣工图或施工图以内的各个分部分项工程量，依据合同约定的方式确定分部分项工程项目价格，并对设计变更、工程洽商、施工措施以及工程索赔等内容进行调整；采用成本加酬金合同的，应依据合同约定的方法计算各个分部分项工程以及设计变更、工程洽商、施工措施等内容的工程成本，并计算酬金及有关税费。

工程量清单计价法通常采用单价合同的方式，单位工程竣工结算价是分部分项工程费、措施费、其他项目费、规费与税金之和。

5.5.2 现阶段工程价款结算的主要方式

建筑安装工程的特点，使其工程价款的结算具有独特的方式和方法。根据工程性质、规模、资金来源和施工工期，以及承包内容不同，采用的结算方式也不同，应在合同中约定。主要支付方式包括按时间定期支付工程进度款、按工程形象进度节点支付工程款、其他方式等。

5.5.2.1 定期结算

由施工企业提出已完成的工程进度报表，连同工程价款结算账单，经建设单位签证，交建设银行办理工程价款结算。一般又分为：

（1）月初预支，月末结算。在月初，施工企业按作业计划和施工图预算，编制当月工程价款预支账单，其中包括预计完成的工程名称、数量和预算价等，经建设单位认定，交建设银行预支大约50%的当月工程价款。月末按当月施工统计数据，编制已完工程月报表和工程价款结算账单，经建设单位签证，交银行办理月末结算。同时扣除本月预支款的90%，并办理下月预支款。

（2）月末结算。月初（或月中）不实行预支，月终施工企业按统计的实际完成分部分项工程量编制已完工程月报表和工程价款结算账单，经建设单位签证，交银行审核办理结算。

此外，还有分旬预支、按月结算和分月预支、按季度结算等，都属于定期结算。

5.5.2.2　按工程形象进度结算

它是指以单项（或单位）工程为对象，按其施工形象进度划分为若干施工阶段，按阶段进行工程价款结算。一般又分为：

（1）阶段预支和结算。根据工程的性质和特点，将其施工过程划分为若干施工形象进度阶段，以审定的施工图预算为基础，测算每个阶段的预支款数额。在施工开始时，办理第一阶段的预支款，待该阶段完成后，计算其工程价款，经建设单位签证，交银行审查并办理阶段结算，同时办理下阶段的预支款。

（2）阶段预支，竣工结算。对于工程规模不大，投资额较小，承包合同价在50万元以下，或工期较短（6个月以内）的工程，将其施工全过程的形象进度大体分几个阶段，施工企业按阶段预支工程价款，工程竣工验收后，经建设单位签证，通过银行办理工程竣工结算。

5.5.2.3　年终结算

年终结算是指单位工程或单项工程不能在本年度竣工，而要转入下年度继续施工。为了正确统计施工企业本年度的经营成果和建设投资完成情况，由施工企业、建设单位和建设银行对正在施工的工程进行已完成和未完成工程量盘点，结清本年度的工程价款。

5.5.2.4　竣工后的一次结算

竣工后一次结算的工程，一般按建设项目工期长短不同可分为：建设工期在一年内的工程，一般以整个建设项目为结算对象，实行竣工后一次结算。单项工程当年不能竣工的工程项目，也可以实行分段结算、年终结算或竣工后总结算的方法。

除上述结算方式外，结算双方还可以约定的其他方式进行计算。

5.5.3　工程结算价的计算

工程结算是根据合同约定的条款，以及合同履行过程中的实际情况进行支付的，通常受到外界市场环境的影响发生变动，需要对价格进行动态调整。根据国际惯例，对建设工程已完成投资费用的结算，一般采用动态结算公式法。事实上，绝大多数情况是发包方和承包方在签订的合同中就明确规定了调值公式。

5.5.3.1　利用调值公式进行价格调整的工作程序

首先，确定计算物价指数的品种，一般地说，品种不宜太多，只选取那些对项目投资影响较大的因素，如设备、水泥、钢材、木材和工资等，这样便于计算。

其次，要明确以下两个问题：一是合同价格条款中，应写明经双方商定的调整因素，在签订合同时要写明物价波动到何种程度才进行调整。一般都在±15%。二是调整地点和时点：地点一般在工程所在地，或指定的某地市场价格；时点指的是某月某日的市场价格。这里要确定两个时点价格，即基准日期的市场价格（基础价格）和与特定付款证书有关的期间最后一天的 49 天前的时点价格。这两个时点就是计算调值的依据。

最后，确定各成本要素的系数和固定系数，各成本要素的系数要根据各成本要素对总造价的影响程度而定。各成本要素系数之和加上固定系数应该等于 1。

5.5.3.2 建筑安装工程费用的价格调值公式

建筑安装工程费用价格调值公式与货物及设备的调值公式基本相同。它包括固定部分、材料部分和人工部分三项。但因建筑安装工程的规模和复杂性增大，公式也变得更长更复杂。典型的材料成本要素有钢筋、水泥、木材、钢构件、沥青制品等，同样，人工可包括普通工和技术工。调值公式一般为：

$$\Delta P = P_0 \left[A + \left(B_1 \times \frac{F_{t1}}{F_{01}} + B_2 \times \frac{F_{t2}}{F_{02}} + B_3 \times \frac{F_{t3}}{F_{03}} + \cdots + B_n \times \frac{F_{tn}}{F_{0n}} \right) - 1 \right] \quad (5\text{-}45)$$

式中　　　　　ΔP ——需调整的价格差额；

P_0 ——约定的付款证书中承包人应得到的已完成工程量的金额，此项金额应不包括价格调整、不计质量保证金的扣留和支付、预付款的支付和扣回，约定的变更及其他金额已按现行价格计价的，也不计在内；

A ——定值权重（即不调部分的权重）；

$B_1, B_2, B_3, \cdots, B_n$ ——各可调因子的变值权重（即可调部分的权重），为各可调因子在投标函投标总报价中所占的比例；

$F_{t1}, F_{t2}, F_{t3}, \cdots, F_{tn}$ ——各可调因子的现行价格指数，指约定的付款证书相关周期最后一天的前 42 天的各可调因子的价格指数；

$F_{01}, F_{02}, F_{03}, \cdots, F_{0n}$ ——各可调因子的基本价格指数，指基准日期的各可调因子的价格指数。

以上价格调整公式中的各可调因子、定值和变值权重，以及基本价格指数及其来源应在投标函附录价格指数和权重表中约定。价格指数应首先采用工程造价管理机构提供的价格指数，缺乏上述价格指数时，可采用工程造价管理机构提供的价格代替。

各部分成本的比重系数在许多标书中要求承包方在投标时即提出，并在报价分析中予以论证。但也有的是由发包方在标书中即规定一个允许范围，由投标人在此范围内选定。因此，造价管理者在编制标书中，要尽可能确定合同价中固定部分和不同投入因素的比重系数和范围，以便在招标时给投标人留下选择的余地。

另外还有抽料补差法、竣工调价系数法、实际价格调整法等。其中抽料补差法是合同双方按照合同约定，根据工程实际进度对应月份的信息价，与基准价格相比扣减风险费用后，计算全部或部分人工、材料、机械价差，调整合同价格。竣工调价系数法就是按照工程造价管理机构公布的竣工调价系数及调价计算方法计算差价，使用比较简便。

【例 5-11】　某施工单位承包了一项外资工程，报价中现场管理费率为 10%，企业管理费率为 8%，利润率为 5%；A、B 两分项工程综合单价分别为 80 元/m³ 和 460 元/m³。

该工程施工合同规定：合同工期 1 年，预付款为合同价的 10%，开工 1 个月支付，基础工程（工期为 3 个月）款结清时扣回 30%，以后每月扣回 10%，扣完为止；每月工程款于下月 5 日前提交结算报告，经工程师审核后第 3 个月末支付；若累计实际工程量比计划工程量增加超过 15%，则支付时不计企业管理费和利润；若累计实际工程量比计划工程量减少 15%，则单价调整系数为 1.176。施工单位各月的计划工作量见表 5-12。

表 5-12   月计划工作量表

月 份	1	2	3	4	5	6	7	8	9	10	11	12
工作量/万元	90	90	90	70	70	70	70	70	130	130	60	60

A、B 两分项均按计划工期完成，相应的每月计划量和实际工程量见表 5-13。

表 5-13   月计划量和实际工程量表

月 份		1	2	3	4
A 分项工程量/m³	计划	1100	1200	1300	1400
	实际	1100	1200	900	800
B 分项工程量/m³	计划	500	500	500	—
	实际	550	600	650	—

问题：

（1）该施工单位报价中的综合费率为多少？

（2）该工程的预付款为多少？

（3）A 分项工程每月结算工程款各为多少？

（4）B 分项工程的单价调整系数为多少？每月结算工程款各为多少？

解： 问题（1）：该施工单位报价的综合费率：$1.10 \times 1.08 \times 1.05 - 1 = 24.74\%$

现场管理费率：$1 \times 10\% = 10\%$

企业管理费率：$(1 \times 10\%) \times 8\% = 8.8\%$

利润率：$(1 + 10\% + 8.8\%) \times 5\% = 5.94\%$

合计：$10\% + 8.8\% + 5.94\% = 24.74\%$

问题（2）：该工程的预付款：$(90 \times 3 + 70 \times 5 + 130 \times 2 + 60 \times 2) \times 10\% = 100$（万元）

问题（3）：A 分项工程每月结算工程款为

第 1 个月：$1100 \times 80 = 88000$（元）

第 2 个月：$1200 \times 80 = 9600$（元）

第 3 个月：$900 \times 80 = 7200$（元）

第 4 个月：由于

$(1100 + 1200 + 1300 + 1400) - (1100 + 1200 + 900 + 800) \div (1100 + 1200 + 1300 + 1400)$
$= 20\% > 15\%$

所以应调整单价，故

$(1100 + 1200 + 900 + 800) \times 80 \times 1.176 - (88000 + 96000 + 72000) = 120320$（元）

或 $800 \times 80 + 4000 \times (1.176 - 1) \times 80 = 120320$（元）

问题（4）：B 分项工程的单价调整系数为 $1/(1.08 \times 1.05) = 0.882$

B 分项工程每月结算工程款为

第 1 个月：$550 \times 460 = 253000$（元）

第 2 个月：$600 \times 460 = 276000$（元）

第 3 个月：由于 $[(550 + 600 + 650) - 500 \times 3]/(500 \times 3) = 20\% > 15\%$，所以，按原价结算的工程量为 $1500 \times 1.15 - (550 + 600) = 575$（$m^3$）

按调整单价结算的工程量为 $650 - 575 = 75$（m^3）

或按调整单价结算的工程量为 $(550 + 600 + 650) - 1500 \times 1.15 = 75$（$m^3$）

按原价结算的工程量为 $650 - 75 = 575$（m^3）

则该月结算工程款为 $575 \times 460 + 75 \times 460 \times 0.882 = 294929$（元）

5.6 工程项目竣工决算

工程竣工决算是指所有建设项目竣工后，以竣工结算资料为基础，业主按照国家有关规定编制的决算报告。竣工决算由竣工财务决算报表、竣工财务决算说明书、竣工工程平面示意图、工程造价比较分析四部分组成。其中，竣工财务决算报表、竣工财务决算说明书属于竣工财务决算的内容。竣工财务决算是竣工决算的重要组成部分，是正确核定新增固定资产价值、考核分析投资效果的依据。

竣工决算的编制依据主要有：（1）经批准的可行性研究报告及其投资估算；（2）经批准的初步设计或扩大初步设计及其概算或修正概算；（3）经批准的施工图设计及其施工图预算；（4）设计交底或图纸会审纪要；（5）招投标的标底、承包合同、工程结算资料；（6）施工记录或施工签证单，以及其他施工中发生的费用记录；（7）竣工图及各种竣工验收资料；（8）历年基建资料、财务决算及批复文件；（9）设备、材料调价文件和调价记录；（10）有关财务核算制度、办法和其他有关资料、文件等。

竣工决算的编制步骤如下：

（1）收集、整理、分析原始资料。从建设工程开始就按编制依据的要求，收集、整理、分析有关资料，主要包括建设工程档案资料，如设计文件、施工记录、上级批文、概预算文件、工程结算的归集整理，财务处理、财产物资的盘点核实及债权债务的清偿，做到账账、账证、账实、账表相符。对各种设备、材料、工具、器具等要逐项盘点核实并填列清单，妥善保管，或按国家有关规定处理，不准任意侵占和挪用。

（2）对照、核实工程变动情况，重新核实造价。将竣工资料与设计图纸进行查对、核实，必要时可进行实地测量，确认实际变更情况；根据审定的施工单位竣工结算等原始资料，按照有关规定对原概预算进行增减调整，重新核实造价。

（3）严格划分和核定各类投资。将审定后的待摊投资、设备工器具投资、建筑安装工程投资、工程建设其他投资严格划分和核定后，分别计入相应的建设成本栏目内。

（4）编写竣工财务决算说明书。竣工财务决算说明书，应力求内容全面、简明扼要、文字流畅，能说明问题。

（5）填报竣工财务决算报表。我国财政部财基字〔1998〕498 号文件对建设工程竣工财务决算报表的格式作了统一规定，对竣工财务决算说明书的内容提出了统一要求。

（6）进行工程造价对比分析。为了便于进行比较分析，可先对比整个项目的总概算，然后对比单项工程的综合概算和其他工程费用概算，最后对比分析单位工程概算，并分别将建筑安装工程费、设备工器具购置费用和其他工程费用逐一与竣工决算的实际工程造价对比分析，找出节约和超支的具体内容和原因。在实际工作中，侧重分析主要实物工程量、主要材料消耗量、建设单位管理费、建筑安装工程费等内容。

（7）清理、装订好竣工图。建设工程竣工图是真实记录各种地上地下建筑物、构筑物等情况的技术文件，是工程进行交工验收、维护改建扩建的依据，是国家重要的技术档案。国家规定各项新建、扩建、改建的基本建设工程，特别是基础、地下建筑、管线、结构、井巷、硐室、桥梁、隧道、港口、水坝及设备安装等隐蔽部位，都要编制竣工图。

复习思考题

5-1 简述我国建设工程一般要经历的各个阶段，以及各阶段所对应的计价文件。

5-2 简述固定资产静态部分估算的各种方法及其估算的公式。

5-3 某单位拟建年产 5000 万吨铸钢厂，根据可行性报告提供的已建 3500 万吨的类似工程的主厂房工艺设备投资约为 3200 万元。已建类似项目资料：与设备有关的其他各专业工程投资系数见表 5-14、表 5-15。

表 5-14 与设备投资有关的各专业工程投资系数

加热炉	汽化冷却	余热锅炉	自动化仪表	起重设备	供电与传动	建安工程
0.12	0.01	0.04	0.02	0.09	0.18	0.40

表 5-15 与主厂房投资有关的辅助及附属设施投资系数

动力系统	机修系统	总图运输系统	行政及生活福利设施工程	工程建设其他费
0.30	0.12	0.20	0.30	0.20

该项目的资金来源为自有资金和贷款，贷款总额为 9000 万元，贷款利率为 8%（按年计息）。建设期 3 年，第一年投入 30%，第二年投入 40%，第三年投入 40%。预计建设期物价平均上涨 3%，基本预备费 5%，投资方向调节税为 0%。问：

（1）已知拟建项目的建设期与类似项目建设期的综合差异系数为 1.25，试用生产能力估算法估算拟建项目的工艺设备投资额，用系数估算法估算该项目主厂房投资和项目建设的工程费与其他费投资。

（2）估算该项目的固定资产投资额，并编制固定资产投资估算表。

（3）若固定资产投资流动资金率为 6%，试用扩大指标估算法估算该项目的流动资金；确定该项目的总投资。

5-4 试述设计概算的种类以及它们包含的内容，它们相互之间的关系是怎样的。

5-5 该工程一层为加速器室，2～5 层为工作室。建筑面积为 1360m²。按扩大初步设计图纸计算出该综合试验楼各扩大分项工程的工程量以及当地信息价算出的扩大综合单价，列于表 5-16 中。按照建设部、财政部关于印发《建筑安装工程费用项目组成》的通知文件的费用组成，各项费用现行费率分别为：措施费按标准计费费率 9%，间接费率 11%，利润率 4.5%，税率 3.51%，零星工程费为土建直接工程费 8%。

（1）根据表 5-16 给定的工程量和扩大单价表，编制该工程的土建单位工程概算表，计算土建单位的直接工程费；根据建标〔2013〕44 号文件的取费程序和所给费率，计算各项费用，编制土建单位工程概算书。

（2）同类工程的各专业单位工程造价占单项工程综合造价的比例见表 5-17，试计算该工程的综合概算造价，编制单项工程综合概算书。

表 5-16　加速器室工程量及扩大单价表

定额号	扩大分项工程名称	单位	工程量	扩大单价
3-1	实心砖基础（含土方工程）	10m²	1.960	1614.16
3-27	多孔砖外墙	100m²	2.184	4035.03
3-29	多孔砖内墙（含中等石灰砂浆及乳胶漆）	100m²	2.292	4885.22
4-21	无筋混凝土带基	m³	206.024	559.24
4-24	混凝土满堂基础	m³	169.470	542.74
4-26	混凝土设备基础	m³	1.580	382.70
4-33	现浇混凝土矩形梁	m³	37.860	952.51
4-38	现浇混凝土墙（含中等石灰砂浆及乳胶漆）	m³	470.120	670.74
4-40	现浇混凝土有梁板	m³	134.820	786.86
4-44	现浇整体楼梯	10m²	4.440	1310.26
5-42	铝合金地弹门（含运输、安装）	樘	0.097	35581.23
5-45	铝合金推拉窗（含运输、安装）	樘	0.336	29175.64
7-23	铝合金地弹门（含运输、安装）	樘	0.331	17095.15
8-81	全瓷防滑砖地面（含垫层、踢脚线）	100m²	2.720	9920.94
8-82	全瓷防滑砖楼面（含踢脚线）	100m²	10.880	8935.81
8-83	全瓷防滑砖楼梯（含防滑条、踢脚线）	100m²	0.444	10064.39
9-23	珍珠岩找坡保温层	10m³	2.720	3634.34
9-70	二毡三油一砂防水层	100m²	2.720	5428.8

表 5-17　各专业单位工程造价占单项工程综合造价的比例

专业名称	土建	采暖	通风空调	电气照明	给排水	工器具	设备购置/元	设备安装/元
占比例/%	40	1.5	13.5	2.5	1	0.5	38	3

5-6　请详细叙述单价法编制施工图预算的步骤。

5-7　综合单价的组成及计算特点有哪些？

5-8　简述工程结算的意义和结算方式。

5-9　某施工单位承包某工程项目，甲乙双方签订的关于工程价款的合同内容有：建筑安装工程造价660万元，建筑材料及设备费占施工产值的比重为60%；工程预付款为建筑安装工程造价的20%。工程实施后，工程预付款从未施工工程尚需的建筑材料及设备费相当于工程预付款数额时起扣，从每次结算工程价款中按材料和设备占施工产值的比重抵扣工程预付款，竣工前全部扣清；工程进度款逐月计算；工程质量保证金为建筑安装工程造价的3%，竣工结算月一次扣留；建筑材料和设备费价差按当地工程造价管理部门有关规定执行（按当地工程造价管理部门有关规定，上半年材料和设备价差上调10%，在6月一次调值）。工程各月实际完成产值见表5-18。

表 5-18   各月实际完成产值   （万元）

月 份	2	3	4	5	6
完成产值	55	110	165	220	110

问题：

（1）该工程的工程预付款、起扣点为多少？

（2）该工程 2 月至 5 月每月拨付工程款为多少：累计工程款为多少？

（3）6 月办理工程竣工结算，该工程结算造价为多少？甲方应付工程结算款为多少？

5-10   竣工决算的编制依据、步骤和内容有哪些？

6 建设项目各阶段工程造价的管理与控制

学习目标：（1）了解工程造价管理与控制的概念、内容和动态控制原理；（2）掌握项目决策阶段确定工程造价的方法与意义，熟悉价值工程与限额设计在设计阶段的运用；（3）掌握工程招投标的程序、合同类型的选择，了解招标控制价的确定、投标报价的策略与技巧；（4）熟悉工程变更与索赔的概念，掌握工程变更和索赔的计算原则；（5）了解竣工阶段工程造价管理的内容。

6.1 概　　述

工程造价管理是以建设项目为对象，为在计划的工程造价目标值以内完成项目而对工程建设活动中的造价所进行的规划、控制和管理。工程造价管理是一种管理活动，是为了实现一定的目标而进行的计划、预测、组织、指挥、监控等系统活动；但它又不同于一般企业管理或财务会计管理。工程造价管理具有管理对象的不重复性、市场条件的不确定性、承包企业的竞争性、项目实施活动的复杂性和整个建设周期都存在风险性等特点。

工程造价有两种含义，工程造价管理也有两种含义。一是建设工程投资费用管理，二是工程价格管理。前者是为了实现投资的预期目标，在拟订的规划、设计方案的条件下，预测、计算、确定和监控工程造价及其变动规律，达到节约投资、控制造价、追求效益的目的。这一含义既涵盖了微观层次的项目投资费用的管理，也涵盖了宏观层次的投资费用的管理。后者属于价格管理范畴，生产企业在掌握市场价格信息的基础上，为实现管理目标而进行的对成本控制、计价、定价和竞价的系列活动；政府也会运用法律、经济和行政等手段对工程价格进行管理和调控，通过市场管理规范市场主体价格行为的系列活动。区分两种管理职能，进而制定不同的管理目标，才能采用不同的管理方法达到管理的目标。

工程造价管理的目标就是按照经济规律的要求，根据社会主义市场经济的发展要求，利用科学管理方法和先进管理手段，合理地确定和有效控制工程造价，以提高投资效益和建筑生产企业经济效益。其内容包括工程造价的合理确定和有效控制，在前面几章已经详细介绍了工程计价的内容，本章重点分析工程造价的控制。

工程造价的有效控制是指在项目投资决策阶段、设计阶段、承发包阶段、施工阶段以及竣工阶段，根据动态控制原理，采取有效措施，控制实际工程造价，以保证建设项目投资管理目标的实现。工程造价控制贯穿于项目建设全过程，图6-1描述了不同建设阶段影响建设项目投资程度的情况。由此可见，影响项目投资最大的阶段，是约占工程项目建设周期1/4的技术设计结束前的工作阶段。工程造价控制的关键在于施工以前的投资决策和设计阶段，这也更符合主动控制理念。即将"控制"立足于事先主动地采取决策措施，以尽可能减少及避免目标值与实际值的偏离。

要有效控制工程造价，应从组织、技术、经济、合同、信息管理等多方面采取措施。工程造价既涉及工程技术问题，也涉及经济问题，只有把技术与经济结合起来，通过对工程建设项目的技术比较、经济分析和效果评价，正确处理技术先进与经济合理两者对立统一关系，才能把控制工程造价的观念渗透到工程项目的各个阶段和各个主体，取得良好的投资效益和社会效益。同时，工程项目涉及众多参与方，不同主体对工程造价进行控制的对象、目标、方法及手段都是不同的。

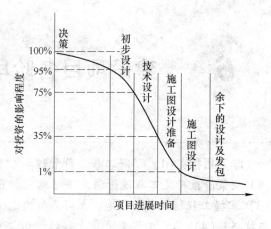

图 6-1　项目不同阶段影响项目投资程度

（1）建设单位作为工程项目的投资者，应对项目从筹建到竣工验收所花费的全部费用进行控制。主要通过对工程的决策、设计、施工、竣工验收及工程结算与决算进行全过程、全方位的控制，以达到经济、合理地使用投资，并取得较好的经济效益和社会效益目标。在控制工程造价的过程中，必须遵循基本建设的经济规律，运用技术、经济和法律的方法和手段，通过对工程建设其他参与方的控制，达到其自身控制工程造价的目的。

（2）设计单位对工程造价的控制，是在建设单位对工程建设提出明确的技术经济要求的前提下进行的。在设计过程中，不仅要满足建设单位提出的建设地点、建设方案、建设规模以及各专业技术方案的要求，且要将由设计决定的工程造价限制在建设单位的投资限额内。在控制工程造价的过程中，不仅要解决好设计思想、方法与手段等技术问题，也要不断确定与调整设计的经济效果，实现技术先进与经济合理。

（3）施工单位对工程造价的控制是在设计向现实转变的过程中实现的，是在特定的技术、质量、进度和预期成本等前提下进行的。因此，对工程造价的控制是通过采取技术管理、质量管理、进度管理、物资管理和成本管理等各种措施，使生产的实际成本小于预期成本。在控制工程造价的过程中，技术难度和复杂程度直接影响施工企业的经济效益。

（4）工程咨询单位对工程造价的协调控制以及政府主管部门对工程造价的宏观管理。工程咨询单位在工程造价的活动中往往起到指导和协调控制的作用，特别是接受建设单位的委托，有助于工程造价的有效管理。代表政府对工程造价进行管理的工程造价管理部门，主要从宏观上加强监督与管理，通过制定有关工程造价管理的法律、法规和各种规章制度，规范参与工程建设的各个主体的行为，促使工程造价管理工作顺利开展。

我国大力推进工程总承包模式，EPC（Engineering，Procurement，Construction）总承包商负责设计与施工环节工作，承担了更大的风险，但也借此机会获得更大的利润空间。建设单位虽然参与程度逐渐减弱，但投资控制工作仍贯穿了项目投产到运维的全过程，应做好决策阶段估算、概算及合同签订工作，并加强合同执行中的投资监管。EPC 总承包商则可以通过优化设计减少变更来进行造价控制，强化其造价控制的全面性和体系化。

6.2 建设项目决策阶段投资控制

项目投资决策是选择和决定投资行动方案的过程，是对拟建项目的必要性和可行性进行技术经济论证，对不同建设方案进行技术经济比较及做出判断和决定的过程。项目决策正确与否直接关系到项目建设的成败，关系到工程造价的高低及投资效果的好坏。因此正确决策是合理确定与控制工程造价的前提。决策阶段的投资估算是进行投资决策的重要依据之一，同时也是决定项目是否可行及主管部门进行项目审批的参考依据。

6.2.1 项目决策阶段影响工程造价的主要因素

6.2.1.1 项目合理规模的确定

项目合理规模的确定，就是要合理选择拟建项目的生产规模，解决"生产多少"的问题。生产规模过小，使得资源得不到有效配置，单位产品成本较高，经济效益低下；生产规模过大，超过了项目产品市场的需求量，则会导致开工不足、产品积压或降价销售，也会致使项目经济效益低下。因此，每一个建设项目都存在着一个合理规模的选择问题，也会决定着工程造价合理与否。项目规模合理化的制约因素有以下几种：

（1）市场因素。市场因素是项目规模确定中需考虑的首要因素。一般情况下，项目的生产规模应以市场预测的需求量为限，并根据项目产品市场的长期发展趋势作相应调整；同时，还要考虑原材料市场、资金市场、劳动力市场等，它们也对项目规模的选择起着程度不同的制约作用。如项目规模过大可能导致材料供应紧张和价格上涨，项目所需投资资金筹集困难和资金成本上升等。

（2）技术因素。先进的生产技术及技术装备是项目规模效益赖以存在的基础，而相应的管理技术水平则是实现规模效益的保证。若与经济规模生产相适应的先进技术及其装备的来源没有保障，或获取技术的成本过高，或管理水平跟不上，则不仅预期的规模效益难以实现，还会给项目的发展带来危机，导致项目投资效益低下，工程支出浪费严重。

（3）环境因素。项目规模确定中需考虑的主要环境因素包括政策因素、燃料动力供应、协作及土地条件、运输及通信条件。其中，政策因素包括产业政策、投资政策、技术经济政策，以及国家、地区及行业经济发展规划等。特别是为了取得较好的规模效益，国家对部分行业的新建项目规模作了下限规定，选择项目规模时应予以遵照执行。

6.2.1.2 建设标准水平的确定

建设标准主要指建设规模、占地面积、工艺装备、建筑标准、配套工程、劳动定员等方面的标准或指标。建设标准能否起到控制工程造价、指导建设投资的作用，关键在于标准水平定得合理与否。标准水平定得过高，会脱离我国的实际情况和财力、物力的承受能力，增加造价；标准水平定得过低，将会妨碍技术进步，影响国民经济的发展和人民生活的改善。因此，建设标准水平应从我国目前的经济发展水平出发，区别不同地区、不同规模、不同等级、不同功能，合理确定。大多数工业交通项目应采用中等适用的标准，对少数引进国外先进技术和设备的项目或少数有特殊要求的项目，标准可适当提高。在建筑方面，应坚持经济、适用、安全、朴实的原则。建设项目标准中的各项规定，能定量的应尽量给出指标，不能规定指标的要有定性的原则要求。

6.2.1.3　建设地区及建设地点（厂址）的选择

一般情况下，确定某个建设项目的具体地址（或厂址），需要经过建设地区选择和建设地点选择（厂址选择）这样两个不同层次的、相互联系又相互区别的工作阶段。这两个阶段是一种递进关系。其中，建设地区选择是指在几个不同地区之间对拟建项目适宜配置在哪个区域范围的选择；建设地点选择是指对项目具体坐落位置的选择。建设地区选择得合理与否，在很大程度上决定着拟建项目的命运，影响着工程造价的高低、建设工期的长短、建设质量的好坏，还影响到项目建成后的经营状况。建设地点的选择又是一项极为复杂的技术经济综合性很强的系统工程，它不仅涉及项目建设条件、产品生产要素、生态环境和未来产品销售等重要问题，受社会、政治、经济、国防等多种因素的制约，而且还直接影响项目建设投资、建设速度和施工条件，以及未来企业的经营管理及所在地点的城乡建设规划与发展。因此，必须从国民经济和社会发展的全局出发，运用系统的观点和方法分析决策。

6.2.1.4　工程技术方案的确定

工程技术方案的确定主要包括生产工艺方案的确定和主要设备的选用两部分内容。

（1）生产工艺方案的确定。生产工艺是指生产产品所采用的工艺流程和制作方法。工艺流程是指投入物（原料或半成品）经过有次序的生产加工，成为产出物（产品或加工品）的过程。评价及确定拟采用的工艺是否可行，主要有两项标准：先进适用和经济合理。先进适用是评定工艺的最基本的标准。先进与适用，是对立的统一。保证工艺的先进性是首先要满足的，它能够带来产品质量、生产成本的优势；但是不能单独强调先进而忽视适用，还要考察工艺是否符合我国国情和国力，是否符合我国的技术发展政策。就引进工艺技术来讲，世界上最先进的工艺，往往由于对原材料要求过高，国内设备不配套或技术不容易掌握等原因而不适合我国的实际需要。

因此，引进的工艺和技术要根据国情和建设项目的经济效益，综合考虑先进与适用的关系。对于拟采用的工艺，除了必须保证能用指定的原材料按时生产出符合数量、质量要求的产品外，还要考虑与企业的生产和销售条件（包括原有设备能否配套、技术和管理水平、市场需求、原材料种类等）是否相适应，特别要考虑到原有设备能否利用，技术和管理水平能否跟上等。

经济合理是指所用的工艺应能以尽可能小的消耗获得最大的经济效果，要求综合考虑所用工艺所能产生的经济效益和国家的经济能力。在可行性研究中可能提出几种不同的工艺方案，各方案的劳动需要量、能源消耗量、投资数量等可能不同，在产品质量和产品成本等方面可能也有差异，因而应反复进行比较，从中挑选出最经济合理的工艺。

（2）主要设备的选用。首先要尽量选用国产设备。凡国内能够制造，并能保证质量、数量和按期供货的设备，或者进口一些技术资料就能仿制的设备，原则上必须国内生产，不必从国外进口；凡只引进关键设备就能由国内配套使用的，就不必成套引进。其次要注意进口设备之间以及国内外设备之间的衔接配套问题。为了避免各厂所供设备不能配套衔接，引进时最好采用总承包的方式。再次要注意进口设备与原有国产设备、厂房之间的配套问题。最后要注意进口设备与原材料、备品备件及维修能力之间的配套问题，应尽量避免引进的设备所用主要原料需要进口。

6.2.2 建设项目可行性研究

可行性研究是在建设项目的投资前期，对拟建项目进行全面、系统的技术经济分析和论证，从而对建设项目进行合理选择的一种重要方法。因此，建设项目可行性研究是决策阶段项目投资控制的重要一环，通过投资估算、经济评价，一方面使投资者心中有数，另一方面也为后续概算、预算设定投资控制目标。

6.2.2.1 可行性研究的概念与作用

建设项目的可行性研究是在投资决策前，对与拟建项目有关的社会、经济、技术等各方面进行深入细致的调查研究，对各种可能采用的技术方案和建设方案进行认真的技术经济分析和比较论证，对项目建成后的经济效益进行科学的预测和评价。在此基础上，对拟建项目的技术先进性和适用性、经济合理性和有效性，以及建设必要性和可行性进行全面分析、系统论证、多方案比较和综合评价，由此得出该项目是否应该投资和如何投资等结论性意见，为项目投资决策提供可靠的科学依据。在建设项目的整个寿命周期中，前期工作具有决定性意义，起着非常重要的作用。而作为建设项目投资前期工作核心和重点的可行性研究工作，一经批准，在整个项目周期中就会发挥极其重要的作用。具体体现在以下几方面：

（1）作为建设项目投资决策的依据。可行性研究作为一种投资决策方法，从市场、技术、工程建设、经济及社会等多方面对建设项目进行全面综合的分析和论证，依其结论进行投资决策可大大提高投资决策的科学性。

（2）作为编制设计文件的依据。可行性研究报告一经审批通过，意味着该项目正式批准立项，可以进行初步设计。在可行性研究工作中，对项目选址、建设规模、主要生产流程、设备选型等方面都进行了比较详细的论证和研究，设计文件的编制应以可行性研究报告为依据。

（3）作为向银行贷款的依据。在可行性研究工作中，详细预测了项目的财务效益、经济效益及贷款偿还能力。世界银行等国际金融组织均把可行性研究报告作为申请工程项目贷款的先决条件。我国的金融机构在审批建设项目贷款时，也都以可行性研究报告为依据，对建设项目进行全面、细致的分析评估，确认项目的偿还能力及风险水平后，才做出是否贷款的决策。

（4）作为环保部门、地方政府和规划部门审批项目的依据。建设项目开工前，需地方政府批拨土地，规划部门审查项目建设是否符合城市规划，环保部门审查项目对环境的影响。这些审查都以可行性研究报告中总图布置、环境及生态保护方案等方面的论证为依据。因此，可行性研究报告为建设项目申请建设执照提供了依据。

（5）作为项目后评价的依据。建设项目后评价是在项目建成运营一段时间后，评价项目实际运营效果是否达到预期目标。建设项目的预期目标是在可行性研究报告中确定的，因此后评价应以可行性研究报告为依据，评价项目目标的实现程度。

6.2.2.2 可行性研究的工作阶段与内容

可行性研究工作主要包括机会研究阶段、初步可行性研究阶段、详细可行性研究阶段、评价和决策阶段等四个阶段。投资机会研究又称投资机会论证。这一阶段的主要任务是提出建设项目投资方向建议，即在一个确定的地区和部门内，根据自然资源、市场需求、国家产业政策和国际贸易情况，通过调查、预测和分析研究，选择建设项目，寻找投资的有利机会。机会研究要解决两个方面的问题：一是社会是否需要；二是有没有可以开展项目的基本条件。

经过投资机会研究认为可行的建设项目，值得继续研究，但又不能肯定是否值得进行详细可行性研究时，就要做初步可行性研究，进一步判断这个项目是否有生命力，是否有较高的经济效益。经过初步可行性研究，认为该项目具有一定的可行性，便可转入详细可行性研究阶段，否则就终止该项目的前期研究工作。初步可行性研究作为投资项目机会研究与详细可行性研究的中间性或过渡性研究阶段，其主要目标是确定是否进行详细可行性研究，确定哪些关键问题需要进行辅助性专题研究。

详细可行性研究又称技术经济可行性研究，是可行性研究的主要阶段，是建设项目投资决策的基础。它为项目决策提供技术、经济、社会、商业方面的评价依据，为项目的具体实施提供科学依据。这一阶段的主要目标是提出项目建设方案，进行效益分析和最终方案选择，确定项目投资的最终可行性和选择依据标准。评价和决策是由投资决策部门组织和授权有关咨询公司或有关专家，代表项目业主和出资人对建设项目可行性研究报告进行全面的审核和再评价。其主要任务是对拟建项目的可行性研究报告提出评价意见，最终决策该项目投资是否可行，确定最佳投资方案。

由于基础资料的占有程度、研究深度与可靠程度要求不同，可行性研究的各个工作阶段的研究性质、工作目标、工作要求、工作时间与费用各不相同。一般来说，各阶段的研究内容由浅入深，项目投资和成本估算的精度要求由粗到细，研究工作量由小到大，研究目标和作用逐步提高，因而工作时间和费用也逐渐增加（表6-1）。

表 6-1   可行性研究各工作阶段的要求

工作阶段	机会研究	初步可行性研究	详细可行性研究	评价和决策
研究性质	项目设想	项目初选	项目准备	项目评估
研究要求	编制项目建议书	编制初步可行性研究报告	编制可行性研究报告	提出项目评估报告
允许误差程度	±30%	±20%	±10%	±10%
研究费用（占总投资的比例）	0.2%~1%	0.25%~1.25%	大项目 0.2%~1%，小项目 1%~3%	
需要时间/月	1~3	4~6	8~12	

项目可行性研究是在对建设项目进行深入细致的技术经济论证的基础上做多方案的比较和优选，提出结论性意见和重大措施建议，为决策部门最终决策提供科学依据。因此，它的内容应能满足作为项目投资决策的基础和重要依据的要求。可行性研究的基本内容和研究深度应符合国家规定。一般工业建设项目的可行性研究应包含以下几方面的内容：

（1）总论；

（2）产品的市场需求和拟建规模；

（3）资源、原材料、燃料及公用设施情况；

（4）建厂条件和厂址选择；

（5）项目设计方案；

（6）环境保护与劳动安全；

（7）企业组织、劳动定员和人员培训；

（8）项目施工计划和进度要求；

（9）投资估算和资金筹措；

（10）项目的经济评价；

（11）综合评价与结论、建议。

6.3 设计阶段工程造价的控制

工程设计是指在工程开始施工之前，设计者根据已批准的任务书，为具体实现拟建项目的技术、经济要求，拟定建筑、安装及设备制造等所需的规划、图纸、数据等技术文件的工作。设计是建设项目由计划变为现实具有决定意义的工作阶段。为保证工程建设和设计工作有机地配合和衔接，可将工程设计划分为几个阶段。一般工业项目与民用建设项目设计按初步设计和施工图设计两阶段进行，称为"两阶段设计"；对于技术上复杂而又缺乏设计经验的项目，可按初步设计、技术设计和施工图设计三个阶段进行，称为"三阶段设计"。设计程序为设计准备、初步方案、初步设计、技术设计、施工图设计及设计交底和配合施工。设计阶段工程造价计价与控制的重要意义如下：

（1）在设计阶段进行工程造价的计价分析可以使造价构成更合理，提高资金利用率。

（2）在设计阶段进行工程造价的计价分析可以提高投资控制效率。

（3）在设计阶段控制工程造价便于技术与经济相结合，会使控制工作更主动，效果最显著。

6.3.1 设计阶段影响工程造价的因素

6.3.1.1 总平面设计

总平面设计是指总图运输设计和总平面配置。主要包括厂址方案、占地面积和土地利用情况，总图运输、主要建筑物和构筑物及公用设施的配置，外部运输、水、电、气及其他外部协作条件等。

正确合理的总平面设计可以大大减少建筑工程量，节约建设用地，节省建设投资，降低工程造价和项目运行后的使用成本，加快建设进度，并可为企业创造良好的生产组织、经营条件和生产环境。

6.3.1.2 工艺设计

工艺设计部分要确定企业的技术水平。主要包括建设规模、标准和产品方案，工艺流程和主要设备的选型，主要原材料、燃料供应，"三废"治理及环保措施，以及生产组织及生产过程中的劳动定员情况等。

6.3.1.3　建筑设计

建筑设计要在考虑施工过程的合理组织和施工条件的基础上，决定工程的立体平面设计和结构方案的工艺要求、建筑物和构筑物及公用辅助设施的设计标准，提出建筑工艺方案、暖气通风、给排水等问题的简要说明。在建筑设计阶段影响工程造价的主要因素有以下几种：

（1）平面形状。一般建筑物平面形状越简单，它的单位面积造价就越低。当一座建筑物的平面又长又窄，或它的外形做得复杂而不规则时，其周长与建筑面积的比率将增加，伴随而来的是较高的单位造价。因此，建筑物平面形状的设计应在满足建筑物功能要求的前提下，降低建筑物周长与建筑面积比，实现建筑物寿命周期成本最低的目标。

合理加大建筑深度（宽度），减少外墙长度是减少墙体面积、降低造价、提高经济效果的主要措施之一。在相同建筑面积时，住宅建筑的平面形状不同，住宅的建筑周长系数（即每平方米建筑面积所占外墙长度）也不同，是按圆形、正方形、矩形、T形、L形的次序依次增大的，所以外墙面积、墙身内外表面装修面积也依次增大。但由于圆形建筑施工复杂（增加施工费用20%～30%），而且用户使用不便，因此，一般建造矩形和正方形建筑，且以长∶宽＝2∶1矩形建筑为佳。另外，在满足建筑物使用要求的前提下，建筑物的平面布局中应将交通空间减少到最小。

（2）层高和净高。层高和净高增加，墙体面积增加，从而导致柱体积增加，以及基础、管线的增加，可能提高造价。随着层高的增加，单位建筑面积造价在不断增加（图6-2）。据某小区资料测算，当住宅层高从3m降到2.8m，平均每套住宅综合造价下降4%左右，并可节约材料、节约能源，有利于抗震。

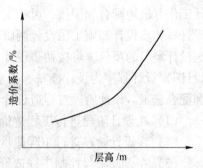

图6-2　层高与造价系数关系

（3）建筑物层数。民用建筑按层数划分为低层建筑、多层建筑、高层建筑，建筑工程总造价是随着建筑物的层数增加而提高的。尽管当建筑层数增加时，单位建筑面积分摊的土地费用及外部流通空间费用将有所降低，从而使建筑物单位面积造价发生变化，但建筑物层数对造价的影响，因建筑类型、形式和结构不同而不同。据资料显示，多层住宅楼层层数与造价关系为：假设一层造价为100，二层为84.72，三层为78.51，四层为74.98，五层为73.65，六层为72.37。层数越多，造价越低，相邻层之间的造价相差越小。

（4）柱网布置。柱网布置是确定柱子的行距（跨度）和间距的依据。柱网布置是否合理，对单层工业厂房工程造价和厂房面积的利用效率都有较大的影响。对于单跨厂房，当柱间距不变时，跨度越大，单位面积造价越低；对于多跨厂房，当跨度不变时，中跨数量越多越经济。在工艺生产线长度不变的情况下，柱距不变跨度增加，或跨度不变柱距增加，可以扩大柱间范围内的面积，减少柱子所占面积，有利于工艺设备的紧凑而灵活的布置，并相对减少设备占用厂房面积，降低造价。

（5）建筑结构和材料。建筑结构是指建筑工程中起骨架作用的，能承受直接和间接荷载的体系。建筑结构按所用材料不同可分为砌体结构、钢筋混凝土结构、钢结构和木结构等。建筑材料和建筑结构选择是否合理，不仅直接影响工程质量、使用寿命、耐火抗震性能，而且对施工费用、工程造价有很大的影响。尤其是建筑材料，其费用一般占直接费的70%。降低材料费用，不仅可以降低直接费，而且可以降低间接费。

6.3.2 优化设计方案

为了提高工程建设投资效果，从工程总平面图开始到结构构件的设计，都应进行多方案比选，从中选取技术先进、经济合理的最佳设计方案，或者对原有方案进行优化。在设计工程中，可以通过设计招标，运用综合评价等方法，对设计方案进行比较；也可以利用价值工程的思路和方法对设计方案进行比较，对不合理的设计提出改进意见，从而达到控制造价、节约投资的目的。

6.3.2.1 通过设计招标优化设计方案

工程项目设计合同是我国建设工程合同内容之一，其签订即设计单位与设计方案的选定同样可以借鉴招投标形式。首先通过公开招标或邀请招标，吸引多家设计单位参与设计招标，提出多个设计方案；然后组织技术专家组成专家评定小组，采用综合打分法，按照经济、适用、美观的原则，针对技术先进、功能全面、结构合理、安全适用、满足节能要求等指标，综合评定设计方案；最后选择最优的设计方案，或在此基础上进一步改进。这种专家打分法有其使用方便的特点，特别是对于设计方案这种比较复杂的情况，但是也往往会具有主观性和片面性。不过，由于在评价指标中考虑了工程造价，所以仍是投资控制的一种手段。

6.3.2.2 运用价值工程优化设计方案

价值工程是以产品或作业的功能分析为核心，以提高产品或作业的价值为目的，力求以最低寿命周期成本实现产品或作业使用所要求的必要功能的一项有组织的创造性活动。其中价值的表达式为：价值＝功能/成本。在设计阶段实施价值工程，可以使建筑产品的功能更合理，并有效控制工程造价和节约社会资源。在设计阶段应用价值工程控制工程造价的程序为：

（1）对象选择，可以应用 ABC 分析法，即选择对控制造价影响大的项目作为研究对象。

（2）功能分析，分析研究对象的功能及功能之间的联系。

（3）功能评价，评价各项功能，计算功能评价系数，并与 1 进行比较。

（4）分配目标成本，结合限额设计，确定研究对象的目标成本。

（5）方案创新及评价。

【例 6-1】 某市为改善越江交通状况，提出以下两个方案：

方案 1：在原桥基础上加固、扩建。该方案预计投资 40000 万元，建成后可通行 20 年。这期间每年需维护费 1000 万元。每 10 年需要进行一次大修，每次大修费用为 3000 万元，运营 20 年后报废没有残值。

方案 2：拆除原桥，在原址建一座新桥。该方案预计投资 120000 万元，建成后可通行 60 年。这期间每年需维护费 1500 万元。每 20 年需要进行一次大修，每次大修费用为

5000 万元，运营 60 年后报废时可收回残值 5000 万元。

不考虑量方案建设期的差异，基准收益率为 6%。主管部门聘请专家对该桥的应具备功能进行深入分析，认为应对 F_1、F_2、F_3、F_4、F_5 五个方面的功能进行评价。表 6-2 是专家采用 0~4 评分法对五个功能进行评分的部分结果，表 6-3 是专家对两个方案的五个功能的评价结果。

表 6-2　功能评分

功能	F_1	F_2	F_3	F_4	F_5	得分	权重
F_1		2	3	4	4		
F_2	2		3	4	4		
F_3	1	1		3	4		
F_4	0	0	1		3		
F_5	0	0	0	1			
合　计							

表 6-3　功能评分表

方　案	F_1	F_2	F_3	F_4	F_5
方案 1	6	7	6	9	9
方案 2	10	9	7	8	9

问题：
（1）在表 6-2 中计算各功能的权重。
（2）列式计算两方案的年费用。
（3）采用价值工程方法对两方案进行评价。

解：

问题（1）：各功能权重见表 6-4。

表 6-4　功能评分

功能	F_1	F_2	F_3	F_4	F_5	得分	权重
F_1		2	3	4	4	13	0.325
F_2			3	4	4	13	0.325
F_3				3	4	9	0.225
F_4					3	4	0.100
F_5						1	0.025
合　计						40	1.000

问题（2）：方案1：

$$年费用 = 1000 + 40000(A/P, 6\%, 20) + 3000(P/F, 6\%, 10)(A/P, 6\%, 20)$$
$$= 1000 + 40000 \times 0.0827 + 3000 \times 0.5584 \times 0.0827$$
$$= 4634.08(万元)$$

方案2：

$$年费用 = 1500 + 12000(A/P, 6\%, 60) + 5000(P/F, 6\%, 20)(A/P, 6\%, 60) +$$
$$5000(P/F, 6\%, 40)(A/P, 6\%, 60) - 5000(P/F, 6\%, 60)(A/P, 6\%, 60)$$
$$= 1500 + 120000 \times 0.0619 + 5000 \times 0.3118 \times 0.0619 + 5000 \times 0.0972 \times$$
$$0.0619 - 5000 \times 0.0303 \times 0.0619$$
$$= 9045.20(万元)$$

（3）方案1：成本系数 $4634.08/(4634.08 + 9045.20) = 0.339$

方案2：成本系数 $9045.20/(4634.08 + 9045.20) = 0.661$

方案1：功能得分 $6 \times 0.325 + 7 \times 0.325 + 6 \times 0.225 + 9 \times 0.100 + 9 \times 0.025 = 6.700$

方案2：功能得分 $10 \times 0.325 + 9 \times 0.325 + 7 \times 0.225 + 8 \times 0.100 + 9 \times 0.025 = 8.775$

方案1：功能系数 $6.700/(6.700 + 8.775) = 0.433$

方案2：功能系数 $8.775/(6.700 + 8.775) = 0.567$

方案1：价值系数 $0.433/0.339 = 1.277$

方案2：价值系数 $0.567/0.661 = 0.858$

因为方案1的价值系数大于方案2的价值系数，所以应选择方案1。

6.3.3 限额设计

限额设计就是按照批准的设计任务书及投资估算控制初步设计，按照初步设计总概算控制施工图设计，同时各专业在保证使用功能的前提下，按分配的投资限额控制设计，严格控制技术设计和施工图设计的不合理变更，保证总投资限额不被突破。限额设计是设计阶段工程造价控制的重要手段，它能使设计单位加强技术与经济的对立统一管理，克服设计概预算本身的失控对工程造价带来的负面影响。

限额设计目标是在初步设计开始前，根据批准的可行性研究报告及其投资估算确定的。限额设计目标由项目经理或总设计师提出，经主管院长审批下达，其总额度一般只下达直接工程费的90%，以便项目经理或总设计师和室主任留有一定的调节指标。专业之间或专业内部节约下来的单项费用，未经批准不能互相调用。

限额设计的全过程实际上就是对工程项目投资目标管理的过程，如图6-3所示。

限额设计控制工程造价可以从两个角度来看，一方面是按照限额设计程序，即项目设计阶段进展顺序进行控制，称为纵向控制。包括初步设计阶段的限额设计、施工图设计阶段的限额设计、设计变更管理与限额动态控制。另一方面是对设计单位内部各专业、科室及设计人员进行考核，实施奖罚，进而保证设计质量的控制，称为横向控制。

但是限额设计实施过程中，可能会只考虑建造成本，而忽略了全寿命周期费用，出现全寿命周期不一定经济的现象。所以应正确理解限额设计的定义，充分发挥限额设计鼓励设计者主动控制工程造价的积极作用，并合理确定和理解设计限额，合理分解和使用投资限额。

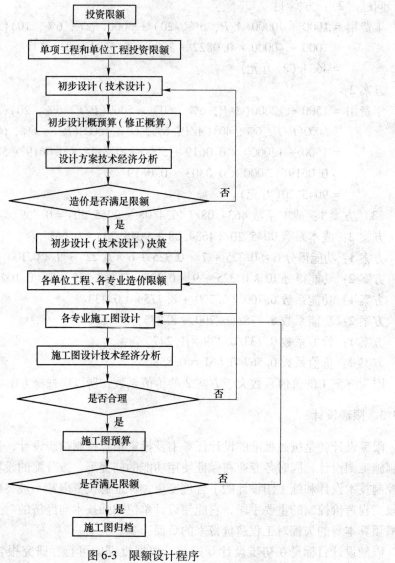

图 6-3　限额设计程序

6.4　招投标阶段工程造价的控制

招投标阶段工程造价控制主要体现在三个方面：获得竞争性投标报价、有效评价最合理报价、签订合同。获得竞争性投标报价并有效评价合理报价是工程招投标的核心内容；而确定合理的合同价和签订严密的工程合同，使合同价得以稳妥实现，是市场经济下工程造价控制的目标。

6.4.1　工程招投标及程序

工程建设招标投标是在市场经济条件下进行工程建设活动的一种主要的竞争形式和交易方式，是引入竞争机制订立合同的一种法律形式。建设工程招投标是以工程勘察、设计或施工等为对象，在招标人和若干个投标人之间进行的交易方式，是商品经济发展到一定阶段的产物。招标人通过招标活动来选择条件优越者，使其力争用最优的技术、最好的质量、最低的价格和最短的周期完成工程项目任务；投标人通过这种方式选择项目和招标人，以使自己获得更丰厚的利润。

《中华人民共和国建筑法》规定，建筑工程的发包单位可以将建筑工程的勘察、设计、施工、设备采购一并发包给一个工程总承包单位，也可以将建筑工程勘察、设计、施工、设备采购的一项或者多项发包给一个工程总承包单位；但是，不得将应当由一个承包单位完成的建筑工程肢解成若干部分发包给几个承包单位。

工程勘察、设计招投标是指招标单位就拟建工程的勘察和设计任务发布通知，以法定方式吸引勘察单位或设计单位参加竞争，经招标单位审查获得投标资格的勘察、设计单位，按照招标文件的要求，在规定时间内向招标单位填报投标书，招标单位从中择优确定中标单位来完成工程勘察或设计任务。工程施工招投标是针对工程施工阶段的全部工作开展的招投标，根据工程施工范围的大小及专业不同，可分为全部工程招标、单项工程招标和专业工程招标等。建设项目总承包招投标，是指将建筑工程的勘察、设计、施工、设备采购一并发包给一个工程总承包单位，工程总承包单位根据建设单位（业主）所提出的工程要求，进行全面报价投标。

《中华人民共和国招标投标法》指出，凡在中华人民共和国境内进行工程建设项目，包括项目的勘察、设计、施工、监理以及与工程建设有关的重要设备、材料等的采购，均可进行招投标。建设工程的招标方式包括公开招标和邀请招标。公开招标，是指招标人以招标公告的方式邀请不特定的法人或者其他组织投标；邀请招标，是指招标人以投标邀请书的方式邀请特定的法人或者其他组织投标。开展招投标的意义主要体现在以下几方面：

（1）规范建筑市场平等竞争的秩序，完善社会主义市场经济体制。市场经济的一个重要特点，就是要充分发挥竞争机制的作用，使市场主体在平等条件下公平竞争，优胜劣汰，从而实现资源的优化配置。而招标这种择优竞争的方式完全符合市场经济的上述要求，它通过事先公布招标条件和要求，众多的投标人按照同等条件进行竞争，招标人按照规定程序从中选择订约方这一系列程序，真正实现"公开、公平、公正"的市场竞争原则。综观世界各国，凡是市场机制比较健全的国家，大多都有比较悠久的招标历史。

（2）有利于打破垄断，开展竞争，促进企业转变经营机制，提高企业的管理水平。实行建设工程招投标制，打破了部门、地区、城乡和所有制界限，发包单位和承包单位必须进入市场，使双方都有选择的余地。建设工程招投标制给企业带来了市场竞争的紧迫感，企业要想在优胜劣汰的市场经济的大潮中取得好的经济效益和社会效益，必须转变观念、加强管理、提高素质、注重技术进步，必须靠自己的能力在市场上进行竞争，以适应市场经济发展和市场竞争的需要。

（3）在保证工程质量的同时，促进建立市场定价的工程价格机制，规范市场价格行为，降低工程造价。由于招标的特点是公开、公平和公正，将采购活动置于透明的环境之中，故可有效防止腐败行为的发生，使工程、设备采购等项目的质量得到了保证。招投标制最明显的表现是若干投标人之间发生激烈竞争，这种市场竞争最直接、最集中的表现就是在价格上的竞争。由于不同投标者的个别劳动消耗水平是有差异的，通过招投标使那些个别劳动消耗水平最低或接近最低的投标者获胜，确定出的工程价格更为合理，这将使工程价格趋于下降，有利于节约投资、提高投资效益。据不完全统计，通过招标，工程建设的节资率可达1%～3%，工期缩短10%；进口机电设备的节资率达15%，节汇率达10%。同时，招投标活动有特定的机构进行管理，有严格的程序必须遵循，有高素质的专家支持系统、工程技术人员的群体评估与决策，能够避免盲目过度的竞争和营私舞弊现象的发生，使价格形成过程变得更为规范。

6.4.1.1　建设工程施工招投标双方应具备的条件

施工招标单位应具备的条件：

（1）是法人或依法成立的其他组织。

（2）有与招标工程相适应的经济、技术管理人员。

（3）有组织编制招标文件的能力。

（4）有审查投标单位的能力。

（5）有组织开标、评标、定标的能力。

不具备以上条件的单位，须委托具有相应资质的中介机构代理招标，招标单位与中介代理机构签订委托代理招标的协议，并报招标管理机构备案。

施工投标单位应具备的条件：

《中华人民共和国招标投标法》规定，投标人应当具备承担招标项目的能力，国家有关规定对投标人资格条件或者招标文件对投标人资格条件有规定的，投标人应当具备规定的资格条件。有关施工投标单位的主要条件有：

（1）必须是具有独立资格的法人或其他组织。

（2）必须具备与招标文件要求相适应的人力、物力和财力。

（3）必须具备招标文件要求的资质证书和相应的工作经验与业绩证明。

（4）法律、法规规定的其他条件。

两个以上法人或者其他组织可以组成一个联合体，以一个投标人的身份共同投标。联合体各方均应当具备承担招标项目的相应能力；国家有关规定或者招标文件对投标人资格条件有规定的，联合体各方均应当具备规定的相应资格条件。由同一专业的单位组成的联合体，按照资质等级较低的单位确定资质等级。

联合体各方应当签订共同投标协议，明确约定各方拟承担的工作和责任，并将共同投标协议连同投标文件一并提交招标人。联合体中标的，联合体各方应当共同与招标人签订合同，就中标项目向招标人承担连带责任。

6.4.1.2　建设工程施工招投标的程序

国家住建部以及许多地方的建设管理部门都颁发了工程建设施工招投标管理和合同管理法规，还颁布了招标文件以及各种合同文件范本；在国际上也有一整套公开招标的国际惯例。

公开招投标程序通常包括以下步骤：

（1）招标的前期工作。招标的前期工作是建设项目进行施工招标的必备条件，按照国家有关规定，主要包括以下几个方面：

1）招标人已经依法成立。

2）初步设计及概算应当履行审批手续的，已经批准。

3）招标范围、招标方式和招标组织形式等应当履行核准手续的，已经核准。

4）有相应资金或资金来源已经落实。

5）对招标文件或者资格预审文件收取的费用。

6）对投标人的资质等级的要求。

（2）资格预审。《中华人民共和国招标投标法》规定，招标人可以根据招标项目本身的要求，在招标公告或者投标邀请书中，要求潜在投标人提供有关资质证明文件和业绩情况，并对潜在投标人进行资格审查；国家对投标人的资格条件有规定的，依照其规定。

资格审查分为资格预审和资格后审。资格预审是指在投标前对潜在投标人进行的资格审查；资格后审是指在开标后对投标人进行的资格审查。进行资格预审的，一般不再进行资格后审，但招标文件另有规定的除外。采取资格预审的，招标人可以发布资格预审公告。采取资格预审的，招标人应当在资格预审文件中载明资格预审的条件、标准和方法；采取资格后审的，招标人应当在招标文件中载明对投标人资格要求的条件、标准和方法。

招标人不得以不合理的条件限制或者排斥潜在投标人，不得对潜在投标人实行歧视待遇。

按照诚实信用原则，承包商必须提供真实的资格审查资料。业主必须作出全面审查和综合评价，以确定投标人是否初选合格，并通知合格的投标人。资格审查应主要审查潜在投标人或者投标人是否符合下列条件：

1）具有独立订立合同的权利。

2）具有履行合同的能力，包括专业、技术资格和能力，资金、设备和其他物质设施状况，管理能力，经验、信誉和相应的从业人员。

3）没有处于被责令停业，投标资格被取消，财产被接管、冻结，破产状态。

4）在最近三年内没有骗取中标和严重违约及重大工程质量问题。

5）法律、行政法规规定的其他资格条件。

投标单位应提供令招标单位满意的资格文件，以证明其符合投标合格条件和具有履行合同的能力。为此，所提交的资格预审文件中应包括下列资料：

1）有关确立投标单位法律地位的原始文件的副本（包括营业执照、资质等级证书及非中国注册的施工企业经建设行政主管部门核准的资质证件）。

2）投标单位在过去三年完成的工程的情况和现在正在履行的合同情况。

3）按规定的格式提供项目经理简历，及拟在施工现场或不在施工现场的管理和主要施工人员情况。

4）按规定格式提供完成该合同拟采用的主要施工机械设备情况。

5）按规定格式提供拟分包的工程项目及拟承担分包工程项目施工单位情况。

6）投标单位提供财务状况，包括最近两年经过审计的财务报表，下一年度财务预测报告和投标单位向开户银行开具的、由该银行提供财务情况证明的授权书。

7）有关投标单位目前和过去两年参与或涉及诉讼案的资料。

（3）投标人购买招标文件。只有通过资格预审，投标人才可以购买招标文件。招标文件一般包括如下内容：

1）投标人须知。

2）合同主要条款。

3）投标文件格式。

4）采用工程量清单招标的，应当提供工程量清单。

5）技术条款。

6）设计图纸。

7）评标标准和方法。

8）投标辅助材料。

招标人应当在招标文件中规定实质性要求和条件，并用醒目的方式标明。

（4）现场勘察。投标人取得招标文件后，招标单位要在招标文件规定的时间内，组织各个投标人考察现场。为了使投标人及时弄清招标文件和现场情况以利做标，考察现场应在投标截止期之前，并留出一定时间。

招标单位应向投标单位介绍有关现场的以下情况：1）施工现场是否达到招标文件规定的条件，施工现场的地理位置和地形、地貌，施工现场的地质、土质、地下水位、水文等情况；2）施工现场气候条件，如气温、湿度、风力、年雨雪量等；3）现场环境，如交通、饮水、污水排放、生活用电、通信等；4）工程在施工现场中的位置或布置；5）临时用地、临时设施搭建等。投标单位在勘察现场中如有疑问，应以书面形式向招标单位提出。

（5）投标预备会。投标预备会也称答疑会、标前会议，是指招标单位为澄清或解答招标文件或现场勘察中的问题，以便投标单位更好地编制投标文件而组织召开的会议。答疑会结束后，由招标人整理会议记录和解答内容，以书面形式向投标人发放，并向建设行政主管部门备案。

（6）投标。投标人在全面理解招标文件内容，并了解项目现场的情况后，编制投标文件，并在投标截止时间前按规定时间、地点提交至招标人。

投标文件应对招标文件提出的实质性要求和条件作出全面响应。投标文件由标书及其附件组成，一般包括下列内容：投标函、信誉资料、投标保证金证明、施工组织设计或者施工方案、投标报价以及招标文件提供的其他材料。投标文件的编制应注意以下几点：

1）投标报价应按照招标文件中要求的方法、各种因素和依据计算，并按招标文件要求办理投标担保。

2）投标文件编制完后应仔细整理、核对，并提供足够数量的投标文件副本。

3）投标文件需经投标人的法定代表人签署并加盖公章和法定代表人印鉴，按招标文件规定的要求密封、标志。招标文件一旦递交，只能在投标截止时间之前进行修改和撤回，但所递交的修改或撤回必须按照文件的规定进行，补充修改的内容为投标文件的组成部分。

（7）开标。开标应在招标文件规定的投标截止时间的同一时间公开进行，地点应当为招标文件中预先确定的地点，开标时投标人的法定代表人或授权代理人应参加开标会议。开标会议开始后应首先当众宣读无效标和弃权标的规定，然后核对投标人提交的各种证件，并宣布核查结果。投标文件有下列情形之一的，招标人不予受理：

1）逾期送达的或者未送达指定地点的。

2）未按招标文件要求密封的。

然后，当众启封投标文件，按报送投标文件时间先后的顺序进行唱标，宣读有效投标的投标人名称、投标报价、工期、质量、主要材料用量，以及招标人认为有必要的内容。招标人应对唱标内容做好记录。在此过程中，投标文件有下列情形之一的，由评标委员会初审后按废标处理：

1) 无单位盖章且无法定代表人或法定代表人授权的代理人签字或盖章的。

2) 未按规定的格式填写，内容不全或关键字迹模糊、无法辨认的。

3) 投标人递交两份或多份内容不同的投标文件，或在一份投标文件中对同一招标项目报有两个或多个报价，且未声明哪一个有效（按招标文件规定提交备选投标方案的除外）。

4) 投标人名称或组织结构与资格预审时不一致的。

5) 未按招标文件要求提交投标保证金的。

6) 联合体投标未附联合体各方共同投标协议的。

(8) 评标。开标后，招标单位要组织评标，评标要按照《中华人民共和国招标投标法》的规定进行，评审包括如下内容：

1) 符合性评审。评审投标文件是否实质上响应招标文件的要求，如果不响应，招标单位将予以拒绝，并且不允许修正或撤销其不符合要求的内容。

2) 技术性评审。具体内容包括施工方案的可行性，施工进度计划的可靠性，工程材料和机械设备供应的技术性能，施工质量的保证措施，技术建议和替代方案，施工现场的周围环境污染的保护措施等。

3) 商务性评审。具体内容包括投标报价数据计算的正确性，报价构成的合理性，报价与施工组织的一致性，综合费率、利润率及预付款要求是否合理，主要材料单价，分析项目总计的报价，对建议方案的商务评审。

评标的方法现在一般多采用多指标量化评分的办法，综合考虑价格、工期、实施方案、项目组织等方面的因素，分别赋予不同的权重，进行评分，以确定中标单位；也可采用合理低标价法，按规定程序，经审定，以合理低标价作为中标的主要条件。

(9) 中标与签订合同。对选定的中标单位发出通知。发出中标通知是业主的承诺。按照国际惯例这时合同已正式生效，而双方签订合同协议书仅是一个形式。

6.4.2 招标控制价

招标控制价是招标人根据国家或省级、行业建设主管部门颁发的有关计价依据和方法，按设计施工图纸计算的，对招标工程限定的最高工程造价。根据《建设工程工程量清单计价规范》（GB 50500—2013）规定，国有资金投资的工程建设项目应实行工程量清单招标，并应编制招标控制价。招标控制价超过批准的概算时，招标人应将其报原概算审批部门审核。投标人的投标报价高于招标控制价的，其投标应予以拒绝。招标控制价应由具有编制能力的招标人，或受其委托具有相应资质的工程造价咨询人编制。

招标控制价的编制依据为：

(1)《建设工程工程量清单计价规范》（GB 50500—2013）。

(2) 国家或省级、行业建设主管部门颁发的计价定额和计价方法。

(3) 建设工程设计文件及相关资料。

(4) 招标文件中的工程量清单及有关要求。

（5）与建设项目相关的标准、规范、技术资料。

（6）施工现场情况、工程特点及常规施工方案。

（7）工程造价管理机构发布的工程造价信息；工程造价信息没有发布的参照市场价。

（8）其他的相关资料。

招标控制价的编制应采用工程量清单计价方法编制，封面见表 6-5。其中，分部分项工程费应根据招标文件中的分部分项工程量清单项目的特征描述及有关要求，并确定综合单价，综合单价中应包括招标文件中要求投标人承担的风险费用。招标文件提供了暂估单价的材料，按暂估的单价计入综合单价。措施项目费应根据招标文件中的措施项目清单计价。其他项目费应按以下原则计价：

（1）暂列金额应按招标工程清单中列出的金额填写。

（2）暂估价中的材料、工程设备单价应按招标工程量清单中列出的单价计入综合单价；暂估价中的专业工程金额应按招标工程量清单中列出的金额填写。

（3）计日工应按招标工程量清单中列出的项目根据工程特点和有关计价依据确定综合单价计算。

（4）总承包服务费应根据招标工程量清单列出的内容和要求估算。

规费和税金应按国家或省级、行业建设主管部门的规定计算，不得作为竞争费用。

招标控制价应在招标时公布，不应上调或下浮，招标人应将招标控制价及有关资料报送工程所在地工程造价管理机构备查。投标人经复核认为招标人公布的招标控制价未按照规范进行编制的，应在开标前 5 天向招投标监督机构或（和）工程造价管理机构投诉。招投标监督机构应会同工程造价管理机构对投诉进行处理，发现确有错误的，应责成招标人修改。

表 6-5　招标控制价文件封面

_____工程

招标控制价

招标控制价（小写）：_____

（大写）：_____

工程造价

招 标 人：_____　　咨 询 人：_____

（单位盖章）　　　　　　（单位资质专用章）

法定代表人　　　　　　　　法定代表人

或其授权人：_____　　或其授权人：_____

（签字或盖章）　　　　　　（签字或盖章）

编 制 人：_____　　复 核 人：_____

（造价人员签字盖专用章）　　（造价工程师签字盖专用章）

编制时间：　年　月　日　　复核时间：　年　月　日

6.4.3　投标价的编制

6.4.3.1　投标价的编制方法与程序

投标价是投标人投标时报出的工程造价，任何一个工程项目的投标价都是一项系统工程。应当在投标报价前期进行调查研究，主要是对投标和中标后履行合同有影响的各种客观因素、业主和监理工程师的资信以及工程项目的具体情况等进行深入细致的了解和分析；然后对是否参加投标做出决策；确定投标后研究招标文件并制订施工方案；最后进行投标价的编制及投标价的确定。

投标价应由投标人或受其委托具有相应资质的工程造价咨询人编制，主要采用第 5 章中已经介绍的施工图预算编制方法（单价法及实物法），投标人应依据招标文件进行选择。我国目前大力推行工程量清单计价，《浙江省建设工程计价规则》（2018 版）规定，建筑安装工程统一按照综合单价法进行计价，包括国际工程量清单计价和定额项目清单计价。因此投标报价的计算依据应包括：

（1）《建设工程工程量清单计价规范》（GB 50500—2013），国家或省级、行业主管部门颁发的计价规则。

（2）企业定额，国家或省级、行业建设主管部门颁发的计价定额。

（3）招标文件、工程量清单及其补充通知、答疑纪要。

（4）建设工程设计问价及相关资料。

（5）施工现场情况、工程特点及拟定的投标施工组织设计或施工方案。

（6）与建设项目相关的标准、规范等技术资料。

（7）市场价格信息或工程造价管理机构发布的工程造价信息。

（8）其他的相关资料。

工程量清单报价由招标人给出工程量清单，投标者填报单价，单价应完全依据企业技术、管理水平等企业实力而定，以满足市场竞争的需要。采取工程量清单综合单价计算投标价时，投标人填入工程量清单中的单价是综合单价，应包括人工费、材料费、机械费、其他直接费、间接费、税金以及材料差价及风险金等全部费用，将工程量与该单价相乘得出合价，将全部合价汇总后得出投标总报价。工程量清单计价的投标报价由分部分项工程费、措施项目费、其他项目费用及规费和税金构成，具体如图 6-4 所示。

投标价的编制方法若为单价法，就是以定额计价模式投标报价。一般是采用预算定额来编制，即按照定额规定的分部分项工程子目逐项计算工程量，套用定额基价或根据市场价格确定直接费，然后再按规定的费用定额计取各项费用，最后汇总形成标价。

不论采用何种投标报价体系，一般计算过程如下：

（1）复核或计算工程量。工程招标文件中若提供有工程量清单，投标价格计算之前，要对工程量进行校核。若招标文件中没有提供工程量清单，则必须根据图纸计算全部工程量。如招标文件对工程量的计算方法有规定，应按照规定的方法进行计算。

（2）确定单价，计算合价。在投标报价中，复核或计算各个分部分项工程的实物工程量以后，需要确定每一个分部分项工程的单价，并按照招标文件中工程量表的格式填写报价，一般是按照分部分项工程量内容和项目名称填写单价与合价。

计算合价时，应将构成分部分项工程的所有费用项目都归入其中。人工、材料、机械费用应该根据分部分项工程的人工、材料、机械消耗量及其相应的市场价格计算而得。一般来说，承包企业应建立自己的标准价格数据库，并据此计算工程的投标价格。在应用单价数据库针对某一具体工程进行投标报价时，需要对选用的单价进行审核评价与调整，使之符合拟投标工程的实际情况，反映市场价格的变化。在投标价格编制的各个阶段，投标

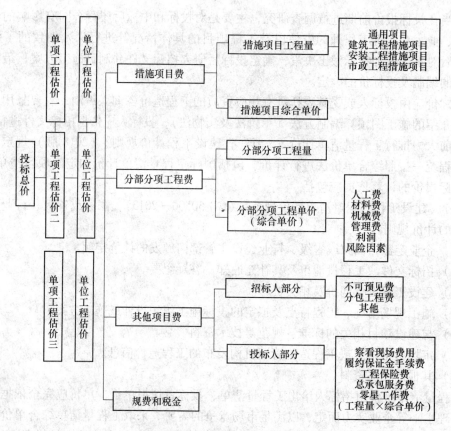

图 6-4　工程量清单计价模式下的投标总价构成

价格一般以表格的形式进行计算。

（3）确定分包工程费。来自分包人的工程分包费用是投标价格的一个重要组成部分，有时总承包人投标价格中的相当部分来自于分包工程费。因此，在编制投标价格时需要有一个合适的价格来衡量分包人的价格，需要熟悉分包工程的范围，对分包人的能力进行评估。

（4）确定利润。利润指的是承包人的预期利润，确定利润取值的目标是考虑既可以获得最大的可能利润，又要保证投标价格具有一定的竞争性。投标报价时承包人应根据市场竞争情况确定该工程的利润率。

（5）确定风险费。风险费对承包商来说是一个未知数，如果预计的风险没有全部发生，则可能预计的风险费有剩余，这部分剩余和计划利润加在一起就是盈余；如果风险费估计不足，则由盈利来补贴。在投标时应该根据该工程规模及工程所在地的实际情况，由有经验的专业人员对可能的风险因素进行逐项分析后确定一个比较合理的费用比率。

（6）确定投标价格。如前所述，将所有的分部分项工程的合价汇总后就可以得到工程的总价，但是这样的工程总价还不能作为投标价格，因为计算出来的价格可能重复，也可能会漏算，也有可能某些费用的预估有偏差等，因而必须对计算出来的工程总价作某些必要的调整。调整投标价格应当建立在对工程盈亏分析的基础上，盈亏预测应采用多种方法从多角度进行，找出计算中的问题以及分析可以通过采取哪些措施降低成本、增加盈利，确定最后的投标报价，且投标报价不应低于成本价。

图 6-5 所示为工程投标报价编制的一般程序。

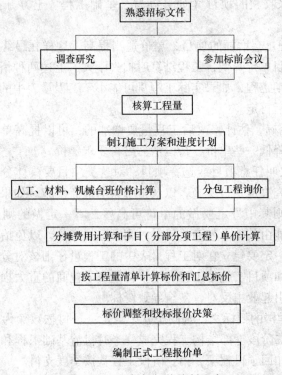

图 6-5 工程投标报价编制程序

6.4.3.2 确定投标报价的策略

投标策略是指承包商在投标竞争中的系统工作部署及其参与投标竞争的方式和手段。投标策略作为投标取胜的方式、手段和艺术，贯穿于投标竞争的始终，内容十分丰富。常用的投标策略介绍如下：

（1）根据招标项目的不同特点采用不同报价。投标报价时，既要考虑自身的优势和劣势，也要分析招标项目的特点。应按照工程项目的不同特点、类别、施工条件等选择报价策略。

1）遇到如下情况时报价可高一些：施工条件差的工程；专业要求高的技术密集型工程，而本公司在这方面又有专长，声望也较高；总价低的小工程，以及自己不愿做、又不方便不投标的工程；特殊的工程，如港口码头、地下开挖工程等；工期要求急的工程；投标对手少的工程；支付条件不理想的工程。

2）遇到如下情况时报价可低一些：施工条件好的工程；工作简单、工程量大而一般公司都可以做的工程；企业急于打入某一市场、某一地区，或在该地区面临工程结束，机械设备等无工地转移时；本公司在附近有工程，而本项目又可利用该工程的设备、劳务，或有条件短期内突击完成的工程；投标对手多，竞争激烈的工程；非急需工程；支付条件好的工程。

（2）不平衡报价法。这一方法是指一个工程项目总报价基本确定后，通过调整内部各个项目的报价，以期既不提高总报价、不影响中标，又能在结算时得到更理想的经济效益。一般可以考虑在以下几方面采用不平衡报价：

1）能够早日结账收款的项目（如开办费、基础工程、土方开挖、桩基等）可适当提高。

2）预计今后工程量会增加的项目，单价适当提高，这样在最终结算时可多赚钱；将工程量可能减少的项目单价降低，工程结算时损失不大。上述两种情况要统筹考虑，即对于工程量有错误的早期工程，如果实际工程量可能小于工程量表中的数量，则不能盲目抬高单价，要具体分析后再定。

3）设计图纸不明确，估计修改后工程量要增加的，可以提高单价；而工程内容解说不清楚的，则可适当降低一些单价，待澄清后可再要求提价。

4）暂定项目，又叫任意项目或选择项目，对这类项目要具体分析。因为这类项目要在开工后再由业主研究决定是否实施，以及由哪家承包商实施。如果工程不分标，不会另由一家承包商施工，则其中肯定要做的单价可高些，不一定做的则应低些。如果工程分标，该暂定项目也可能由其他承包商施工时，则不宜报高价，以免抬高总报价。

采用不平衡报价一定要建立在对工程量表中的工程量仔细核对分析的基础上，特别是对报低单价的项目，如项目实施中工程量增多将造成承包商的重大损失；不平衡报价过多和过于明显，可能会引起业主反对，甚至导致废标。

【例 6-2】　某教学楼的招标文件合同条款中规定：预付款数额为合同价的 30%，开工后一天内支付，当第二阶段上部结构工程完成一半时付清基础工程和上部结构两个阶段的工程款且一次性全额扣回预付款项，第三阶段工程款按季度支付。

某符合资质的总承包商单位决定投标，经造价工程师作出的预算为 9000 万元，总工期为 24 个月。其中：第一阶段基础工程造价为 1200 万元，工期为 6 个月；第二阶段上部结构工程造价为 4800 万元，工期为 12 个月；第三个阶段装饰和按照工程造价为 3000 万元，工期为 6 个月。承办单位为了既不影响中标又能在中标后取得较好的收益，决定采用不平衡报价法对造价工程师的造价做出适当调整，基础工程估价调整为 1300 万元，结构工程估价调整为 5000 万元，装饰和安装工程估价调整为 2700 万元。

问题：该承包商所运用的不平衡报价法是否恰当？为什么？

答：该工程运用不平衡报价法恰当。因为该承包商是将属于前期工程的基础工程和主题结构工程的报价提高，而将属于后期工程的装饰和安装工程的报价调低，这样可以在施工的早期收到较多的工程款；而且，这三类工程单价的调整幅度均在 ±10% 以内，属于合理调整范围。

计算调整额及调整幅度：

基础工程调增额 = 1300 − 1200 = 100（万元），调增幅度 = 100/1200 × 100% = 8.33%

上部结构调增额 = 5000 − 4800 = 200（万元），调增幅度 = 200/4800 × 100% = 4.17%

装饰工程调减额 = 2700 − 3000 = − 300（万元），调减幅度 = 300/3000 × 100% = 10%

原合同条件下的账款信息：

预付款 = 9000 × 30% = 2700（万元）

一年后付款 = （1200 + 4800）− 2700 = 3300（万元）

最后尾款 = 3000（万元）（按两季度支付，每季末支付 1500 万元）

当上部结构完成一半时已回收静态资金的比重 = (2700 + 3300)/9000 × 100% = 67%

修改合同后的账款信息：

预付款 = 9000 × 30% = 2700(万元)

一年后付款 = (1300 + 5000) – 2700 = 3600 （万元）

最后尾款 = 3000 （万元）（按两季度支付，每季末支付1500万元）

当上部结构完成一半时已回收静态资金的比重 = (2700 + 3600)/9000 × 100% = 70%

从静态上看，一年后总承包商收回工程款的比重提高了3个百分比。

（3）计日工单价的报价。如果是单纯报计日工单价，而且不计入总价中，可以报高些，以便在业主额外用工或使用施工机械时可多盈利。但如果计日工单价要计入总报价，则需具体分析是否报高价，以免抬高总报价。总之，要分析业主在开工后可能使用的计日工数量，再来确定报价方针。

（4）可供选择的项目的报价。有些工程项目的分项工程，业主可能要求按某一方案报价，而后再提供几种可供选择方案的比较报价。但是，所谓"可供选择项目"并非由承包商任意选择，只有业主才有权进行选择。因此，虽然适当提高了可供选择项目的报价，但并不意味着肯定可以取得较好的利润，只是提供了一种可能性，但一旦业主今后选用，承包商即可得到额外加价的利益。

（5）暂定工程量的报价。暂定工程量有三种情况。一种是业主规定了暂定工程量的分项内容和暂定总价款，并规定所有投标人都必须在总报价中加入这笔固定金额，但由于分项工程量不很准确，允许将来按投标人所报单价和实际完成的工程量付款。另一种是业主列出了暂定工程量的项目的数量，但并没有限制这些工程量的估价总价款，要求投标人不仅列出单价，也应按暂定项目的数量计算总价，当将来结算付款时可按实际完成的工程量和所报单价支付。第三种是只有暂定工程的一笔固定总金额，将来这笔金额做什么用，由业主确定。第一种情况，由于暂定总价款是固定的，对各投标人的总报价水平竞争力没有任何影响，因而投标时应当对暂定工程量的单价适当提高。这样做，既不会因今后工程量变更而吃亏，也不会削弱投标报价的竞争力。第二种情况，投标人必须慎重考虑。如果单价定得高了，同其他工程量计价一样，将会增高总报价，影响投标报价的竞争力；如果单价定得低了，将来这类工程量增大，将会影响收益。一般来说，这类工程量可以采用正常价格。如果承包商估计今后实际工程量肯定会增大，则可适当提高单价，使将来可增加额外收益。第三种情况对投标竞争没有实际意义，按招标文件要求将规定的暂定款列入总报价即可。

（6）多方案报价法。对于一些招标文件，如果发现工程范围不很明确，条款不清楚或很不公正，或技术规范要求过于苛刻时，则要在充分估计投标风险的基础上，按多方案报价法处理。即按原招标文件报一个价，然后再提出如某某条款作某些变动，报价可降低多少，由此可报出一个较低的价。这样，可以降低总价，吸引业主。

（7）增加建议方案。有时招标文件中规定可以提一个建议方案，即可以修改原设计方案，提出投标者的方案。投标者这时应抓住机会，组织一批有经验的设计和施工工程师，对原招标文件的设计和施工方案仔细研究，提出更为合理的方案以吸引业主，促成自己的方案中标。这种新建议方案可以降低总造价或是缩短工期，或使工程运用更为合理，但要注意对原招标方案一定也要报价。建议方案不要写得太具体，要保留方案的技术关键，防止业主将此方案交给其他承包商。同时要强调的是，建议方案一定要比较成熟，有很好的可操作性。

（8）分包商报价的采用。由于现代工程的综合性和复杂性，总承包商不可能将全部工程内容完全独家包揽，特别是有些专业性较强的工程内容，需分包给其他专业工程公司施工；还有些招标项目，业主规定某些工程内容必须由他指定的几家分包商承担。因此，总承包商通常应在投标前先取得分包商的报价，并增加总承包商摊入的一定的管理费，而后作为自己投标总价的一个组成部分—并列入报价单中。应当注意，分包商在投标前可能同意接受总承包商压低其报价的要求，但等到总承包商中标后，他们常以种种理由要求提高分包价格，这将使总承包商处于十分被动的地位。解决的办法是，总承包商在投标前找2~3家分包商分别报价，而后选择其中一家信誉较好、实力较强和报价合理的分包商签订协议，同意该分包商作为本分包工程的唯一合作者，并将分包商的姓名列到投标文件中，但要求该分包商相应地提交投标保函。如果该分包商认为这家总承包商确实有可能得标，他也许愿意接受这一条件。这种把分包商的利益同投标人捆在一起的做法，不但可以防止分包商事后反悔和涨价，还可能迫使分包时报出较合理的价格，以便共同争取得标。

（9）无利润算标。缺乏竞争优势的承包商，在不得已的情况下，只好在算标中根本不考虑利润去夺标。这种办法一般在处于以下条件时采用：

1）有可能在得标后，将大部分工程分包给索价较低的一些分包商。

2）对于分期建设的项目，先以低价获得首期工程，而后赢得机会创造第二期工程中的竞争优势，并在以后的实施中赚得利润。

3）较长时期内，承包商没有在建的工程项目，如果再不得标，就难以维持生存。因此，虽然本工程无利可图，只要能有一定的管理费维持公司的日常运转，就可设法渡过暂时的困难，以图将来东山再起。

6.4.4 工程合同类型的选择

根据《中华人民共和国合同法》、《建设工程施工合同（示范文本）》以及建设部的有关规定，依据招标文件、投标文件，双方签订施工合同。合同规定了双方的权利与义务，并分担风险。按照付款方式，工程合同可以分为以下几类。

6.4.4.1 总价合同

总价合同是指在合同中确定一个完成项目的总价，承包人据此完成项目全部的合同。这类合同仅适用于工程量不太大且能精确计算、工期较短、技术不复杂、风险不大的项目。采用此合同时发包人必须准备详细而全面的设计图纸和各项说明，使承包人能够准确计算工程量。

总价合同又可分为固定总价合同和可调总价合同，固定总价合同以招标时的图纸和工程量等说明为依据，承包商按投标时发包人接受的合同价格承包实施，如果发包人没有要求变更原定的承包内容，承包商完成工作内容后，不论实际施工成本是多少，均应按合同价获得支付工程款。

可调总价是指合同中确定的工程合同总价在实施期间可随价格变化而调整。发包人和承包人在商订合同时，以招标文件的要求及当时的物价计算出合同总价。如果在执行合同期间，由于通货膨胀引起成本增加达到某一限度时，合同总价则作相应调整。可调合同价使发包人承担了通货膨胀的风险，承包人则承担其他风险。一般适合于工期较长（如 1 年以上）的项目。

6.4.4.2 单价合同

单价合同是指投标人在投标时，按照招标文件中工程量清单确定个分部分项工程费用的合同类型。承包商填报的单价应为计算各种摊销费用后的综合单价，而非直接费单价。合同履行过程中无特殊情况，一般不得变更单价。这类合同的使用范围较宽，其项目风险能得到合理分摊，并且鼓励承包人通过提高工效等手段从成本中提高利润。

单价合同在结算支付时以实际完成工程量为依据，大多用于工期长、技术复杂、实施过程中发生不可预见因素较多的大型复杂工程。单价也可以根据合同双方的约定固定或可调整。

6.4.4.3 成本加酬金合同

成本加酬金合同是由发包人向承包人支付建设项目的实际成本，并按事先约定的某一种方式支付酬金的合同类型。在这种合同中，业主承担了实际发生的一切费用，即承担了全部风险。缺点是业主对工程造价不易控制，承包人也没有动力注意节约项目成本。主要适用于需要立即展开工作的项目（来不及完成完整的设计）、新型项目或工作内容及其技术经济指标未确定的项目、风险较大的项目。一般分为以下几种形式：

（1）成本加百分比酬金确定的合同价。这种合同价是发包人对承包人支付的人工费、材料费和施工机械使用费、其他直接费、施工管理费等按实际直接成本全部据实补偿，同时按照实际直接成本的百分比付给承包人一笔酬金，作为承包方的利润。这种方式使得建筑安装工程总造价及付给承包人的酬金随工程成本而水涨船高，不利于鼓励承包方降低成本，因此很少被采用。

（2）成本加固定金额酬金确定的合同价。这种合同价与上述成本加固定百分比酬金合同价相似。其不同之处仅在于发包人付给承包人的酬金是一笔固定金额的酬金。

采用上述两种合同价方式时，为了避免承包人企图获得更多的酬金而对工程成本不加控制，往往会在承包合同中规定一些"补充条款"，以鼓励承包方节约资金，降低成本。

（3）目标成本加奖罚确定的合同价。采用这种合同价，首先要确定一个目标成本，这个目标成本是根据粗略估算的工程量和单价表编制出来的。在此基础上，根据目标成本来确定酬金的数额，可以是百分数的形式，也可以是一笔固定酬金。然后，根据工程实际成本支出情况另外确定一笔奖金，当实际成本低于目标成本时，承包人除从发包人处获得实际成本、酬金补偿外，还可根据成本降低额得到一笔奖金。当实际成本高于目标成本时，承包人仅能从发包人处得到成本和酬金的补偿。此外，视实际成本高出目标成本情况，若超过合同价的限额，还要处以一笔罚金。除此之外，还可设工期奖罚。

这种合同价形式可以促使承包商降低成本、缩短工期，而且目标成本随着设计的进展而加以调整，承发包双方都不会承担太大风险，故应用较多。采用哪种形式的合同，对业主和承包方都非常重要，需要综合考虑：

（1）项目规模和工期长短。如果项目的规模小、工期短，则合同类型的选择余地较大，总价合同、单价合同等都可以选择。如果项目规模大、工期长，则项目的风险也大，合同履行中的不可预见因素较多，不宜采用总价合同。

（2）项目的竞争情况。如果在某一阶段某一地点，愿意参与投标的承包商较多，则业主拥有较多的主动权，可按照总价合同、单价合同、成本加酬金合同的顺序进行选择；反之，则承包商拥有较多主动权，可以选择对自己有利的合同类型。

（3）项目的复杂程度与技术难度。项目的复杂程度较高，则意味着对承包商的技术水平要求高，项目的风险较大。承包商对合同的选择权有较大的主动权，总价合同被选用的可能性较小。如果施工中有较大部分采用新金属和新工艺，业主和承包商都缺乏经验和相关标准等，较为保险的做法是选用成本加酬金合同。

（4）项目进度要求的紧迫程度。公开招标和邀请招标对工程设计有一定的要求，但有些工程时间要求紧，如灾后重建工程等，可能缺乏细致的设计。因此不可能让承包商报出合理价格，采用成本加酬金合同比较合理。

6.4.5 工程合同价款的约定

由于合同条款是未来合同管理和项目实施的依据，所以《建设工程工程量清单计价规范》（GB 50500—2013）对工程合同价款加以约定。实行招标的工程合同价款应在中标通知书发出之日起 30 日内，由发、承包双方依据招标文件和中标人的投标文件在书面合同中约定。不实行招标的工程合同价款，在发、承包双方认可的工程价款基础上，由发、承包双方在合同中约定。实行招标的工程，合同约定不得违背招、投标文件中关于工期、造价、质量等方面的实质性内容，招标文件与中标人投标文件不一致的地方，以投标文件为准。

实行工程量清单计价的工程，宜采用单价合同；不实行招标的工程合同价款，在发、承包双方认可的工程价款基础上，由发承包双方在合同中约定。发、承包双方应在合同条款中对下列事项进行约定；合同中没有约定或约定不明的，由双方协商确定；协商不能达成一致的，按本规范执行。

（1）预付工程款的数额、支付时间及抵扣方式；

（2）安全文明施工措施的支付计划，使用要求等；

（3）工程计量与支付工程进度款的方式、数额及时间；

（4）工程价款的调整因素、方法、程序、支付及时间；

（5）施工索赔与现场签证的程序、金额确认与支付时间；

（6）承担风险的内容、范围以及超出约定内容、范围的调整办法；

（7）工程竣工价款结算编制与核对、支付及时间；

（8）工程质量保证（保修）金的数额、预扣方式及时间；

（9）违约责任以及发生工程价款争议的解决方法及时间；

（10）与履行合同、支付价款有关的其他事项等。

6.5 施工阶段工程造价的控制

施工阶段是实现建设工程价值的主要阶段，也是资金投入量最大的阶段。在实践中，业主与施工单位往往把施工阶段作为工程造价控制的重要阶段，主要通过工程价款支付控制、工程变更费用控制、预防并处理好费用索赔、挖掘节约工程造价潜力来保证实际发生的费用不超过计划投资或合同价款。

6.5.1 优化施工组织设计

施工组织设计是以施工项目为对象编制的，用以指导施工的技术、经济和管理的综合性文件。若施工图设计是解决造什么样的建筑物产品，那么施工组织设计就是解决如何建造的问题。受建筑产品及其施工特点的影响，每一个工程项目开工前，都必须根据工程特点与施工条件编制施工组织设计。一般施工组织设计应包括施工方案，施工进度计划，施工现场平面布置，有关人力、施工机具、生产设备、建筑材料和施工用水、电、动力、运输等物质资源的需要及供应与解决方法。

优化施工组织设计，就是通过科学的方法，对多方案的施工组织设计进行技术经济分析，从中选择确定最优的方案，在保证技术的先进性同时降低成本。优化施工组织设计的方法有定性分析法、定量分析法、价值工程法等。定性分析法就是根据设计者、造价工程师的以往施工和管理经验，对施工组织设计进行分析。例如：施工平面设计是否合理，主要看场地是否合理利用，临时设施费用是否适当；进度计划是否合理，主要分析关键工序工期是否恰当等。这种方法比较简便但不精确。但是定量分析可以有助于更准确地分析施工组织设计，如在进度计划的编制中应注意进度安排的均衡性。施工不均衡，可能出现时松时紧，松时人力和物资不能充分利用，紧时可能造成资金周转缓慢、物资供应困难、生产秩序混乱。衡量施工均衡性指标有工程量均衡系数、用工人数均衡系数等，计算公式为：

工程量均衡系数 = 某分项工程施工期内的工程量最高量 ÷
某分项工程施工期内的工程量平均量

用工人数均衡系数 = 施工期内最高用工人数 ÷ 施工期内平均用工人数

以上指标越趋近于 1，其均衡性越好。施工企业还可以通过计算工程成本指标，直接衡量造价控制效果。如单位工程成本降低率是预算成本与计划成本之差与预算成本的比值，该指标值越大越好。

6.5.2 工程变更与合同价款调整

工程变更包括设计变更、施工进度计划变更、施工条件变更及原招标文件和工程量清单中未包括的"新增工程"。按照《建设工程施工合同（示范文本）》的规定，工程变更包括：

（1）更改工程有关部分的标高、基线、位置、尺寸。

（2）增减合同中约定的工程量。

（3）改变有关工程的施工时间和顺序。

（4）其他有关工程变更需要的附加工作。

工程项目实施的过程是工程变更的多发区，一旦发生变更，对建设工程造价、进度及质量影响均较大，尤其对工程造价，因为工程的实际造价为合同价加承包方索赔额，变更是索赔发生的最为常见的诱因，由于工程变更引起工程量的变化、承包方的索赔，有可能使最终的结算价大大超出预算价和合同价，造成投资失控。另外，由于工程变更容易引起停工、返工现象，造成进度滞后，协调工作难度加大，非常不利于项目目标管理的进行。

因此，对于工程变更，一方面应尽量把变更控制在设计阶段，减少实施过程的变更；另一方面，当变更发生时，要严格按照《建筑工程施工合同（示范文本）》中规定的处理程序，分清责任，认真处理。

6.5.2.1　工程变更的处理程序

我国《建筑工程施工合同（示范文本）》规定：承发包双方无论任何一方提出工程变更，均须由工程师确认并签发工程变更指令。当工程变更发生时，工程师签发的工程变更指令是确认工程变更，以此作为进行工程变更、工程价款和进度计划调整的依据。工程变更必须按照规定的程序进行。

（1）发包人对原工程设计进行变更。施工中发包人需对原工程设计进行变更，应提前14天以书面形式向承包人发出变更通知。变更超过原设计标准或批准的建设规模时，发包人应报规划管理部门和其他有关部门重新审查批准，并由原设计单位提供变更的相应图纸和说明。承包人按照工程师发出的变更通知及有关要求进行变更。因变更导致合同价款的增减及造成的承包人损失，由发包人承担，延误的工期相应顺延。

（2）承包人要求对原工程进行变更。施工中承包人不得对原工程设计进行变更。因承包人擅自变更设计发生的费用和由此导致发包人的直接损失，由承包人承担，延误的工期不予顺延。

承包人在施工中提出的合理化建议涉及对设计图纸或施工组织设计的更改及对材料、设备的换用时，须经工程师同意。未经同意擅自更改或换用，承包人承担由此发生的费用，并赔偿发包人的有关损失，延误的工期不予顺延。

工程师同意采用承包人合理化建议，所发生的费用和获得的收益，发包人与承包人另行约定分担或分享。

（3）其他变更。合同履行中发包人要求变更工程质量标准及发生其他实质性行为时，由双方协商解决。《中华人民共和国合同法》第七十七条规定："当事人协商一致，可以变更合同。"根据这条规定，工程其他变更事项，均须经过发包人和承包人协商一致。

6.5.2.2　工程变更价款的计算方法

工程变更价款的确定应在双方协商的时间内，由承包商提出变更价格，报工程师批准后方可调整合同价或顺延工期。对承包商提出的变更价款，应按有关规定进行处理：

（1）承包人在工程变更确定后14天内，提出变更工程价款的报告，经工程师确认后调整合同价款。变更合同价款按以下方法进行：1）合同中已有适用于变更工程的价格，按合同已有的价格计算变更合同价款；2）合同中只有类似于变更工程的价格，可以参照类似价格变更合同价款；3）合同中没有适用或类似于变更工程的价格，由承包人提出适当的变更价格，经工程师确认后执行。

（2）承包人在双方确定变更后14天内不向工程师提出变更工程价款报告时，视为该项变更不涉及合同价款的变更。

（3）工程师应在收到变更工程价款报告之日起14天内予以确认，工程师无正当理由不确认时，自变更工程价款报告送达之日起14天视为变更工程价款报告已被确认。

（4）工程师不同意承包人提出的工程变更价款，按《中华人民共和国合同法》通用条款第三十七条关于争议的约定处理。即承发包双方可以和解或者要求合同管理及其他有关主管部门调解。和解或调解不成，双方可以采用仲裁或向人民法院起诉的方式解决。

（5）工程师确认增加的工程变更价款作为追加合同价款，与工程款同期支付。

（6）因承包人自身原因导致的工程变更，承包人无权要求追加合同价款。

6.5.3 工程索赔

工程索赔是在工程承包合同履行中，当事人一方由于另一方未履行合同所规定的义务或者出现了应当由对方承担的风险而遭受损失时，向另一方提出赔偿要求的行为。索赔是双向的，我国《建设工程施工合同（示范文本）》中索赔既包括承包人向发包人的索赔，也包括发包人向承包人的索赔。在工程实践中，发包人索赔数量较小，而且处理方便，可以通过冲账、扣拨工程款、扣保证金等实现对承包人的索赔，而承包人对发包人的索赔则比较困难一些。通常情况下，索赔是指承包人（施工单位）在合同实施过程中，对非自身原因造成的工程延期、费用增加而要求发包人给予补偿损失的一种权利要求。

索赔有较广泛的含义，可以概括为如下三个方面：

（1）一方违约使另一方蒙受损失，受损方向对方提出赔偿损失的要求。

（2）发生应由业主承担责任的特殊风险或遇到不利自然条件等情况，使承包商蒙受较大损失而向业主提出补偿损失要求。

（3）承包商本人应当获得的正当利益，由于没有及时得到监理工程师的确认和业主应给予的支付，而以正式函件向业主索赔。

6.5.3.1 工程索赔产生的原因

（1）当事人违约。当事人违约常常表现为没有按照合同约定履行自己的义务。发包人违约常常表现为没有为承包人提供合同约定的施工条件、未按照合同约定的期限和数额付款等。工程师未能按照合同约定完成工作，如未能及时发出图纸、指令等也视为发包人违约。承包人违约的情况则主要是没有按照合同约定的质量、期限完成施工，或者由于不当行为给发包人造成其他损害。

（2）不可抗力事件。不可抗力事件又可以分为自然事件和社会事件。自然事件主要是指不利的自然条件和客观障碍，如在施工过程中遇到了经现场调查无法发现、业主提供的资料中也未提到的、无法预料的情况，如地下水、地质断层等。社会事件则包括国家政策、法律、法令的变更，战争、罢工等。

（3）合同缺陷。合同缺陷表现为合同文件规定不严谨甚至矛盾，合同中的遗漏或错误。在这种情况下，工程师应当给予解释，如果这种解释导致成本增加或工程延长，发包人应当给予补偿。

（4）合同变更。合同变更表现为设计变更、施工方法变更、追加或者取消某些工作、合同，以及其他规定的变更等。

（5）工程师指令。工程师指令有时也会产生索赔，如工程师指令承包人加速施工、进行某项工作、更换某些材料、采取某些措施等。

（6）其他第三方原因。其他第三方原因常常表现为与工程有关的第三方的问题引起的对本工程的不利影响。

6.5.3.2 工程索赔的分类

工程索赔依据不同的标准可以进行不同的分类。

（1）按索赔的合同依据分类。按索赔的合同依据可以将工程索赔分为合同中明示的索赔和合同中默示的索赔。

1）合同中明示的索赔指承包人提出的索赔要求在该工程项目的合同文件中有文字依据，承包人可以据此提出索赔要求，并取得经济补偿。这些在合同文件中有文字规定的合同条款，称为明示条款。

2）合同中默示的索赔指承包人的该项索赔要求，虽然在工程项目的合同条款中没有专门的文字叙述，但可以根据该合同的某些条款的含义，推论出承包人有索赔权。这种索赔要求同样有法律效力，有权得到相应的经济补偿。这种有经济补偿含义的条款，在合同管理工作中被称为"默示条款"或"隐含条款"。默示条款是一个广泛的合同概念，它包含合同明示条款中没有写入、但符合双方签订合同时设想的愿望和当时环境条件的一切条款。这些默示条款，或者从明示条款所表述的设想愿望中引申出来，或者从合同双方在法律上的合同关系引申出来，经合同双方协商一致，或被法律和法规所指明，都成为合同文件的有效条款，要求合同双方遵照执行。

（2）按索赔目的分类。按索赔目的可以将工程索赔分为工期索赔和费用索赔。

1）工期索赔。由于非承包人责任的原因导致施工进程延误，要求批准顺延合同工期的索赔，称为工期索赔。工期索赔形式上是对权利的要求，以避免在原定合同竣工日不能完工时，被发包人追究拖期违约责任。一旦获得批准合同工期顺延，承包人不仅免除了承担拖期违约赔偿费的严重风险，而且可能因提前工期而得到奖励，最终仍反映在经济收益上。

2）费用索赔。费用索赔的目的是要求经济补偿。当施工的客观条件改变导致承包人增加开支时，可要求对超出计划成本的附加开支给予补偿，以挽回不应由其承担的经济损失。

6.5.3.3　工程索赔的处理原则

（1）索赔必须以合同为依据。不论是风险事件的发生，还是当事人不完成合同工作，都必须在合同中找到相应的依据，当然，有些依据可能是合同中隐含的。工程师依据合同和事实对索赔进行处理是其公平性的重要体现。在不同的合同条件下，这些依据很可能是不同的。

（2）及时、合理地处理索赔。索赔事件发生后，索赔的提出应当及时，索赔的处理也应当及时。索赔处理得不及时，对双方都会产生不利的影响，如承包人的索赔长期得不到合理解决，索赔积累的结果会导致其资金周转困难，同时会影响工程进度，给双方都带来不利的影响。处理索赔还必须坚持合理性原则，既考虑到国家的有关规定，也应当考虑到工程的实际情况。如承包人对机械停工提出索赔要求，按照机械台班单价计算损失显然是不合理的，因为机械停工不发生运行费用。

（3）加强主动控制，减少工程索赔。对于工程应当加强主动控制，尽量减少索赔。这就要求在工程管理过程中尽量将工作做在前面，减少索赔事件的发生。这样能够使工程更顺利地进行，降低工程投资，缩短施工工期。

6.5.3.4　工程索赔的程序

（1）《建设工程施工合同（示范文本）》规定的工程索赔程序。当合同当事人一方向另一方提出索赔时，要有正当的索赔理由，且有索赔事件发生的有效证据。例如，发包人未能按合同约定履行自己的各项义务或发生错误以及由于第三方原因，给承包人造成延期支付合同价款、延误工期或其他经济损失，以及不可抗力延误的工期等。

1）承包人提出索赔申请。应在索赔事件发生 28 天内向工程师发出索赔意向通知。合同实施过程中，凡不属于承包人责任导致项目拖期和成本增加事件发生后的 28 天内，必须以正式函件通知工程师，声明对此事项要求索赔，同时仍须遵照工程师的指令继续施工。逾期申报时，工程师有权拒绝承包人的索赔要求。

2）发出索赔意向通知后 28 天内，向工程师提出补偿经济损失和（或）延长工期的索赔报告及有关资料。正式提出索赔申请后，承包人应抓紧准备索赔的证据资料，包括事件的原因、对其权益影响的证据资料、索赔的依据，以及其他计算出的该事件影响所要求的索赔额和申请延长工期天数，并在索赔申请发出的 28 天内报出。

3）工程师审核承包人的索赔申请。工程师在收到承包人送交的索赔报告和有关资料后，于 28 天内给予答复，或要求承包人进一步补充索赔理由和证据。接到承包人的索赔后，工程师应该立即研究承包人的索赔资料，在不确认责任属谁的情况下，依据自己的同期记录资料客观分析事故发生的原因，依据有关合同条款，研究承包人提出的索赔证据。必要时还可以要求承包人进一步提交补充资料，包括索赔的更详细说明材料或索赔计算的依据。工程师在 28 天内未予答复或未对承包人作进一步要求，视为该项索赔已经被认可。

4）当该索赔事件持续进行时，承包人应当阶段性地向工程师发出索赔意向，在索赔事件终了后 28 天内，向工程师提供索赔的有关资料和最终索赔报告。

5）工程师与承包人谈判。双方各自依据对这一事件的处理方案进行友好协商，若能通过谈判达成一致意见，则该事件较容易解决；如果双方对该事件的责任、索赔款额或工期顺延天数分歧较大，通过谈判达不成共识的话，按照条款规定，工程师有权确定一个他认为合理的单价或价格作为最终的处理意见报送业主并相应通知承包人。

6）发包人审批工程师的索赔处理证明。发包人首先根据事件发生的原因、责任范围、合同条款审核承包人的索赔申请和工程师的处理报告，再根据项目的目的、投资控制、竣工验收要求，以及针对承包人在实施合同过程中的缺陷或不符合合同要求的地方提出反索赔方面的考虑，决定是否批准工程师的索赔报告。

7）承包人是否接受最终的索赔决定。当承包人同意最终的索赔决定时，这一索赔事件即告结束。若承包人不接受工程师的单方面决定或业主删减的索赔或工期顺延天数，就会导致合同纠纷。通过谈判和协调双方达成互让的解决方案是处理纠纷的理想方式。如果双方不能达成谅解就只能诉诸仲裁或者诉讼。

承包人未能按合同约定履行自己的各项义务或发生错误给发包人造成损失的，发包人也可按上述时限向承包人提出索赔。

根据《建设工程工程量清单计价规范》（GB 50500—2013），索赔与现场签证的相关表格见表 6-6~表 6-8。现场签证是承包人应发包人要求完成合同以外的零星工作或非承包人责任事件发生时，承包人应按合同约定及时向发包人提出并获得认可的文件。发、承包人双方确认的索赔与现场签证费用与工程进度款同期支付。

表 6-6　索赔与现场签证计价汇总表

工程名称：　　　　　　　　　　标段：　　　　　　　　　第　页共　页

序　号	签证及索赔项目名称	计量单位	数　量	单价/元	合价/元	索赔及签证依据
本页小计						—
合　　计						—

注：签证及索赔依据是指经双方认可的签证单和索赔依据的编号。

表 6-7　费用索赔申请（核准）表

工程名称：　　　　　　　　　　标段：　　　　　　　　　编号：

致：＿＿＿＿＿＿＿＿＿＿＿＿＿＿＿＿＿＿＿＿＿＿＿＿＿（发包人全称）

根据施工合同条款第＿＿＿＿＿条的约定，由于＿＿＿＿＿＿＿＿＿＿原因，我方要求索赔金额（大写）＿＿＿＿＿

＿＿＿＿元，（小写）＿＿＿＿＿＿元，请予核准。

附：1. 费用索赔的详细理由和依据：

　　2. 索赔金额的计算：

　　3. 证明材料：

　　　　　　　　　　　　　　　　　　　　　　　　　　　承包人（章）

造价人员＿＿＿＿＿＿＿＿＿＿＿＿承包人代表＿＿＿＿＿＿＿＿＿＿＿　日期＿＿＿＿＿＿

复核意见： 　根据施工合同条款第＿＿＿条的约定，你方提出的费用索赔申请经复核： 　□不同意此项索赔，具体意见见附件。 　□同意此项索赔，索赔金额的计算，由造价工程师复核。 　　　　　　　监理工程师＿＿＿＿＿＿ 　　　　　　　日　　期＿＿＿＿＿＿	复核意见： 　根据施工合同条款第＿＿＿条的约定，你方提出的费用索赔申请经复核，索赔金额为（大写）＿＿＿＿＿＿元，（小写）＿＿＿＿＿＿元。 　　　　　　　造价工程师＿＿＿＿＿＿ 　　　　　　　日　　期＿＿＿＿＿＿

审核意见：

　□不同意此项索赔。

　□同意此项索赔，与本期进度款同期支付。

　　　　　　　　　　　　　　　　　　　　　　　　发包人（章）

　　　　　　　　　　　　　　　　　　　　　　　　发包人代表＿＿＿＿＿＿

　　　　　　　　　　　　　　　　　　　　　　　　日　　期＿＿＿＿＿＿

注：1. 在选择栏中的"□"内作标识"√"；

　　2. 本表一式四份，由承包人填报，发包人、监理人、造价咨询人、承包人各存一份。

表 6-8 现场签证表

工程名称：_____ 标段：_____ 编号：_____

施工单位		日 期	

致：_____（发包人全称）

　　根据_____（指令人姓名）　年 月 日的口头指令或你方_____（或监理人）　年 月 日的书面通知，我方要求完成此项工作应支付价款金额为（大写）_____元，（小写）_____元，请予核准。

附：1. 签证事由及原因：

　　2. 附图及计算式：

承包人（章）

　　造价人员_____　承包人代表_____　日期_____

复核意见： 你方提出的此项签证申请经复核： □不同意此项签证，具体意见见附件。 □同意此项签证，签证金额的计算，由造价工程师复核。 　　　　　监理工程师_____ 　　　　　日　期_____	复核意见： □此项签证按承包人中标的计日工单价计算，金额为（大写）_____元，（小写）____元。 □此项签证因无计日工单价，金额为（大写）____元，（小写）_____元。 　　　　　造价工程师_____ 　　　　　日　期_____

审核意见：

□不同意此项签证。

□同意此项签证，价款与本期进度款同期支付。

发包人（章）
发包人代表_____
日　期_____

注：1. 在选择栏中的"□"内作标识"√"；

　　2. 本表一式四份，由承包人在收到发包人（监理人）的口头或书面通知后填写，发包人、监理人、造价咨询人、承包人各存一份。

6.5.3.5　工程索赔的依据

提出索赔的依据有以下几方面：

（1）招标文件、施工合同文本及附件，其他各签约文件（如备忘录、修正案等），经认可的工程实施计划、各种工程图纸、技术规范等。这些索赔的依据可在索赔报告中直接引用。

（2）双方的往来信件及各种会谈纪要。在合同履行过程中，业主、监理工程师和承包人定期或不定期的会谈所做出的决议或决定是合同的补充，应作为合同的组成部分，但会谈纪要只有经过各方签署后才可作为索赔的依据。

（3）进度计划和具体的进度安排以及项目现场的有关文件。这是变更索赔的重要证据。

（4）气象资料、工程检查验收报告和各种技术鉴定报告，工程中送停电、送停水、道路开通和封闭的记录和证明。

（5）国家有关法律、法令、政策文件，官方的物价指数、工资指数，各种会计核算资料，材料的采购、订货、运输、进场、使用方面的凭据。

由上可见，索赔要有证据，证据是索赔报告的重要组成部分，证据不足或没有证据，索赔就不能成立。总之，施工索赔是利用经济杠杆进行项目管理的有效手段，对承包人、发包人和监理工程师来说，处理索赔问题水平的高低，反映了对项目管理水平的高低。由于索赔是合同管理的重要环节，也是计划管理的动力，更是挽回成本损失的重要手段，所以随着建筑市场的建立和发展，它将成为项目管理中越来越重要的问题。

6.5.3.6 索赔的计算

（1）可索赔的费用。可索赔的费用内容一般包括以下几个方面：

1）人工费。包括增加工作内容的人工费、停工损失费和工作效率降低的损失费等累计，但不能简单地用计日工费计算。

2）设备费。可采用机械台班费、机械折旧费、设备租赁费等几种形式。

3）材料费。

4）保函手续费。工程延期时，保函手续费相应增加；反之，取消部分工程且发包人与承包人达成提前竣工协议时，承包人的保函金额相应折减，则计入合同价内的保函手续费也应扣减。

5）贷款利息。

6）保险费。

7）利润。

8）管理费。此项又可分为现场管理费和公司管理费两部分，由于二者的计算方法不一样，所以在审核过程中应区别对待。

（2）费用索赔的计算。费用索赔的计算方法有实际费用法、修正总费用法等。

实际费用法是按照每一索赔事件所引起损失的费用项目分别分析计算索赔值，然后将各费用项目的索赔值汇总，即可得到总索赔费用值。这种方法以承包商为某项索赔工作所支付的实际开支为依据，但仅限于由于索赔事件引起的、超过原计划的费用，故也称额外成本法。在这种计算方法中，需要注意的是不要遗漏费用项目。

修正总费用法是对总费用法的改进，即在总费用计算的原则上，去掉一些不确定的可能因素，对总费用法进行相应的修改和调整，使其更加合理。

（3）工期索赔中应当注意的问题：

第一，划清施工进度拖延的责任。因承包人的原因造成施工进度滞后，属于不可原谅的延期，只有承包人不应承担任何责任的延误，才是可原谅的延期。有时工期延期的原因可能包括双方责任，此时工程师应进行详细分析，分清责任比例。非承包人责任的影响并未导致施工成本的额外支出，大多属于发包人应承担风险责任事件的影响，如异常恶劣的气候条件影响的停工等。

第二，被延误的工作应是处于施工进度计划关键线路上的施工内容。只有位于关键线路上工作内容的滞后，才会影响到竣工日期。但有时也应注意，既要看被延误的工作是否在批准进度计划的关键路线上，又要详细分析这一延误对后续工作的可能影响。因为若对非关键路线工作的影响时间较长，超过了该工作可用于自由支配的时间，也会导致进度计划中非关键路线转化为关键路线，其滞后将导致总工期的拖延。此时，应充分考虑该工作的自由时间，给予相应的工期顺延，并要求承包人修改施工进度计划。

（4）工期索赔的计算。工期索赔的计算主要有网络图分析和比例计算法两种：

网络图分析法是利用进度计划的网络图，分析其关键线路。如果延误的工作为关键工作，则总延误的时间为批准顺延的工期。如果延误的工作为非关键工作，当该工作由于延误超过时差限制成为关键工作时，可以批准延误时间与时差的差值；若该工作延误后仍为非关键工作，则不存在工期索赔问题。

比例计算法的公式如下。

对于已知部分工程的延期时间：

$$工期索赔值 = （受干扰部分工程的合同价 ÷ 原合同总价） × 该受干扰部分工期拖延时间$$
$$(6\text{-}1)$$

对于已知额外增加工程量的价格：

$$工期索赔值 = （额外增加工程量的价格 ÷ 原合同总价） × 原合同总工期 \qquad (6\text{-}2)$$

比例计算法简单方便，但有时不尽符合实际情况，因而不适用于变更施工顺序、加速施工、删减工程量等事件的索赔。

（5）索赔报告的内容。索赔报告的具体内容随该索赔事件的性质和特点的不同而有所不同，一个完整的索赔报告应包括以下四个部分。

1）总论部分。总论部分一般包括序言、索赔事件概述、具体索赔要求、索赔报告编写及审核人员名单。

文中首先应概要地论述索赔事件的发生日期与过程；施工单位为该索赔事件所付出的努力和附加开支；施工单位的具体索赔要求。在总论部分最后，应附上索赔报告编写主要人员及审核人员的名单，注明有关人员的职称、职务及施工经验，以表示该索赔报告的严肃性和权威性。总论部分的阐述要简明扼要，并说明问题。

2）根据部分。根据部分主要是说明自己具有的索赔权利，这是索赔能否成立的关键。根据部分的内容主要来自该工程项目的合同文件，并参照有关法律规定。该部分中施工单位应引用合同中的具体条款，说明自己理应获得经济补偿或工期延长。

根据部分的篇幅可能很长，其具体内容随各个索赔事件的特点而不同。一般地，根据部分应包括以下内容：索赔事件的发生情况、已递交索赔意向书的情况、索赔事件的处理过程、索赔要求的合同根据、所附的证据资料。

在写法结构上，按照索赔事件发生、发展、处理和最终解决的过程编写，并明确全文引用有关的合同条款，使建设单位和监理工程师能历史地、逻辑地了解索赔事件的始末，并充分认识该项索赔的合理性和合法性。

3）计算部分。索赔计算的目的是以具体的计算方法和计算过程说明自己应得经济补偿的款额或延长时间。如果说根据部分的任务是解决索赔能否成立，则计算部分的任务就是决定应得到多少索赔款额和工期。前者是定性的，后者是定量的。

在款额计算部分，施工单位必须阐明下列问题：索赔款的要求总额；各项索赔款的计算，如额外开支的人工费、材料费、管理费和损失利润；指明各项开支的计算依据及证据资料，施工单位应注意采用合适的计价方法。至于采用哪一种计价法，首先，应根据索赔事件的特点及自己所掌握的证据资料等因素来确定；其次，应注意每项开支款的合理性，并指出相应的证据资料的名称及编号。切忌采用笼统的计价方法和不实的开支款额。

4）证据部分。证据部分包括该索赔事件所涉及的一切证据资料，以及对这些证据的说明，证据是索赔报告的重要组成部分，没有翔实可靠的证据，索赔是不能成功的。在引用证据时，要注意该证据的效力或可信程度。为此，对重要的证据资料最好附以文字证明或确认件。例如，对一个重要的电话内容，仅附上自己的记录本是不够的，最好附上经过双方签字确认的电话记录，或附上发给对方要求确认该电话记录的函件，即使对方未给复函，亦可说明责任在对方，因为对方未复函确认或修改，按惯例应理解为他已默认。

6.5.4　工程价款调整

在工程项目实施过程中，由于大量不可预见因素可能导致工程价款的调整，《建设工程工程量清单计价规范》（GB 50500—2013）做了如下规定：

（1）以下事项（但不限于）发生，发承包双方应当按照合同约定调整合同价款：法律法规变化、工程变更、项目特征描述不符、工程量清单缺项、工程量偏差、物价变化、暂估价、计日工、现场签证、不可抗力、提前竣工（赶工补偿）、误期赔偿、施工索赔、暂列金额、发承包双方约定的其他调整事项。

（2）出现合同价款调增事项（不含工程量偏差、计日工、现场签证、施工索赔）后的 14 天内，承包人应向发包人提交合同价款调增报告并附上相关资料，若承包人在 14 天内未提交合同价款调增报告的，视为承包人对该事项不存在调整价款。

（3）发包人应在收到承包人合同价款调增报告及相关资料之日起 14 天内对其核实，予以确认的应书面通知承包人。如有疑问，应向承包人提出协商意见。发包人在收到合同价款调增报告之日起 14 天内未确认也未提出协商意见的，视为承包人提交的合同价款调增报告已被发包人认可。发包人提出协商意见的，承包人应在收到协商意见后的 14 天内对其核实，予以确认的应书面通知发包人。如承包人在收到发包人的协商意见后 14 天内既不确认也未提出不同意见，视为发包人提出的意见已被承包人认可。

（4）如发包人与承包人对不同意见不能达成一致，只要不实质影响发承包双方履约的，双方应实施该结果，直到其按照合同争议的解决被改变为止。

（5）出现合同价款调减事项（不含工程量偏差、施工索赔）后的 14 天内，发包人应向承包人提交合同价款调减报告并附相关资料，若发包人在 14 天内未提交合同价款调减报告的，视为发包人对该事项不存在调整价款。

（6）经发承包双方确认调整的合同价款，作为追加（减）合同价款，与工程进度款或结算款同期支付。

6.6　竣工阶段工程造价的管理

6.6.1　建设项目竣工验收

建设项目竣工验收是指由建设单位、施工单位和项目验收委员会，以项目批准的设计任务书和设计文件，以及国家或部门颁发的施工验收规范和质量检验标准为依据，按照一定的程序和手续，在项目建成并试生产合格后（工业生产性项目），对工程项目的总体进行检验和认证、评价和鉴定的活动。竣工验收是建设工程的最后阶段。一个单位工程或一个建设项目在全部竣工后进行检验验收及交工，是建设、施工、生产准备工作进行检验评定的重要环节，也是对建设成果和投资效果的总检验。竣工验收应严格按照国家的有关规定组成验收组进行。建设项目和单项工程要按照设计文件规定的全部内容建成最终建筑产品，根据国家有关规定评定质量等级，进行竣工验收。

建设项目竣工验收，按被验收的对象划分，可分为单项工程验收、单位工程验收（称为"交工验收"）及工程整体验收（称为"动用验收"）。通过建设项目竣工验收环节，可以达到以下目的：

（1）全面考核建设成果，检查设计、工程质量是否符合要求，确保项目按设计要求的各项技术经济指标正常使用。

（2）通过竣工验收确定固定资产使用手续，可以总结工程建设经验，为提高建设项目的经济效益和管理水平提供重要依据。

（3）建设项目竣工验收是项目施工阶段的最后一个程序，是建设成果转入生产使用的标志，是审查投资使用是否合理的重要环节。

（4）建设项目建成投产交付使用后，能否取得良好的宏观效益，需要经过国家权威管理部门按照技术规范、技术标准组织验收确认。因此，竣工验收是建设项目转入投产使用的必要环节。

建设项目通过竣工验收后，由施工单位移交建设单位使用，并办理各种移交手续，这标志着建设项目全部结束，即建设资金转化为使用价值。建设项目竣工验收的主要任务有建设单位、勘察和设计单位、施工单位分别对建设项目的决策和论证、勘察和设计以及施工的全过程进行最后的评价，对各自在建设项目进展过程中的经验和教训进行客观的评价；然后办理建设项目的验收和移交手续，并办理建设项目竣工结算和竣工决算，以及建设项目档案资料的移交和保修手续等。

6.6.1.1　建设项目竣工验收的条件和程序

国务院 2000 年 1 月发布的第 279 号令《建设工程质量管理条例》规定，建设工程竣工验收应当具备以下条件：

（1）完成建设工程设计和合同约定的各项内容。

（2）有完整的技术档案和施工管理资料。

（3）有工程使用的主要建筑材料、建筑构配件和设备的进场试验报告。

（4）有勘察、设计、施工、工程监理等单位分别签署的质量合格文件。

（5）有施工单位签署的工程保修书。

根据国家规定，建设项目竣工验收、交付生产使用，必须满足以下要求：

（1）生产性项目和辅助性公用设施已按设计要求完成。

（2）主要工艺设备配套经联动负荷试车合格，形成生产能力，能够生产出设计文件所规定的产品。

（3）必要的生产设施，已按设计要求建成。

（4）生产准备工作能适应投产的需要。

（5）环境保护设施、劳动安全卫生设施、消防设施已按设计要求与主体工程同时建成使用。

（6）生产性投资项目，如工业项目的土建工程、安装工程、人防工程、管道工程、通讯工程等工程的施工和竣工验收，必须按照国家和行业施工及验收规范执行。

建设项目全部建成，经过各单项工程的验收符合设计的要求，并具备竣工图表、竣工决算、工程总结等必要文件资料，由建设项目主管部门或建设单位向负责验收的单位提出竣工验收申请报告，按程序验收。竣工验收的一般程序如下。

（1）承包商申请交工验收。承包商在完成了合同工程或按合同约定可分步移交工程的，可申请交工验收。竣工验收一般为单项工程，但在某些特殊情况下也可以是单位工程的施工内容，诸如特殊基础处理工程、发电站单机机组完成后的移交等。承包商施工的工程达到竣工条件后，应先进行预检验，对不符合要求的部位和项目，确定修补措施和标准，修补有缺陷的工程部位；对于设备安装工程，要与甲方和监理工程师共同进行无负荷的单机和联动试车。承包商在完成了上述工作和准备好竣工资料后，即可向甲方提交竣工验收申请报告，一般由基层施工单位先进行自验、项目经理自验、公司级预验三个层次进行竣工验收预验收，亦称竣工预验，为正式验收做好准备。

（2）监理工程师现场初验。施工单位通过竣工预验收，对发现的问题进行处理后，决定正式提请验收，应向监理工程师提交验收申请报告，监理工程师审查验收申请报告，如认为可以验收，则由监理工程师组成验收组，对竣工的工程项目进行初验。在初验中发现的质量问题，要及时书面通知施工单位，令其修理甚至返工。

（3）正式验收。由业主或监理工程师组织，有业主、监理单位、设计单位、施工单位、工程质量监督站等参加的正式验收，工作程序如下：

1）参加工程项目竣工验收的各方对已竣工的工程进行目测检查和逐一核对工程资料所列内容是否齐备和完整。

2）举行各方参加的现场验收会议，由项目经理对工程施工情况、自验情况和竣工情况进行介绍，并出示竣工资料，包括竣工图和各种原始资料及记录；由项目总监理工程师通报工程监理中的主要内容，宣布竣工验收的监理意见；业主根据在竣工项目中目测发现的问题，按照合同规定对施工单位提出限期处理意见；然后暂时休会，由质检部门会同业主及监理工程师讨论正式验收是否合格；最后复会，由业主或总监理工程师宣布验收结果，质检站人员宣布工程质量等级。

3）办理竣工验收签证书，三方签字盖章。

4）单项工程验收。单项工程验收又称交工验收，即验收合格后业主方可投入使用。由业主组织的交工验收，主要依据国家颁布的有关技术规范和施工承包合同，对以下几方面进行检查或检验：

①检查、核实竣工项目，准备移交给业主的所有技术资料的完整性、准确性。

②按照设计文件和合同，检查已完工程是否漏项。

③检查工程质量、隐蔽工程验收资料、关键部位的施工记录等，考察施工质量是否达到合同要求。

④检查试车记录及试车中所发现的问题是否得到改正。

⑤在交工验收中发现需要返工、修补的工程，明确规定完成期限。

⑥其他涉及的有关问题。

经验收合格后，业主和承包商共同签署"交工验收证书"。然后由业主将有关技术资料和试车记录、试车报告及验收报告一并上报主管部门，经批准后该部分工程即可投入使用。验收合格的单项工程，在全部工程验收时，原则上不再办理验收手续。

5) 全部工程的竣工验收。全部施工完成后，由国家主管部门组织的竣工验收，又称为动用验收，业主参与全部工程竣工验收。

整个建设项目进行竣工验收后，业主应及时办理固定资产交付使用手续。在进行竣工验收时，已验收过的单项工程可以不再办理验收手续，但应将单项工程交工验收证书作为最终验收的附件而加以说明。

6.6.1.2 建设项目竣工验收的组织和职责

建设项目竣工验收的组织按国家计委关于《建设项目（工程）竣工验收办法》的规定执行。大中型和限额以上基本建设和技术改造项目（工程），由国家计委或国家计委委托项目主管部门、地方政府部门组织验收；小型和限额以下基本建设和技术改造项目（工程），由项目（工程）主管部门或地方政府部门组织验收。竣工验收要根据工程规模大小、复杂程度组成验收委员会或验收组。验收委员会或验收组由银行、物资、环保、劳动、消防及其他有关部门组成。建设单位、接管单位、施工单位、勘察设计单位及监理、造价等单位以及质检部门都要参加验收工作。

验收委员会或验收组的主要职责是：

（1）审查预验收情况报告和移交生产准备情况报告。

（2）审查各种技术资料，如项目可行性研究报告、设计文件、概预算，有关项目建设的重要会议记录，以及各种合同、协议、工程技术经济档案等。

（3）对项目主要生产设备和公用设施进行复验和技术鉴定，审查试车规格，检查试车准备工作，监督检查生产系统的全部带负荷运转，评定工程质量。

（4）处理交接验收过程中出现的有关问题。

（5）核定移交工程清单，签订交工验收证书。

（6）提出竣工验收工作的总结报告和国家验收鉴定书。

6.6.2 竣工验收阶段工程造价管理的内容

竣工验收阶段与工程造价相关的内容包括竣工结算的编制与审查、竣工决算的编制、保修费用的处理，以及针对建成项目技术经济指标的后评价等。在这个阶段，无论是与施工企业的结算，还是企业自身的最终决算，都要科学及时办理，否则，将会影响竣工验收及交付使用，也会对是否能发挥投资的经济效益产生重大影响。

6.6.2.1 竣工结算审查与处理

竣工结算是指承包方完成合同内工程的施工并通过了交工验收后，所提交的竣工结算书经过业主和监理工程师审查签证，送交经办银行或工程预算审查部门审查签认，然后由经办银行办理拨付工程价款手续的过程。竣工结算是承包人与业主办理工程价款最终结算的依据，是双方签订建筑安装工程承包合同终结的依据。同时，工程竣工结算是核定建设工程造价的依据，也是建设项目验收后编制竣工结算、核定新增资产价值的依据。因此，工程竣工结算应充分、合理地反映承包工程的实际价值。工程竣工后，建设单位应该会同监理工程师或委托有执业资格的造价审计事务所对施工单位报送的竣工结算进行严格的审核，确保工程竣工结算能真实地反映工程的实际造价。我国的《工程价款结算办法》对竣工结算审查的期限、审查部门等做了规定。

在实际操作中，应注意以下几个问题：

（1）应严格按照招标文件和合同条款处理结算问题，不得随意改变结算方式和方法。

（2）认真复核施工过程中出现的变更、施工签证、索赔事项及材料、设备的认价单，并将工程实际和市场价格进行对比分析，发现问题、追查落实、保证其公正性。

（3）将招标文件中工程量清单和报价单核对，审查结算编制的依据和各项资金数额的正确性。

《工程价款结算办法》规定：发包人收到承包人递交的竣工结算报告及完整的结算资料后，应在规定的期限（合同约定有期限的，从其约定）进行核实，给予确认或者提出修改意见，发包人根据确定的竣工结算报告向承包人支付工程竣工结算价款，保留5%左右的质量保证（保修）金，待工程交付使用一年质保期到后清算（合同另有约定的，从其约定），质保期内如有返修，发生费用应在质量保证（保修）金内扣除。当工程当事人对工程造价发生合同纠纷时，可通过下列办法解决：

（1）双方协商确定。

（2）按合同条款约定的方法提请调解。

（3）向有关仲裁结构申请仲裁或向人民法院起诉。

6.6.2.2　竣工决算的分析

竣工决算是指所有建设项目竣工后，业主按照国家规定编制的决算报告。竣工决算是反映建设单位实际投资额即工程最终造价的文件，从中能全面反映工程建设投资计划的实际执行情况，通过竣工决算的各项费用数额与原计划投资的各项费用数额比较，可以得出量化的具体数据指标，以反映节约或超支的情况。同时，通过对设计概算、施工图预算、竣工决算的"三算分析"，能够直接反映出固定资产投资计划的完成情况和投资效果。在分析中，应主要比较以下内容，并总结经验教训，为未来工程计价提供基础资料。

（1）主要实物工程量。对于实物工程量出入较大的情况，必须查明原因。

（2）主要材料消耗量。考核主要材料消耗量，要按照竣工决算表中所列明的三大材料实际超概算的消耗量，查明在工程的哪个环节超出量最大，并进一步查明超耗原因。

（3）考核建设单位企业管理费、建筑及安装工程规费及措施费、利润和税金取费标准。根据竣工决算报表中所列的内容与概预算中所列的数额进行比较，依据规定查明是否多列或少列的费用项目，确定其节约超支的数额，并查明原因。

6.6.2.3　保修费用的处理

按照《中华人民共和国合同法》规定，建设工程施工合同内容包括工程质量保修范围和质量保证期。保修是指施工单位按照国家或行业现行的有关技术标准、设计文件及合同中对质量的要求，对已竣工验收的建设工程在规定的保修期限内，进行保修、返工等工作。《建设工程质量管理条令》规定，建设工程承包单位在向建设单位提交工程竣工验收报告中，在正常使用条件下，建设工程的最低保修期限为：（1）基础设施工程、房屋建筑的地基础和主体结构工程，为设计文件规定的该工程的合理使用年限；（2）屋面防水工程、有防水要求的卫生间、房间和外墙面的防渗漏，为5年；（3）供热与供冷系统，为2个采暖期、供冷期；（4）电气管线、给排水管道、设备安装和装修工程，为2年；（5）

其他项目的保修期限由发包方与承包方约定。建设工程的保修期，自竣工验收合格之日起计算。

保修费用是指建设工程在保修期限和保修范围内所发生的维修、返工等各项费用支出，保修费用应按合同和有关规定合理确定和控制。保修费用一般可参照建筑安装工程造价的确定程序和方法计算，也可以按建筑安装工程造价或承包商合同价的一定比例计算（如5%）。

基于建筑安装工程情况复杂，不像其他商品那样单一，出现的质量缺陷和隐患等问题往往是由于多方面原因造成的，因此，在费用处理上应分清造成问题的原因及具体返修内容，按照国家有关规定和合同要求与有关单位共同商定处理办法。

（1）勘察、设计原因造成保修费用的处理。由勘察、设计方面的原因造成的质量缺陷，由勘察、设计单位负责并承担经济责任，由施工单位负责维修或处理。

（2）施工原因造成的保修费用处理。施工单位未按国家有关规范、标准和设计要求施工，造成质量缺陷，由施工单位负责无偿返修并承担经济责任。

（3）设备、材料、构配件不合格造成的保修费用处理。因设备材料、构配件质量不合格引起的质量缺陷，属于施工单位采购的或经其验收同意的，由施工单位承担经济责任；属于建设单位采购的，由建设单位承担经济责任。

（4）用户使用原因造成的保修费用处理。因用户使用不当原因造成的质量缺陷，由用户自行负责。

（5）不可抗力原因造成的保修费用处理。因地震、洪水、台风等不可抗力造成的质量缺陷问题，施工单位和设计单位不承担经济责任，由建设单位负责处理。

6.6.3 工程计价争议处理

在工程计价中，对工程造价计价依据、办法以及相关政策规定发生争议事项的，由工程造价管理机构负责解释。

发包人以对工程质量有异议，拒绝办理工程竣工结算的，已竣工验收或已竣工未验收但实际投入使用的工程，其质量争议按该工程保修合同执行，竣工结算按合同约定办理；已竣工未验收且未实际投入使用的工程以及停工、停建工程的质量争议，双方应就有争议的部分委托有资质的检测鉴定机构进行检测，根据检测结果确定解决方案，或按工程质量监督机构的处理决定执行后办理竣工结算，无争议部分的竣工结算按合同约定办理。

发、承包双方发生工程造价合同纠纷时，应通过下列办法解决：

（1）双发协商；

（2）提请调解，工程造价管理机构负责调解工程造价问题；

（3）按合同约定向仲裁机构申请仲裁或向人民法院起诉。

复习思考题

6-1 工程造价的管理与控制包括哪些内容？

6-2 影响投资估算的主要因素有哪些？

6-3 限额设计的目标是什么？

6-4 工程合同价有哪几种，如何选择合同类型？

6-5 何为标底，如何编制标底？

6-6 何为投标报价，如何编制投标报价？

6-7 简述工程变更对造价的影响。

6-8 施工索赔的费用由哪些部分组成，如何计算？

6-9 简述竣工验收阶段工程造价管理的内容。

6-10 某开发商拟开发一幢商住楼，有以下三种可行设计方案。

方案1：结构方案为大柱网框架轻墙体系，采用预应力大跨度叠合楼板，墙体材料采用多孔砖及移动式可拆装式分室隔墙，窗户采用单框双玻塑钢窗，面积利用系数为93%，单方造价为1528.38元/m^2。

方案2：结构方案同A墙体，采用内浇外砌，窗户采用单框双玻空腹钢窗，面积利用系数87%，单方造价为1120元/m^2。

方案3：结构方案采用砖混结构体系，采用多孔预应力板，墙体材料采用标准黏土砖，窗户采用玻璃空腹钢窗，面积利用系数70.69%，单方造价1088.60元/m^2。

方案功能得分及重要系数见表6-9。

表6-9 方案功能得分及重要系数

方案功能	方案功能得分			功能重要系数
	1	2	3	
结构体系	10	10	8	0.25
模板类型	10	10	9	0.05
墙体材料	8	9	7	0.25
面积系数	9	8	7	0.35
窗户类型	9	7	8	0.10

问题：应用价值工程方法选择最优设计方案。

7 工程量计算

学习目标： （1）了解工程量概念及计算技巧；（2）掌握建筑面积的概念，建筑面积计算规则和方法，了解建筑面积的作用；（3）理解和掌握定额工程量计算规则与方法；（4）理解和掌握清单项目工程量计算规则与方法。

7.1 工程量计算原则及技巧

7.1.1 工程量计算的基本概念

工程量是以物理计量单位或自然计量单位表示的各分项工程或结构构件的数量。物理计量单位是以分项工程或结构构件的物理属性为计量单位，如挖土、砌砖、现浇混凝土等以立方米为计量单位，墙面抹灰、地面等以平方米为计量单位，现浇混凝土栏杆等以米为计量单位。自然计量单位是以施工对象本身自然组成情况为计量单位，如以台、套、组、个等为计量单位。

工程量是确定工程造价的基础数据，工程量计算是整个预算编制工作中最繁重、细致的重要环节。工程量是计算工程造价的重要数据，它的正确与否，直接影响工程预算造价的准确性；工程量是进行工料分析、编制材料需用量计划和构件加工计划的依据，是编制施工进度计划的依据，是进行工程成本核算和财务管理的重要依据。

7.1.2 工程量计算的原则

在工程量计算时要防止错算、漏算和重复计算。为了准确计算工程量，通常要遵循以下原则：

（1）计算工程量时必须遵循统一的计算原则，即与现行预算定额中工程量计算规则相一致，避免错算。

（2）计算工程量时口径要统一。即每个项目包括内容和范围必须与预算定额相一致，避免重复计算。

（3）计算工程量时要按照一定的顺序进行，避免漏算或重复计算。计算公式各组成项的排列顺序要尽可能一致，以便审核。

（4）计算工程量时，所列出的各分项工程的计量单位要与现行定额的计量单位一致。

（5）计算工程量时计算精度要统一。工程量计算结果，除钢材、木材取三位小数外，其余项目一般取两位小数，以个、只、元等为单位的项目一般取整计算。

（6）按设计文件计算。工程量计算时，必须严格按照设计文件内容和所注尺寸进行计算。

（7）列出计算式。为了准确计算，便于审核和校对，每个分项工程工程量计算时，必须详细列出计算式，并注明所在部位或轴线，计算式力求简单明了，并按一定的次序排列计算。任何项目都不能随意估算。

（8）讲究计算方法，计算力求准确。

（9）必须检查复核。

7.1.3　工程量计算的技巧

一个建筑物或构筑物是由很多分部分项工程组成的，在实际计算工程量时容易发生漏算或重复计算，影响工程量计算的准确性。为了加快计算速度，避免重复计算或漏算，同一个计算项目的工程量计算，也应根据工程项目的不同结构型式，按照施工图样，循着一定的计算顺序依次进行。

（1）一般土建工程计算工程量的方法。一般土建工程计算工程量时，通常可按施工顺序、定额编排顺序、统筹法顺序进行计算。

1）按项目施工顺序计算。即按工程施工的先后顺序计算工程量。大型复杂工程可分区域、分部位计算。如按施工顺序安排基础工程的工程量计算顺序可以为挖土方、做垫层、做基础、回填土、余土外运。

2）按定额项目顺序计算。即按现行预算定额的分部分项顺序依次列项计算。

3）按统筹法顺序计算工程量。就是分析工程量计算过程中，各分项工程量计算之间固有规律和相互依赖关系，合理安排工程量计算程序，以简化计算，提高效率，节约时间。如室内地面工程中的房心回填土、地面垫层、地面面层工程量计算过程中都要用到室内地面的长乘宽，把地面面层的计算放在前面，用它的数据再计算地面垫层、房心回填土工程量，这样就可避免重复计算，提高工程量计算速度。

（2）对于同一分项工程工程量的计算方法：

1）按顺时针方向列项计算。从图样左上角开始，从左至右按顺时针方向依次计算，再重新回到图样左上角的计算方法。

2）横竖分割列项计算。按照先横后竖，从上到下，从左到右的顺序列项计算。这种计算顺序适用于内墙的挖地槽、砖石基础、砖石墙、内墙装饰等项目。

3）按构件分类和编号列项计算。这种方法是按图样注明的不同类别、型号的构件编号列表进行计算。这种方法既方便检查校对，又能简化算式。如按柱、梁、板、门窗分类，再按编号分别计算。这种计算顺序适用于桩基础工程、钢筋混凝土构件、金属结构构件、钢木门窗等项目。

4）按轴线编号列项计算。这种方法是根据平面上定位轴线编号，从左到右，从上到下列项计算。这种方法主要适用于造型或结构复杂的工程。

上述工程量计算的方法不是独立存在的，实际工作中应根据工程具体情况灵活运用，可以只采用其中一种方法，也可以同时采用几种方法。不论采用何种计算方法，都应作到计算的项目不重不漏、数据准确可靠。

7.2 建筑面积及其计算规定

7.2.1 建筑面积的概念

建筑面积是指建筑物（包括墙体）所形成的楼地面面积。其是建筑物外墙勒脚以上各层结构外围水平面积之和。结构外围是指不包括外墙装饰抹灰层的厚度，因此建筑面积应按施工图纸尺寸计算。

建筑面积由有效面积和结构面积组成。有效面积由使用面积和辅助面积组成。

结构面积是指建筑物中墙体、柱等结构构件在平面布置上所占面积的总和。

有效面积是具有生产和生活使用效益的面积。

使用面积是指可直接为生产或生活使用的净面积。辅助面积是指为辅助生产或生活所占净面积的总和。

7.2.2 建筑面积的作用

建筑面积是以平方米反映房屋建筑规模的实物量指标，建筑面积的计算在造价管理方面有着非常重要的作用，它以平方米反映工程技术经济指标，如平米造价指标、平米工料耗用指标等，是分析评价工程经济效果的重要依据。建筑面积也用作定额计价计算工程量的基数，如浙江省建筑工程预算定额中房屋工程综合脚手架、抹灰、场地平整、建筑物超高增加费等都是按建筑面积计算的。

7.2.3 建筑面积计算规定

7.2.3.1 计算建筑面积的范围

（1）建筑物的建筑面积应按自然层外墙结构外围水平面积之和计算。结构层高在2.20m及以上的，应计算全面积；结构层高在2.20m以下的，应计算1/2面积。

（2）建筑物内设有局部楼层时，对于局部楼层的二层及以上楼层，有围护结构的应按其围护结构外围水平面积计算，无围护结构的应按其结构底板水平面积计算。结构层高在2.20m及以上的，应计算全面积；结构层高在2.20m以下的，应计算1/2面积，如图7-1所示。

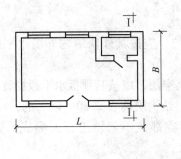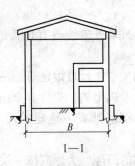

图 7-1

（3）对于形成建筑空间的坡屋顶，结构净高在 2.10m 及以上的部位应计算全面积；结构净高在 1.20m 及以上至 2.10m 以下的部位应计算 1/2 面积；结构净高在 1.20m 以下的部位不应计算建筑面积。

（4）对于场馆看台下的建筑空间，结构净高在 2.10m 及以上的部位应计算全面积；结构净高在 1.20m 及以上至 2.10m 以下的部位应计算 1/2 面积；结构净高在 1.20m 以下的部位不应计算建筑面积。室内单独设置的有围护设施的悬挑看台，应按看台结构底板水平投影面积计算建筑面积。有顶盖无围护结构的场馆看台应按其顶盖水平投影面积的 1/2 计算面积。如图 7-2 所示。

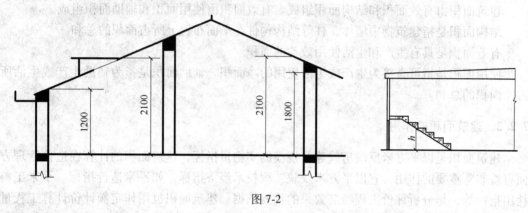

图 7-2

（5）地下室、半地下室应按其结构外围水平面积计算。结构层高在 2.20m 及以上的，应计算全面积；结构层高在 2.20m 以下的，应计算 1/2 面积。如图 7-3 所示。

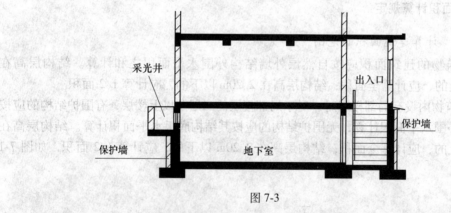

图 7-3

（6）出入口外墙外侧坡道有顶盖的部位，应按其外墙结构外围水平投影面积的 1/2 计算面积。

（7）建筑物架空层及坡地建筑物吊脚架空层，应按其顶板水平投影计算建筑面积。结构层高在 2.20m 及以上的，应计算全面积；结构层高在 2.20m 以下的，应计算 1/2 面积。架空层指建筑物深基础或坡地建筑吊脚架空部位不回填土石方形成的建筑空间。如图 7-4 所示。

（8）建筑物的门厅、大厅应按一层计算建筑面积，门厅、大厅内设置的走廊应按走廊结构底板水平投影面积计算建筑面积。结构层高在 2.20m 及以上的，应计算全面积；结构

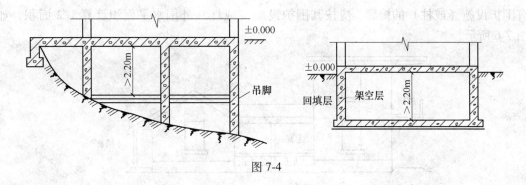

图 7-4

层高在 2.20m 以下的，应计算 1/2 面积。

（9）对于建筑物间的架空走廊，有顶盖和围护设施的，应按其围护结构外围水平面积计算全面积；无围护结构、有围护设施的，应按其结构底板水平投影面积计算 1/2 面积。如图 7-5 所示。

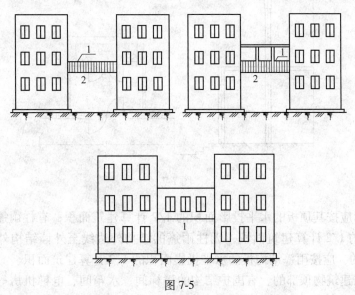

图 7-5

（10）对于立体书库、立体仓库、立体车库，有围护结构的，应按其围护结构外围水平面积计算建筑面积；无围护结构、有围护设施的，应按其结构底板水平投影面积计算建筑面积。无结构层的应按一层计算，有结构层的应按其结构层面积分别计算。结构层高在 2.20m 及以上的，应计算全面积；结构层高在 2.20m 以下的，应计算 1/2 面积。

（11）有围护结构的舞台灯光控制室，应按其围护结构外围水平面积计算。结构层高在 2.20m 及以上的，应计算全面积；结构层高在 2.20m 以下的，应计算 1/2 面积。

（12）附属在建筑物外墙的落地橱窗，应按其围护结构外围水平面积计算。结构层高在 2.20m 及以上的，应计算全面积；结构层高在 2.20m 以下的，应计算 1/2 面积。

（13）窗台与室内楼地面高差在 0.45m 以下且结构净高在 2.10m 及以上的凸（飘）窗，应按其围护结构外围水平面积计算 1/2 面积。

（14）有围护设施的室外走廊（挑廊），应按其结构底板水平投影面积计算 1/2 面积；

有围护设施（或柱）的檐廊，应按其围护设施（或柱）外围水平面积计算 1/2 面积，如图 7-6 所示。

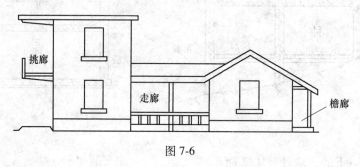

图 7-6

（15）门斗应按其围护结构外围水平面积计算建筑面积，且结构层高在 2.20m 及以上的，应计算全面积；结构层高在 2.20m 以下的，应计算 1/2 面积，如图 7-7 所示。

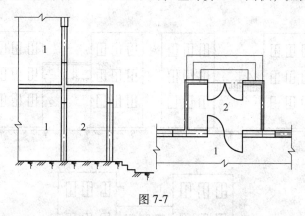

图 7-7

（16）门廊应按其顶板的水平投影面积的 1/2 计算建筑面积；有柱雨篷应按其结构板水平投影面积的 1/2 计算建筑面积；无柱雨篷的结构外边线至外墙结构外边线的宽度在 2.10m 及以上的，应按雨篷结构板的水平投影面积的 1/2 计算建筑面积。

（17）设在建筑物顶部的、有围护结构的楼梯间、水箱间、电梯机房等，结构层高在 2.20m 及以上的应计算全面积；结构层高在 2.20m 以下的，应计算 1/2 面积。

（18）围护结构不垂直于水平面的楼层，应按其底板面的外墙外围水平面积计算。结构净高在 2.10m 及以上的部位，应计算全面积；结构净高在 1.20m 及以上至 2.10m 以下的部位，应计算 1/2 面积；结构净高在 1.20m 以下的部位，不应计算建筑面积。

（19）建筑物的室内楼梯、电梯井、提物井、管道井、通风排气竖井、烟道，应并入建筑物的自然层计算建筑面积。有顶盖的采光井应按一层计算面积，且结构净高在 2.10m 及以上的，应计算全面积；结构净高在 2.10m 以下的，应计算 1/2 面积，如图 7-8 所示。

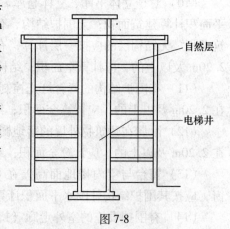

图 7-8

（20）室外楼梯应并入所依附建筑物自然层，并应按其水平投影面积的 1/2 计算建筑面积。

（21）在主体结构内的阳台，应按其结构外围水平面积计算全面积；在主体结构外的阳台，应按其结构底板水平投影面积计算 1/2 面积。

（22）有顶盖无围护结构的车棚、货棚、站台、加油站、收费站等，应按其顶盖水平投影面积的 1/2 计算建筑面积，如图 7-9 所示。

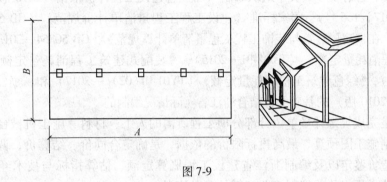

图 7-9

（23）以幕墙作为围护结构的建筑物，应按幕墙外边线计算建筑面积。

（24）建筑物的外墙外保温层，应按其保温材料的水平截面积计算，并计入自然层建筑面积。

（25）与室内相通的变形缝，应按其自然层合并在建筑物建筑面积内计算。对于高低联跨的建筑物，当高低跨内部连通时，其变形缝应计算在低跨面积内。

（26）对于建筑物内的设备层、管道层、避难层等有结构层的楼层，结构层高在 2.20m 及以上的，应计算全面积；结构层高在 2.20m 以下的，应计算 1/2 面积。

7.2.3.2　不计算建筑面积的范围

（1）与建筑物内不相连通的建筑部件。

（2）骑楼、过街楼底层的开放公共空间和建筑物通道。

（3）舞台及后台悬挂幕布和布景的天桥、挑台等。

（4）露台、露天游泳池、花架、屋顶的水箱及装饰性结构构件。

（5）建筑物内的操作平台、上料平台、安装箱和罐体的平台。

（6）勒脚、附墙柱、垛、台阶、墙面抹灰、装饰面、镶贴块料面层、装饰性幕墙，主体结构外的空调室外机搁板（箱）、构件、配件，挑出宽度在 2.10m 以下的无柱雨篷和顶盖高度达到或超过两个楼层的无柱雨篷。

（7）窗台与室内地面高差在 0.45m 以下且结构净高在 2.10m 以下的凸（飘）窗，窗台与室内地面高差在 0.45m 及以上的凸（飘）窗。

（8）室外爬梯、室外专用消防钢楼梯。

（9）无围护结构的观光电梯。

（10）建筑物以外的地下人防通道，独立的烟囱、烟道、地沟、油（水）罐、气柜、水塔、贮油（水）池、贮仓、栈桥等构筑物。

7.3　定额工程量计算规则及方法

由于工程项目具有较强的地域性，各省定额不统一，本书以《浙江省房屋建筑与装饰工程消耗量定额》（2018 版）为例介绍定额工程量计算规则及方法。

《浙江省房屋建筑与装饰工程消耗量定额》（2018 版）（以下简称本定额）是根据省建设厅、省发改委、省财政厅《关于组织编制〈浙江省建设工程计价依据（2018 版）〉的通知》（建建发〔2017〕166 号）、国家标准《建设工程工程量清单计价规范》（GB 50500—2013）及有关规定，在《房屋建筑与装饰工程工程量清单计算规范》（GB 50854—2013）、《房屋建筑与装饰工程消耗量定额》（TY01-31—2015）、《装配式建筑工程消耗量定额》（TY01-01(01) —2016）、《绿色建筑工程消耗量定额》（TY01-01(02) —2017）和《浙江省建筑工程预算定额》（2010 版）的基础上，结合浙江省实际情况编制的。

本定额是完成规定计量单位分部分项工程所需的人工、材料、施工机械台班的消耗量标准，是编制施工图预算、最高投标限价的依据，是确定合同价、结算价、调解工程价款争议、工程造价鉴定以及编制浙江省建设工程概算定额、估算指标与技术经济指标的基础，也是企业投标报价或编制企业定额的参考依据。

全部使用国有资金或国有资金投资为主的工程建设项目，编制招标控制价应执行本定额。

7.3.1　土石方工程

7.3.1.1　说明

（1）定额分土方工程、石方工程、平整与回填、基础排水四个部分。

（2）土石方类别见定额土壤、岩石分类表（表7-1、表7-2），定额子目的土石方类别与土壤、岩石分类类别有所不同，应注意区别。同一工程土石方类别不同时，除定额另有规定外，应分别列项计算。

表 7-1　土壤分类表

土壤分类	土壤名称	开挖方法
一、二类土	粉土、砂土（粉砂、细砂、中砂、粗砂、砾砂）、粉质黏土、弱中盐渍土、软土（淤泥质土、泥炭、泥炭质土）、软塑红黏土、冲填土	用锹，少许用镐、条锄开挖。机械能全部直接铲挖满载者
三类土	黏土、碎石土（圆砾、角砾）混合土、可塑红黏土、硬塑红黏土、强盐渍土、素填土、压实填土	主要用镐、条锄，少许用锹开挖。机械需部分刨松方能铲挖满载者，或可直接铲挖但不能满载者
四类土	碎石土（卵石、碎石、漂石、块石）、坚硬红黏土、超盐渍土、杂填土全用镐、条锄挖掘，少许用撬棍挖掘	须普遍刨松方能铲挖满载者

表 7-2　岩石分类表

岩石分类		定性鉴定	代表性岩石	岩石饱和单轴抗压强度 R_c/MPa
软质岩	极软岩	锤击声哑，无回弹，有较深凹痕，手可捏碎； 浸水后，可捏成团	1. 全风化的各种岩石； 2. 强风化的软岩； 3. 各种半成岩	≤5
	软岩	锤击声哑，无回弹，有凹痕，易击碎； 浸水后，手可掰开	1. 强风化的坚硬岩； 2. 中等（弱）风化~强风化的较坚硬岩； 3. 中等（弱）风化的较软岩； 4. 未风化的泥岩、泥质页岩、绿泥石片岩、绢云母片岩等	15~5
	较软岩	锤击声不清脆，无回弹，较易击碎； 浸水后，指甲可刻出印痕	1. 强风化的坚硬岩； 2. 中等（弱）风化的较坚硬岩； 3. 未风化~微风化的：凝灰岩、千枚岩、砂质泥岩、泥灰岩、泥质砂岩、粉砂岩、砂质页岩等	30~15
硬质岩	较坚硬岩	锤击声较清脆，有轻微回弹，稍震手，较难击碎； 浸水后，有轻微吸水反应	1. 中等（弱）风化的坚硬岩 2. 未风化~微风化的： 熔结凝灰岩、大理岩、板岩、白云岩、石灰岩、钙质砂岩、粗晶大理岩等	60~30
	坚硬岩	锤击声清脆，有回弹，震手，难击碎； 浸水后，大多无吸水反应	1. 未风化~微风化的： 2. 花岗岩、正长岩、闪长岩、辉绿岩、玄武岩、安山岩、片麻岩、硅质板岩、石英岩、硅质胶结的砾岩、石英砂岩、硅质石灰岩等	>60

注：本表依据《工程岩体分级标准》（GB/T 50218—2014）进行分类。

（3）干土、湿土的划分：以地质勘测资料的地下常水位为准，常水位以上为干土，以下为湿土；或土壤含水率≥25%为湿土。

（4）含水率超过液限，土和水的混合物呈现流动状态时为淤泥。

（5）挖、运土方除淤泥、流砂为湿土外，均以干土为准。湿土排水（包括淤泥、流砂）应另列项目计算。采用井点降水等措施降低地下水位施工时，土方开挖按干土计算，并按施工组织设计要求套用基础排水相应定额，不再套用湿土排水定额。

（6）底宽（设计图示有垫层的按垫层，无垫层的按基础底宽，下同）≤7m，且底长>3倍底宽为沟槽；底长≤3倍底宽，且底面积≤150m²为基坑；超出上述范围，又非平整场地的，为一般土石方。

（7）平整场地，系指建筑物所在现场厚度≤±30cm的就地挖、填及平整。

挖填土方厚度>±300mm时，全部厚度按一般土方相应规定另行计算，不再计算平整场地。

（8）挖桩承台土方时，人工开挖土方定额乘以系数1.25；机械挖土方定额乘以系数1.1。

（9）基槽、坑土方开挖，因工作面、放坡重叠造成槽、坑计算体积之和大于实际大开口挖土体积时，按大开口挖土体积计算。

（10）在强夯后的地基上挖土方，相应子目人工、机械乘以系数1.15。

（11）人工土方。人工挖土方深度超过3m时，应按机械挖土考虑。如局部超过3m且仍采用人工挖土的，每增加1m按相应定额乘以系数1.15计算。

人工挖、运湿土时，相应项目人工乘以系数1.18。

（12）机械土方。

1）机械挖土方定额已综合了挖掘机挖土后遗留厚度≤0.3m的人工基底清理和边坡修整的工作内容，不再另行计算。遇地下室底板下翻构件等部位的机械开挖时，下翻部分工程量套用相应定额乘以系数1.25。

2）机械土方作业均以天然湿度土壤为准，定额中已包括含水率在25%以内的土方所需增加的人工和机械；如含水率超过25%时，挖土定额乘以系数1.15；如含水率在40%以上时，另行处理。

（13）石方。

1）同一石方，如其中一种类别岩石的最厚一层大于设计横断面的75%时，按最厚一层岩石类别计算。

2）基槽坑开挖深度以5m为准，深度超过5m，定额乘以系数1.09。

3）石方爆破，沟槽底宽大于7m时，套用一般开挖定额；基坑开挖上口面积大于150m³时，按相应定额乘以系数0.5。

（14）基础排水：

1）轻型井点、喷射井点排水的井管安装、拆除以根为单位计算，使用以"套·天"计算；真空深井、自流深井排水的安装拆除以每座井计算，使用以"每座井·天"计算。

2）井管间距应根据地质条件和施工降水要求，按施工组织设计确定，施工组织设计未考虑时，可按轻型井点管距1.2m、喷射井点管距2.5m确定。

3）湿土排水定额按正常施工条件编制，排水期至基础（含地下室周边）回填结束。回填后如遇后浇带施工需要排水，发生时另行按实计算。

7.3.1.2　主要项目工程量计算规则

（1）土石方体积均按天然密实体积（自然方）计算，回填土按设计图示尺寸以体积计算。不同状态的土石方体积，折算系数见表7-3。

表7-3　土石方体积折算系数

名　称	虚　方	松　填	天然密实	夯　填
土方	1.00	0.83	0.77	0.67
	1.20	1.00	0.92	0.80
	1.30	1.08	1.00	0.87
	1.50	1.25	1.15	1.00
石方	1.00	0.85	0.65	—
	1.18	1.00	0.76	—
	1.54	1.31	1.00	—
块石	1.75	1.43	1.00	（码方）1.67
砂夹石	1.07	0.94	1.00	—

注：虚方指未经碾压、堆积时间≤1年的土壤。块石码方孔隙率不得大于25%。

（2）平整场地，按下列规定，以面积计算：

1）无地下室的，按建筑物首层建筑面积计算，首层为架空层的按架空层面积计算。

2）有地下室的，按建筑物地下室底板（含垫层）面积计算。

（3）基础土石方的深度。按基础（含垫层）底标高至交付施工场地标高确定，交付施工场地标高不明确时，应按自然地面标高确定。挖地下室等下翻构件土石方，深度按下翻构件基础（含垫层）底至地下室基础（含垫层）底标高确定。

（4）地槽长度。外墙按外墙中心线长度计算。内墙按基础（含垫层）底净长计算，不扣除工作面及放坡重叠部分的长度，附墙垛凸出部分按砌筑工程规定的砖垛折加长度合并计算（如图 7-10 所示）；不扣除搭接重叠部分的长度，垛的加深部分亦不增加。

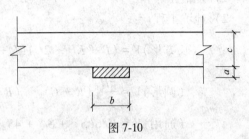

图 7-10

附墙砖垛按砖垛折加长度 $L_{折加} = a \times b/c$。

（5）基础施工的工作面宽度。

1）当组成基础的材料不同或施工方法不同时，基础施工的工作面宽度按表 7-4 计算。

表 7-4　基础施工单面工作面宽度计算表

基础材料	每面增加工作面宽度/mm
砖基础	200
浆砌毛石、条石基础	150
混凝土基础（支模板）	300
混凝土基础垫层（支模板）	300
基础垂直面做砂浆防潮层、防水层或防腐层	1000（自防潮层、防水层或防腐层面）

2）挖地下室、半地下室土方按垫层底宽每边增加工作面 1m（烟囱、水、油池、水塔埋入地下的基础，挖土方按地下室放工作面）。地下构件设有砖模的，挖土工程量按砖模下设计垫层面积乘以下翻深度。

3）挖管道沟槽土方，沟底宽度设有垫层或基础（管座）时，按其中宽度较大者另加 0.4m 计算，其他按管道宽度加 0.40m 计算。

4）同一槽、坑如遇有多个增加工作面条件时，按其中较大的一个计算。

（6）土方放坡。

1）土方放坡的起点深度和放坡坡度，按表 7-5 计算。

表 7-5　土方放坡起点深度和放坡系数

土 类	起点深度/m	放 坡 系 数			
		人工挖土	机械挖土		
			基坑内作业	基坑上作业	沟槽上作业
一、二类土	>1.20	1：0.50	1：0.33	1：0.75	1：0.50
三类土	>1.50	1：0.33	1：0.25	1：0.67	1：0.33
四类土	>2.00	1：0.25	1：0.10	1：0.33	1：0.25

注：1. 淤泥、流砂及海涂工程，不适用于本表；

2. 凡有围护或地下连续墙的部分，不再计算放坡系数。

2）放坡起点均自槽、坑底开始。

3）同一槽、坑内土类不同时，分别按其放坡起点、放坡系数、依不同土类别厚度加权平均计算。

4）计算基础土方放坡时，不扣除放坡交叉处的重复工程量。

5）基础土方支挡土板时，土方放坡不另行计算。

（7）有工作面和放坡的地槽、坑挖土体积按下式计算：

1）地槽：
$$V = (B + 2C + KH)HL \tag{7-1}$$

2）地坑工程量：

$$（长方形）V = (B + KH + 2C)(L + KH + 2C)H + \frac{K^2H^3}{3} \tag{7-2}$$

$$（圆形）V = \frac{\pi H}{3}\left[(R + C)^2 + (R + C)(R + C + KH) + (R + C + KH)^2\right] \tag{7-3}$$

$$（通用）V = H/6(S_{上} + S_{下} + 4S_{中}) \tag{7-4}$$

式中　　V——挖地坑体积，m^3。

　　　B，L——地坑底宽、底长的基数，m，与地槽底宽的基数 B 取用方法一致；

　　　　　R——地坑底圆半径的基数；

　　　　　C——工作面宽度；

$S_{上}$，$S_{下}$，$S_{中}$——地坑上顶面、下底面、中截面的面积；

　　　　　K——放坡系数；

　　　　　H——地坑深度。

B、L、R 取值与地槽底宽的基数 B 取值方法一致，工作面宽度 C 结合垫层基础材质和类型取值，见表7-4。与挖地槽的区别在于地槽断面两边放工作面与放坡，而地坑按每边放工作面与放坡。

（8）回填土及弃置运输工程量。

1）沟槽、基坑回填。按挖方体积减去回填标高以下的建（构）筑物、各类构件及基础（含垫层）等所占的体积计算。

2）室内回填。主墙间面积乘以回填厚度，不扣除间隔墙。

3）场地回填。回填面积乘以平均回填厚度。

4）回填石碴按设计图示尺寸以体积计算。

5）余方弃置运输工程量为挖方工程量减去填方工程量乘以相应的土石方体积折算系数表中的折算系数计算。

（9）石方。一般开挖，按图示尺寸以"m^3"计算。

（10）基础排水。基础排水定额分排水和降水两个大项。降水又分有轻型井点、喷射井点、真空深井、直流深井降水等项目。

1）湿土排水。湿土排水也称明排水，明排水法由于设备简单、排水方便，因而被广泛采用，适用于粗粒土层或参水量小的黏土层。

计量单位：m^3。

湿土排水工程量用湿土工程量。

2）轻型井点降水。轻型井点降水适用于降水深度 3~6m，含水层数为人工填土、黏性土、粉质黏土和砂土的槽坑土方施工工程。定额子目分有"安拆"与"使用"。

"安拆"工程量按"根"计算，即井点管根数。

"使用"工程量按"套·天"计算，轻型井点以 50 根为一套，使用时累计根数少于 25 根，使用费按相应定额乘以系数 0.7。

使用天数以每昼夜（24h）为一天，并按施工组织设计要求的使用天数计算。

3）喷射井点降水。喷射井点降水使用于降水深度超过 8m，含水层为黏性土、粉质黏土和砂土的槽坑土方施工工程。定额子目分有"安拆"与"使用"。

"安拆"工程量按"根"计算，即井点管根数。

"使用"工程量按"套·天"计算，喷射井点以 30 根为一套，使用时累计根数少于 15 根，使用费按相应定额乘以系数 0.7。

使用天数以每昼夜（24h）为一天，并按施工组织设计要求的使用天数计算。

【例 7-1】 某工程基槽长 80m，挖土深 2m，三类土，块石基础宽 0.6m，采用放坡形式，如图 7-11 所示。计算基槽人工挖土工程量。

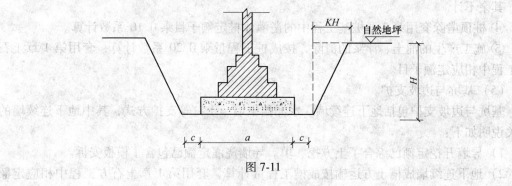

图 7-11

解： $H=2m$，$K=0.33$，$c=0.15m$，$L=80m$

$$V=(0.6+0.15\times2+0.33\times2)\times80\times2=249.6(m^3)$$

7.3.2 地基处理与边坡支护工程

7.3.2.1 说明

（1）包括地基处理和基坑与边坡支护两节。

（2）定额均未考虑施工前的场地平整、压实地表、地下障碍物处理等，发生时另行计算。

（3）探桩位已综合考虑在各类桩基定额内，不另行计算。

（4）地基处理。

1）换填加固。

① 定额适用于基坑开挖后对软弱土层或不均匀土层地基的加固处理，按不同换填材料分别套用定额子目。定额未包括软弱土层挖除，发生时套用第 1 章土石方工程相应定额子目。

② 填筑毛石混凝土子目中毛石投入量按 24% 考虑，设计不同时混凝土及毛石按比例调整。

2）强夯地基加固。

① 强夯地基加固定额分点夯和满夯；点夯按设计夯击能和夯点击数不同，满夯按设计夯击能和夯锤搭接量分别设定额子目，按设计不同分段计算。

② 点夯定额已包含夯击完成后夯坑回填平整，如设计要求夯坑填充材料的，则材料费另行计算。

③ 满夯定额按一遍编制，设计遍数不同，每增一遍按相应定额乘 0.75 系数计算。

④ 定额未考虑场地表层软弱土或地下水位较高时设计需要另行处理的，按具体处理方案套用相应定额。

3）水泥搅拌桩。

① 水泥搅拌桩的水泥掺入量定额按加固土重（1800kg/m³）的 13% 考虑，如设计不同按水泥掺量比例调整，其余不变。

② 定额按不掺添加剂（如石膏粉、三乙醇胺、硅酸钙等）编制，如设计有要求，按设计要求增加添加剂材料费，其余不变。

③ 空搅（设计不掺水泥部分）按相应子目定额的人工及搅拌桩机台班乘 0.5 系数计算，其余不计。

④ 桩顶凿除套用第 3 章桩基工程中的凿灌注桩定额子目乘 0.10 系数计算。

⑤ 施工产生的涌土、浮浆的清除，按成桩工程量乘 0.20 系数计算，套用第 1 章土石方工程中相应定额子目。

（5）基坑与边坡支护。

基坑与边坡支护包括地下连续墙、水泥挡土墙、土钉等支护方式，其中地下连续墙的相关说明如下：

1）导墙开挖定额已综合了土方挖、填。导墙浇灌定额已包含了模板安拆。

2）地下连续墙成槽土方运输按成槽工程量计算，套用第 1 章土石方工程中相应定额子目。成槽产生的泥浆按成槽工程量乘 0.2 系数计算。泥浆池建拆、泥浆运输套用第 3 章桩基工程中泥浆处理定额子目。

3）钢筋笼、钢筋网片、十字钢板封口、预埋铁件及导墙的钢筋制作、安装，套用第 5 章混凝土及钢筋混凝土工程中相应定额子目。

4）地下连续墙墙底注浆管埋设及注浆定额套用第 3 章桩基工程中灌注桩相应子目。

5）地下连续墙墙顶凿除，套用第 3 章桩基工程中的凿灌注桩定额子目。

6）成槽机、地下连续墙钢筋笼吊装机械不能利用原有场地内路基需单独加固处理的，应另列项目计算。

7.3.2.2 主要项目工程量计算规则

（1）地基加固。

1）换填加固，按设计图示尺寸或经设计验槽确认工程量，以体积计算。

2）强夯地基加固按设计的不同夯击能、夯点击数和夯锤搭接量分别计算，点夯按设计图示布置以点数计算；满夯按设计图示范围以面积计算。

3）水泥搅拌桩。

① 按桩长乘桩单个圆形截面积以体积计算。不扣除重叠部分的面积。桩长按设计桩顶标高至桩底长度另加 0.50m 计算。当发生单桩内设计有不同水泥掺量时应分段计算。

② 加灌长度，设计有规定者，按设计要求计算；设计无规定者，按 0.50m 计算。若按设计桩顶标高至交付地坪标高差小于 0.50m 时，加灌长度计算至交付地坪标高。

③ 空搅部分的长度按设计桩顶标高至交付地坪标高减去加灌长度计算。

④ 桩顶凿除按加灌体积计算。

（2）基坑与边坡支护。

地下连续墙：

1）导墙开挖按设计中心线长度乘开挖宽度及深度以体积计算；现浇导墙混凝土按设计图示以体积计算。

2）成槽按设计图示墙中心线长乘以墙厚乘以成槽深度（交付地坪至连续墙底深度），以体积计算。入岩增加费按设计图示墙中心线长乘以墙厚乘以入岩深度，以体积计算。

3）锁口管安拔按连续墙设计施工图划分的段数计算，定额已包括锁口管的摊销费用。

4）清底置换以"段"为单位（段指槽壁单元槽段）。

5）浇注连续墙混凝土按设计图示墙中心线长乘以墙厚乘墙深另加加灌高度，以体积计算；加灌高度设计有规定按设计规定计算，设计无规定则按 0.5m 计算，若按设计墙顶标高至交付地坪标高差小于 0.50m 时，加灌高度计算至交付地坪标高。

6）地下连续墙凿墙顶按加灌混凝土体积计算。

7.3.3 桩基工程

7.3.3.1 说明

（1）定额包括混凝土预制桩与钢管桩、灌注桩两节。

（2）定额适用于陆地上桩基工程。所列打桩机械的规格、型号是按常规施工工艺和方法综合取定。

（3）定额所涉及砂土层、碎（卵）石层、岩石层，依据 GB/T 50218—2014 工程岩体分级标准，按以下标准鉴别：

1）砂土层。粒径在 2~20mm 的颗粒质量≤50%总质量的土层，包括黏土、粉质黏土、粉土、粉砂、细砂、中砂、粗砂、砾砂。

2）碎（卵）石层。粒径在 2~20mm 的颗粒质量>50%总质量的土层，包括角砾、圆砾及粒径 20~200mm 的碎石、卵石、块石、漂石，此外亦包括极软岩、软岩。

3）岩石层。除极软岩、软岩以外的各类较软岩、较硬岩、坚硬岩。

（4）混凝土预制桩。

1）定额按非预应力混凝土预制桩（包含方桩、空心方桩、异形桩等非预应力预制桩）和预应力混凝土预制桩（包含管桩、空心方桩、竹节桩等预应力预制桩），分锤击、静压二种施工方法分别编制。

2）定额已综合考虑了穿越砂土层、碎（卵）石层的因素。

3）非预应力混凝土预制桩。

① 定额按成品桩以购入构件考虑，已包含了场内必须的就位供桩，发生时不再另行计算。若预制桩采用现场预制，场内运输运距在 500m 以内时，套用场内运桩子目；运距超过 500m 时，桩运输费另行计算。如在场外预制，桩的预制执行"混凝土及钢筋混凝土工程"相应定额子目。

② 发生单桩单节长度超过 18m 时，按锤击、静压相应定额乘 1.20 系数计算。

③ 定额已综合了接桩所需的打桩机械台班，但未包括接桩本身费用，发生时套用相应定额子目。

4) 预应力混凝土预制桩。

① 定额按成品桩以购入成品构件考虑，已包含了场内必须的就位供桩，发生时不再另行计算。

② 定额已综合了电焊接桩，如采用机械接桩，相应定额扣除电焊条和交流弧焊机台班用量，其机械连接件材料费另计。

③ 桩顶灌芯、桩芯取土按本章定额钢管桩相应定额执行；如涉及要求桩芯取土长度小于 2.5m 时，相应定额乘以系数 0.75；设计要求设置的钢骨架、钢托板分别按"混凝土及钢筋混凝土工程"中的桩钢筋笼和预埋铁件相应定额计算。

④ 设计要求设置桩尖时，按成品桩尖以购入构件材料费另计。

（5）钢管桩。

1) 定额按锤击施工方法编制，已综合考虑了穿越砂土层、碎（卵）石层的因素。

2) 定额已包含了场内必须的就位供桩，发生时不再另行计算。

3) 钢管内取土，灌芯按设计材质不同分别套用定额。

（6）混凝土预制桩与钢管桩发生送桩时，按沉桩相应定额人工、机械乘以表 7-6 中的系数，其余不计。

表 7-6 送桩深度系数表

送桩深度/m	系　　数
≤2	1.20
≤4	1.37
≤6	1.56
>6	1.78

（7）灌注桩。

1) 转盘式、旋挖钻机成孔定额按砂土层编制，如设计要求进入岩石层则套用相应定额计算岩石层成孔增加费；如设计要求穿越碎（卵）石层则按套用岩石层成孔增加费子目乘表 7-7 系数计算穿越增加费。

表 7-7 碎、卵石层调整系数表

成　孔　方　式	系　　数
转盘式钻机成孔	0.35
旋挖钻机成孔	0.25

2) 人工挖孔桩。

① 人工挖孔按设计注明的桩芯直径及孔深套用定额；桩孔土方需外运时，按土方工程相应定额计算；挖孔时若遇淤泥、流砂、岩石层，可按实际挖、凿的工程量套用相应定额计算挖孔增加费。

② 人工挖孔子目，已综合考虑了孔内照明、通风。孔内垂直运输方式按人工考虑。

③护壁不分现浇或预制，均套用安设混凝土护壁定额。

3）桩孔需回填的，填土者按定额"土石方工程"松填土方子目计算，填碎石者按"地基处理与边坡支护工程"填铺碎石子目乘以系数 0.7 计算。

4）打试桩、锚桩，按相应定额的打桩人工及机械乘 1.50 系数。

5）设计要求打斜桩时，斜度≤1∶6 时，相应项目人工、机械乘 1.25 系数；斜度>1∶6 时，相应项目人工、机械乘 1.43 系数。

6）本章定额按平地（坡度≤15°）打桩为准；坡度>15°时，按相应项目人工、机械乘 1.15 系数。如在基坑内（基坑深度>1.5m，基坑面积≤500m^2）打桩或在地坪上打坑槽内（坑槽深度>1m）桩时，按相应项目人工、机械乘 1.11。

7）在桩间补桩按相应项目人工、机械乘 1.15 系数。

8）单位（群体）工程的桩基工程量少于表 7-8 对应数量时，相应项目人工、机械乘以系数 1.25。

表 7-8　桩基工程量表

项　目	单位工程的工程量	项　目	单位工程的工程量
混凝土预制桩	1000mm	机械成孔灌注桩	150m^3
钢管桩	50t	人工挖孔灌注桩	50m^3

7.3.3.2　主要项目工程量计算规则

（1）混凝土预制桩。

1）锤击（静压）非预应力混凝土预制桩按设计桩长（包括桩尖），以长度计算。

2）锤击（静压）预应力混凝土预制桩按设计桩长（不包括桩尖），以长度计算。

3）送桩深度按设计桩顶标高至打桩前的交付地坪标高另加 0.50m，分不同深度以长度计算。

4）非预应力混凝土预制桩的接桩按设计图示以角钢或钢板的质量计算。

5）预应力混凝土预制桩顶灌芯按设计长度乘以填芯截面积，以体积计算。

6）因地质原因沉桩后的桩顶标高高出设计标高，在长度小于 1m 时，不扣减相应桩的沉桩工程量；在长度超过 1m 时，其超过部分按实扣减沉桩工程量，但桩体的价格不扣除。

【例 7-2】　某工程为预制钢筋混凝土桩基础，整个工程需打预制钢筋混凝土桩 48 根，断面为 350mm×350mm，设计桩顶标高-0.8m，自然地坪 -0.15m，计算送桩工程量。

解：送桩：$V = 0.35 × 0.35 × (0.8 - 0.15 + 0.5) × 48 = 6.76(\text{m}^3)$

（2）钢管桩。

1）锤击钢管桩按设计桩长（包括桩尖），以长度计算。送桩深度按设计桩顶标高至打桩前的交付地坪标高另加 0.50m，分不同深度以长度计算。

2）钢管桩接桩、内切割、精割盖帽按设计要求的数量计算。

3）钢管桩管内钻孔取土、填芯，按设计桩长（包括桩尖）乘以填芯截面积，以体积计算。

（3）灌注桩。

1）转盘式钻机成孔、旋挖钻机成孔：

① 成孔按成孔长度乘以设计桩径截面积，以体积计算。成孔长度为打桩前的交付地坪标高至设计桩底的长度。

② 成孔入岩增加按实际入石层岩深度乘以设计桩径截面积，以体积计算。

③ 设计要求穿越碎（卵）石层按地质资料表明长度乘以设计桩径截面积，以体积计算。

④ 桩底扩孔按设计桩数量计算。

⑤ 钢护筒埋设及拆除，常规砂土层施工按 2.0m 计算；当遇地质资料表明桩位上层（砂砾、碎卵石、杂填土层）深度大于 2.0m 时，按实以长度计算。

2）冲孔桩机成孔、空气潜孔锤成孔分别按进入各类土层、岩石层的成孔长度乘以设计桩径截面积，以体积计算。

3）长螺旋钻机成孔按成孔长度乘以设计桩径截面积以体积计算。成孔长度为打桩前的交付地坪标高至设计桩底的长度。

4）灌注混凝土工程量按桩长乘以设计桩径截面积计算，桩长 = 设计桩长 + 设计加灌长度，设计未规定加灌长度时，加灌长度（不论有无地下室）按不同设计桩长确定：25m 以内按 0.5m，35m 以内按 0.8m，45m 以内按 1.10m，55m 以内按 1.4m，65m 以内按 1.70m，65m 以上按 2.00m 计算。灌注桩设计要求扩底时，其扩底扩大工程量按设计尺寸，以体积计算，并入相应的工程量内。

5）人工挖孔灌注桩。

① 人工挖孔按护壁外围截面积乘孔深以体积计算；孔深按打桩前的交付地坪标高至设计桩底标高的长度计算。

② 挖淤泥、流砂、入岩增加费按实际挖、凿数量以体积计算。

③ 护壁按设计图示截面积乘护壁长度以体积计算，护壁长度按打桩前的交付地坪标高至设计桩底标高（不含入岩长度）另加 0.20m 计算。

④ 灌注桩芯混凝土按设计图示截面积乘以设计桩长另加加灌长度，以体积计算；加灌长度设计无规定时，按 0.25m 计算。

6）泥浆处置。

① 各类成孔灌注桩泥浆（渣土）产生工程量按表 7-9 计算。

表 7-9 泥浆（渣土）工程量计算表

桩 型	泥浆（渣土）产生工程量	
	泥 浆	渣 土
转盘式钻机成孔灌注桩	按成孔工程量	—
旋挖钻机成孔灌注桩	按成孔工程量乘以系数 0.2	按成孔工程量
长螺旋钻机成孔灌注桩		按成孔工程量
空气潜孔锤成孔灌注桩	按成孔工程量乘以系数 0.2	按成孔工程量
冲抓锤成孔灌注桩	按成孔工程量乘以系数 0.2	按成孔工程量
冲击锤成孔灌注桩	按成孔工程量	—
人工挖孔灌注桩	—	按成孔工程量

② 泥浆池建造和拆除、泥浆运输、泥浆固化、泥浆固化后的渣土工程量均按表 7-9 所

列泥浆工程量计算；泥浆和泥浆固化后的渣土场外运输距离按实计算。

③ 施工产生的渣土按表7-9工程量计算，套用"土石方工程"相应定额子目。

7.3.4 砌筑工程

7.3.4.1 说明

（1）定额包括砖砌体、砌块砌体、石砌体和垫层等。

（2）砖砌体、砌块砌体、石砌体。

1）定额中砖、砌块和石料是按标准和常用规格编制的，设计规格与定额不同时，砌体材料（砖、砌块、砂浆、黏结剂）用量应作调整换算，其余用量不变；砌筑砂浆是按干混砌筑砂浆编制的，定额所列砌筑砂浆种类和强度等级、砌块专用砌筑黏结剂品种，如设计与定额不同时，应按本定额总说明相应规定调整换算。

2）基础与墙（柱）身的划分。

① 基础与墙（柱）身使用同一种材料时，以设计室内地面为界（有地下室者，以地下室室内设计地面为界），以下为基础，以上为墙（柱）身。

② 基础与墙（柱）身使用不同材料时，位于设计室内地面高度≤±300mm 时，以不同材料为分界线，高度>±300mm 时，以设计室内地面为分界线。

③ 围墙以设计室外地坪为界，以下为基础，以上为墙身。

3）砖基础不分有否大放脚，均执行对应品种及规格砖的同一定额。地下筏板基础下翻混凝土构件所用的砖模、砖砌挡土墙、地垄墙套用砖基础定额。

4）砖砌体和砌块砌体不分内外墙，均执行对应品种及规格砖和砌块的同一定额，墙厚一砖以上的均套用一砖墙相应定额；定额中均已包括了立门窗框的调直以及腰线、窗台线、挑檐等一般出线用工。

5）夹心保温墙（包括两侧）按单侧墙厚套用墙相应定额，人工乘系数 1.15，保温填充料另行套用保温隔热工程的相应定额。

6）定额中各类砖、砌块及石砌体的砌筑均按直形砌筑编制，如为圆弧形砌筑者，按相应定额人工用量乘系数 1.10，砖、砌块、石材及砂浆（黏结剂）用量乘系数 1.03。

7）砌体钢筋加固、灌注混凝土，墙体拉结的制作、安装，以及墙基、墙身、地沟等的防潮、防水、抹灰等按本定额其他相关章节的定额及规定计算。

【例 7-3】 求 DMM5.0 干混砌筑砂浆砌筑非黏土烧结页岩实心砖圆弧 1/2 砖墙的单价。

解：该项目定额编号 4-29，见图 7-12 工程量计量单位 m^3，基价 487.32 元。

定额砂浆为 DMM7.5 干混砌筑砂浆，单价为 405.45 元/m^3，定额砂浆用量为 0.2m^3，设计砂浆为 DMM5.0 干混砌筑砂浆，查砌筑砂浆配合比，单价为 396.95 元/m^3。

按定额规定：设计为圆弧墙，人工乘系数 1.10，砖及砂浆乘系数 1.03，则：

$$换算后基价 = 487.32 + (396.95 - 405.45) \times 0.2 + 201.15 \times (1.1 - 1) +$$
$$(0.554 \times 360 + 0.2 \times 396.95) \times (1.03 - 1)$$
$$= 514.1(元/m^3)$$

工作内容：调制、运砂浆，运、砌砖，立门窗框，安放木砖、垫块。　　　　　　　　　计量单位：10m³

定额编号		4-27	4-28	4-29	4-30	4-31
项　目		非黏土烧结页岩实心砖				
		墙厚				方柱
		1砖墙	3/4砖墙	1/2砖墙	1/4砖墙	
		砖需要换				
基价/元		4459.56	4686.31	4873.22	5252.37	5033.49
其中	人工费/元	1528.20	1787.40	2011.50	2529.90	2076.30
	材料费/元	2870.40	2841.08	2810.14	2689.64	2896.23
	机械费/元	60.96	57.83	51.58	32.83	60.96

	名　称	单位	单价	数　量				
人工	二类人工	工日	135.00	11.320	13.240	14.900	18.740	15.380
材	烧结煤矸石普通砖 240×115×53	千块	360.00	5.290	5.400	5.540	6.060	5.430
	干混砌筑砂浆 DMM7.5	m³	405.45	2.360	2.190	2.000	1.240	2.310

图 7-12

7.3.4.2　主要项目工程量计算规则

（1）砖砌体、砌块砌体。

1）砖基础按设计图示尺寸以体积计算。

① 基础长度。外墙按外墙中心线长度计算；内墙按内墙基净长线计算。附墙垛基础宽出部分体积按折加长度合并计算。

② 扣除地梁（圈梁）、构造柱所占体积，不扣除基础大放脚T形接头处的重叠部分及嵌入基础内的钢筋、铁件、管道、基础砂浆防潮层和单个面积≤0.3m²的孔洞所占体积，其需要砌筑的大放脚计入砖基础体积内。

2）砖墙、砌块墙按设计图示尺寸以体积计算。

计量单位：m³。

墙体工程量计算公式：

$$V = (墙高 \times 墙长 - 应扣洞口面积) \times 墙厚 - 应扣体积 + 应增加体积 \qquad (7-5)$$

① 墙身高度。

外墙。斜（坡）屋面无檐口天棚者算至屋面板底；有屋架且室内外均有天棚者算至屋架下弦底另加200mm；无天棚者算至屋架下弦底另加300mm，出檐宽度超过600mm时按实砌高度计算；有钢筋混凝土楼板隔层者算至板顶。平屋顶算至钢筋混凝土板底。

内墙。位于屋架下弦者，算至屋架下弦底；无屋架者，算至天棚底另加100mm；有钢筋混凝土楼板隔层者算至楼板顶；有框架梁时算至梁底。

女儿墙。从屋面板上表面算至女儿墙顶面（如有混凝土压顶时算至压顶底）。

内外山墙按平均高度计算。

② 墙身长度。

外墙——按外墙中心线长 $L_{中}$ 计算;

内墙——按内墙净长线长 $L_{内}$ 计算;

砖垛——按附墙垛折加长度 $L_{折}$ 计算;

框架墙——不分内外墙均按净长 $L_{净}$ 计算。

3）砖墙厚度。

① 砖砌体及砌块砌体厚度按砖墙厚度表计算。实际与定额取定不同时,其砌体厚度应根据组砌方式,结合砖实际规格和灰缝厚度计算。

② 砖砌体灰缝厚度统一按 1cm 考虑。

4）墙体计算应扣面积。门窗洞口面积;过人洞面积;每个面积大于 $0.3m^2$ 孔洞等。

5）墙体计算应扣体积。应扣除钢筋混凝土梁、板、柱等平行嵌入墙体所占的体积;不扣除屋架、檩条、梁等伸入砌体的头子、钢筋混凝土过梁板（厚 7cm 以内）、钢筋混凝土垫块、沿油木、木砖等所占体积。

6）墙体计算应增加体积。凸出墙身的统腰线;1/2 砖以上的门窗套;二出檐以上的挑檐等;附墙垃圾道、烟囱、通风道体积。不扣除每个面积在 $0.1m^2$ 以内孔道体积,但孔道内的抹灰工料亦不增加;如孔道面积在 $0.1m^2$ 以上,按外形体积计算,孔道内抹灰按展开面积计算套用零星抹灰定额。附墙烟囱如带有瓦管、除灰门,应另列项目计算。

墙体计算时,不增加凸出墙身的窗台、1/2 以内的门窗套、二出檐以内的挑檐等的体积。

7）砖砌构筑物。

① 砖烟囱筒身、烟囱内衬、烟道及烟道内衬均以实体积计算。

② 烟囱、烟道内表面涂抹隔离层,按内壁面积计算,应扣除每个面积在 $0.3m^2$ 以上的孔洞面积。

③ 砖（石）池底、池壁均以实体积计算。

④ 砖砌沉井按图示尺寸以实体积计算。人工挖土、回填砂石、铁刃脚安装、沉井封底等配套项目按混凝土与钢筋混凝土工程相应定额执行。

⑤ 砖砌圆形仓筒壁高度自基础板顶面算至顶板底面,以实体积计算。

【例 7-4】 某工程外墙厚 240mm,高 6.8m,外墙中心线长度 61m。已知该工程外墙上有 C-1 窗 9 樘,规格为 1500mm×1800mm;窗上过梁 9 根,规格为 2000mm×240mm×120mm;有 M-1 二樘,规格为 1300mm×2700mm;门上有过梁 2 根,规格为 1800mm×240mm×120mm,计算该工程外墙砌砖工程量。

解: $V = 0.24 \times (6.8 \times 61 - 1.5 \times 1.8 \times 9 - 1.3 \times 2.7 \times 2) - $

$\qquad 2 \times 0.24 \times 0.12 \times 9 - 1.8 \times 0.24 \times 0.12 \times 2$

$\qquad = 0.24 \times (414.8 - 24.3 - 7.02) - 0.518 - 0.104$

$\qquad = 91.41 (m^3)$

（2）石砌体。石基础、石墙、石挡土墙、石护坡按设计图示尺寸以体积计算。

（3）垫层按设计垫层面积乘以厚度计算。其中:

1）条形基础垫层长度。外墙按外墙中心线长度计算,内墙按内墙垫层底净长计算,柱网结构的条基垫层不分内外墙均按基底垫层底净长计算，柱基垫层工程量按设计垫层面积乘以厚度计算。

2）地面面积按楼地面工程的工程量计算规则计算。

（4）计算条形砖基础与垫层长度时，附墙垛凸出部分按折加长度合并计算，不扣除搭接重叠部分的长度，垛的加深部分也不增加。

（5）计算条形砖基础工程量时，二边大放脚体积并入计算，大放脚体积=砖基础长度×大放脚断面积，大放脚断面积按下列公式计算，其中参数说明见图7-13：

等高式：　　　　　　$S = n(n + 1)ab$　　　　　　（7-6）

间隔式：　$S = \sum(a \times b) + \sum(a/2 \times b)$　　（7-7）

式中　n——放脚层数；

a，b——每层放脚的高、宽（凸出部分）。

（6）独立砖柱基础按柱身体积加上四边大放脚体积计算，砖柱基础并入砖柱计算。四边大放脚体积 V 按以下公式计算：

$$V = n(n + 1)ab[2/3(2n + 1)b + A + B]　　（7-8）$$

式中，A、B 为砖柱断面积的长、宽，其余同上。

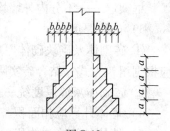

图 7-13

（标准砖基础：

$a = 0.126m$（每层二皮砖）

$b = 0.0625m$）

7.3.5　混凝土与钢筋混凝土工程

7.3.5.1　说明

（1）定额分为现浇混凝土结构工程及装配式混凝土构件装配两部分，共四节，混凝土、钢筋、模板；装配式混凝土构件的安装、构件连接的后浇混凝土、钢筋和模板。

（2）定额中泵送商品混凝土是指在混凝土厂集中搅拌、用混凝土罐车运输到施工现场并通过混凝土泵直接入模的混凝土。

（3）定额中混凝土除另有注明外均按泵送商品混凝土编制，实际采用非泵送商品混凝土、现场搅拌混凝土时仍套用泵送定额，混凝土价格按实际使用的种类换算，混凝土浇捣人工乘以表7-10相应系数，其余不变。现场搅拌的混凝土还应执行现场搅拌调整费定额。

表 7-10　建筑物人工调整系数

序号	项 目 名 称	人工调整系数
1	基础	1.5
2	柱	1.05
3	梁	1.40
4	墙、板	1.30
5	楼梯、雨篷、阳台、栏板及其他	1.65

（4）定额中商品混凝土按常用强度等级考虑，设计强度等级不同时应予换算；施工图设计要求增加的外加剂另行计算。

（5）现浇混凝土工程。

1）混凝土。

① 毛石混凝土，定额按毛石占混凝土体积的 18% 编制，如设计不同时，毛石、混凝土的体积按设计比例调整。

② 设计要求需进行温度控制的大体积混凝土，温度控制费用按照经批准的专项施工方案另行计算。

③ 基础：

基础与上部结构的划分以混凝土基础上表面为界。

基础与垫层的划分，一般以设计确定为准，如设计不明确时，以厚度划分：150mm 以下的为垫层，150mm 以上的为基础。

设计为带形基础的单位工程，如仅楼（电）梯间、厨厕间等少量部位采用满堂基础时，其工程量并入带形基础计算。

箱形基础的底板（包括边缘加厚部分）套用无梁式满堂基础定额，其余套用柱、梁、板、墙相应定额。

设备基础仅考虑块体形式，执行混凝土及钢筋混凝土基础定额，其他形式设备基础分别按基础、柱、梁、板、墙等有关规定计算，套用相应定额。

④ 设备基础预留螺栓孔洞及基础面的二次灌浆按非泵送混凝土编制，如设计灌注材料与定额不同时，按设计调整。

⑤ 柱、梁、板分别计算套用相应定额；暗柱、暗梁分别并入相连构件内计算。

⑥ 当柱的 a 与 b 之比小于 4 时按柱相应定额执行，大于 4 时按墙相应定额执行。

⑦ 地圈梁套用圈梁定额；异形梁、梯形梁、变截面矩形梁套用"矩形梁、异形梁"定额。

⑧ 斜梁（板）按坡度 $10° < \alpha \leqslant 30°$ 综合编制的。坡度 $\leqslant 10°$ 的斜梁（板）的执行普通梁、板项目；坡度 $30° < \alpha \leqslant 45°$ 时人工乘以系数 1.05；坡度在 45° 以上时，按墙相应定额执行。

⑨ 屋面女儿墙、栏板（含扶手）及翻沿净高度在 1.2m 以上时套用墙相应定额，小于 1.2m 时套用栏板相应定额，小于 250mm 时体积并入所依附的构件计算。

⑩ 凸出混凝土柱、墙、梁、阳台梁、栏板外侧面的线条，凸出宽度小于 300mm 的工程量并入相应构件内计算，凸出宽度大于 300mm 的按雨篷定额执行。

⑪ 弧形阳台、雨篷按普通阳台、雨篷定额执行；现浇飘窗板、空调板、水平遮阳板等平挑檐外挑小于 500mm 时，并入板内计算；大于 500mm 时，套用雨篷定额；拱形雨篷套用拱形板定额；非全悬挑的阳台、雨篷，按梁、板有关规则计算套用相应定额。阳台不包括阳台栏板及单独压顶内容，发生时执行相应定额。

⑫ 屋面挑出的带翻沿平挑檐套用檐沟、挑檐定额。

⑬ 屋面内天沟按梁、板规则计算，套用梁、板相应定额。雨篷与檐沟相连时，梁板式雨篷按雨篷规则计算并套用相应定额，板式雨篷并入檐沟计算。

⑭ 楼梯设计指标超过表 7-11 定额取定值时，混凝土浇捣定额按比例调整，其余不变。

表 7-11　楼梯底板折实厚度取定表

项目名称	指标名称		备注
直形楼梯	底板厚度	18cm	梁式楼梯的梯段梁并入楼梯底板内计算折实厚度
弧形楼梯		30cm	

⑮ 弧形楼梯指梯段为弧形的，仅平台弧形的，按直形楼梯定额执行。

⑯ 小型构件是指本定额未列项目且单件体积 0.1m³ 以内的混凝土构件，小型构件定额已综合考虑了原位浇捣和现场内预制、运输及安装的情况，统一执行小型构件定额。

⑰ 外形体积在 1m³ 以内的独立池槽执行小型构件项目，1m³ 以上的独立池槽套用构筑物相应项目。

⑱ 当现浇混凝土构件设计要求为普通清水混凝土时，人工按普通混凝土相应定额乘以系数 1.1，并换算清水混凝土价格。

2）钢筋。

① 钢筋工程按现浇构件钢筋、地下连续墙钢筋、桩钢筋等不同用途以及钢筋的不同品种和规格，以圆钢、螺纹钢、预应力及箍筋分别列项，钢筋的品种、规格比例按常规工程设计综合考虑。

② 除定额规定单独列项计算外，各类钢筋、铁件的制作成型、绑扎、接头、安装及固定所用人工、材料、机械消耗均已综合在相应项目内。

③ 钢筋连接接头。

除定额另有说明外，均按绑扎搭接计算。

当设计规定采用直螺纹、锥螺纹、冷挤压、电渣压力焊和气压焊连接时，则以设计规定的连接方式按个数计算套用相应定额。

单根钢筋连续长度，超过 9m（定额规定），可按设计规定计算一个接头，该接头按绑扎搭接计算时，搭接长度不做箍筋加密计算基数。

④ 钢筋工程中措施钢筋，设计有规定时，按设计的品种、规格执行相应项目；如设计无规定时，仅计楼板及底板的撑脚（铁马）。多排钢筋的垫铁在定额损耗中已综合考虑，发生时不另计算。

⑤ 现浇构件冷拔钢丝按 $\phi10$ 以内钢筋制安定额执行。

⑥ 地下连续墙钢筋笼绑扎平台制安费用已计入相应定额，不单独列项计算。

⑦ 现场预制桩钢筋执行现浇构件钢筋。

⑧ 除模板所用铁件及成品构件内已包括的铁件外，定额均不包括混凝土构件内的预埋铁件，预埋铁件及用于固定或定位预埋铁件（螺栓）所消耗的钢筋、钢板、型钢等应按设计图示计算工程量，执行铁件定额。

3）模板。

① 现浇混凝土构件的模板按照不同构件，分别以组合钢模、铝模、复合木模单独编制，模板的具体组成规格、比例、复合木模的材质及支撑方式等定额已综合考虑；定额未注明模板类型的，均按复合木模考虑。

② 铝模考虑实际工程使用情况，仅适用上部主体结构。

③ 模板按企业自有编制。组合钢模、铝模均包括打包、装箱，且已包括回库维修

耗量。

④ 有梁式基础模板仅适用于基础表面有梁上凸时，仅带有下翻或暗梁的基础套用无梁式基础定额。

⑤ 圆弧形基础模板套用基础相应定额，另按弧形侧边长度计算基础侧边弧形增加费。

⑥ 地下室底板模板套用满堂基础定额，集水井杯壳模板工程量合并计算；设计为带形基础的单位工程，如仅楼（电）梯间、厨厕间等少量部位采用满堂基础时，其工程量并入带形基础计算。

⑦ 箱形基础的底板（包括边缘加厚部分）套用无梁式满堂基础定额，其余套用柱、梁、板、墙相应定额。

⑧ 设备基础仅考虑块体形式，其他形式设备基础分别按基础、柱、梁、板、墙等有关规定计算，套用相应定额。

⑨ 基础底板下翻构件采用砖模时，砌体按砌筑工程定额规定执行，抹灰按墙柱面工程墙面抹灰定额规定执行。

⑩ 现浇钢筋混凝土柱（不含构造柱）、梁（不含圈、过梁）、板、墙的支模高度按结构层高 3.6m 以内编制，超过 3.6m 时，工程量包括 3.6m 以下部分，另按相应超高定额计算；斜板（梁）或拱形结构按板（梁）顶平均高度确定支模高度，电梯井壁按建筑物自然层层高确定支模高度。

⑪ 异形柱、梁是指柱、梁的断面形状为 L 形、十字形、T 形、Z 形的柱、梁，套用异形柱、梁定额。地圈梁模板套用圈梁定额；梯形、变截面矩形梁模板套用矩形梁定额；单独现浇过梁模板套用矩形梁定额；与圈梁连接的过梁模板套用圈梁定额；

⑫ 当一字形柱 a 与 b 之比 $\leqslant 4$ 时按矩形柱相应定额执行，异形柱 a 与 b 之比 $\leqslant 4$ 时按异形柱相应定额执行，大于 4 时套用墙相应定额；截面厚度 $b \leqslant 300mm$，且 a 与 b 之比的最大值 $4 < N \leqslant 8$ 时，套短肢剪力墙定额。

⑬ 地下室混凝土外墙、人防墙及有防水等特殊要求的内墙，设计要求采用止水对拉螺栓，施工组织设计未明确时，每 $100m^2$ 模板定额中的六角带帽螺栓增加 85kg（施工方案明确的按方案数量扣减定额含量后增加）、人工增加 1.5 工日，相应定额的钢支撑用量乘以系数 0.9。

⑭ 柱、梁木模定额已综合考虑了对拉螺栓消耗量。柱梁面对拉螺栓堵眼套用墙面螺栓堵眼增加费定额，柱面人工、机械乘以系数 0.3，梁面人工、机械乘以系数 0.35。

⑮ 斜梁（板）坡度是按 $10° < \alpha \leqslant 30°$ 综合考虑。斜梁（板）坡度 $\leqslant 10°$ 的执行普通梁、板项目；坡度 $30° < \alpha \leqslant 45°$ 时，人工乘以系数 1.05；坡度 $> 45°$ 时，按墙相应定额执行。

⑯ 地下室内墙套用一般墙相应定额；屋面混凝土女儿墙高度 $> 1.2m$ 时套用墙相应定额，$\leqslant 1.2m$ 时套用栏板相应定额。

⑰ 型钢组合混凝土构件模板，按构件相应项目执行。

⑱ 混凝土栏板高度（含扶手及翻沿），定额按净高 $\leqslant 1.2m$ 以内考虑，超过时套用墙相应定额，高度 $\leqslant 250mm$ 的翻沿并入所依附的构件计算。

⑲ 现浇混凝土阳台板、雨篷板按悬挑形式编制，如半悬挑及非悬挑形式的阳台、雨篷，按梁、板规则执行。弧形阳台、雨篷按普通阳台、雨篷定额执行，另行计算弧形模板增加费。

⑳ 楼板及屋面平挑檐外挑≤500mm 时，并入板内计算；外挑>500mm 时，套用雨篷定额；屋面挑出的带翻沿平挑檐套用檐沟、挑檐定额。

㉑ 屋面内天沟按梁、板规则计算，套用梁、板相应定额。雨篷与檐沟相连时，梁板式雨篷按雨篷规则计算并套用相应定额，板式雨篷并入檐沟计算。

㉒ 弧形楼梯指梯段为弧形的，仅平台弧形的，按直形楼梯定额执行，平台另计弧形板增加费。

㉓ 自行车坡道带有台阶的，按楼梯相应定额执行；无底模的自行车坡道及 4 步以上的混凝土台阶按楼梯定额执行，其模板按楼梯相应定额乘以 0. 20 计算。

㉔ 凸出混凝土柱、梁、墙面的线条，并入相应构件内计算，另按凸出的棱线道数执行模板增加费项目；但单独窗台板、拦板扶手、墙上压顶的单阶挑沿不另计算模板增加费；其他单阶线条凸出宽度>300mm 的套用雨篷定额。

㉕ 小型构件是指单件体积 0. 1m³ 以内的小型混凝土构件。小型构件定额已综合考虑了现浇和预制的情况，统一执行小型构件定额，发生时不作调整。

㉖ 外形尺寸体积在 1m³ 以内的独立池槽执行小型构件项目，1m³ 以上的独立池槽执行第 17 章相应定额。

㉗ 当现浇混凝土构件表面设计要求为普通清水混凝土时，采用复合模板施工的，按相应定额乘系数 1. 15，复合模板材料换算为镜面胶合板。

㉘ 后浇带包括了与原混凝土接缝处的钢丝网用量。

4）超高承重支模架。

① 超过一定规模危险性较大的混凝土工程和承重支撑体系（简称超危支撑架），依据住房城乡建设部办公厅《关于实施〈危险性较大的分部分项工程安全管理规定〉有关问题的通知》（建办质〔2018〕31 号）文件附件 2 "超过一定规模的分部分项工程" 二（二）、（三）条，适用于搭设高度 8m 及以上，或搭设跨度 18m 及以上，或施工总荷载 15kN/m² 及以上，或集中线荷载（设计值）20kN/m² 及以上的混凝土模板支撑工程，以及适用于钢结构安装等满堂支撑体系，承受单点集中荷载 7kN 及以上的承重支撑体系。

② 超危支撑架定额，仅包含搭拆人工费及搭设材料的损耗量，不含搭设材料的使用费，搭设材料的使用费应另列项计算。按专项方案实际采用门式钢支架的，定人工消耗量乘以系数 0. 50。

③ 超危支撑架定额范围内现浇混凝土构件模板，按混凝土接触面积套用相应构件模板定额，人工乘以系数 0. 90，钢支撑和零星卡具消耗量不扣除，构件模板高度超过 3. 6m，每增加 1m 定额不再执行。

（6）装配式混凝土结构工程。

1）构件安装。装配式混凝土结构工程，指预制混凝土构件通过可靠的连接方式装配而成的混凝土结构，包括装配整体式混凝土结构、全装配混凝土结构。

① 构件按成品购入构件考虑，构件价格已包含了构件运输至施工现场指定区域、卸车、堆放发生的费用。

② 装配式混凝土结构工程构件吊装机械综合取定，按 "垂直运输工程" 相关说明及计算规则执行。

③ 构件安装包含了结合面清理、指定位置堆放后的构件移位及吊装就位、构件临时

支撑、注浆、并拆除临时支撑全部消耗量。构件临时支撑的搭设及拆除已综合考虑了支撑（含支撑用预埋铁件）种类、数量、周转次数及搭设方式，实际不同不予调整。

④ 构件安装不分构件外形尺寸、截面类型以及是否带有保温，除另有规定者外，均按构件种类套用相应定额。

⑤ 构件安装定额中，构件底部座浆按砌筑砂浆铺筑考虑，遇设计采用灌浆料的，除灌浆材料单价换算外，每 10m³ 构件安装定额另行增加人工 0.60 工日、液压注浆泵 HYB50-50-1 型 0.30 台班，其余不变。

⑥ 墙板安装定额不分是否带有门窗洞口，均按相应定额执行。凸（飘）窗安装定额适用于单独预制的凸（飘）窗安装，依附于外墙板制作的凸（飘）窗，其工程量并入外墙板计算，该板块安装整体套用外墙板安装定额，人工和机械用量乘以系数 1.3。

⑦ 外挂墙板安装定额已综合考虑了不同的连接方式，按构件不同类型及厚度套用相应定额。

⑧ 楼梯休息平台安装按平台板结构类型不同，分别套用整体楼板或叠合楼板相应定额。

⑨ 阳台板安装不区分板式或梁式，均套用同一定额。空调板安装定额适用于单独预制的空调板安装，依附于阳台板制作的栏板、翻沿、空调板，并入阳台板内计算。非悬挑的阳台板安装，分别按梁、板安装有关规则计算并套用相应定额。

⑩ 女儿墙安装按构件净高以 0.6m 以内和 1.4m 以内分别编制，构件净高 1.4m 以上时套用外墙板安装定额。压顶安装定额适用于单独预制的压顶安装。

⑪ 轻质条板隔墙安装按构件厚度的不同，分别套用相应定额。定额已考虑了的固定配件、补（填）缝、抗裂措施构造，以及板材遇门窗洞所需要的切割改锯、孔洞加固的内容。

⑫ 烟道、通风道安装按构件外包周长套用相应定额，安装定额中包含了防火止回阀的材料及安装。

⑬ 套筒注浆不分部位、方向，按锚入套筒内的钢筋直径不同，以 φ18 以内及 φ18 以上分别编制。

⑭ 外墙嵌缝、打胶定额中的注胶缝断面按 20mm×15mm 编制，若设计断面与定额不同时，密封胶用量按比例调整，其余不变。定额中密封胶以硅酮耐候胶考虑，遇设计采用的密封胶种类与定额不同时，材料单价进行换算。

⑮ 装配式混凝土结构工程构件支撑安装高度按结构层高 3.6m 以内编制的，高度超过 3.6m 时，每增加 1m 人工乘以系数 1.15，钢支撑、零星卡具、支撑杆件乘以系数 1.30 计算，后浇混凝土模板支模高度超过 3.6m 按现浇相应模板的超高定额计算。

2) 后浇混凝土。

① 后浇混凝土定额适用于装配式整体式结构工程，用于与预制混凝土构件连接，使其形成整体受力构件。在现场后浇的混凝土，由混凝土、钢筋、模板等定额组成。除下列部位外，其他现浇混凝土构件按第 1 节现浇混凝土、钢筋和模板相应项目及规定执行：

预制混凝土柱与梁、梁与梁接头，套用梁、柱接头定额；

预制混凝土梁、板顶部，套用叠合梁、板定额；

预制双叶叠合墙板内及叠合墙板端部边缘，套用叠合剪力墙定额；

预制墙板与墙板间、墙板与柱间等端部边缘连接墙、柱，套用连接墙、柱定额；

② 预制墙板或柱等预制垂直构件之间设计采用现浇混凝土墙连接的，当连接墙长度≤2m 以内的，套用后浇混凝土连接墙、柱定额；当连接墙长度>2m 的，按第 1 节现浇混凝土构件相应项目及规定执行。

③ 同开间内预制叠合楼板或整体楼板之间设计采用现浇混凝土板带拼缝的，板带混凝土浇捣并入后浇混凝土叠合梁、板计算。相应拼缝处需支模才能浇筑的混凝土模板工程套用板带定额。

④ 后浇混凝土钢筋制作、安装定额按钢筋品种、型号、规格综合连接方法及用途划分，相应定额内的钢筋型号以及比例已综合考虑，各类钢筋的制作成型、绑扎、接头、固定以及与预制构件外露钢筋的绑扎、焊接等所用人工、材料、机械消耗已综合考虑在相应定额内。钢筋接头采用机械连接的，按现浇混凝土构件相应接头项目及规定执行。

⑤ 后浇混凝土模板按复合模板考虑，定额消耗量已考虑了伸出后浇混凝土与预制构件抱合部分的模板用量。

7.3.5.2　主要项目工程量计算规则

A　现浇结构混凝土、钢筋、模板

a　混凝土

（1）混凝土工程量除另有规定者外，均按设计图示尺寸以体积计算。不扣除构件内钢筋、预埋铁件及墙、板中 0.3m² 以内的孔洞所占体积。型钢混凝土中型钢骨架所占体积按（密度）7850kg/m³ 扣除。

（2）基础与垫层按设计图示尺寸以体积计算，不扣除伸入承台基础的桩头所占体积。

1）带形基础。

① 外墙按中心线、内墙按基底净长线计算，独立柱基间带形基础按基底净长线计算，附墙垛基础并入基础计算。

② 基础搭接体积按图示尺寸计算。

③ 有梁带基梁面以下凸出的钢筋混凝土柱并入相应基础内计算。

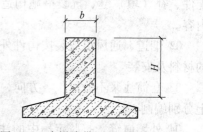

图 7-14　有梁式带型基础梁高示意图

④ 不分有梁式与无梁式均按带形基础项目计算，有梁式带形基础（如图 7-14 所示），梁高（指基础扩大顶面至梁顶面的高）小于 1.2m 时合并计算；大于 1.2m 时，扩大顶面以下的基础部分按带形基础项目计算，扩大顶面以上部分按墙项目计算。

$$V = 断面积 \times 长度 + 搭接体积 \tag{7-9}$$

2）满堂基础。满堂基础范围内承台、地梁、集水井、柱墩等并入满堂基础内计算。

3）箱式基础分别按基础、柱、墙、梁、板等有关规定计算。

4）设备基础。设备基础除块体（块体设备基础是指没有空间的实心混凝土形状）以外其他类型设备基础分别按基础、柱、墙、梁、板等有关规定计算；工程量不扣除螺栓孔所占的体积，螺栓孔内及设备基础二次灌浆按设计图示尺寸另行计算，不扣除螺栓及预埋铁件体积。

（3）柱。按设计图示尺寸以体积计算。

1）柱高按基础顶面或楼板上表面算至柱顶面或上一层楼板上表面。

2）无梁板柱高按基础顶面（或楼板上表面）算至柱帽下表面。

3）构造柱高度按基础顶面或（或楼板上表面）至框架梁、连续梁等单梁（不含圈、过梁）底标高计算，与墙咬接的马牙槎混凝土浇捣按柱高每侧 3cm 合并计算。

4）依附柱上的牛腿，并入柱身体积内计算。

5）钢管混凝土柱以管内设计灌混凝土高度乘以钢管内径以体积计算。

$$V = 柱截面积 \times 柱高 + V_{牛腿} \tag{7-10}$$

式中，$V_{牛腿}$ 为附属于柱的牛腿体积。柱高取定如图 7-15 所示。

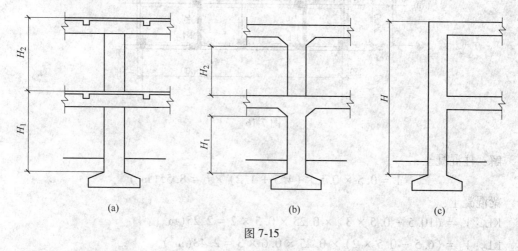

图 7-15

（4）墙。按设计图示尺寸以体积计算，扣除门窗洞口及 0.3m³ 以外孔洞所占体积，墙垛及突出部分并入墙体积内计算。墙与柱连接时墙算至柱边，墙与板连接时墙算至板顶，平行嵌入墙上的梁不论凸出与否，均并入墙内计算，与墙连接的暗梁暗柱并入墙体积，墙与梁相交时梁头并入墙内。

（5）梁。按设计图示尺寸以体积计算，伸入砖墙内的梁头、梁垫并入梁体积内。

1）梁与柱、次梁与主梁、梁与混凝土墙交接时，按净空长度计算。

2）圈梁与板整体浇捣的，圈梁按断面高度计算。

$$V = 梁断截面积 \times 梁长 + V_{梁垫} \tag{7-11}$$

式中，$V_{梁垫}$ 为与梁浇捣在一起的梁垫体积。

（6）板。按设计图示梁、墙间净距尺寸以体积计算。

1）无梁板按板和柱帽体积之和计算。

2）各类板伸入砖墙内的板头并入板体积内计算，依附于拱形板、薄壳屋盖的梁及其他构件工程量均并入所依附的构件内计算。

3）板垫及与板整体浇捣的翻边（净高 250mm 以内的）并入板内计算；板上单独浇捣的砌筑墙下素混凝土翻边按圈梁定额计算，高度大于 250mm 且厚度与砌体相同的翻边无论整浇或后浇均按混凝土墙体定额执行。

4）板应扣除与柱重叠部分的工程量。

【例 7-5】 某现浇框架结构房屋的二层结构平面如图 7-16 所示，已知二层板顶标高 4.5m，板厚 100mm，构件断面积尺寸：KZ500×500，KL₁250×500，KL₂250×600，L₁250×

400。柱基顶面标高-1.20m,设计室内标高±0.00。试计算现浇钢筋混凝土柱、梁、板混凝土工程量。

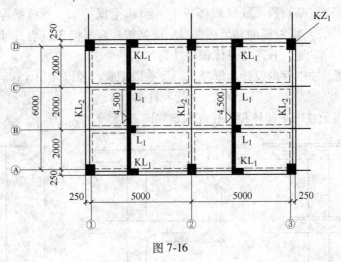

图 7-16

解:柱混凝土:

$$V = 0.5 \times 0.5 \times (4.5 + 1.2) \times 6 = 8.55 (\text{m}^3)$$

梁混凝土:

KL_1: $V_1 = (10.5 - 0.5 \times 3) \times 0.25 \times 0.5 \times 2 = 2.25 (\text{m}^3)$

KL_2: $V_2 = (6.5 - 0.5 \times 2) \times 0.25 \times 0.6 \times 3 = 2.48 (\text{m}^3)$

L_1: $V_3 = (10.5 - 0.25 \times 3) \times 0.25 \times 0.4 \times 2 = 1.95 (\text{m}^3)$

$$V = 2.25 + 2.48 + 1.95 = 6.68 (\text{m}^3)$$

板混凝土:

$$V = (10.5 - 0.25 \times 3) \times (6.5 - 0.25 \times 4) \times 0.1$$
$$= 9.75 \times 5.5 \times 0.1$$
$$= 5.36 (\text{m}^3)$$

(7)栏板、扶手。按设计图示尺寸以体积计算,伸入砖墙内的部分并入相应构件内计算,栏板柱并入栏板内计算,当栏板净高度小于 250mm 时,并入所依附的构件内计算。

(8)挑檐、檐沟按设计图示尺寸以墙外部分体积计算。挑檐、檐沟板与板(包括屋面板)连接时,以外墙外边线为分界线;与梁(包括圈梁等)连接时,以梁外边线为分界线;外墙外边线以外为挑檐、檐沟(工程量包括底板、侧板及与板整浇的挑梁)。

(9)全悬挑阳台按阳台项目以体积计算,外挑牛腿(挑梁)、台口梁、高度小于 250mm 的翻沿均合并在阳台内计算,翻沿净高度大于 250mm 时,翻沿另行按栏板计算;非全悬挑阳台,按梁、板分别计算,阳台栏板、单独压顶分别按栏板、压顶项目计算。

(10)雨篷梁、板工程量合并,按雨篷以体积计算,雨篷翻沿高度≤250mm 时并入雨篷体积内计算;高度>250mm 时,另按栏板计算。

(11)楼梯(包括休息平台,平台梁、斜梁及楼梯与楼面的连接梁)按设计图示尺寸以水平投影面积计算,不扣除宽度小于 500mm 楼梯井,伸入墙内部分不计算。当整体楼梯与现浇楼板无梯梁连接时,以楼梯段最上一级边缘加 300mm 为界。与楼梯休息平台脱离的平台梁按梁或圈梁计算。

直形楼梯与弧形楼梯相连者，直形、弧形应分别计算套相应定额。

　b　钢筋

（1）钢筋按设计图示区别钢种按钢筋长度、数量乘以钢筋单位理论重量以吨计算，包括设计要求锚固、搭接和钢筋超定尺长度必须计算的搭接用量；钢筋的冷拉加工费不计，延伸率不扣。

（2）构件套用标准图集时，按标准图集钢筋（铁件）用量表内所列数量计算；标准图集未列钢筋（铁件）用量表时，按标准图集图示及本规则计算。

（3）计算钢筋用量时应扣除保护层厚度。

（4）地下连续墙墙身内十字钢板封口按设计图示尺寸以净重量计算。

（5）钢筋的搭接长度及数量应按设计图示、标准图集和规范要求计算，遇设计图示、标准图集和规范要求不明确时，钢筋的搭接长度和数量可按以下规则计算：

1）单根钢筋连续长度超过 9m 的，按每 9m 计算一个接头，采用绑扎时搭接长度为 35d。

2）灌注桩钢筋笼纵向钢筋、地下连续墙钢筋笼钢筋定额按单面焊接头考虑，搭接长度按 10d 计算；灌注桩钢筋笼螺旋箍筋的超长搭接已综合考虑，发生时不另计算。

3）建筑物柱、墙构件竖向钢筋接头有设计规定时按设计规定，无设计规定时按自然层计算。

4）当钢筋接头设计要求采用机械连接、焊接时，应按设计采用的接头种类和个数列项计算，计算该接头后不再计算该处的钢筋搭接长度。

（6）箍筋（板筋）、弯起钢筋、拉筋的长度及数量应按设计图示、标准图集和规范要求计算，遇设计图示、标准图集和规范要求不明确时，箍筋（板筋）、弯起钢筋、拉筋的长度及数量可按以下规则计算：

1）墙板 S 形拉结钢筋长度按墙板厚度扣保护层加两端弯钩计算。

2）弯起钢筋不分弯起角度，每个斜边增加长度按梁高（或板厚）乘以 0.4 计算。

3）箍筋（板筋）排列根数为柱、梁、板净长除以箍筋（板筋）设计间距；设计有不同间距时，应分段计算。柱净长按层高计算，梁净长按混凝土规则计算，板净长指主（次）梁与主（次）梁之间的净长；计算中有小数时，向上取整。

4）桩螺旋箍筋长度计算为螺旋箍筋斜长加螺旋箍上下端水平段长度计算。

$$螺旋箍筋长度 = \sqrt{[(D - 2C + d) \times \pi]^2 + h^2} \times n \eqno(7-12)$$

$$水平箍筋长度 = \pi(D - 2C + d) \times 1.5 \times 2 \eqno(7-13)$$

式中　D——桩直径，m；

　　　C——主筋保护层厚度，m；

　　　d——箍筋直径，m；

　　　h——箍筋间距，m；

　　　n——箍筋道数（桩中箍筋配置范围除箍筋间距，计算中有小数时，向上取整）。

（7）双层钢筋撑脚按设计规定计算，设计未规定时，均按混凝土板中小规格主筋计算，基础底板每平方米 1 只，长度按底板厚乘以 2 再加 1m 计算；板每平方米 3 只，长度按板厚度乘以 2 再加 0.1m 计算。双层钢筋的撑脚布置数量均按板的净面积计算，净面积应扣除柱、梁、基础梁的面积。

c 模板

（1）现浇混凝土构件模板，除另有规定者外，均按模板与混凝土的接触面积计算。梁、板、墙设后浇带时，计算构件模板工程量不扣除后浇带面积，后浇带另行按延长米（含梁宽）计算增加费。

（2）基础。

1）有梁式带形（满堂）基础，基础面（板面）上梁高（指基础扩大顶面（板面）至梁顶面的高）小于1.2m时，合并计算；大于1.2m时，基础底板模板按无梁式带形（满堂）基础计算，基础扩大顶面（板面）以上部分模板按混凝土墙项目计算。有梁带基梁面以下凸出的钢筋混凝土柱并入相应基础内计算；基础侧边弧形增加费按弧形接触面长度计算，每个面计算一道。

2）满堂基础。无梁式满堂基础有扩大或角锥形柱墩时，并入无梁式满堂基础内计算。

3）设备基础。块体设备基础按不同体积，分别计算模板工程量。设备基础地脚螺栓套以不同深度按螺栓孔数量计算。

4）地面垫层发生模板时按基础垫层模板定额执行，工程量按实际发生部位的模板与混凝土接触面展开计算。

（3）现浇混凝土框架结构的柱、梁、板、墙的模板按混凝土相关划分规定执行。构造柱均应按图示外露部分计算模板面积。与墙咬接的马牙槎按柱高每侧模板以6cm合并计算。墙面、柱面、梁面的模板对拉螺栓孔眼增加费按对应范围内墙、柱、梁的模板接触面工程量计算。

（4）计算墙、板工程量时，应扣除单孔面积大于0.3m² 以上的孔洞，孔洞侧壁模板工程量另加；不扣除单孔面积小于0.3m²以内的孔洞，孔洞侧壁模板也不予计算。

（5）柱、墙、梁、板、栏板相互连接时，应扣除构件平行交接及0.3m² 以上构件垂直交接处的面积。

（6）弧形板并入板内计算，另按弧长计算弧形板增加费。梁板结构的弧形板弧长工程量应包括梁板交接部位的弧线长度。

（7）挑檐、檐沟与板（包括屋面板、楼板）连接时，以外墙外边线为分界线；与梁（包括圈梁等）连接时，以梁外边线为分界线；外墙外边线以外或梁外边线以外为挑檐檐沟。

（8）现浇混凝土雨篷、阳台按阳台、雨篷挑梁及台口梁外侧面范围的水平投影面积计算，阳台、雨篷外梁上外挑有线条时，另行计算线条模板增加费。阳台、雨篷含净高250以内的翻檐模板，超过250时，全部翻檐另按栏板项目计算。

（9）现浇混凝土楼梯（包括休息平台、平台梁、楼梯段、楼梯与楼层板连接的梁）按水平投影面积计算。不扣除宽度小于500mm楼梯井所占面积，楼梯的踏步、踏步板、平台梁等侧面模板不另行计算，伸入墙内部分亦不增加。当整体楼梯与现浇楼板无梯梁连接时，以楼梯的最上一级踏步边缘加300mm为界。

（10）凸出的线条模板增加费，以凸出棱线的道数不同分别按延长米计算，两条及多条线条相互之间净距≤100mm的，每两条线条按一条计算工程量。

（11）架空式混凝土台阶按现浇楼梯计算；场馆看台按设计图示尺寸，以水平投影面积计算。

（12）预制方桩按设计断面乘以桩长以体积另加综合损耗率计算。

d 超高承重支模架

超高承重支模架按承重支模架空间体积计算。

B 装配式结构构件安装及后浇连接混凝土

（1）装配式结构构件安装。

1）构件安装工程量按成品构件设计图示尺寸的实体积以"m³"计算，依附于构件制作的各类保温层、饰面层体积并入相应的构件安装中计算，不扣除构件内钢筋、预埋铁件、配管、套管、线盒及单个面积0.3m²以内的孔洞、线箱等所占体积，外露钢筋体积亦不再增加。

2）套筒注浆按设计数量以"个"计算。

3）轻质条板隔墙安装工程量按构件图示尺寸以"m²"计算，应扣除门窗洞口、过人洞、空圈、嵌入墙板内的钢筋混凝土柱、梁、圈梁、挑梁、过梁、止水翻边及凹进墙内的壁龛、消防栓箱及单个面积0.3m²以上的孔洞所占的面积，不扣除梁头、板头及单个面积0.3m²以内的孔洞所占面积。

4）预制烟道、通风道安装工程量按图示长度以"m"计算，成品风帽安装工程量按图示数量以"个"计算。

5）外墙嵌缝、打胶按构件外墙接缝的设计图示尺寸以"m"计算。

（2）后浇混凝土。后浇混凝土浇捣工程量按设计图示尺寸以实体积计算，不扣除混凝土内钢筋、预埋铁件及单个面积0.3m²以内的孔洞等所占体积。

（3）后浇混凝土钢筋。

1）后浇混凝土钢筋工程量按设计图示钢筋的长度、数量乘以钢筋单位理论质量计算。

2）钢筋搭接长度应按设计图示、标准图集和规范要求计算，当设计要求钢筋接头采用机械连接时，不再计算该处钢筋搭接长度。遇设计图示、标准图集和规范要求不明确时，钢筋的搭接长度和数量按第1节现浇混凝土构件钢筋规则计算。预制构件外露钢筋不计入钢筋工程量。

（4）后浇混凝土模板。后浇混凝土模板工程量按后浇混凝土与模板接触面以"m²"计算，伸出后浇混凝土与预制构件抱合部分的模板面积不增加计算。不扣除后浇混凝土墙、板上单孔面积0.3m²以内的孔洞，洞侧壁模板亦不增加；应扣除单孔面积0.3m²以上孔洞，洞侧壁模板面积并入相应的墙、板模板工程量内计算。

7.3.6 金属结构工程

7.3.6.1 说明

（1）定额包括预制钢构件安装、围护体系安装、钢结构现场制作及除锈三节。其中预制钢构件安装包括钢网架、厂（库）房钢结构、住宅钢结构。装配式钢结构是指以标准化设计、工厂化生产、装配化施工、一体化装修和信息化管理等为主要特征的工业化生产方式建造的钢结构建筑。

（2）定额中预制构件均按购入成品到场考虑，不再考虑场外运输费用。

（3）预制钢构件安装包括钢网架安装、厂（库）房钢结构安装、住宅钢结构安装等内容。大卖场、物流中心等钢结构安装工程可参照厂（库）房钢结构安装的相应定额；高层商务楼、商住楼、医院、教学楼等钢结构安装工程可参照住宅钢结构安装相应定额。

（4）定额钢构件安装定额中已包含现场施工发生的零星油漆破坏的修补、节点焊接或切割需要的除锈及补漆费用。

（5）预制钢构件的除锈、油漆及防火涂料费用应在成品价格内包含，若成品价格中未包括除锈、油漆及防火涂料等，另按本定额第14章相应项目及规定执行。

（6）预制钢构件安装。

1）构件安装定额中预制钢构件以外购成品编制，不考虑施工损耗。

2）预制钢结构构件安装按构件种类、重量不同分别套用定额。

3）钢构件安装定额中已包括了施工企业按照质量验收规范要求所需的超声波探伤费用，但未包括 X 光拍片检测费用，如设计要求，X 光拍片检测费用另行计取。

4）不锈钢螺栓球网架安装套用螺栓球节点网架安装定额，同时取消定额中油漆及稀释剂含量，人工消耗量乘以系数 0.95。

5）钢支座定额适用于单独成品支座安装。

6）厂（库）房钢结构的柱间支撑、屋面支撑、系杆、撑杆、隅撑、墙梁、钢天窗架、通风器支架、钢天沟支架、钢板天沟等安装套用"钢支撑等其他构件"安装定额。钢墙架柱、钢墙架梁和配套连接杆接套用钢墙架（挡风架）安装定额。

7）零星钢构件安装定额适用于本章未列项目且单件重量在 50kg 以内的小型构件。住宅钢结构的钢平台、钢走道及零星钢构件安装套用厂（库）房零星钢构件安装定额，定额中汽车式起重机消耗量乘以系数 0.2。

8）组合钢板剪力墙安装套用住宅钢结构 3t 以内钢柱安装定额，相应人工、机械及除预制钢柱外的材料用量乘以系数 1.50。

9）钢网架安装按平面网格网架安装考虑，如设计为筒壳、球壳及其他曲面结构时，安装人工、机械乘以系数 1.2。

10）钢桁架安装按直线型桁架安装考虑，如设计为曲线、折线型或其他非直线型桁架，安装人工、机械乘以系数 1.2。

11）型钢混凝土组合结构中钢构件安装套用本章相应定额，人工、机械乘以系数 1.15。

12）螺旋形楼梯安装套用踏步式楼梯安装定额，人工、机械乘以系数 1.3。

13）钢构件安装定额中已考虑现场拼装费用，但未考虑分块或整体吊装的钢网架、钢桁架施工现场地面平台拼装摊销，如发生套用现场拼装平台摊销定额项目。

14）厂（库）房钢结构安装机械按常规方案综合考虑，除另有规定或特殊要求者外，实际发生不同时均按定额执行，不做调整。单（多）层厂房内夹层除钢构件安装外垂直运输费套用垂直运输相应定额。

15）住宅钢结构安装定额内的汽车式起重机台班用量为钢构件场内转运消耗量，垂直运输按"垂直运输工程"相应定额执行。

（7）围护体系安装。

1）钢楼层板上混凝土浇捣所需收边板的用量，均已包含在定额消耗量中，不再单独计取工程量。

2）屋面板、墙面板安装需要的包角、包边、窗台泛水等用量，均已包含在相应定额的消耗量中，不再单独计取工程量。

3）墙面板安装按竖装考虑，如发生横向铺设，按相应定额子目人工、机械乘以 1.2 系数。

4）屋面保温棉已考虑铺设需要的钢丝网费用，如不发生，扣除不锈钢丝含量，同时按 1 工日/100m² 予以扣减人工费。

5）硅酸钙板灌浆墙面板定额中施工需要的包角、包边、窗台泛水等硅酸钙板用量，均已包含在相应定额的消耗量中，不再单独计取工程量。

6）硅酸钙板墙面板项目中双面隔墙定额墙体厚度按 180mm、镀锌钢龙骨按 15kg/m² 编制，设计与定额不同时应进行调整换算。

7）蒸压砂加气保温块贴面按 60 厚考虑，如发生厚度变化，相应保温块用量调整。

8）钢楼承板如因天棚施工需要拆除，增加拆除用工 0.1 工日/m²。

9）钢楼承板安装需要增设的支撑消耗量已包含在相应定额消耗量中。

10）钢结构屋面配套的不锈钢天沟、彩钢板天沟安装套用第 9 章相应定额。

11）本章围护体系中适用于金属结构屋面工程，如为其他屋面套用"屋面防水工程"相应定额。保温岩棉铺设仅限于硅酸钙板墙面板配套使用。如为其他形式保温套用"保温、隔热、防腐工程"相应定额。

（8）钢结构现场制作。

1）适用于非工厂制作的构件，除钢柱、钢梁、钢屋架外的钢构件均套用其他构件定额。本定额按直线型构件编制，如发生弧形、曲线型构件制作人工、机械乘以系数 1.3。

2）现场制作的钢构件安装套用厂（库）房钢结构安装定额。

3）现场制作钢构件的工程，其围护体系套用装配式钢结构围护体系安装定额。

7.3.6.2 主要项目工程量计算规则

A 预制钢构件安装

（1）构件安装工程量按设计图示尺寸以质量计算，不扣除单个面积 0.3m² 以内的孔洞质量，焊缝、铆钉、螺栓等不另增加质量。

（2）钢网架安装工程量不扣除孔眼的质量，焊缝、铆钉等不另增加质量。焊接空心球网架质量包括连接钢管杆件、连接球、支托和网架支座等零件的质量；螺栓球节点网架质量包括连接钢管杆件（含高强螺栓、销子、套筒、锥头或封板）、螺栓球、支托和网架支座等零件的质量。

（3）依附在钢柱上的牛腿及悬臂梁的质量等并入钢柱的质量内，钢柱上的柱脚板、加劲板、柱顶板、隔板和肋板并入钢柱工程量内。

（4）钢管柱上的节点板、加强环、内衬板（管）、牛腿等并入钢管柱的质量内。

（5）钢平台的工程量包括钢平台的柱、梁、板、斜撑等的质量，依附于钢平台上的钢扶梯及平台栏杆，并入钢平台工程量内。

（6）钢楼梯的工程量包括楼梯平台、楼梯梁、楼梯踏步等的质量，钢楼梯上的扶手、栏杆并入钢楼梯工程量内。钢平台、钢楼梯上不锈钢、铸铁或其他非钢材类栏杆、扶手套用装饰部分相应定额。

（7）钢构件现场拼装平台摊销工程量按现场在平台上实施拼装的构件工程量计算。

（8）高强螺栓、栓钉、花篮螺栓等安装配件工程量按设计图示节点工程量计算。

B　围护体系安装

（1）钢楼层板、屋面板按设计图示尺寸以铺设面积计算，不扣除单个面积 $0.3m^2$ 以内柱、垛及孔洞所占面积，屋面玻纤保温棉面积同单层压型钢板屋面板面积。

（2）压型钢板、彩钢夹心板、采光板墙面板、墙面玻纤保温棉按设计图示尺寸以铺挂面积计算，不扣除单个面积 $0.3m^2$ 以内孔洞所占面积，墙面玻纤保温棉面积同单层压型钢板墙面板面积。

（3）硅酸钙板墙面板按设计图示尺寸的墙体面积以平方米计算，不扣除单个面积 $0.3m^2$ 以内孔洞所占面积。保温岩棉铺设、EPS 混凝土浇灌按设计图示尺寸的铺设或浇灌体积以"m^3"计算，不扣除单个面积 $0.3m^2$ 以内孔洞所占体积。

（4）硅酸钙板包柱、包梁，及蒸压砂加气保温块贴面工程量按钢构件设计断面周长乘以构件长度以平方米计算。

C　钢构件现场制作

构件制作工程量按设计图示尺寸以质量计算，不扣除单个面积 $0.3m^2$ 以内的孔洞质量，焊缝、铆钉、螺栓等不另增加质量。

7.3.7　木结构工程

7.3.7.1　说明

（1）定额包括木屋架、木构件、屋面木基层。

（2）定额是按机械和手工操作综合编制的，实际不同均按定额执行。

（3）定额采用的木材木种，除另有注明外，均按一、二类为准，如采用三、四类木种时，木材单价调整，相应定额制作人工和机械乘以系数 1.3。

（4）定额所注明的木材断面，厚度均以毛料为准，设计为净料时，应另加刨光损耗，板枋材单面刨光加 3mm，双面刨光加 5mm，圆木直径加 5mm。屋面木基层中的椽子断面是按杉圆木 $\phi70mm$ 对开、松枋 $40mm\times60mm$ 确定的，如设计不同时，木材用量按比例计算，其余用量不变。屋面木基层中屋面板的厚度是按 15mm 确定的，实际厚度不同，单价换算。

（5）定额中的金属件已包括刷一遍防锈漆的工料。

（6）设计木构件中的钢构件及铁件用量与定额不同时，按设计图示用量调整。

7.3.7.2　主要项目工程量计算规则

（1）计算木材材积，均不扣除孔眼、开榫、切肢、切边的体积。

（2）屋架材积包括剪刀撑、挑檐木、上下弦之间的拉杆、夹木等，不包括中立人在下弦上的硬木垫块。气楼屋架、马尾屋架、半屋架均按正屋架计算。

（3）木柱、木梁按设计图示尺寸以体积计算。

（4）木楼梯按水平投影面积计算，不扣除宽度小于 300mm 的楼梯井，其踢脚板、平台和伸入墙内部分，不另计算；但楼梯扶手、栏杆按第 15 章中的"扶手、栏杆、栏板装饰"规定另行计算。

（5）木楼地楞材积按"m³"计算。木楼地楞定额已包括平撑、剪刀撑、沿油木的材积。

（6）檩木按设计图示尺寸以体积计算。檩条垫木包括在檩木定额中，不另计算体积。单独挑檐木，每根材积按0.018m³计算，套用檩木定额。

（7）屋面木基层的工程量，按设计图示尺寸以斜面积计算。不扣除房上烟囱、风帽底座、风道、小气窗和斜沟等所占的面积。屋面小气窗的出檐部分面积另行增加。

（8）封檐板按延长米计算。

7.3.8　门窗工程

7.3.8.1　说明

（1）定额包括木门及门框、金属门、金属卷帘门、厂库房大门、特种门、其他门、木窗、金属窗、门钢架、门窗套、窗台板、窗帘盒、轨、门五金等。

（2）普通木门、装饰门扇、木窗按现场制作安装综合编制，厂库房大门按制作、安装分别编制，其余门、窗均按成品安装编制。

（3）采用一、二类木材木种编制的定额，如设计采用三、四类木种时，除木材单价调整外，按相应项目执行，人工和机械乘以系数1.35。

（4）定额所注木材断面、厚度均以毛料为准，如设计为净料，应另加刨光损耗：板枋材单面加3mm，双面加5mm，其中普通门门板双面刨光加3mm，木材断面、厚度如设计与表7-12不同时，木材用量按比例调整，其余不变。

表7-12　木门窗用料断面规格尺寸 　　　　　　　　　　　　　　　　（cm）

门窗名称		门窗框	门窗扇立梃	门板
普通门	镶板门	5.5×10	4.5×8	1.5
	胶合板门		3.9×3.9	—
	半玻门		4.5×10	1.5
自由门	全玻门	5.5×12	5×10.5	—
	带玻胶合板门	5.5×10	4.5×6.5	—
厂库房木板大门	带框平开门	5.5×12	5×10.5	2.1
	不带框平开门	—	5.5×12.5	
	不带框推拉门	—		
普通窗	平开窗	5.5×8	4.5×6	
	翻窗	5.5×9.5		

（5）木门。

1）成品套装门安装包括门套（含门套线）和门扇的安装；纱门按成品安装考虑。

2）成品套装木门、成品木移门的门规格不同时，调整套装木门、成品木移门的单价，其余不调整。

（6）金属门、窗。

1）铝合金成品门窗安装项目按隔热断桥铝合金型材考虑，当设计为普通铝合金型材采用单片玻璃时，按相应项目执行，其中人工乘以系数 0.8。如普通铝合金型材中采用中空玻璃时，按相应项目执行，其中人工乘以系数 0.90。

2）铝合金百叶门、窗和格栅门按普通铝合金型材考虑。

3）当设计为组合门、组合窗时，按设计明确的门窗图集类型分别套用相应定额。

4）飘窗按窗材质类型分别套用相应定额。

5）弧形门窗套相应定额，人工乘以系数 1.15；型材弯弧形费用另行增加。

（7）防火卷帘按金属卷帘（闸）项目执行，定额材料中的金属卷帘替换为相应的防火卷帘，其余不变。

（8）厂库房大门、特种门。

1）厂库房大门的钢骨架制作以钢材重量表示，已包括在定额中，不再另列项计算。

2）厂库房大门、特种门定额的门扇上所用铁件均已列入，墙、柱、楼地面等部位的预埋铁件，按设计要求另行计算。

3）厂库房大门、特种门定额取定的钢材品种、比例与设计不同时，可按设计比例调整；设计木门中的钢构件及铁件用量与定额不同时，按设计图示用量调整。

4）人防混凝土门和挡窗板定额子目均包括钢门窗框及预埋铁件。

5）厂库房大门如实际为购入构件，则套用安装定额。

（9）其他门。

1）全玻璃门扇安装项目按地弹门考虑，其中地弹簧消耗量可按实际调整。

2）全玻璃门门框、横梁、立柱钢架的制作安装及饰面装饰，按本章门钢架相应项目执行。

3）全玻璃门有框亮子安装按全玻璃有框门扇安装项目执行，人工乘以系数 0.75，地弹簧换为膨胀螺栓，消耗量调整为 277.55 个/100m^2；无框亮子安装按固定玻璃安装项目执行。

4）电子感应自动门传感装置、伸缩门电动装置安装已包括调试用工。

（10）门钢架、门窗套。

1）门窗套（筒子板）、门钢架基层、面层项目未包括封边线条，设计要求时，另按本定额"其他装饰工程"中相应线条项目执行。

2）门窗套、门窗筒子板均执行门窗套（筒子板）项目。

（11）窗台板。

1）窗台板与暖气罩相连时，窗台板并入暖气罩，按本定额第 15 章其他装饰工程中相应暖气罩项目执行。

2）石材窗台板安装项目按成品窗台板考虑。

（12）门五金。

1）普通木门窗一般小五金，如普通折页、蝴蝶折页、铁插销、风钩、铁拉手、木螺丝等已综合在五金材料费内，不另计算。地弹簧、门锁、门拉手、闭门器及铜合页等特殊五金另套相应定额计算。

2）成品金属门窗、金属卷帘门、特种门、其他门安装项目包括五金安装人工，五金材料费包括在成品门窗价格中。

3）成品全玻璃门扇安装项目中仅包括地弹簧安装的人工和材料费，设计要求的其他五金另执行"门五金"中门特殊五金相应项目。

4）成品移门中包括移门轨道及门五金。

5）防火门定额中不包括门锁、闭门器、合页、顺位器、暗插销、逃生装置等特殊五金，设计要求另按本章"门五金"一节中门特殊五金相应项目执行；防火门也不包括门油漆，发生时按油漆子目执行。

6）厂库房大门项目均包括五金铁件安装人工，五金铁件材料费另执行"门五金"中相应项目，当设计与定额取定不同时，按设计规定计算。

7.3.8.2　主要项目工程量计算规则

A　木门、窗

（1）普通木门窗按设计门窗洞口面积计算。

（2）装饰木门扇工程量按门扇外围面积计算。

（3）成品木门框安装按设计图示框的外围尺寸以长度计算。

（4）成品木门扇安装按设计图示扇面积计算。

（5）成品套装木门安装按设计图示数量计算。

（6）木质防火门安装按设计图示洞口面积计算。

（7）纱门扇安装按门扇外围面积计算。

（8）弧形门窗工程量按展开面积计算。

B　金属门、窗

（1）铝合金门窗（飘窗除外）、塑钢门窗均按设计图示门、窗洞口面积计算。

（2）门连窗按设计图示洞口面积分别计算门、窗面积，设计有明确时按设计明确尺寸分别计算，设计不明确时，门的宽度算至门框线的外边线。

（3）纱门、纱窗扇按设计图示扇外围面积计算。

（4）飘窗按设计图示框型材外边线尺寸以展开面积计算。

（5）钢质防火门、防盗门按设计图示门洞口面积计算。

（6）防盗窗按外围展开面积计算。

（7）彩板钢门窗按设计图示门、窗洞口面积计算。金属门窗附框按外围尺寸长度计算。

C　金属卷帘门

金属卷帘门按设计门洞口面积计算。电动装置按"套"计算，活动校门按"个"计算。

D　厂库房大门、特种门

（1）厂库房大门、特种门按设计图示门洞口面积计算，无框门按扇外围面积计算。

（2）人防门、密闭观察窗的安装按设计图示数量以樘计算；防护密闭封堵板安装按框（扇）外围以展开面积计算。

E　其他门

（1）全玻有框门扇按设计图示框外边线尺寸以面积计算，有框亮子按门扇与亮子分界线以面积计算。

（2）全玻无框（条夹）门扇按设计图示扇面积计算，高度算至条夹外边线、宽度算至玻璃外边线。

（3）全玻无框（点夹）门扇按设计图示玻璃外边线尺寸以面积计算。

（4）无框亮子（固定玻璃）按设计图示亮子与横梁或立柱内边缘尺寸以面积计算。

（5）电子感应门传感装置安装按设计图示数量以套计算。

（6）旋转门按设计图示数量以樘计算。

（7）电动伸缩门安装按设计图示尺寸以长度计算，电动装置按设计图示数量以套计算。

F   门钢架、门窗套

（1）门钢架按设计图示尺寸以重量计算。

（2）门钢架基层、面层按设计图示饰面外围尺寸展开面积计算。

（3）门窗套（筒子板）龙骨、面层、基层均按设计图示饰面外围尺寸展开面积计算。

（4）成品门窗套按设计图示饰面外围尺寸展开面积计算。

G   窗台板、窗帘盒、轨

（1）窗台板按设计图示长度乘宽度以面积计算。图纸未注明尺寸的，窗台板长度可按窗框的外围宽度两边共加 100mm 计算。窗台板凸出墙面的宽度按墙面外加 50mm 计算。

（2）窗帘盒基层工程量按单面展开面积计算，饰面板按实铺面积计算。

7.3.9 屋面及防水工程

7.3.9.1 说明

（1）包括屋面工程、防水工程及其他。

（2）项目按标准或常用材料编制，设计与定额不同时，材料可以换算，人工、机械不变；屋面保温等项目执行定额"保温、隔热、防腐工程"相应项目，找平层等项目执行定额"楼地面装饰工程"相应项目。

（3）屋面工程。

1）细石混凝土防水层定额已综合考虑了滴水线、泛水和伸缩缝翻边等各种加高的工料，但伸缩缝应另列项目计算。使用钢筋网时，执行定额"混凝土及钢筋混凝土工程"相关项目。

2）细石混凝土防水层定额，混凝土按非泵送商品混凝土编制，如使用泵送商品混凝土时，除材料换算外，相应定额人工乘系数 0.95。

3）水泥砂浆保护层定额已综合了预留伸缩缝的工料，掺防水剂时材料费另加。

4）本定额瓦规格按以下考虑：水泥瓦 420mm×332mm、水泥天沟瓦及脊瓦 420mm×330mm、小青瓦 180mm×（170~180）mm、黏土平瓦 387mm×218mm、黏土脊瓦 455mm×195mm、西班牙瓦 310mm×310mm、西班牙脊瓦 285mm×180mm、西班牙 S 盾瓦 250mm×90mm、瓷质波形瓦 150mm×150mm、石棉水泥瓦及玻璃钢瓦 1800mm×720mm；如设计规格不同，瓦的数量按比例调整，其余不变。

5）瓦的搭接按常规尺寸编制，除小青瓦按 2/3 长度搭接，搭接不同可调整瓦的数量，其余瓦的搭接尺寸均按常规工艺要求综合考虑。

6）瓦屋面定额未包括木基层，木基层项目执行定额"木结构工程"相应项目。

7）黏土平瓦若穿铁丝钉圆钉，每100m²增加11工日，增加镀锌低碳钢丝（22号）3.5kg、圆钉2.5kg。

8）采光板屋面如设计为滑动式采光顶，可以按设计增加U形滑动盖帽等部件，调整材料、人工乘以系数1.05。

9）膜结构屋面的钢支柱、锚固支座混凝土基础等执行其他章节相关项目。膜结构屋面中膜材料可以调整含量。

10）瓦屋面坡度以≤25%为准，25%<坡度≤45%瓦屋面，人工乘以系数1.3；坡度>45%的，人工乘以系数1.43。

（4）防水工程及其他。

1）防水。

① 平（屋）面以坡度≤15%为准，15%<坡度≤25%的，按相应项目的人工乘以系数1.18；25%<坡度≤45%屋面或平面，人工乘以系数1.3；坡度>45%的，人工乘以系数1.43。

② 防水卷材、防水涂料及防水砂浆，定额以平面和立面列项，实际施工桩头、地沟时，人工乘以系数1.43。

③ 胶粘法以满铺为依据编制的，点、条铺粘者按其相应项目的人工乘以系数0.91，黏合剂乘以系数0.7。

④ 防水卷材的接缝、收头（含收头处油膏）、冷底子油、胶粘剂等工料已计入定额内，不另行计算。设计有金属压条时，材料费另计。

⑤ 卷材部分"每增一层"特指双层卷材叠合，中间无其他构造层。

⑥ 除铜胎基耐根穿刺卷材外，其余卷材厚度大于4mm时，人工乘以系数1.1。

⑦ 要求对混凝土基面进行抛丸处理的，套用基面抛丸处理定额，对应的卷材或涂料防水层扣除清理基层人工0.912工/100m²。

2）变形缝与止水带。变形缝断面或展开尺寸与定额不同时，材料用量按比例换算。

7.3.9.2 主要项目工程量计算规则

A 屋面工程

（1）各种屋面和型材屋面（包括挑檐部分）均按设计图示尺寸以面积计算（斜屋面按斜面面积计算），不扣除房上烟囱、风帽底座、风道、小气窗、斜沟和脊瓦等所占面积，小气窗的出檐部分也不增加。瓦屋面挑出基层的尺寸，按设计规定计算，如设计无规定时，水泥瓦、黏土平瓦、水泥瓦、西班牙瓦、瓷质波形瓦按水平尺寸加70mm、小青瓦按水平尺寸加50mm计算。

（2）西班牙瓦、瓷质波形瓦、水泥瓦屋面的正斜脊瓦、檐口线，按设计图示尺寸以长度计算。

（3）采光板屋面和玻璃采光顶屋面按设计图示尺寸以面积计算；不扣除面积小于0.3m²孔洞所占面积。

（4）膜结构屋面按设计图示尺寸以需要覆盖的水平投影面积计算。

（5）种植屋面排水按设计尺寸以铺设排水层面积计算；不扣除房上烟囱、风帽底座、风道、屋面小气窗等所占面积，以及单个面积 $0.3m^2$ 以内的孔洞所占面积，屋面小气窗的出檐部分也不增加。

B　防水工程及其他

（1）防水。

1）屋面防水，按设计图示尺寸以面积计算（斜屋面按斜面面积计算），天沟、挑檐按展开面积计算并入相应防水工程量，不扣除房上烟囱、风帽底座、风道、屋面小气窗和斜沟等所占面积，上翻部分也不另计算；屋面的女儿墙、伸缩缝和天窗等处的弯起部分，按设计图示尺寸计算；设计无规定时，伸缩缝、女儿墙、天窗的弯起部分按 500mm 计算，计入屋面工程量内。

2）楼地面防水、防潮层按设计图示尺寸以主墙间净空面积计算，扣除凸出地面的构筑物、设备基础等所占面积，不扣除间壁墙及单个面积 $0.3m^2$ 以内柱、垛、烟囱和孔洞所占面积，平面与立面交接处，上翻高度小于 300mm 时，按展开面积并入平面工程量内计算，高度大于 300mm 时，上翻高度全部按立面防水层计算。

3）墙基防水、防潮层，按设计图示尺寸以面积计算。

4）墙的立面防水、防潮层，不论内墙、外墙，均按设计图示尺寸以面积计算。

5）基础底板的防水、防潮层按设计图示尺寸以面积计算，不扣除桩头所占面积。桩头处外包防水按桩头投影面积外扩 300mm 以面积计算，地沟处防水按展开面积计算，均计入平面工程量，执行相应规定。

6）屋面、楼地面及墙面、基础底板等，其防水搭接、拼缝、压边、留槎用量已综合考虑，不另行计算，卷材防水附加层、加强层按设计铺贴尺寸以面积计算。

（2）屋面排水。金属板排水、泛水按延长米乘以展开宽度计算，其他泛水按延长米计算。

（3）变形缝与止水带（条）。变形缝（嵌填缝与盖板）与止水带（条）按设计图示尺寸，以长度计算。

7.3.10　保温隔热、耐酸防腐工程

7.3.10.1　说明

定额包括保温隔热和耐酸防腐。

（1）保温、隔热工程。

1）保温层定额中的保温材料材质、厚度与设计不同时，可以换算。

2）墙体保温砂浆子目按外墙外保温考虑，如实际为外墙内保温，人工乘以系数0.75，其余不变。

3）弧形墙墙面保温隔热层，按相应项目的人工乘系数1.1。

4）柱面保温根据墙面保温定额项目人工乘以系数1.19，材料乘以系数1.04。

5）墙面保温板如使用钢骨架，钢骨架按本定额第12章墙、柱面装饰与隔断、幕墙工程相应项目执行。

6）抗裂保护层中抗裂砂浆厚度设计与定额不同时，抗裂砂浆、水、灰浆搅拌机定额用量按比例调整，其余不变。增加一层网格布子目已综合了增加抗裂砂浆一遍粉刷的

人工。

7）抗裂防护层网格布（钢丝网）之间的搭接及门窗洞口周边加固，定额中已综合考虑，不另行计算。

8）屋面泡沫混凝土按泵送 70m 以内考虑，泵送高度超过 70m 的，每增加 10m，人工增加 0.07 工，搅拌机械增加 0.01 台班，水泥发泡机增加 0.012 台班。

9）屋面、墙面聚苯乙烯板、挤塑保温板、硬泡聚胺酯防水保温板等保温板材铺贴子目中，厚度不同，板材单价调整，其他不变。

10）保温层排气管按 $\phi50$ UPVC 管及综合管件编制，排气孔 $\phi50$ UPVC 管按 180° 单出口考虑（2 只 90° 弯头组成），双出口时应增加三通 1 只；$\phi50$ 钢管、不锈钢管按 180° 煨制弯考虑，当采用管件拼接时另增加弯头 2 只，管材用量乘以 0.7。管材、管件的规格、材质不同，单价换算，其余不变。

11）聚苯乙烯泡沫板、挤塑泡沫保温板、硬泡聚氨酯防水保温板、岩棉板、酚醛保温板、发泡水泥板，设计厚度与定额不同，材料单价可换算，其余不变。

（2）耐酸防腐工程。

1）各种胶泥、砂浆、混凝土配合比以及各种整体面层的厚度，如设计与定额不同时，可以换算。定额已综合考虑了各种块料面层的结合层、胶结料厚度及灰缝宽度。

2）耐酸定额按自然养护考虑，如需特殊养护者，费用另计。

3）耐酸防腐整体面层、隔离层不分平面、立面，均按材料做法套用同一定额，块料面层以平面铺贴为准，立面铺贴套平面定额，人工乘以系数 1.38，踢脚板人工乘以系数 1.56，其余不变。

4）卷材防腐接缝、附加层、收头工料已包括在定额内，不再另行计算。

5）块料防腐中面层材料的规格、材质与设计不同时，可以换算。

7.3.10.2 主要项目工程量计算规则

（1）保温隔热工程。

1）墙面保温隔热层工程量按设计图示尺寸以面积计算。扣除门窗洞口及 0.3m² 以上梁、孔洞所占面积；门窗洞口侧壁以及与墙相连的柱，并入保温墙体工程量内，门窗洞口侧壁粉刷材料与墙面粉刷材料不同，按定额"墙、柱面装饰与隔断、幕墙工程"零星粉刷计算。墙体及混凝土板下铺贴隔热层不扣除木框架及木龙骨的体积。其中外墙按隔热层中心线长度计算，内墙按隔热层净长度计算。

2）柱、梁保温隔热层工程量按设计图示尺寸以面积计算。柱按设计图示柱断面保温层中心线展开长度乘以高度以面积计算，扣除面积 0.3m² 以上梁所占面积。梁按设计图示梁断面保温层中心线展开长度乘以保温层长度以面积计算。

3）按立方米计算的隔热层，外墙按围护结构的隔热层中心线、内墙按隔热层净长乘以图示尺寸的高度及厚度以"m³"计算。应扣除门窗洞口、单个 0.3m² 以上孔洞所占体积。

4）单个大于 0.3m² 孔洞侧壁周围及梁头、连系梁等其他零星工程保温隔热工程量，并入墙面的保温隔热工程量内。

5）屋面保温砂浆、泡沫玻璃、聚氨酯喷涂、保温板铺贴等按设计图示面积计算，不扣除屋面排烟道、通风孔、伸缩缝、屋面检查洞及 0.3m² 以内孔洞所占面积，洞口翻边也不增加。

屋面其他保温材料定额按设计图示面积乘以厚度以立方米计算，找坡层按平均厚度计算，计算面积时应扣除单个 0.3m² 以上的孔洞所占面积。

6）天棚保温隔热层工程量按设计图示尺寸以面积计算。扣除单个面积大于 0.3m² 柱、垛、孔洞所占面积，与天棚相连的梁按展开面积计算，其工程量并入天棚内。

7）柱帽保温隔热层，按设计图示尺寸并入天棚保温隔热层工程量内。

8）楼地面保温隔热层工程量按设计图示尺寸以面积计算。扣除柱、垛及单个 0.3m² 以上孔洞所占面积。门洞、空圈、暖气包槽、壁龛的开口部分不增加面积。

9）其他保温隔热层工程量按设计图示尺寸以展开面积计算。扣除单个面积 0.3m² 以上孔洞及占位面积。

10）保温层排气管按设计图示尺寸以长度计算，不扣除管件所占长度，保温层排气孔以数量计算。

（2）耐酸防腐工程。

1）防腐工程面层、隔离层及防腐油漆工程量均按设计图示尺寸以面积计算。

2）平面防腐工程量应扣除凸出地面的构筑物、设备基础等以及单个面积 0.3m² 以上孔洞、柱、垛等所占面积，门洞、空圈、暖气包槽、壁龛的开口部分不增加面积。

3）立面防腐工程量应扣除门、窗、洞口以及单个面积 0.3m² 以上孔洞、梁所占面积，门、窗、洞口侧壁、垛凸出部分按展开面积并入墙面内。

4）池、槽块料防腐面层工程量按设计图示尺寸以展开面积计算。

5）踢脚板防腐工程量按设计图示长度乘高度以面积计算，扣除门洞所占面积，并相应增加侧壁展开面积。

6）混凝土面及抹灰面防腐按设计图示尺寸以面积计算。

7）花岗岩面层中的胶泥勾缝工程量按设计图示尺寸以延长米计算。

7.3.11　楼地面装饰工程

7.3.11.1　说明

（1）本章定额中凡砂浆、混凝土的厚度、种类、配合比及材料的品种、型号、规格、间距等设计与定额不同时，可按设计规定调整。

（2）找平层及整体面层：

1）找平层及整体面层设计厚度与定额不同时，根据厚度每增减子目按比例调整。

2）楼地面找平层上如单独找平扫毛，每平米增加人工费 0.04 工日，其他材料费 0.50 元。

3）厚度 100mm 以内的细石混凝土按找平层项目执行，定额已综合找平层分块浇捣等支模费用；厚度 100mm 以上的按定额"混凝土及钢筋混凝土工程"垫层项目执行。

4）细石混凝土找平层定额，混凝土按非泵送商品混凝土编制，如使用泵送商品混凝土时，除材料换算外，相应定额人工乘系数 0.95。

（3）整体面层、块料面层中的楼地面项目，均不包括找平层，发生时套用找平层相应子目。

（4）同一铺贴面上有不同种类、材质的材料，应分别按本章相应项目执行。

（5）采用地暖的地板垫层，按不同材料执行相应项目，人工乘以系数1.3，材料乘以系数0.95。

（6）除砂浆面层楼梯外，整体面层、块料面层及地板面层等楼地面和楼梯定额子目均不包括踢脚线。

（7）现浇水磨石项目已包括养护和酸洗打蜡等内容，其他块料项目如需做酸洗打蜡者，单独执行相应酸洗打蜡项目。

（8）块料面层。

1）块料面层黏结层厚度设计与定额不同时，按水泥砂浆找平层厚度每增减子目进行调整换算。

2）块料面层黏结剂铺贴其黏结层厚度按规范要求综合测定，除有特殊要求一般不做调整。

3）块料面层结合砂浆如采用干硬性水泥砂浆的，除材料单价换算外，人工乘以系数0.85。

4）块料面层铺贴定额子目包括块料安装的切割，未包括块料磨边及弧形块的切割。如设计要求磨边者套用磨边相应子目，如设计弧形块贴面时，弧形切割费另行计算。

5）块料面层铺贴，设计有特殊要求的，可根据设计图纸调整定额损耗率。

6）块料离缝铺贴灰缝宽度均按8mm计算，设计块料规格及灰缝大小与定额不同时，面砖及勾缝材料用量作相应调整。

7）镶嵌规格在100mm×100mm以内的石材执行点缀项目。

8）石材楼地面拼花按成品考虑。

9）石材楼地面需做分格、分色的，按相应项目人工乘以系数1.10。

10）广场砖铺贴定额所指拼图案，指铺贴不同颜色或规格的广场砖形成环形、菱形等图案。分色线性铺装按不拼图案定额套用。

11）镭射玻璃面层定额按成品考虑。

（9）其他材料面层。

1）木地板铺贴基层如采用毛地板的，套用细木工板基层定额，除材料单价换算外，人工含量乘以系数1.05。

2）木地板安装按成品企口考虑，若采用平口安装，其人工乘以系数0.85。

3）木地板填充材料按本定额第10章"保温、隔热、防腐工程"相应项目执行。

4）防静电地板（含基层骨架）定额按成品考虑。

（10）圆弧形等不规则楼地面镶贴面层、饰面面层按相应项目人工乘以系数1.15，块料消耗量按实调整。

（11）踢脚线。

1）踢脚线高度超过30cm者，按墙、柱面工程相应定额执行。

2）弧形踢脚线按相应项目人工、机械乘以系数1.15。

3）金属踢脚线折边、铣槽费另计。

（12）楼梯。

1）螺旋形楼梯的装饰，套用相应定额子目，人工与机械乘以系数1.1，块料面层材料用量乘系数 1.15，其他材料用量乘以系数 1.05。

2）石材螺旋形楼梯，按弧形楼梯项目人工乘以系数 1.2。

（13）零星项目面层适用于楼梯侧面、台阶的牵边，小便池、蹲台、池槽、检查（工作）井等内空面积在 0.5m² 以内且未列项目的工程及断面内空面积 0.4m² 以内的地沟、电缆沟。

（14）分格嵌条、防滑条。

1）楼梯、台阶嵌铜条定额按嵌入两条考虑，如设计要求嵌入数量不同时，除铜条数量按实调整外，其他工料如嵌入三条乘系数 1.5，如嵌入一条乘系数 0.5。

2）楼梯开防滑槽定额按两条考虑，如设计要求开三条乘系数 1.5，开一条乘系数 0.5。

7.3.11.2　主要项目工程量计算规则

（1）楼地面找平层及整体面层按设计图示尺寸以面积计算，应扣除凸出地面的构筑物、设备基础、室内管道、地沟等所占面积，不扣除间壁墙（间壁墙是指在地面面层做好后再进行施工的墙体）及 0.3m² 以内柱、垛、附墙烟囱及孔洞所占面积。但门洞、空圈（暖气包槽、壁龛）的开口部分也不增加。

（2）块料、橡塑及其他材料面层。

1）块料、橡胶及其他材料等面层楼地面按设计图示尺寸以"m²"计算，门洞、空圈（暖气包槽、壁龛）的开口部分工程量并入相应面层内计算，不扣除点缀所占面积，点缀按个计算。

2）石材拼花按最大外围尺寸以矩形面积计算。有拼花的石材地面，按设计图示尺寸扣除拼花的最大外围矩形面积计算面积。

3）点缀按"个"计算，计算主体铺贴地面面积时，不扣除点缀所占面积。

4）石材嵌边（波打线）、六面刷养护液、地面精磨、勾缝按设计图示尺寸以铺贴面积计算。

5）石材打胶、弧形切割增加费按石材设计图示尺寸以延长米计算。

（3）踢脚线按设计图示长度乘高度以面积计算。楼梯靠墙踢脚线（含锯齿形部分）贴块料按设计图示面积计算。

（4）楼梯面层。

1）楼梯面层按设计图示尺寸以楼梯（包括踏步、休息平台及 500mm 以内的楼梯井）水平投影面积计算。楼梯与楼地面相连时，算至梯口梁内侧边沿；无梯口梁者，算至最上一层踏步边沿加 300mm。

2）地毯配件的压辊按设计图示尺寸以套计算、压板按设计图示尺寸以延长米计算。

（5）整体面层台阶工程量按设计图示尺寸以台阶（包括最上层踏步边沿加 300mm）水平投影面积计算；块料面层台阶工程量按设计图示尺寸以展开台阶面计算。如与平台相连时，平台面积在 10m² 以内的按台阶计算；平台面积在 10m² 以上时，台阶算至最上层踏步边沿加 300mm，平台按楼地面工程计算套用相应定额。

（6）零星装饰项目按设计图示尺寸以面积计算。

（7）分格嵌条、防滑条按设计图示尺寸以"延长米"计算。

（8）面层割缝、楼梯开防滑槽按设计图示尺寸以延长米计算。

（9）酸洗打蜡工程量分别对应整体面层及块料面层工程量。

【例 7-6】 某工程楼面建筑平面如图 7-17 所示，设计楼面做法为 20mm 厚细石混凝土找平，1∶3 水泥砂浆铺贴大理石面层，踢脚为 150mm 高大理石。M1：900×2400，M2：900×2400，C1：1800×1800，求楼面装饰的工程量。

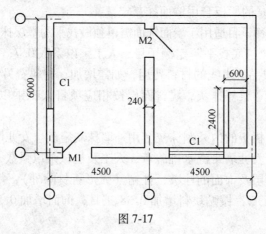

图 7-17

解：（1）20mm 厚细石混凝土找平：

工程量：$S = (4.5 \times 2 - 0.24 \times 2) \times (6 - 0.24) - 0.6 \times 2.4 = 47.64(\text{m}^2)$

（2）水泥砂浆大理石面层：

工程量：$S = (4.5 \times 2 - 0.24 \times 2) \times (6 - 0.24) - 0.6 \times 2.4 + 0.9 \times 0.24 \times 2$

$\qquad = 48.07(\text{m}^2)$

（3）大理石踢脚：

工程量：$S = [(4.5 - 0.24 + 6 - 0.24) \times 2 \times 2 - 0.9 \times 3 + 0.24 \times 4] \times 0.15$

$\qquad = 38.34 \times 0.15$

$\qquad = 5.75(\text{m}^2)$

7.3.12 墙、柱面装饰与隔断、幕墙工程

7.3.12.1 说明

（1）定额包括墙面抹灰、柱（梁）面抹灰、零星抹灰、墙面块料面层、柱（梁）面块料面层、零星块料面层、墙饰面、柱（梁）饰面、幕墙工程及隔断等。

（2）定额中凡砂浆的厚度、种类、配合比及装饰材料的品种、型号、规格、间距等设计与定额不同时，按设计规定调整。

（3）墙面抹灰。

1）墙面一般抹灰定额子目，除定额另有说明外均按厚度 20mm、三遍抹灰取定考虑。设计抹灰厚度、遍数与定额取定不同时按以下规则调整：

① 抹灰厚度设计与定额不同时，按每增减 1mm 相应定额进行调整。

② 当抹灰遍数增加（或减少）一遍时，每 100m² 另增加（或减少）2.94 工日。

2）凸出柱、梁、墙、阳台、雨篷等的混凝土线条，按其凸出线条的棱线道数不同套用相应的定额，但单独窗台板、栏板扶手、女儿墙压顶上的单阶凸出不计线条抹灰增加费。线条断面为外凸弧形的，一个曲面按一道考虑。

3）零星抹灰适用于各种壁柜、碗柜、飘窗板、空调搁板、暖气罩、池槽、花台、高度 250mm 以内的栏板、截面面积 0.4m² 以内的地沟以及 0.5m² 以内的其他各种零星抹灰。

4）高度超过 250mm 的栏板套用墙面抹灰定额。

5）"打底找平"定额子目适用于墙面饰面需单独做找平的基层抹灰，定额按二遍考虑。

6）随砌随抹套用"打底找平"定额子目，人工乘以系数 0.7，其余不变。

7）抹灰定额不含成品滴水线的材料费用，如需增加，材料费另计。

（4）弧形的墙、柱、梁等抹灰、块料面层按相应项目人工乘以系数 1.10，材料乘以系数 1.02。

（5）女儿墙和阳台栏板的内外侧抹灰套用外墙抹灰定额。女儿墙无泛水挑砖者，人工及机械乘以系数 1.10，女儿墙带泛水挑砖者，人工及机械乘以系数 1.30。

（6）抹灰、块料面层及饰面的柱墩、柱帽（弧形石材除外），每个柱墩、柱帽另增加人工：抹灰增加 0.25 工日，镶贴块料增加 0.38 工日，饰面增加 0.5 工日。

（7）块料面层。

1）干粉黏结剂粘贴块料定额中黏结剂的厚度，除石材为 6mm 外，其余均为 4mm。黏结剂厚度设计与定额不同时，应按比例调整。

2）外墙面砖灰缝均按 8mm 计算，设计面砖规格及灰缝大小与定额不同时，面砖及勾缝材料作相应调整。

3）玻化砖、干挂玻化砖或波形面砖等按瓷砖、面砖相应项目执行。

4）设计要求的石材、瓷砖等块料的倒角、磨边、背胶费用另计。石材需要表面防护处理的，费用可按相应定额计取。

5）块料面层的"零星项目"适用于天沟、窗台板、遮阳板、过人洞、暖气壁龛、池槽、花台、门窗套、挑檐、腰线、竖横线条以及 0.5m² 以内的其他各种零星项目。其中石材门窗套应按门窗工程相应定额子目执行。

6）"石材饰块"定额子目仅适用于内墙面的饰块饰面。

（8）墙、柱（梁）饰面及隔断、隔墙。

1）附墙龙骨基层定额中的木龙骨按双向考虑，如设计采用单向时，人工乘以系数 0.55，木龙骨用量作相应调整；设计断面面积与定额不同时，木龙骨用量作相应调整。

2）墙、柱（梁）饰面及隔断、隔墙定额子目中的龙骨间距、规格如与设计不同时，按设计要求调整。

3）弧形墙饰面按墙面相应定额子目人工乘系数 1.15，材料乘系数 1.05。非现场加工的饰面仅人工乘系数 1.15。

4）柱（梁）饰面面层无定额子目的，套用墙面相应子目执行，人工乘系数 1.05。

5）饰面、隔断定额内，除注明者外均未包括压条、收边、装饰线（条），如设计有要求时，应按相应定额执行。

6）隔墙夹板基层及面层套用墙饰面相应定额子目。

7）成品浴厕隔断已综合了隔断门所增加的工料。

8）设计要求做防腐或防火处理者，应按本定额的相应定额子目执行。

（9）幕墙。

1）幕墙定额按骨架基层、面层分别编列子目。

2）玻璃幕墙中的玻璃按成品玻璃考虑；幕墙需设置的避雷装置其工料机定额已综合；幕墙的封边、封顶、防火隔离层的费用另行计算。

3）型材、挂件设计用量与定额取定用量不同时，可以调整。

4）幕墙饰面中的结构胶与耐候胶设计用量与定额取定用量不同时，可以调整。

5）玻璃幕墙设计带有门窗者，窗并入幕墙面积计算，门单独计算套用本定额门窗工程相应定额子目。

6）曲面、异形或斜面（倾斜角度大于30°时）的幕墙按相应定额子目的人工乘系数1.15，面板单价调整，骨架弯弧费另计。

7）单元板块面层可以是玻璃、石材、金属板等不同材料组合，面层材料不同可以调整主材单价，安装费不调整。

8）防火隔离带按缝宽100mm、高240mm考虑，镀锌钢板规格、含量与定额取定用量不同时，可以调整。

（10）预埋铁件按定额"混凝土及钢筋混凝土工程"铁件制作安装项目执行。后置埋件、化学螺栓另行计算，按本章定额子目执行。

7.3.12.2 主要项目工程量计算规则

（1）抹灰。

1）内墙面、墙裙抹灰面积按设计图示主墙间净长乘高度以面积计算，应扣除墙裙、门窗洞口及单个 $0.3m^2$ 以上的孔洞所占面积，不扣除踢脚线、装饰线以及墙与构件交接处的面积；且门窗洞口和孔洞的侧壁面积亦不增加，附墙柱、梁、垛的侧面并入相应的墙面面积内。

2）抹灰高度按室内楼地面至天棚底面净高计算。墙面抹灰面积应扣除墙裙抹灰面积，如墙面和墙裙抹灰种类相同者，工程量合并计算。

3）外墙抹灰面积按设计图示尺寸以面积计算，应扣除门窗洞口、外墙裙（墙面和墙裙抹灰种类相同者应合并计算）和单个 $0.3m^2$ 以上的孔洞所占面积，不扣除装饰线以及墙与构件交接处的面积；且门窗洞口和孔洞侧壁面积亦不增加。附墙柱、梁、垛侧面抹灰面积应并入外墙面抹灰工程量内计算。

4）凸出的线条抹灰增加费以凸出棱线的道数不同分别按延长米计算。两条及多条线条相互之间净距100mm以内的，每两条线条按一条计算工程量。

5）柱面抹灰按设计图示尺寸柱断面周长乘抹灰高度以面积计算。牛腿、柱帽、柱墩工程量并入相应柱工程量内。梁面抹灰按设计图示梁断面周长乘长度以面积计算。

6）墙面勾缝按设计图示尺寸以面积计算，扣除墙裙、门窗洞口及单个 $0.3m^2$ 以上的孔洞所占面积。附墙柱、梁、垛侧面勾缝面积应并入墙面勾缝工程量内计算。

7）女儿墙（包括泛水、挑砖）内侧与外侧、阳台栏板（不扣除花格所占孔洞面积）内侧与外侧抹灰工程量按设计图示尺寸以面积计算。

8）阳台、雨篷、檐沟等抹灰按工作内容分别套用相应章节定额子目。外墙抹灰与天棚抹灰以梁下滴水线为分界，滴水线计入墙面抹灰内。

（2）块料面层。

1）墙、柱（梁）面镶贴块料按设计图示饰面面积计算。柱面带牛腿者，牛腿工程量展开并入柱工程量内。

2）女儿墙与阳台栏板的镶贴块料工程量以展开面积计算。

3）镶贴块料柱墩、柱帽（弧形石材除外）其工程量并入相应柱内计算。圆弧形成品石材柱帽、柱墩，按其圆的最大外径以周长计算。

（3）墙、柱饰面及隔断。

1）墙饰面的龙骨、基层、面层均按设计图示饰面尺寸以面积计算，扣除门窗洞及单个 $0.3m^2$ 以上的孔洞所占的面积，不扣除单个 $0.3m^2$ 以内的孔洞所占面积。

2）柱（梁）饰面的龙骨、基层、面层按设计图示饰面尺寸以面积计算。

3）隔断龙骨、基层、面层均按设计图示尺寸以外围（或框外围）面积计算，扣除门窗洞及单个 $0.3m^2$ 以上的孔洞所占面积。

4）成品卫生间隔断门的材质与隔断相同时，门的面积并入隔断面积内计算。

（4）幕墙。

1）玻璃幕墙、铝板幕墙按设计图示外围尺寸以面积计算。与幕墙同种材质的门窗并入相应幕墙内。半玻璃隔断、全玻璃幕墙如有加强肋者，工程量按其展开面积合并计算。

2）石材幕墙按设计图示饰面面积计算，背栓开放式石材幕墙的离缝面积不扣除。

3）幕墙龙骨分铝材和钢材按设计图示以重量计算，螺栓、焊条不计重量。

4）幕墙内衬板、遮梁（墙）板按设计图示展开面积计算，不扣除 $0.3m^2$ 以内的孔洞面积，折边亦不增加。

5）防火隔离带按设计图示尺寸以米计算。

【例7-7】 某工程楼面建筑平面如图7-17所示。该建筑内墙净高为3.3m，窗台高900mm。设计内墙裙为水泥砂浆湿挂花岗岩，高度为1.5m，其余部分墙面为水泥砂浆抹灰，计算花岗岩墙裙、墙面抹灰工程量。

解： （1）花岗岩墙裙。

工程量： $S = 1.5 \times [(4.5 - 0.24 + 6 - 0.24) \times 2 \times 2 - 0.9 \times 3] -$
$\qquad (1.5 - 0.9) \times 1.8 \times 2 + 0.12 \times (1.5 \times 6 + 0.6 \times 4 + 1.8 \times 2)$
$\qquad = 56.07 - 2.16 + 1.8$
$\qquad = 55.71 (m^2)$

（2）墙面抹灰。

工程量： $S = 3.3 \times (4.5 - 0.24 + 6 - 0.24) \times 2 \times 2 - 1.8 \times 1.8 \times 2 -$
$\qquad 0.9 \times 2.4 \times 3 - (56.07 - 2.16)$
$\qquad = 132.26 - 6.48 - 6.48 - 53.91$
$\qquad = 65.39 (m^2)$

7.3.13 天棚工程

7.3.13.1 说明

（1）定额包括天棚抹灰、天棚吊顶、装配式成品天棚安装、天棚其他装饰等。

（2）混凝土面天棚抹灰。

1）设计抹灰砂浆种类、配合比与定额不同时可以调整，砂浆强度、抹灰遍数与定额不同时不作调整。

2）基层需涂刷水泥浆或界面剂的，套用"墙、柱面装饰与隔断、幕墙工程"相应定额执行，人工乘以系数 1.10。

3）楼梯底面抹灰，套用天棚抹灰定额；其中楼梯底面为锯齿形时相应定额子目人工乘以系数 1.35。

4）阳台、雨篷、水平遮阳板、沿沟底面抹灰，套用天棚抹灰定额；阳台、雨篷台口梁抹灰按展开面积并入板底；沿沟及少于 $1m^2$ 板的底面抹灰人工乘以系数 1.2。

5）梁与天棚板底抹灰材料不同时应分别计算，梁抹灰另套用"墙、柱面装饰与隔断、幕墙工程"柱（梁）面抹灰相应定额。

6）天棚混凝土板底批腻子套用定额"油漆、涂料、裱糊工程"相应定额子目。

（3）天棚吊顶。

1）天棚龙骨、基层、面层除装配式成品天棚安装外，其余均按龙骨、基层、面层分别列项套用相应定额子目。

2）定额龙骨、基层、面层材料如设计与定额不同时，按设计要求作相应调整。

3）天棚面层在同一标高者为平面天棚，不在同一标高者为跌级天棚。跌级天棚按平面、侧面分别列项套用相应定额子目。

4）在夹板基层上贴石膏板，套用每增加一层石膏板定额。

5）天棚不锈钢板嵌条、镶块等小型块料套用零星、异形贴面定额。

6）定额中玻璃均按成品玻璃考虑。

7）木质龙骨、基层、面层等涂刷防火涂料或防腐油时，套用定额"油漆、涂料、裱糊工程"相应定额子目。

8）天棚基层及面层如为拱形、圆弧形等曲面时，按相应定额人工乘以系数 1.15。

（4）装配式成品天棚安装包括了龙骨、面层安装。

（5）定额中吊筋均按后施工打膨胀螺栓考虑，如设计为预埋铁件时，扣除定额中的合金钢钻头、金属膨胀螺栓用量，每 $100m^2$ 扣除人工 1.0 工日，预埋铁件另按"混凝土及钢筋混凝土工程"相关子目计算。

吊筋高度按 1.5m 以内综合考虑。如设计需做二次支撑时，应另按"金属结构工程"相关子目计算。

（6）定额已综合考虑石膏板、木板面层上开灯孔、检修孔等孔洞的费用，如在金属板、玻璃、石材面板上开孔时，费用另行计算。检修孔、风口等洞口加固的费用已包含在天棚定额中。

（7）灯槽内侧板高度在 15cm 以内的套用灯槽子目，高度大于 15cm 的套用天棚侧板子目；宽度 50cm 以上或面积 $1m^2$ 以上的嵌入式灯槽按跌级天棚计算。

（8）送风口和回风口按成品安装考虑。

7.3.13.2 主要项目工程量计算规则

（1）天棚抹灰。

1）天棚抹灰按设计结构尺寸以展开面积计算。不扣除间壁墙、垛、柱、附墙烟囱、检查口和管道所占的面积，带梁天棚的梁侧抹灰并入天棚面积内。

2）板式楼梯底面抹灰面积（包括梯段、休息平台、平台梁、楼梯与楼面板连接梁、无梁连接时，算至最上一级踏步沿加 300mm，以及小于 500mm 宽的楼梯井，单跑楼梯上下平台与楼梯段等宽部分并入楼梯内计算面积）按水平投影面积乘以系数 1.15 计算；楼梯底板为锯齿形时的抹灰面积（包括踏步、休息平台以及小于 500mm 宽的楼梯井）按水平投影面积乘以系数 1.37 计算。

（2）天棚吊顶。

1）平面天棚及跌级天棚的平面部分，龙骨、基层和饰面板工程量均按设计图示尺寸以面积计算，不扣除间壁墙、垛、柱、附墙烟囱、检查口和管道所占的面积，扣除单个 $0.3m^2$ 以外的独立柱、孔洞（灯孔、检查孔面积不扣除）及与天棚相连的窗帘盒所占的面积。

2）跌级天棚的侧面部分龙骨、基层、面层工程量按跌级高度乘以相应长度以面积计算。

3）拱形及弧形天棚在起拱或下弧起止范围，按展开面积计算。

（3）灯槽按展开面积以"m^2"计算。

7.3.14　油漆、涂料、裱糊工程

7.3.14.1　说明

（1）定额中油漆不分高光、半哑光、哑光，定额已综合考虑。

（2）定额未考虑做美术图案，发生时另行计算。

（3）油漆、涂料、刮腻子项目是以遍数不同设置子目，当厚度与定额不同时不作调整。

（4）木门、木扶手、木线条、其他木材面、木地板油漆定额已包括满刮腻子。

（5）抹灰面油漆、涂料、裱糊定额均不包括刮腻子，发生时单独套用相应定额。

（6）乳胶漆、涂料、批刮腻子定额不分防水、防霉，均套用相应子目，材料不同时进行换算，人工不变。

（7）调和漆定额按二遍考虑，聚酯清漆、聚酯混漆定额按 3 遍考虑，磨退定额按 5 遍考虑。硝基清漆、硝基混漆按 5 遍考虑，磨退定额按 10 遍考虑。木材面金漆按底漆 1 遍、面漆（金漆）2 遍考虑。设计遍数与定额取定不同时，按每增减 1 遍定额调整计算。

（8）裂纹漆做法为腻子 2 遍、硝基色漆 3 遍，喷裂纹漆一遍和喷硝基清漆 3 遍。

（9）隔墙、护壁、柱、天棚面层及木地板刷防火涂料，执行其他木材面刷防火涂料相应子目。

（10）金属镀锌定额是按热镀锌考虑。

（11）定额中的氟碳漆子目仅适用于现场涂刷。

（12）质量在 500kg 以内的（钢栅栏门、栏杆、窗栅、钢爬梯、踏步式钢扶梯、轻型屋架、零星铁件）单个小型金属构件，套用相应金属面油漆子目定额人工乘系数 1.15。

7.3.14.2　主要项目工程量计算规则

（1）楼地面、墙柱面、天棚的喷（刷）涂料、抹灰面油漆、刮腻子、板缝贴胶带点锈其工程量的计算，除定额另有规定外，按设计图示尺寸以面积计算。

（2）混凝土栏杆、花格窗按单面垂直投影面积计算；套用抹灰面油漆时，工程量乘以系数2.5。

（3）木材面油漆、涂料的工程量按表7-13～表7～18计算方法计算。

1）套用单层木门定额其工程量乘表7-13所列系数。

表7-13 单层木门（窗）工程量计算

定额项目	项目名称	系数	工程量计算规则
单层木门	单层木门	1.00	按门洞口面积
	双层（一板一纱）木门	1.36	
	全玻自由门	0.83	
	半截玻璃门	0.93	
	带通风百叶门	1.30	
	厂库大门	1.10	
	带框装饰门（凹凸、带线条）	1.10	
	无框装饰门、成品门	1.10	按门扇面积
单层木窗	木平开窗、木推拉窗、木翻窗	0.7	按窗洞口面积
	木百叶窗	1.05	
	半圆形玻璃窗	0.75	

2）套用木扶手、木线条定额其工程量乘表7-14所列系数。

3）套用其他木材面定额其工程量乘表7-15所列系数。

表7-14 木扶手、木线条工程量计算

定额项目	项目名称	系数	工程量计算规则
木扶手	木扶手（不带栏杆）	1.00	按延长米计算
	木扶手（带栏杆）	2.50	
	封檐板、顺水板	1.70	
木线条	宽度60mm以内	1.00	按延长米计算
	宽度100mm以内	1.30	

表7-15 其他木材面工程量计算表

定额项目	项目名称	系数	工程量计算规则
其他木材面	木板、纤维板、胶合板、吸音板、天棚	1.00	按相应装饰面工程量
	带木线的板饰面，墙裙、柱面	1.07	
	窗台板、窗帘箱、门窗套、踢脚板	1.10	
	木方格吊顶天棚	1.30	
	清水板条天棚、檐口	1.20	
	木间壁、木隔断	1.90	
	玻璃间壁露明墙筋	1.65	

续表 7-15

定额项目	项目名称	系数	工程量计算规则
其他木材面	木栅栏、木栏杆（带扶手）	1.82	按单面外围面积计算
	衣柜、壁柜	1.05	按展开面积计算
	屋面板（带檩条）	1.11	斜长×宽
	木屋架	1.79	跨度（长）×中高÷2

4）套用木地板定额其工程量乘表 7-16 所列系数。

表 7-16 木地板工程量计算表

定额项目	项目名称	系数	工程量计算规则
木地板	木地板	1.00	按地板工程量
	木地板打蜡	1.00	
	木楼梯（不包括底面）	2.30	按水平投影面积计算

（4）金属构件油漆或防火涂料应按其展开面积以"m^2"为计量单位套用金属面油漆相应定额。其余构件按下列各表计算方法计算。

1）套用单层钢门窗定额其工程量乘表 7-17 所列系数。

2）金属面油漆、涂料项目，其工程量按设计图示尺寸以展开面积计算，质量在 500kg 以内的单个金属构件，可参考表 7-18 中相应的系数，将质量（t）折算为面积。

表 7-17 单层钢门窗工程量计算

定额项目	项目名称	系数	工程量计算规则
钢门窗	单层钢门窗	1.00	按门窗洞口面积
	双层（一玻一纱）钢门窗	1.48	
	钢百叶门	2.74	
	半截钢百叶门	2.22	
	满钢门或包铁皮门	1.63	
	钢折门	2.30	
	半玻钢板门或有亮钢板门	1.00	
	单层钢门窗带铁栅	1.94	
	钢栅栏门	1.10	按框（扇）外围面积
	射线防护门	2.96	
	厂库平开、推拉门	1.7	
	铁丝网大门	0.81	
	间壁	1.85	按面积计算
	平板屋面	0.74	斜长×宽
	瓦垄板屋面	0.89	
	排水、伸缩缝盖板	0.78	展开面积
	窗栅	1.00	

表7-18 质量折算面积参考系数

序 号	项 目	系 数
1	栏杆	64.98
2	钢平台、钢走道	35.69
3	钢楼梯、钢爬梯	44.84
4	踏步式钢扶梯	39.90
5	现场制作钢构件	56.60
6	零星铁件	58.00

（5）木材面防火涂料、防腐涂料。

1）木龙骨刷防火、防腐涂料按设计图示尺寸以龙骨架投影面积计算。

2）基层板刷防火、防腐涂料按实际涂刷面积计算。

7.3.15 其他装饰工程

7.3.15.1 说明

（1）定额包括柜台、货架、压条、装饰线，扶手、栏杆、栏板装饰，浴厕配件，雨篷、旗杆，招牌、灯箱，美术字，石材、瓷砖加工等。

（2）柜台、货架类。

1）柜台、货架以现场加工、制作为主，按常用规格编制。设计与定额不同时，应按实进行调整换算。

2）柜台、货架项目包括五金配件（设计有特殊要求者除外），未考虑压板拼花及饰面板上贴其他材料的花饰、造型艺术品。

3）木质柜台、货架中板材按胶合板考虑，如设计为生态板（三聚氰胺板）等其他板材时，可以换算材料。

（3）压条、装饰线。

1）压条、装饰线均按成品安装考虑。

2）装饰线条（顶角装饰线除外）按直线形在墙面安装考虑。墙面安装圆弧形装饰线条、天棚面安装直线形、圆弧形装饰线条，按相应项目乘以系数执行：

① 墙面安装圆弧形装饰线条，人工乘以系数1.2、材料乘以系数1.1；

② 天棚面安装直线形装饰线条，人工乘以系数1.34；

③ 天棚面安装圆弧形装饰线条，人工乘以系数1.6，材料乘以系数1.1；

④ 装饰线条直接安装在金属龙骨上，人工乘以系数1.68。

（4）扶手、栏杆、栏板装饰。

1）扶手、栏杆、栏板项目（护窗栏杆除外）适用于楼梯、走廊、回廊及其他装饰性扶手、栏杆、栏板。

2）扶手、栏杆、栏板项目已综合考虑扶手弯头（非整体弯头）的费用。如遇木扶手、大理石扶手为整体弯头，弯头另按本章相应项目执行。

3）扶手、栏杆、栏板均按成品安装考虑。

（5）浴厕配件。

1）大理石洗漱台项目不包括石材磨边、倒角及开面盆洞口，另按本章相应项目执行。

2）浴厕配件项目按成品安装考虑。

（6）雨篷、旗杆。

1）点支式、托架式雨篷的型钢、爪件的规格、数量是按常用做法考虑的，当设计要求与定额不同时，材料消耗量可以调整，人工、机械不变。托架式雨篷的斜拉杆费用另计。

2）旗杆项目按常用做法考虑，未包括旗杆基础、旗杆台座及其饰面。

（7）招牌、灯箱。

1）招牌、灯箱项目，当设计与定额考虑的材料品种、规格不同时，材料可以换算。

2）一般平面广告牌是指正立面平整无凹凸面，复杂平面广告牌是指正立面有凹凸面造型的，箱（竖）式广告牌是指具有多面体的广告牌。

3）广告牌基层以附墙方式考虑，当设计为独立式的，按相应项目执行，人工乘以系数 1.1。

4）招牌、灯箱项目均不包括广告牌喷绘、灯饰、灯光、店徽、其他艺术装饰及配套机械。

（8）美术字。美术字不分字体，定额均按成品安装为准，并按单个独立安装的最大外接矩形面积区分规格，按相应项目执行。

（9）石材、瓷砖加工。石材瓷砖倒角、磨制圆边、开槽、开孔等项目均按现场加工考虑。

7.3.15.2　主要项目工程量计算规则

（1）柜、台类。柜类工程量按各项目计量单位计算。其中以"m²"为计量单位的项目，其工程量按正立面的高度（包括脚的高度在内）乘以宽度计算。

（2）压条、装饰线。

1）压条、装饰线条按线条中心线长度计算。

2）石膏角花、灯盘按设计图示数量计算。

（3）扶手、栏杆、栏板装饰。

1）扶手、栏杆、栏板、成品栏杆（带扶手）均按其中心线长度计算，不扣除弯头长度。如遇木扶手、大理石扶手为整体弯头时，扶手消耗量需扣除整体弯头的长度，设计不明确者，每只整体弯头按 400mm 扣除。

2）单独弯头按设计图示数量计算。

（4）浴厕配件。

1）大理石洗漱台按设计图示尺寸以展开面积计算，挡板、吊沿板面积并入其中，不扣除孔洞、挖弯、削角所占面积。

2）大理石台面面盆开孔按设计图示数量计算。

3）盥洗室台镜（带框）、盥洗室木镜箱按边框外围面积计算。

4）盥洗室塑料镜箱、毛巾杆、毛巾环、浴帘杆、浴缸拉手、肥皂盒、卫生纸盒、晒衣架、晾衣绳等按设计图示数量计算。

（5）雨篷、旗杆。

1）雨篷按设计图示尺寸水平投影面积计算。

2）不锈钢旗杆按设计图示数量计算。

3）电动升降系统和风动系统按套数计算。

（6）招牌、灯箱。

1）柱面、墙面灯箱基层，按设计图示尺寸以展开面积计算。

2）一般平面广告牌基层，按设计图示尺寸以正立面边框外围面积计算。复杂平面广告牌基层，按设计图示尺寸以展开面积计算。

3）箱（竖）式广告牌基层，按设计图示尺寸以基层外围体积计算。

4）广告牌面层，按设计图示尺寸以展开面积计算。

（7）美术字。美术字按设计图示数量计算。

（8）石材、瓷砖加工。

1）石材、瓷砖倒角按块料设计倒角长度计算。

2）石材磨边按成型磨边长度计算。

3）石材开槽按块料成型开槽长度计算。

4）石材、瓷砖开孔按成型孔洞数量计算。

7.3.16 拆除工程

7.3.16.1 说明

（1）包括砖石、混凝土、钢筋混凝土基础拆除、结构拆除以及饰面拆除。

（2）定额仅适用于建筑工程施工过程中的拆除及二次装修前的拆除工程。采用控制爆破拆除、机械整体性拆除及拆除材料重新利用的保护性拆除，不适用本定额。

（3）定额子目未考虑钢筋、铁件等拆除材料残值利用。

（4）定额除说明有标注外，拆除人工、机械操作综合考虑，执行同一定额。

（5）现浇混凝土构件拆除机械按手持式风动凿岩机、履带式单头岩石破碎机考虑。如采用切割机械无损拆除局部混凝土构件，另按无损切割子目执行。

（6）墙体凿门窗洞口套用墙体拆除子目，洞口面积在 $0.5m^2$ 以内，人工乘以系数 3.0，洞口面积在 $1.0m^2$ 以内，人工乘以系数 2.4。

（7）地面抹灰层与块料面层铲除不包括找平层，如需铲除找平层者，每 $10m^2$ 增加人工 0.20 工日。带支架防静电地板按带龙骨木地板项目人工乘以系数 1.30。

（8）抹灰层铲除定额已包含了抹灰层表面腻子和涂料（涂漆）的一并铲除，不再另套定额。

（9）腻子铲除已包含了涂料（油漆）的一并铲除，不再另套定额。

（10）门窗套拆除包括与其相连的木线条拆除。

（11）拆除的建筑垃圾袋装费用未考虑，建筑垃圾外运及处置费按各地有关规定执行。

7.3.16.2 主要项目工程量计算规则

（1）基础拆除。按实拆基础体积以"m^3"计算。

（2）砌体拆除。按实拆墙体体积以"m^3"计算，不扣除 $0.30m^2$ 以内孔洞和构件所占的体积。隔墙及隔断拆除按实际拆除面积以"m²"计算。

（3）预制和现浇混凝土及钢筋混凝土拆除。按实际拆除体积以"m³"计算，楼梯拆除按水平投影面积以"m²"计算。无损切割按切割构件断面以"m²"计算，钻芯按实钻孔数以孔计算。

（4）地面面层拆除。抹灰层、块料面层、龙骨及饰面拆除拆除均按实拆面积以"m²"计算；踢脚线铲除并入墙面不另计算。

（5）墙、柱面层拆除。抹灰层、块料面层、龙骨及饰面拆除均按实拆面积以"m²"计算；干挂石材骨架拆除按拆除构件质量以"t"计算。

（6）天棚面层拆除。抹灰层铲除按实铲面积以"m²"计算，龙骨及饰面拆除按水平投影面积以"m²"计算。

（7）门窗拆除。门窗拆除按门窗洞口面积以"m²"计算，门窗扇拆除以"扇"计。

（8）栏杆扶手拆除。均按实拆长度以"m"计算。

（9）油漆涂料裱糊面层铲除。均按实际铲除面积以"m²"计算。

7.3.17 构筑物、附属工程

7.3.17.1 说明

（1）定额包括构筑物砌筑、构筑物混凝土、构筑物模板、室外地坪铺设、室外排水、散水及地沟、盖板安装。

（2）构筑物砌筑包括砖砌烟囱、烟道、贮水池、贮仓等。

（3）构筑物混凝土及模板。

1）滑升钢模板定额内已包括提升支撑杆用量，并按不拔出考虑，如需拔出，收回率及拔杆费另行计算；设计利用提升支撑杆作结构钢筋时，不得重复计算。

2）用滑升钢模施工的构筑物按无井架施工考虑，并已综合了操作平台，不另计算脚手架及竖井架。

3）倒锥形水塔塔身滑升钢模定额，也适用于一般水塔塔身滑升钢模工程。

4）烟囱滑升钢模定额均已包括筒身、牛腿、烟道口；水塔滑升钢模已包括直筒、门窗洞口等模板用量。

5）构筑物基础套用建筑物基础相应定额；1m³以上的独立池槽套用本章定额。

6）钢筋混凝土地沟断面内空面积大于0.4m²套用本章地沟定额。

7）列有滑模定额的构筑物子目，采用翻模施工时，可按第5章相近构件模板定额执行。

8）构筑物混凝土按泵送混凝土编制，实际采用非泵送混凝土的每立方米混凝土增加0.11工日。

（4）室外地坪铺设、室外排水、散水及地沟、盖板安装等。

1）定额适用于一般工业与民用建筑的厂区、小区及房屋附属工程；超出本定额范围的项目套用市政工程定额相应子目。

2）本定额所列排水管、窨井等室外排水定额仅为化粪池配套设施用，不包括土方及排水管垫层，如发生应按有关章节定额另列项目计算。

3）砖砌窨井按2004浙S1、S2标准图集编制，如设计不同，可参照相应定额执行。

4）砖砌窨井按内径周长套用定额，井深按 1m 编制，实际深度不同，套用"每增减 20cm"定额按比例进行调整。

5）化粪池按 2004 浙 S1、S2 标准图集编制，如设计采用的标准图不同，可参照容积套用相应定额。隔油池按 93S217 图集编制。隔油池池顶按不覆土考虑。

6）成品塑料检查井、成品塑料池（隔油池、化粪池等）按无防护盖座编制，防护盖座按相应定额子目执行，发生土方、基础垫层等按有关章节定额另列项目计算。

7）小便槽不包括端部侧墙，侧墙砌筑及面层按设计内容另列项目计算，套用相应定额。

8）台阶、坡道及明沟定额均未包括面层，如发生，应按设计面层做法，另行套用楼地面工程相应定额。明沟适用于与墙脚护坡相连的排水沟。

9）室外排水、墙角护坡、明沟、翼墙、台阶中混凝土按非泵送商品混凝土考虑，如采用泵送商品混凝土，每立方米混凝土扣除人工 0.1 工日。

7.3.17.2 主要项目工程量计算规则

（1）砖砌构筑物。

1）砖烟囱、烟道。

① 砖基础与砖筒身以设计室外地坪为分界，以下为基础，以上为筒身。

② 砖烟囱筒身、烟囱内衬、烟道及烟道内衬均以实体积计算。

③ 砖烟囱筒身原浆勾缝和烟囱帽抹灰，已包括在定额内，不另计算。如设计规定加浆勾缝者，按抹灰工程相应定额计算，不扣除原浆勾缝的工料。

④ 如设计采用楔形砖时，其加工数量按设计规定的数量另列项目计算，套砖加工定额。

⑤ 烟囱内衬深入筒身的防沉带（连接横砖）、在内衬上抹水泥排水坡的工料及填充隔热材料所需人工均已包括在内衬定额内，不另计算，设计不同时不作调整。填充隔热材料按烟囱筒身（或烟道）与内衬之间的体积另行计算，应扣除每个面积在 $0.3m^2$ 以上的孔洞所占的体积，不扣除防沉带所占的体积。

⑥ 烟囱、烟道内表面涂抹隔绝层，按内壁面积计算，应扣除每个面积在 $0.3m^2$ 以上的孔洞面积。

⑦ 烟道与炉体的划分以第一道闸门为界，在炉体内的烟道应并入炉体工程量内，炉体执行安装工程炉窑砌筑相应定额。

2）砖（石）贮水池。

① 砖（石）池底、池壁均以实体积计算。

② 砖（石）池的砖（石）独立柱，套用本章相应定额。如砖（石）独立柱带有混凝土或钢筋混凝土结构者，其体积分别并入池底及池盖中，不另列项目计算。

3）砖砌圆形仓筒壁高度自基础板顶面算至顶板底面，以实体积计算。

（2）钢筋混凝土构筑物及模板。

1）除定额另有规定以外，构筑物工程量均同建筑物计算规则。

2）用滑模施工的构筑物，模板工程量按构件体积计算。

3）水塔。

① 塔身与槽底以与槽底相连的圈梁为分界，圈梁底以上为槽底，以下为塔身。

② 依附于水箱壁上的柱、梁等构件并入相应水箱壁计算。

③ 水箱槽底、塔顶分别计算，工程量包括所依附的圈梁及挑檐、挑斜壁等。

④ 倒锥形水塔水箱模板按水箱混凝土体积计算，提升按容积以"座"计算。

4）水（油）池、地沟。

① 池、沟的底、壁、盖分别计算工程量。

② 依附于池壁上的柱、梁等附件并入池壁计算；依附于池壁上的沉淀池槽另行列项计算。

③ 肋形盖梁与板工程量合并计算；无梁池盖柱的柱高自池底表面算至池盖的下表面，工程量包括柱墩、柱帽的体积。

5）贮仓。贮仓立壁、斜壁混凝土浇捣合并计算，基础、底板、顶板、柱浇捣套用建筑物现浇混凝土相应定额。圆形仓模板按基础、底板、顶板、仓壁分别计算；隔层板、顶板梁与板合并计算。

6）沉井。

① 依附于井壁上的柱、垛、止沉板等均并入井壁计算。

② 挖土按刃脚底外围面积乘以自然地面至刃脚底平均深度计算。

③ 铺抽枕木、回填砂石按井壁周长中心线长度计算。

④ 沉井封底按井内壁（或刃脚内壁）面积乘以封井厚度计算。

⑤ 铁刃脚安装已包括刃脚制作，工程量按图示净用量计算。

⑥ 井壁防水层按设计要求，套相应章节定额，工程量按相关规定计算。

（3）室外地坪铺设、室外排水、盖板安装。

1）地坪铺设按图示尺寸以"m^2"计算，不扣除 $0.5m^2$ 以内各类检查井所占面积。

2）铸铁花饰围墙按图示长度乘高度计算。

3）排水管道工程量按图示尺寸以延长米计算，管道铺设方向窨井内空尺寸小于50cm时不扣窨井所占长度，大于50cm时，按井壁内空尺寸扣除窨井所占长度。

4）成品塑料检查井按座计算安装工程量，成品塑料池按不同容积（单个池体积）以座计算安装工程量。

5）墙脚护坡边明沟长度按外墙中心线计算，墙脚护坡按外墙中心线乘以宽度计算，不扣除每个长度在5m以内的踏步或斜坡。

6）台阶及防滑坡道按水平投影面积计算，如台阶与平台相连时，平台面积在 $10m^2$ 以内时按台阶计算，平台面积在 $10m^2$ 以上时，平台按楼地面工程计算套用相应定额，工程量以最上一级30cm处为分界。

7）砖砌翼墙，单侧为一座，双侧按两座计算。

7.3.18 脚手架工程

7.3.18.1 说明

（1）定额适用于房屋工程、构筑物及附属工程，包括脚手架搭、拆、运输及脚手架摊销。

(2) 定额包括单位工程在合理工期内完成定额规定工作内容所需的施工脚手架，定额按常规方案及方式综合考虑编制，如果实际搭设方案或方式不同时，除另有规定或特殊要求外，均按定额执行。

(3) 定额脚手架材料按钢管式脚手架编制，不同搭设材料均按定额执行。

(4) 综合脚手架定额根据相应结构类型按不同檐高划分，遇下列情况时分别计算：同一建筑物檐高不同时，应根据不同高度的垂直分界面分别计算建筑面积，套用相应定额；同一建筑物结构类型不同时，应分别计算建筑面积套用相应定额，上下层结构类型不同的应根据水平分界面分别计算建筑面积，套用同一檐高的相应定额。

(5) 综合脚手架。

1) 综合脚手架定额适用于房屋工程及其地下室。不适用于房屋加层、构筑物及附属工程脚手架，以上应套用单项脚手架相应定额。

2) 综合脚手架定额除另有说明外，层高以 6m 以内为准，层高超过 6m，另按每增加1m 以内定额计算；檐高 30m 以上的房屋，层高超过 6m 时，按檐高 30m 以内每增加 1m 定额执行。

3) 综合脚手架定额已综合内外墙砌筑脚手架，外墙饰面脚手架，斜道和上料平台，高度在 3.6m 以内的内墙及天棚装饰脚手架、基础深度（自设计室外地坪起）2m 以内的脚手架。地下室脚手架定额已综合了基础脚手架。

4) 综合脚手架定额未包括下列施工脚手架，发生时按单项脚手架规定另列项目计算：

① 高度在 3.6m 以上的内墙和天棚饰面或吊顶安装脚手架；

② 建筑物屋顶上或楼层外围的混凝土构架高度在 3.6m 以上的装饰脚手架；

③ 深度超过 2m（自交付施工场地标高或设计室外地面标高起）的无地下室时基础采用非泵送混凝土的脚手架；

④ 电梯安装井道脚手架；

⑤ 人行过道防护脚手架；

⑥ 网架安装脚手架。

5) 装配整体式混凝土结构执行混凝土结构综合脚手架定额。装配整体式混凝土结构包括装配整体式混凝土框架结构、装配整体式混凝土框架-剪力墙结构、装配整体式混凝土剪力墙结构、预制预应力混凝土装配整体式框架结构等。当装配式混凝土结构预制率（以下简称预制率）小于 30% 时，按相应混凝土结构综合脚手架定额执行；当 30%≤预制率<40% 时，按相应混凝土结构综合脚手架定额乘以系数 0.95；当 40%≤预制率<50% 时，按相应混凝土结构综合脚手架定额乘以系数 0.9；当预制率大于 50% 时，按相应混凝土结构综合脚手架定额乘以系数 0.85。

6) 厂（库）房钢结构综合脚手架定额。单层按檐高 7m 以内编制，多层按檐高 20m以内编制，若檐高超过编制标准，应按相应每增加 1m 定额计算，层高不同不调整。单层厂（库）房檐高超过 16m，多层厂（库）房檐高超过 30m 时，应根据施工方案计算。钢结构厂房综合脚手架定额按外墙为装配式钢结构墙面板考虑，实际采用砖砌围护体系并需要搭设外墙脚手架时，综合脚手架按相应定额乘以系数 1.8。厂（库）房脚手架按综合定额计算的不再另行计算单项脚手架。

7）住宅钢结构综合脚手架定额适用于结构体系为钢结构、钢-混凝土混合结构的项目，层高以 6m 以内为准，层高超过 6m，另按混凝土结构每增加 1m 以内定额计算。

钢结构包括普通钢结构和轻型钢结构，梁、柱和支撑应采用钢结构，柱可采用钢管混凝土柱。钢-混凝土混合结构包括钢框架、钢支撑框架或钢管混凝土框架与钢筋混凝土核心筒（剪力墙）组成的框架-核心筒（剪力墙）结构，以及由外围钢框筒或钢管混凝土筒与钢筋混凝土核心筒组成的筒中筒结构，梁、柱和支撑应采用钢构件，柱可采用钢管混凝土柱。

8）大卖场、物流中心等钢结构工程的综合脚手架可按厂（库）房钢结构相应定额；高层商务楼、商住楼、医院、教学楼等钢结构工程综合脚手架可按住宅钢结构相应定额执行。

9）装配式木结构的脚手架按相应混凝土结构定额乘以系数 0.85 计算。

10）砖混结构执行混凝土结构定额。

（6）单项脚手架。

1）不适用综合脚手架的和综合脚手架有说明可另行计算的情形，执行单项脚手架。

2）外墙脚手架定额未包括斜道和上料平台，发生时另列项目计算。外墙外侧饰面应利用外墙脚手架，如不能利用须另行搭设时，按外墙脚手架定额，人工乘以系数 0.8，材料乘以系数 0.3。如仅勾缝、刷浆、腻子或油漆时，人工乘以系数 0.4，材料乘以系数 0.1。

3）砖墙厚度在一砖半以上，石墙厚度在 40cm 以上，应计算双面脚手架，外侧套用外脚手架，内侧套用内墙脚手架定额。

4）砌筑围墙高度在 2m 以上者，脚手架套用内墙脚手架定额，如另一面需装饰时脚手架另套用内墙脚手架定额并对人工乘以系数 0.8、材料乘以系数 0.3。

5）砖（石）挡墙的砌筑脚手架发生时按不同高度分别套用内墙脚手架定额。

6）整体式附着升降脚手架定额适用于高层建筑的施工。

7）吊篮定额适用于外立面装饰用脚手架。吊篮安装、拆除以"套"为单位计算，使用以"套·天"计算，挪移费按吊篮安拆定额扣除载重汽车台班后乘以系数 0.7 计算。

8）深度超过 2m 时（自交付施工场地标高或设计室外地面标高起）无地下室基础采用非泵送混凝土时，应计算混凝土运输脚手架，应按满堂脚手架基本层定额乘以系数 0.6。深度超过 3.6m 时，另按增加层定额乘以系数 0.6。

9）高度在 3.6m 以上的墙柱饰面或相应油漆涂料脚手架，如不能利用满堂脚手架，须另行搭设时，按内墙脚手架定额，人工乘以系数 0.6，材料乘以系数 0.3。如仅勾缝、刷浆时，人工乘以系数 0.4，材料乘以系数 0.1。

10）高度超过 3.6m 至 5.2m 以内的天棚饰面或相应油漆涂料脚手架，按满堂脚手架基本层计算。高度超过 5.2m 另按增加层定额计算。如仅勾缝、刷浆时，按满堂脚手架定额，人工乘以系数 0.4，材料乘以系数 0.1。满堂脚手架在同一操作地点进行多种操作时（不另行搭设），只可计算一次脚手架费用。

11）电梯井高度按井坑底面至井道顶板底的净空高度再减去 1.5m 计算。

12）砖柱脚手架适用于高度大于 2m 的独立砖柱；房上烟囱高度超出屋面 2m 者，套用砖柱脚手架定额。

13）防护脚手架定额按双层考虑，基本使用期为 6 个月，不足或超过 6 个月按相应定额调整，不足 1 个月按一个月计。

14）构筑物钢筋混凝土贮仓（非滑模的）、漏斗、风道、支架、通廊、水（油）池等，构筑物高度（自构筑物基础顶面起算）在 2m 以上者，每 $10m^3$ 混凝土（不论有无饰面）的脚手架费按 210 元（其中人工费 1.2 工日）计算。

15）钢筋混凝土倒锥形水塔的脚手架，按水塔脚手架的相应定额乘以系数 1.3。

16）构筑物及其他施工作业需要搭设脚手架的参照单项脚手架定额计算。

17）专业发包的内、外装饰工程如不能利用总包单位的脚手架时，根据施工方案，按相应单项脚手架定额计算。

18）钢结构网架高空散拼时安装脚手架套用满堂脚手架定额。

19）满堂脚手架高度超过 8m 时，参照"混凝土及钢筋混凝土工程"超危支撑架相应定额乘以系数 0.2 计算。

20）用于钢结构安装等支撑体系符合"超过一定规模的危险性较大的分部分项工程范围"标准时，根据专项施工方案，参照"混凝土及钢筋混凝土工程"超危支撑架相应定额计算。

7.3.18.2 主要项目工程量计算规则

（1）综合脚手架。

$$综合脚手架工程量 = 建筑面积 + 增加面积$$

1）建筑面积。工程量按房屋建筑面积《建筑工程建筑面积计算规范》（GB/T 50353—2013）计算，有地下室时，地下室与上部建筑面积分别计算，套用相应定额。半地下室并入上部建筑物计算。

2）增加面积。

① 骑楼、过街楼底层的开放公共空间和建筑物通道，层高在 2.2m 及以上者按墙（柱）外围水平面积计算；层高不足 2.2m 者计算 1/2 面积。

② 建筑物屋顶上或楼层外围的混凝土构架，高度在 2.2m 及以上者按构架外围水平投影面积的 1/2 计算。

③ 凸（飘）窗按其围护结构外围水平面积计算，扣除已计入《建筑工程建筑面积计算规范》（GB/T 50353—2013）第 3.0.13 条的面积。

④ 建筑物门廊按其混凝土结构顶板水平投影面积计算，扣除已计入《建筑工程建筑面积计算规范》（GB/T 50353—2013）第 3.0.16 条的面积。

⑤ 建筑物阳台均按其结构底板水平投影面积计算，扣除已计入《建筑工程建筑面积计算规范》（GB/T 50353—2013）第 3.0.21 条的面积。

⑥ 建筑物外与阳台相连有围护设施的设备平台，按结构底板水平投影面积计算。

以上涉及面积计算的内容，仅适用于计取综合脚手架、垂直运输费和建筑物超高加压水泵台班及其他费用。

（2）单项脚手架。

1）砌墙脚手架工程量按内外墙面积计算（不扣除门窗洞口、空洞等面积）。外墙乘以系数 1.15，内墙乘以系数 1.1。

2）围墙脚手架高度自设计室外地坪算至围墙顶，长度按围墙中心线计算，洞口面积不扣，砖垛（柱），也不折加长度。

3）整体式附着升降脚手架按提升范围的外墙外边线长度乘以外墙高度以面积计算，不扣除门窗、洞口所占的面积。按单项脚手架计算时，可结合实际，根据施工组织设计规定以租赁计价。

4）吊篮工程量按施工组织设计计算。

5）满堂脚手架工程量按天棚水平投影面积计算，工作面高度为房屋层高；斜天棚（屋面）按房屋平均层高计算；局部层高超过 3.6m 以上的房屋，按层高超过 3.6m 以上部分的面积计算。

屋顶上或楼层外围的混凝土构架，构架起始标高到构架面的高度超过 3.6m 时，另按 3.6m 以上部分构架外围水平投影面积计算满堂脚手架增加层。

6）电梯安装井道脚手架，按单孔（一座电梯）以"座"计算。

7）人行过道防护脚手架，按水平投影面积计算。

8）砖（石）柱脚手架按柱高以"m"计算。

9）深度超过 2m 无地下室的基础采用非泵送混凝土时的满堂脚手架工程量，按底层外围面积计算；局部加深时，按加深部分基础宽度每边各增加 50cm 计算。

10）混凝土、钢筋混凝土构筑物高度在 2m 以上，混凝土工程量包括 2m 以下至基础顶面以上部分体积。

11）烟囱、水塔脚手架分别高度，按"座"计算。

12）采用钢滑模施工的钢筋混凝土烟囱筒身、水塔筒式塔身、贮仓筒壁是按无井架施工考虑的，除设计采用涂料等工艺外不得再计算脚手架或竖井架。

7.3.19 垂直运输工程

7.3.19.1 说明

（1）定额适用于房屋工程、构筑工程的垂直运输，不适用专业发包工程。

（2）定额包括单位工程在合理工期内完成全部工作所需的垂直运输机械台班，但不包括大型机械的场外运输、安装拆卸及路基铺垫、轨道铺拆和基础等费用，发生时另按相应定额计算。

（3）建筑物的垂直运输，定额按常规方案以不同机械综合考虑，除另有规定或特殊要求者外，均按定额执行。

（4）檐高 30m 以下建筑物垂直运输机械不采用塔吊时，应扣除相应定额子目中塔吊台班消耗量，卷扬机、井架和电动卷扬机台班消耗量分别乘以系数 1.5。

（5）檐高 3.6m 以内的单层建筑，不计算垂直运输费用。

（6）建筑物层高超过 3.6m 时，按每增加 1m 相应定额计算，超高不足 1m 的，每增加 1m 相应定额按比例调整。钢结构厂（库）房、地下室层高定额已综合考虑。

（7）建筑物檐高以设计室外地坪至檐口滴水高度为准，外檐沟檐高为至檐口滴水高度，内檐沟檐高为与檐沟相连的屋面板底，平屋面檐高为屋面板底高度，斜屋面檐高为外墙外边线与斜屋面板底的交点。突出主体建筑屋顶的楼梯间、电梯间、水箱间、屋面天窗等不计入檐口高度之内。

垂直运输定额按不同檐高划分，同一建筑物檐高不同时，应根据不同高度的垂直分界面分别计算建筑面积，套用相应定额；同一建筑物结构类型不同时，应分别计算建筑面积套用相应定额，同一檐高下的不同结构类型应根据水平分界面分别计算建筑面积，套用同一檐高的相应定额。

（8）按主体结构混凝土泵送考虑，如采用非泵送时，垂直运输费按相应定额乘以系数 1.05。

（9）装配整体式混凝土结构垂直运输费套用相应混凝土结构相应定额乘以系数 1.4。

（10）住宅钢结构垂直运输定额适用于结构体系为钢结构的工程。大卖场、物流中心等钢结构工，其构件安装套用"金属结构工程"厂（库）房钢结构时，垂直运输套用厂（库）房相应定额。当住宅钢结构建筑为钢-混凝土组合结构时，垂直运输套用混凝土结构相应定额。

（11）装配式木结构工程的垂直运输按混凝土结构相应定额乘以系数 0.60 计算。

（12）砖混结构执行混凝土结构定额。

（13）构筑物高度指设计室外地坪至结构最高点为准。

（14）钢筋混凝土水（油）池套用贮仓定额乘以系数 0.35 计算。贮仓或水（油）池池壁高度小于 4.5m 时，不计算垂直运输费用。

（15）滑模施工的贮仓定额只适用于圆形仓壁，其底板及顶板套用普通贮仓定额。

7.3.19.2　主要项目工程量计算规则

（1）地下室垂直运输以首层室内地坪以下全部地下室的建筑面积计算，半地下室并入上部建筑物计算。

（2）上部建筑物垂直运输以首层室内地坪以上全部面积计算，面积计算规则按"脚手架工程"综合脚手架工程量的计算规则。

（3）非滑模施工的烟囱、水塔，根据高度按座计算；钢筋混凝土水（油）池及贮仓按基础底板以上实体积以"m³"计算。

（4）滑模施工的烟囱、筒仓，按筒座或基础底板上表面以上的筒身实体积以"m³"计算；水塔根据高度按"座"计算，定额已包括水箱及所有依附构件。

7.3.20　建筑物超高施工增加费

7.3.20.1　说明

（1）定额适用于檐高 20m 以上的建筑物工程。超高施工增加费包括建筑物超高人工降效增加费、建筑物机械降效增加费、建筑物超高加压水泵台班及其他费用。

（2）同一建筑物檐高不同时，应分别计算套用相应定额。

（3）建筑物超高人工及机械降效增加费包括的内容指建筑物首层室内地坪以上的全部工程项目，不包括大型机械的基础、运输、安拆费、垂直运输、各类构件单独水平运输、各项脚手架、现场预制混凝土构件和钢构件的制作项目。

（4）建筑物超高加压水泵台班及其他费用按钢筋混凝土结构编制，装配整体式混凝土结构、钢-混凝土混合结构工程仍执行本章相应定额；遇层高超过 3.6m 时，按每增加 1m 相应定额计算，超高不足 1m 的，每增加 1m 相应定额按比例调整；如为钢结构工程时相应定额乘以系数 0.8。

7.3.20.2　主要项目工程量计算规则

（1）建筑物超高人工降效增加费的计算基数为规定内容中的全部人工费。

（2）建筑物超高机械降效增加费的计算基数为规定内容中的全部机械台班费。

（3）同一建筑物有高低层时，应按首层室内地坪以上不同檐高建筑面积的比例分别计算超高人工降效费和超高机械降效费。

（4）建筑物超高加压水泵台班及其他费用，工程量同首层室内地坪以上综合脚手架工程量。

7.4　工程量清单项目工程量计算规则及方法

工程量的计算规则是对清单项目工程量计算的规定，除了另有规定外，所有清单项目的工程量都是以实体工程量为准。投标人投标报价时，应在单价中考虑各种损耗和需要增加的工程量。本节仅介绍房屋建筑与装饰装修工程。

7.4.1　房屋建筑与装饰装修工程内容及适用范围

房屋建筑与装饰装修工程清单项目包括土（石）方工程，地基处理与边坡支护工程，桩基础工程，砌筑工程，混凝土及钢筋混凝土工程，金属结构工程，木结构工程，屋面及防水工程，防腐、隔热、保温工程，楼地面装饰工程，墙柱面装饰与隔断、幕墙工程，天棚工程，门窗工程，油漆、涂料、裱糊工程及其他装饰工程，拆除工程，措施项目。

房屋建筑与装饰装修工程清单项目适用于采用工程量清单计价的工业与民用建筑物和构筑物的建筑工程及装饰工程。

7.4.2　房屋建筑与装饰装修工程量清单项目及计算规则

7.4.2.1　附录A　土（石）方工程

土（石）方工程包括A1土方工程、A2石方工程、A3回填。

（一）平整场地（编码010101001）

（1）适用范围。

平整场地适用于建筑场地厚度在±30cm内的挖、填、运、找平。

（2）项目特征。

应描述：①土壤类别；②弃土运距；③取土运距。

注意：在实际工程中可能出现±30cm以内的全部是挖方或全部是填方，需外运土方或借土回填时，在工程量清单项目中应描述弃土运距（弃土地点）或取土运距（或取土地点），这部分的运输应包括在"平整场地"项目报价内。

（3）工程内容。

计量单位：m^2。按设计图示尺寸以建筑物首层面积计算。

注意：如施工组织设计规定超面积平整场地时，超出部分应包括在报价内。

【例7-8】　010101001001平整场地；三类土，弃土运距150m

$$S = 9.84 \times 6.24 = 61.4(m^2)$$

工程量清单编制见表 7-19。

表 7-19　分部分项工程量清单

序号	项目编码	项目名称	计量单位	工程数量
1	010101001001	平整场地 三类土，弃土运距 150m	m^2	61.4

（二）挖一般土方（编码 010101002）

（1）适用范围。

挖土方适用于 ±30cm 以内的竖向布置的挖土或山坡切土，是指设计室外地坪高以上的挖土，并包括指定范围的土方运输。

（2）项目特征。

应描述：①土壤类别；②挖土平均厚度；③弃土运距。

（3）工程内容。

应完成：①排地表水；②土方开挖；③挡土板支拆；④截桩头；⑤基底钎探；⑥运输。

（4）工程量计算。

计量单位：m^3。按设计图示尺寸以体积计算。即：

$$V = 挖土平均厚度 \times 挖土平面面积 \tag{7-14}$$

（三）挖沟槽土方（编码 010101003）、挖基础土方（编码 010101004）

（1）适用范围。

挖基础土方适用于基础土方开挖（包括人工挖孔桩土方），并包括指定范围的土方运输。

（2）项目特征。

应描述：①土壤类别；②基础类别；③垫层底宽、底面积；④挖土深度；⑤弃土运距。

（3）工程内容。

应完成：①排地表水；②土方开挖；③挡土板支拆；④截桩头；⑤基底钎探；⑥运输。

（4）工程量计算。

计量单位：m^3。工程量按设计图示尺寸以基础垫层底面积乘以挖土深度计算。

独立基础下土方：

$$V = 基础垫层长 \times 挖土宽 \times 挖土深度 \tag{7-15}$$

带形基础下土方：

$$V = 基础垫层宽 \times 挖土长度 \times 挖土深度 \tag{7-16}$$

式中，挖土长度：外墙基础取外墙中心线长（$L_{中}$）；内墙基础取内墙基础垫层净长（$L_{净}$）。

注意：挖土工程量计算时未包括根据施工方案要求所增加的工作面、放坡及机械挖土进出施工工作面的坡道等挖土量，由此引起的土方增加量应包括在基础土方报价内。

（四）挖淤泥、流砂（编码 010101006）

（1）适用范围。

挖淤泥、流砂适用于淤泥、流砂的开挖。

（2）项目特征。

应描述：①挖掘深度；②弃淤泥、流砂距离。

（3）工程内容。

应完成：①挖淤泥、流砂；②弃淤泥、流砂。

（4）工程量计算。

计量单位：m^3。按设计图示位置、界限以体积计算。

（五）管沟土方（编码 010101007）

（1）适用范围。

适用于管沟土方开挖回填。

（2）项目特征。

应描述：①土壤类别；②管外径；③挖沟平均深度；④弃土运距；⑤回填要求。

（3）工程内容。

应完成：①排地表水；②土方开挖；③挡土板支拆；④回填；⑤运输。

（4）工程量计算。

计量单位：m。按设计图示以管道中心线长度计算。

在计算工程量时，管沟开挖加宽工作面、放坡和接口处加宽工作面，应包括在管沟土方报价内。

计量单位：m^3。按设计图示管底垫层面积乘以挖土深度计算，无管底垫层按管外径的水平投影面积乘以挖土深度计算，不扣除各类井的长度，井的土方并入。

（六）回填（编码 010103）

（1）适用范围。

土方回填项目适用于场地回填、室内回填和基础回填，并包括指定范围内的土方运输以及借土回填的土方开挖。

（2）项目特征。

应描述：①土质要求；②密实度要求；③粒径要求；④夯填（碾压）；⑤松填；⑥运输距离。

（3）工程内容。

应完成：①挖土方密实度要求；②装卸运输；③回填；④分层碾压、夯实。

（4）工程量计算。

计量单位：m^3。按设计图示尺寸以体积计算。

基础槽坑回填：

$$V = 挖土体积 - 设计室外地坪以下埋设的基础、垫层体积 \tag{7-17}$$

场地回填：

$$V = S_{场地回填} \times 平均回填厚度 \tag{7-18}$$

室内回填：

$$V = S_{主墙间} \times 回填厚度 \tag{7-19}$$

注意：基础土方放坡等施工的增加量，应包括在报价内。

【例 7-9】 某工程基础如图 7-18 所示，已知场地类别为一、二类，室外标高为 -0.3，垫层采用 C10 素混凝土，编制土方工程量清单。

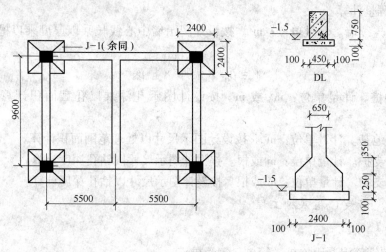

图 7-18

解：挖土深度：$H = 1.6 - 0.3 = 1.3 (\mathrm{m})$

清单土方：J-1：$V = 2.6 \times 2.6 \times 1.3 \times 4 = 35.15 (\mathrm{m}^3)$

DL：$V = [(5.5 \times 2 - 2.6 + 9.6 - 2.6) \times 2 + 9.6 - 0.65] \times 0.65 \times 1.3$

$= 39.75 \times 0.65 \times 1.3$

$= 33.59 (\mathrm{m}^3)$

工程量清单编制见表 7-20。

表 7-20　分部分项工程量清单

序号	项目编码	项目名称	计量单位	工程数量
1	010101004001	挖基础土方 J-1 独立基础土方，一、二类土，垫层尺寸为 2.6m×2.6m	m³	35.15
2	010101004002	挖基础土方 地梁（DL）土方，一、二类土，垫层宽为 0.65m	m³	33.59

7.4.2.2　附录 B　地基处理与边坡支护工程

地基处理与边坡支护包括地下连续墙、振冲桩、强夯地基、锚杆支护、土钉支护。

（1）适用范围。

1）地下连续墙（编码 010202001）项目适用于各种施工的复合地下连续墙工程。

2）振冲桩（编码 010202006）项目适用于振冲法成孔，灌注填料加以振捣形成的桩体。

3）强夯地基（编码 010202004）项目适用于采用强夯机械对松软地基进行强力夯击

以达到一定密实要求的工程。

4）锚杆支护（编码010202004）项目适用于岩石高削坡混凝土支护挡墙和风化岩、混凝土、砂浆护坡。

5）土钉支护（编码010202008）项目适用于土层的锚固。

（2）工程量计算。

1）地下连续墙。计量单位：m^3。按设计图示墙中心线长乘以厚度乘以槽深计算。计算公式：

$$V = L_{中} \times 墙厚 \times 槽深 \tag{7-20}$$

2）振冲桩。计量单位：m^3 或 m。按设计图示孔深乘以孔截面积计算；或按桩长计算。

3）强夯地基。计量单位：m^2。按设计图示尺寸以处理范围面积计算。

4）锚杆支护。计量单位：m 或根。按设计图示尺寸以钻孔深度计算。

5）土钉支护。计量单位：m 或根。按设计图示尺寸以钻孔深度计算。

7.4.2.3 附录C桩基础工程

（一）打桩

包括预制钢筋混凝土方桩、管桩、钢管桩。

（1）项目特征。

1）预制钢筋混凝土方桩（编码010301001）应描述：①地层情况；②送桩深度桩长；③桩截面；④桩倾斜度；⑤沉桩方法；⑥接桩方式；⑦混凝土强度等级。

2）预制钢筋混凝土管桩（编码010301002）应描述：①地层情况；②送桩深度桩长；③桩截面；④桩倾斜度；⑤沉桩方法；⑥桩尖类型；⑦混凝土强度等级；⑧填充材料种类；⑨防护材料种类。

3）钢管桩（编码010301003）应描述：①地层情况；②送桩深度桩长；③材质；④管径、壁厚；⑤桩倾斜度；⑥沉桩方法；⑦填充材料种类；⑧防护材料种类。

（2）工程内容。

1）预制钢筋混凝土方桩应完成：①工作平台搭拆；②桩机竖拆、移位；③沉桩；④接桩；⑤送桩。

2）预制钢筋混凝土管桩应完成：①工作平台搭拆；②桩机竖拆、移位；③沉桩；④接桩；⑤送桩；⑥桩尖制作、安装；⑦填充材料、刷防护材料。

3）钢管桩应完成：①工作平台搭拆；②桩机竖拆、移位；③沉桩；④接桩；⑤送桩；⑥切割钢管、精割盖帽；⑦管内取土；⑧填充材料、刷防护材料。

（3）工程量计算。

1）预制钢筋混凝土方桩、预制钢筋混凝土管桩。计量单位"m"或"m^3"或"根"。按设计图示尺寸以桩长（包括桩尖）计算；或按设计图示截面积乘以桩长（包括桩尖）计算；或按设计图示数量计算。

2）钢管桩。计量单位：t 或根。按设计图示尺寸以质量计算或按设计图示数量计算。

（二）灌注桩

灌注桩包括泥浆护壁成孔灌注桩、干作业成孔灌注桩、人工挖孔灌注桩等。

（1）项目特征。

1）泥浆护壁成孔灌注桩（编码010302001）应描述：①地层情况；②空桩长度、桩长；③桩径；④成孔方法；⑤护筒类型、长度；⑥混凝土种类、强度等级。

2）干作业成孔灌注桩（编码010302003）应描述：①地层情况；②空桩长度、桩长；③桩径；④扩孔直径、高度；⑤成孔方法；⑥混凝土种类、强度等级。

3）人工挖孔灌注桩（编码010302005）应描述：①桩芯长度；②桩芯直径、扩底直径、扩底高度；③护壁厚度、高度；④护壁混凝土种类、强度等级；⑤桩芯混凝土种类、强度等级。

（2）工程内容。

1）泥浆护壁成孔灌注桩应完成：①护筒埋设；②成孔、固壁；③混凝土制作、运输、灌注、养护；④土方废泥浆外运；⑤打桩场地硬化及泥浆池、泥浆沟。

2）干作业成孔灌注桩应完成：①成孔、扩孔；②混凝土制作、运输、灌注、振捣、养护。

3）人工挖孔灌注桩应完成：①护壁制作；②混凝土制作、运输、灌注、振捣、养护。

（3）工程量计算。

1）泥浆护壁成孔灌注桩、干作业成孔灌注桩。计量单位：m或m^3或根。按设计图示尺寸以桩长（包括桩尖）计算；或按不同截面在桩上范围内以体积计算；或按设计图示数量计算。

2）人工挖孔灌注桩。计量单位：m^3或根。按桩芯混凝土体积计算或按设计图示数量计算。

【例7-10】 某工程预制钢筋混凝土方桩，截面300mm×300mm，混凝土强度等级C30；单桩设计长度（含桩尖）：6m长的80根，8m长的50根，编制该项目工程量清单。

解：（1）根据预制桩基础施工图计算：

$$L_1 = 6 \times 80 = 480(m)$$
$$L_2 = 8 \times 50 = 400(m)$$

（2）清单编制见表7-21。

表7-21 分部分项工程量清单

序号	项目编码	项目名称	计量单位	工程数量
1	010301001001	预制钢筋混凝土方桩（6m/根）截面300mm×300mm，强度等级C30	m	480.00
2	010301001002	预制钢筋混凝土方桩（8m/根）截面300mm×300mm，强度等级C30	m	400.00

7.4.2.4 附录D 砌筑工程

砌筑工程包括砖基础、砖砌体、砖构筑物、砌块砌体、石砌体、砖散水、地坪、地沟。

（一）砖基础（编码010401001）

（1）适用范围。

砖基础项目适用于各种类型砖基础：柱基础、墙基础、烟囱基础、水塔基础、管道基础等。

（2）项目特征。

应描述：①垫层材料种类、厚度；②砖品种、规格、强度等级；③基础类型；④基础深度；⑤砂浆强度等级。

（3）工程内容。

应完成：①砂浆制作、运输；②铺设垫层；③砌砖；④防潮层铺设；⑤材料运输。

（4）工程量计算。

计量单位：m³。按设计图示尺寸以体积计算。计算公式：

$$V = (H_{设计} \times b + S_{放大脚}) \times L - V_{构件} \tag{7-21}$$

式中，$H_{设计}$ 为砖基础设计图示高度，从砖基础底起到与砖墙分界线为止；b 为砖基础宽度；L 为砖基础长度；外墙按外墙中心线长 $L_{中}$，内墙按内墙净长线长计算 $L_{内}$，砖垛按砖垛折加长度 $L_{折加}$。

砖基础与砖墙的划分：

1）基础与墙身使用同一材料，以设计室内地坪为界，以上为墙身，以下为基础。

2）基础与墙身使用不同材料，材料分界线位于设计室内地坪±30mm 以内，应以不同材料为界。

3）基础与墙身使用不同材料，材料分界线超过±30mm，应以设计地坪为界，以下为基础，以上为墙身。

4）砖基础与砖围墙：以设计室外地坪为界，以下为基础，以上为墙身。

应扣除的体积：地梁（圈梁）、构造柱所占体积。不扣除的体积：基础大放脚T形接头处的重叠部分，嵌入基础内钢筋、铁件、管道、基础砂浆防潮层、面积≤0.3m² 的孔洞所占体积。不增加：靠墙暖气沟的挑檐。

注意：基础垫层及防潮层的铺设应包括在基础项目报价内。

（二）实心砖墙（编码 010401003）

（1）适用范围。

实心砖墙适用于各种类型实心砖墙。

（2）项目特征。

应描述：①砖品种、规格、强度等；②墙体类型；③墙体厚度；④墙体高度；⑤勾缝要求；⑥砂浆强度等级、配合比。

例如实心墙体可分为外墙、内墙、围墙、双面混水墙、单面清水墙、直形墙、弧形墙以及不同的墙厚，砌筑砂浆分为水泥砂浆、混合砂浆以及不同的强度等级等。

（3）工程内容。

应完成：①砂浆制作、运输；②砌砖、勾缝；③砖压顶砌筑；④材料运输。

（4）工程量计算。

计量单位：m³。按设计图示尺寸以体积计算。计算公式：

$$V = (墙高 H \times 墙长 L - S_{应扣}) \times 墙厚 - V_{构件} + 增加体积 \tag{7-22}$$

式中：

墙高 H：①外墙。平屋算到屋面板板底，有女儿墙时，算到女儿墙顶（如压顶为混凝土至压顶底）；坡屋面无檐口天棚算至层面板底，无天棚者算至屋架下檐底另加 300mm。②内墙。位于屋架下弦者，算至屋架下弦底；无屋架者算至天棚底另加 100mm，有钢筋混凝土楼板隔层算至楼板顶。③框架墙。按框架墙的净高计算。

墙长 L：①外墙。按外墙中心线长 $L_{中}$。②内墙。按内墙净长线 $L_{内}$。③砖垛。按折加长度合并。④框架墙。按柱和柱之间净长 $L_{净}$。

砖墙厚度：1 砖：240mm；1 半砖：365mm；半砖：115mm；1/4 砖：53mm。

墙体计算应扣面积：①门窗洞口面积；②过人洞面积；③每个面积大于 $0.3m^2$ 的孔洞。

墙体计算应扣除体积：①嵌入墙体的钢筋混凝土柱、梁体积；②凹进墙体的壁龛、管槽、暖气槽、消火栓箱等所占体积。

不扣除体积：①梁头、板头等所占体积；②砖墙内加固钢筋、木砖、铁件、钢管所占体积；③单个面积 $\leqslant 0.3m^2$ 的孔洞所占体积。

应增加体积：①附墙烟囱实体积（扣除孔洞所占体积）；②通风道实体积（扣除孔洞所占体积）。

不增加凸出墙面的腰线、挑檐、压顶、窗台线、虎头砖、门窗套的体积。

（三）空斗墙、空花墙、填充墙

（1）适用范围。

1）空斗墙（编码 010401006）项目适用于各种砌法的空斗墙。

2）空花墙（编码 010401007）项目适用于各种类型的空花墙。

3）填充墙（编码 010401007）项目适用于黏土砖砌筑墙中间填充轻质材料的墙体。

（2）项目特征。

应描述：①砖品种、规格、强度等级；②墙体类型；③墙体厚度；④勾缝要求；⑤砂浆强度等级、配合比。

（3）工程内容。

应完成：砂浆制作运输；砌砖；装填充料；勾缝；材料运输。

（4）工程量计算。

1）空斗墙。计量单位：m^3。工程量按空斗墙外形体积计算，包括墙角、内外墙交接处、门窗洞口立边、窗台砖、屋檐实砌部分的体积。

注意：窗间墙、窗台下、楼板下、梁头下的实砌部分应另行计算，按零星砖项目编码列项。

2）空花墙。计量单位：m^3。工程量按空花部分的外形体积计算（包括空花的外框）。

注意：如设计采用混凝土花格砌筑的空花墙，按实砌墙体与混凝土花格分别计算工程量，混凝土花格按混凝土及钢筋混凝土预制零星构件编码列项。

3）填充墙。计量单位：m^3。按图示尺寸以填充墙外形体积计算。

（四）空心砖墙、砌块墙

（1）适用范围。

适用于各种规格的空心砖和砌块砌筑的各种类型墙体。

（2）工程量计算。

计量单位：m^3。按图示尺寸以体积计算。体积计算方法同实心砖墙，墙厚按图示尺寸计取，嵌入空心砖墙、砌块墙中的实心砖不扣除。

【例 7-11】 某市区某学校实验室基础平面如图 7-19 所示。（提示：-0.06 标高以上为多孔砖墙体），编制 2-2 断面砖基础工程量清单。

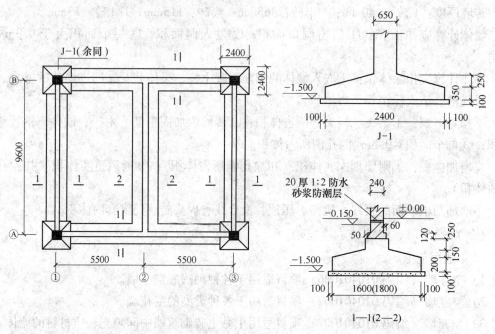

图 7-19

解： 砖基础工程量

$$V = (9.6 - 0.24) \times (0.9 - 0.06 + 0.06 \text{ 折加高度}) \times 0.24 = 2.02(\text{m}^3)$$

工程量清单编制见表 7-22。

表 7-22 分部分项工程量清单

工程名称：××学校实验楼

序号	项目编号	项目名称	计量单位	工程数量
1	010401001001	砖基础 2-2墙基，M5 混合砂浆砌筑 240 厚黏土标准砖（240×115×53）基础，一层大放脚，底标高-0.9m，-0.06m 处设 20 厚 1：2 防水砂浆防潮层	m^3	2.02

7.4.2.5 附录 E 混凝土与钢筋混凝土工程

混凝土与钢筋混凝土工程包括现浇混凝土基础、柱、梁、墙、板、楼梯、其他构件，后浇带，预制混凝土柱、梁、屋架、板、楼梯，其他预制构件，混凝土构筑物，钢筋工程，螺栓铁件等。混凝土与钢筋混凝土中的模板工程在措施项目清单中列出，在分部分项工程量清单项目中不再考虑。

（一）现浇混凝土基础（编码010501）

（1）适用范围。

1）带形基础（编码010501002）项目适用于各种带形基础。有梁式与无梁式带形基础及一字排桩上带形基础应分别编码列项。

2）独立基础（编码010501003）项目适用于独立柱基、杯基、柱下的板式基础、无筋倒圆台基础、壳体基础、电梯井基础等。同一工程中若有不同形式的独立基础应分别编码列项。

3）满堂基础（编码010501004）项目适用于片筏片基础（分有梁式、无梁式）、箱形基础等。

4）设备基础（编码010501006）项目适用于设备的块体基础、框架基础等。

5）桩承台基础（编码010501005）项目适用于浇筑在群桩、单桩上的墙基、柱基等承台。

（2）项目特征。

应描述：①垫层材料种类、厚度；②混凝土强度等级；③混凝土拌和料要求；④混凝土强度等级。

（3）工程内容。

应完成：①铺设垫层；②混凝土制作、运输、浇筑、振捣、养护；③地脚螺栓二次灌浆。

（4）工程量计算。

计量单位：m^3。按图示尺寸以体积计算。不扣除构件内钢筋预埋铁件和伸入承台基础的桩头所占体积。

（二）现浇混凝土柱（编码010502）

（1）适用范围。

矩形柱、异型柱项目用于各种形式的柱。

（2）项目特征。

应描述：①柱高度；②柱截面尺寸；③混凝土强度等级；④混凝土拌和料要求。

（3）工程内容。

应完成：混凝土制作、运输浇筑、振捣养护。

（4）工程量计算

计量单位：m^3。按图示尺寸以体积计算。不扣除构件内钢筋预埋铁件所占体积。

（三）现浇混凝土梁（编码010503）

（1）适用范围。

现浇混凝土梁项目用于各种形式的基础梁、矩形梁、异型梁、圈梁、过梁、弧形拱形梁项目，编码分别为010503001、010503002、010503003、010503004、010503005、010503006。

（2）项目特征。

应描述：①梁底标高；②梁断面；③混凝土强度等级；④混凝土拌和料要求。

（3）工程内容。

应完成混凝土制作、运输、浇筑、振捣、养护。

（4）工程量计算。

计量单位：m^3。按图示尺寸以体积计算。不扣除构件内钢筋、预埋铁件所占体积，伸入墙内的梁头、梁垫并入梁体积。计算公式：

$$V = S \times L \tag{7-23}$$

式中　S——梁截面积按图示尺寸计取；

　　　L——梁长，梁与柱连接时，梁长算至柱侧面；主梁与次梁连接时，次梁算至梁侧面。

（四）现浇混凝土墙（编码010504）

（1）适用范围。

现浇混凝土墙项目适用于直形墙、弧形墙和电梯井壁。

（2）项目特征。

应描述：①墙类型；②墙厚度；③混凝土墙等级；④混凝土拌和料要求。

（3）工程内容。

应完成混凝土制作、运输、浇筑、振捣、养护。

（4）工程量计算。

计量单位：m^3。按图示尺寸以体积计算。

在计算体积时：①不扣除构件内的钢筋、预埋铁件等所占的体积；②扣除门窗洞口及单个面积>$0.3m^2$孔洞所占体积；③增加墙垛及凸出墙面部分体积。

（五）现浇混凝土板（编码010505）

（1）适用范围。

1）有梁板（编码010505001）适用于肋形板、密肋板、井字梁板等。

2）无梁板（编码010505002）适用于直接用柱支承的板等。

3）平板（编码010505003）适用于直接搁置在墙或圈过梁上的板等。

（2）项目特征。

应描述：①板底标高；②板厚度；③混凝土强度等级；④混凝土拌和料要求。

（3）工程内容。

应完成混凝土制作、运输、浇筑、振捣、养护。

（4）工程量计算。

计量单位：m^3。按图示尺寸以体积计算。不扣除构件内钢筋、预埋铁件及单个面积$0.3m^2$以内的孔洞所占体积。各类板伸入墙内的板头并入板体积内计算。

其中：有梁板（包括主、次梁与板）按梁、板体积之和计算；无梁板按板和柱帽体积计算；薄壳板的肋、基梁并入薄壳体积计算；雨篷体积包括伸出墙外的牛腿和翻檐的体积。

注意：混凝土板采用浇筑复合高强薄型空心管时，其工程量应扣除管所占体积，复合高强薄型空心管应包括在报价内。

（六）现浇混凝土楼梯（编码010506）

（1）适用范围。

现浇混凝土楼梯项目适用混凝土直形楼梯和弧形楼梯。

（2）项目特征。

应描述：①混凝土强度等级；②混凝土拌和料要求。

（3）工程内容。

应完成混凝土制作、运输、浇筑、振捣、养护。

（4）工程量计算。

计量单位：计量单位：m^3 或 m^2。按设计图示尺寸以体积计算；或按图示尺寸以水平投影面积计算。不扣除宽度小于 500mm 的楼梯井，伸入墙内部分不另行计算。在计算水平投影面积时，包括休息平台、平台梁、斜梁和楼梯与楼层相连的梁。当整体楼梯与现浇楼板无楼梯梁相连接时，以楼梯的最上一个踏步边缘加 300mm 为界。

（七）其他构件（编码 010507）

（1）适用范围。

1）其他构件（编码 010507007）适用于压顶、扶手、台阶、小型池槽等项目。

2）散水、坡道（编码 010507011）适用于结构层为混凝土的散水坡道。

3）电缆沟、地沟（编码 010507003）适用于沟壁为混凝土的电缆沟、地沟。

（2）工程计算。

1）其他构件的压顶、扶手。计量单位：m 或 m^3。按中心线长度计算或体积计算工程量。

2）其他构件中台阶。计量单位：m^2 或 m^3。按水平投影面积计算；或体积计算。

3）其他构件。计量单位：m^3。按设计图示尺寸以体积计算。

4）散水、坡道。计量单位：m^2。按设计图示水平投影面积计算。不扣除面积 ≤ $0.3m^2$ 孔洞所占面积。

5）电缆沟、地沟。计量单位：m。按设计图示以中心线长度计算。

（八）后浇带（编码 010508）

（1）适用范围。

后浇带适用于梁、板、墙的后浇带。

（2）项目特征。

需描述：①部位；②混凝土强度等级；③混凝土拌和料要求。

（3）工程内容。

应完成混凝土制作、运输、浇筑、振捣、养护。

（4）工程量计算。

计量单位：m^3。按图示尺寸以体积计算。

（九）钢筋工程（编码 010516）

钢筋工程量清单设置分现浇混凝土钢筋、预制构件钢筋、钢筋网片、钢筋笼、先张法预应力钢筋、后张法预应力钢筋、预应力钢丝、预应力钢铰线共 8 个项目，编码从 0105016001～0105016008。项目特征应描述各类钢筋种类与规格。工程内容包括各类钢筋的制作、安装。

钢筋工程量计算。

计量单位：t。工程量按设计图示钢筋（网）长度（面积）乘单位理论质量以吨计算。

【例7-12】　某房屋工程基础平面及断面如图7-20所示，试计算带形基础混凝土工程量，并编制工程量清单。

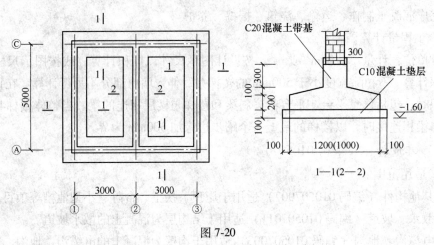

图7-20

解： 混凝土基础清单工程量

1-1断面：

$$V_1 = [0.3 \times 0.3 + (0.3 + 1.2) \times 0.1 \times 1/2 + 1.2 \times 0.2] \times 11 \times 2 = 8.92(\text{m}^3)$$

2-2断面：

$$V_2 = [0.3 \times 0.3 + (0.3 + 1) \times 0.1 \times 1/2 + 1 \times 0.2] \times 3.8 = 1.35(\text{m}^3)$$

$$V_{搭2-1} = [0.3 \times 0.3 + 1/6 \times (2 \times 0.3 + 1) \times 0.1](1.2 - 0.3)/2 \times 2 = 0.11(\text{m}^3)$$

$$V_{2总} = 1.35 + 0.11 = 1.46(\text{m}^3)$$

工程量清单见表7-23。

表7-23　分部分项工程量清单

工程名称：××工程

序号	项目编码	项目名称	计量单位	工程数量
1	010501002001	带形基础 1-1断面 C20 钢筋混凝土有梁式 底宽 1.2m、厚 0.2m、锥高 0.1m、梁高 0.3m、宽 0.3m、C10 混凝土垫层 宽 1.4m、厚 0.1m	m³	8.92
2	010501002002	带形基础 2-2断面 C20 钢筋混凝土有梁式 底宽 1m、厚 0.2m、锥高 0.1m、梁高 0.3m、宽 0.3m，C10 混凝土垫层 宽 1.2m、厚 0.1m	m³	1.46

【例7-13】　某工程现浇20根矩形混凝土柱，截面尺寸为500mm×500mm，柱高4.5m，用C30的砾石混凝土浇筑，编制该项目的混凝土清单。

解：（1）根据矩形混凝土柱施工图计算：

$$V = 0.5 \times 0.5 \times 4.5 \times 20\text{m}^3 = 22.5\text{m}^3$$

（2）清单编制见表7-24。

表 7-24　分部分项工程量清单

序号	项目编码	项目名称	计量单位	工程数量
1	010502001001	矩形柱，截面 500mm×500mm，柱高为 4.5m，混凝土强度等级 C30	m³	22.5

7.4.2.6　附录 F　金属结构工程

金属结构工程包括钢屋架、钢网架、钢托架、钢桁架、钢柱子、钢柱、钢梁，压型钢板楼板、墙板，钢构件，金属网。

（一）钢屋架、钢网架

（1）适用范围。

1）钢屋架（编码 010602001）项目适用于一般钢屋架和轻钢屋架、冷弯薄壁型钢屋架。

2）钢网架（编码 010601001）项目适用于一般钢网架和不锈钢网架。不论节点形式（球形节点、板式节点和节点连接方式）等均使用该项目。

（2）项目特征。

应描述：①钢材品种、规格；②跨度、安装高度；③探伤要求；④油漆品种、刷漆遍数。

除上述内容以外，钢屋架还应描述单榀屋架的重量；钢网架还应描述网架节点形式、连接方式。

（3）工程内容。

应完成：①制作；②运输；③拼装；④安装；⑤探伤；⑥刷油漆。

（4）工程量计算。

计量单位：t。按设计图示尺寸以质量计算。

计算质量时：①不扣除孔眼、切边、切肢的质量；②不增加焊条、铆钉、螺栓等质量；③不规则或多边形钢板以其外边矩形面积乘以厚度乘以单位理论质量计算。

钢屋架工程量还可按："榀"计算。按设计图示数量计算。

（二）钢柱（编码 010603）

（1）适用范围。

1）实腹钢柱（编码 010603001）项目适用于实腹钢柱和实腹式型钢筋混凝土柱。

2）空腹钢柱（编码 010603002）项目适用于空腹钢柱和空腹式型钢筋混凝土柱。

3）钢管柱（编码 010603003）项目适用于钢管柱和钢管混凝土柱。

（2）项目特征。

应描述：①钢材品种、规格；②单根柱重量；③探伤要求；④油漆品种、刷漆遍数。

（3）工程内容。

应完成钢柱的制作、运输、拼装、安装、探伤、刷油漆等工作。

（4）工程量计算。

计量单位：t。同钢屋架、钢网架计算。

在计算质量时应注意：依附在钢柱上的牛腿及悬臂梁应并入钢柱工程量计算；钢管柱

上的节点板、加强环、内衬管、牛腿等并入钢管柱工程量内。

（三）钢梁（编码010604）

（1）适用范围。

1）钢梁（编码010604001）项目适用于钢梁和实腹式型钢筋混凝土梁、空腹式型钢筋混凝土梁。

2）钢吊车梁（编码010604002）项目适用于钢吊车梁及吊车梁的制动梁。制动板、制动桁架、车档应包括在报价内。

（2）项目特征。

应描述：①钢材品种、规格；②单根重量；③安装高度；④探伤要求；⑤油漆品种、刷漆遍数。

（3）工程内容。

应完成梁的制作、运输、安装、探伤、刷油漆。

（4）工程量计算。

计量单位：t。计算方法同钢柱项目。

（四）钢板楼板、墙板（编码010605）

（1）适用范围。

1）钢板楼板（编码010605001）项目适用于现浇钢筋混凝土楼板或使用压型钢板作永久性模板，并与混凝土组合后组成共同受力的构件。

2）钢板墙板（编码010605002）项目适用于压型钢板之间内层填充夹心材料作为墙板。

（2）项目特征。

1）钢板楼板需描述：①钢材品种、规格；②压型钢板厚度；③油漆品种、刷漆遍数。

2）钢板墙板需描述：①钢材品种、规格；②压型钢板厚度、复合板厚度；③复合板夹心材料种类、层数、型号规格。

（3）工程内容。

应完成钢板制作、运输、安装、刷油漆。

（4）工程量计算。

计量单位：m^2。

1）钢板楼板按设计图示尺寸以铺设水平投影面积计算。不扣除柱、垛及单个面积≤0.3m^2孔洞所占面积。

2）钢板墙板按设计图示尺寸以铺挂面积计算。不扣除单个面积≤0.3m^2孔洞所占面积。不增加包角、包边、窗台泛水等面积。

（五）钢构件（编码010606）

（1）钢构件包括钢支撑、钢檩条、钢天窗架、钢挡风架、钢墙架、钢平台、钢走道、钢梯、钢漏斗、钢支架、零星钢构件等，编码从010606001~010606013。

（2）工程内容包括钢构件制作、运输、安装、探伤、刷油漆。

（3）工程量计算方法同钢柱、钢梁。

注意：钢栏杆适用于工业厂房平台钢栏杆；钢构件的除锈刷漆包括在报价内；钢构件

的拼装台的搭拆和材料摊销应列入措施项目费。

7.4.2.7 附录 G 木结构工程

木结构工程包括木屋架、木构件等。

木屋架（编码010701001）

（1）适用范围。

1）木屋架（编码010701001）项目适用于各种方木、圆木屋架。

2）钢木屋架（编码010701002）项目适用于各种方木、圆木的钢木组合屋架。

注意：钢拉杆（下弦拉杆）、受腹杆、钢夹板、连接螺栓应包括在报价内。

（2）项目体征。

应描述：①跨度；②安装高度；③材料品种、规格；④刨光要求；⑤防护材料种类；⑥油漆品种、刷漆遍数。

（3）工程内容。

应完成：①制作、运输；②安装；③刷防护材料、油漆。

（4）工程量计算。

计量单位按"榀"计算。按设计图示数量计算。

7.4.2.8 附录 J 屋面及防水工程

屋面及防水工程包括瓦、型材屋面，屋面防水，墙地面防水、防潮。

（一）瓦、型材屋面（编码010901）

（1）适用范围。

1）瓦屋面（编码010901001）项目适用于小青瓦、平瓦、筒瓦、石棉水泥瓦、玻璃钢瓦等。

2）型材屋面（编码010901002）项目适用于压型钢板、金属压型夹心板、阳光板、玻璃钢等。

3）膜屋面（编码010901005）项目适用于膜布屋面。

（2）项目特征。

1）瓦屋面应描述：瓦品种、规格品牌、颜色；防水材料种类；基层材料种类；檩条种类、截面；防护材料种类。

2）型材屋面应描述：型材品种、规格、品牌、颜色；骨架材料品种、规格；接缝、嵌缝材料种类。

（3）工程内容。

1）瓦屋面应完成：①檩条、椽子安装；②基层铺设；③铺防水层；④安顺水条和挂瓦条；⑤安瓦；⑥刷防护材料。

注意：①屋面基层包括檩条、椽子、木屋面板、顺水条、挂瓦条等；②木屋面板应明确启口、平口接缝。

2）型材屋面应完成：①骨架制作、运输、安装；②屋面型材安装；③接缝、嵌缝。

注意：型材屋面的钢檩条以及骨架、螺栓等应包括在报价内。

（4）工程量计算。

1）瓦屋面、型材屋面。计量单位：m^2。按设计图示尺寸以斜面积计算。不扣除房上烟囱、风帽底座、风道、小气窗、斜沟所占面积。不增加小气窗的出檐部分面积。

2）膜屋面。计量单位：m²。按需要覆盖的水平投影面积计算。

（二）屋面防水（编码010902）

（1）适用范围。

1）屋面卷材防水（编码010902001）项目适用于采用胶结材料粘贴卷材进行防水的屋面。

2）屋面涂膜防水（编码010902002）项目适用于厚质涂料、薄质涂料和有增强材料或无增强材料的涂膜防水屋面。

3）屋面刚性防水（编码010902002）项目适用于细混凝土、块体混凝土、预应力混凝土和钢纤维混凝土刚性防水屋面。

4）屋面排水管（编码010902005）项目适用于PVC管、铸铁管、玻璃钢管等各种排水管材。

5）屋面天沟、檐沟（编码010902007）项目适用于水泥砂浆天沟、卷材天沟、玻璃钢天沟、镀锌白皮天沟、檐沟等。

（2）项目特征。

1）屋面卷材防水应描述：①卷材品种、规格；②防水层做法；③嵌缝材料种类；④防护材料种类。

2）屋面涂膜防水应描述：①防水膜品种；②涂膜厚度、遍数，增强材料种类；③嵌缝材料种类；④防护材料种类。

3）屋面刚性防水应描述：①防水层厚度；②嵌缝材料种类；③混凝土强度等级。

4）屋面排水管应描述：①排水管品种、规格、品牌、颜色；②接缝、嵌缝材料种类；③油漆品牌、刷漆遍数。

5）屋面天沟、檐沟应描述：①材料品种；砂浆配合比；②宽度、坡度；③接缝、嵌缝材料种类；④防护材料种类。

（3）工程内容。

1）屋面卷材防水应完成：①基层处理；②抹找平层；③刷底油；④铺油毡卷材、接缝、嵌缝；⑤铺保护层。

注意：①檐沟、天沟、落水口、泛水收头、变形缝等处的卷材附加层应包括在报价内。②涂料保护层、绿豆砂保护层等应包括在报价内。水泥砂浆保护层、细石混凝土保护层可包括在报价内，也可按相关项目编码列项。

2）屋面涂膜防水应完成：①基层处理；②抹找平层；③涂防水膜、铺保护层。

注意：①需增强材料的应包括在报价内；②檐沟、天沟、落水口、泛水收头、变形缝等处的附加层材料应包括在报价内。

3）屋面刚性防水应完成：①基层处理；②混凝土制作、运输、浇筑、养护。

注意：刚性屋面的分隔缝、泛水、变形缝部位的防水卷材、密封材料、背衬材料、沥青、麻丝等应包括在报价内。

4）屋面排水管应完成：①排水管及配件安装、固定；②雨水斗、雨水算子安装；③

接缝、嵌缝。

注意：①排水管、雨水口、箅子板、水斗等应包括在报价内；②埋设关卡箍、裁管、接嵌缝等应包括在报价内。

5）屋面天沟、檐沟应完成：①砂浆制作、运输；砂浆找坡、养护；②天沟材料铺设；③天沟配件安装；④接缝、嵌缝；⑤刷防护材料。

注意：①天沟、檐沟固定卡件、支撑件应包括在报价内；②天沟、檐沟的接缝、嵌缝材料应包括在报价内。

（4）工程量计算。

1）屋面卷材防水、涂膜防水。

计量单位：m^2。按图示尺寸以面积计算。

在计算面积时：①平屋顶按水平投影面积；②斜屋顶按斜面积计算，即 $S_斜 = S_{水平} \times$ 屋面坡度系数；③不扣除房上烟囱、风帽底座、风道、屋面小气窗和斜沟所占面积；④应增加屋面，如墙、伸缩缝和天窗等处的弯起部分面积。

2）屋面刚性防水。

计量单位：m^2。按设计图示尺寸以面积计算。不扣除房上烟囱、风帽底座、风道等所占面积。

3）屋面排水管。

计量单位：m。按设计图示尺寸以长度计算。

注意：如设计未标注尺寸，以檐口至设计室外散水上表面垂直距离计算。

4）屋面天沟、檐沟。

计量单位：m^2。按设计图示尺寸以展开面积计算。铁皮和卷材天沟按展开面积计算。

（三）墙、地面防水、防潮（编码 010903）

（1）适用范围。

1）卷材防水（编码 010903001）、涂膜防水（010903002）项目适用于基础、楼地面、墙面等部位的防水。

2）砂浆防水（潮）（编码 010903003）项目适用于基础、墙体、屋面等部位的抗震缝、温度缝（伸缩缝）、沉降缝。

（2）工程量计算。

1）卷材防水、涂膜防水、砂浆防水（潮）。

计量单位：m^2。按设计图示尺寸以面积计算。

其中：①楼地面防水按主墙间净空面积计算。扣除凸出楼地面的构筑物、设备基础所占面积。不扣除间壁墙及单个面积 $\leqslant 0.3m^2$ 的柱、垛烟囱和孔洞所占面积。②墙基防水（潮）：

$$S = L \times b \tag{7-24}$$

式中　L——外墙按中心线 $L_中$，内墙按净长线 $L_内$；

　　　　b——防潮宽度。

2）变形缝。

计量单位：m。按设计图示长度计算。

7.4.2.9　附录 K　防腐、隔热、保温工程

防腐、隔热、保温工程包括防腐面层，其他防腐，隔热、保温工程。

（一）防腐面层（编码 011002）

（1）适用范围。

1）防腐混凝土面层（编码 011002001）、防腐砂浆面层（编码 011002002）、防腐胶泥面层（编码 011002003）项目适用于平面或立面的水玻璃混凝土、沥青混凝土、树脂混凝土以及聚合物水泥砂浆等防腐工程。

2）玻璃钢防腐面层（编码 011002004）项目适用于树脂胶料与增强材料复合塑制而成的玻璃钢防腐面层。

3）聚氯乙烯板面层（编码 011002005）项目适用于地面、沟槽、基础的各类块料防腐工程。

（2）工程量计算。

计量单位：m^2。按设计图示尺寸以面积计算。

其中：①平面防腐：扣除凸出地面的构筑物、设备基础等所占面积；②立面防腐：砖垛等突出部分按展开面积并入墙面积计内；③踢脚板防腐：扣除门洞所占面积，增加门洞侧壁面积。

（二）隔热、保温（编码 011001）

（1）适用范围。

1）保温隔热层屋面（编码 011001001）项目适用于各种材料的屋面隔热保温。

2）保温隔热天棚（编码 011001002）项目适用于各种材料的下贴式或吊顶上搁置式的保温隔热的天棚。

3）保温隔热墙（编码 011001003）项目适用于工业与民用建筑物内、外墙的保温隔热工程。

注意：①屋面隔热层上的防水应按屋面的防水项目单独列项；②预制隔热板与砖墩分别按混凝土与钢筋混凝土工程和砌筑工程相关项目编码列项；③内外墙保温的基层抹灰或刮腻子、踢脚线、面层应包括在报价内，但装饰层应按附录 B 相关项目编码列项。

（2）工程量计算。

计量单位：m^2。

其中：①天棚、屋面、楼地面：按设计图示尺寸以面积计算，不扣除柱、垛所占面积；②保温隔热墙：按设计图示尺寸以面积计算，扣除门窗洞口面积；③保温墙：按设计图示保温层中心线展开长度乘保温层高度计算。

7.4.2.10　附录 L　楼地面装饰工程

楼地面装饰工程包括整体面层，块料面层，橡塑面层，其他材料面层，踢脚线，楼梯装饰，扶手、栏杆、栏板装饰，台阶装饰，零星装饰等项目。

（一）整体面层（编码 011101）

（1）适用范围。

整体面层包括水泥砂浆、现浇水磨石、细石混凝土、菱苦土楼地面。适用于楼面、地面所做的整体面层工程。

（2）项目特征。

应描述：①垫层材料种类、厚度；②找平层厚度、砂浆配合比；③防水层厚度、材料种类；④面层厚度、砂浆配合比。

对于现浇水磨石楼地面除上述内容以外，还需描述：嵌条材料种类、规格；石子种类、规格、颜色；图案要求；磨光、酸洗、打蜡要求。

（3）工程内容。

应包括：①基层清理；②垫层铺设；③抹找平层；④防水层铺设；⑤做面层；⑥材料运输。

对于现浇水磨石楼地面需要完成的工程内容还有嵌缝条安装、磨光、酸洗、打蜡等。

（4）工程量计算。

计量单位：m^2。按设计图示尺寸以面积计算。

在计算面积时：①应扣除凸出地面构筑物、设备基础、室内铁道、地沟等所占面积；②不扣除间壁墙和单个面积≤$0.3m^2$的柱、垛、附墙、烟囱及孔洞所占面积；③不增加门洞、空圈、暖气包槽、壁龛的开口部分面积。

（二）块料面层（编码011102）

（1）适用范围。

块料面层包括石材、块料楼地面。适用于楼面、地面所做的块料面层工程。

（2）项目特征。

应描述：①垫层材料种类、厚度；②找平层厚度、砂浆配合比；③防水层厚度、材料种类；④填充材料种类、厚度；⑤结合层厚度、砂浆配合比；⑥面层材料品种、规格、品牌、颜色；⑦嵌缝材料种类；⑧防护层材料种类；⑨酸洗、打蜡要求。

（3）工程内容。

应包括：①基层清理、铺设垫层、抹找平层；②防水层、填充层铺设；③面层铺设；④嵌缝；⑤刷防护材料；⑥酸洗打蜡；⑦材料运输。

（4）工程量计算。

计量单位：m^2。计算方法同整体面层。

（三）橡塑面层（编码011103）

（1）适用范围。

橡塑面层包括橡胶板、橡胶卷材、塑料板、塑料卷材楼地面。适用于楼地面、地面所做的橡塑材料面层。

（2）项目特征。

应描述：①找平层厚度、砂浆配合比；②填充材料种类、厚度；③黏结层厚度、材料种类；④面层材料品种、规格、品牌、颜色；⑤压缝线条种类。

（3）工程内容。

应包括：①基层清理、抹找平层；②铺设填充层；③面层铺帖；④压缝线条装钉；⑤材料运输。

（4）工程量计算。

计量单位：m²。按设计图示尺寸以面积计算。

计算面积时应将门洞、空圈、暖气包槽、壁龛的开口部分并入相应工程量内。

（四）踢脚线（编码 011105）

（1）踢脚线包括水泥砂浆、石材、块料、现浇水磨石、塑料板、木质、金属、防静电踢脚线，编码从 020105001～020105008。

（2）踢脚线项目特征应描述：①踢脚线高度；②底层厚度、砂浆配合比；③黏结层厚度、材料种类；④面层特征。

工程内容应包括基层、底层、面层及材料运输。

工程量计算：计量单位：m² 或 m。按设计图示长度乘以高度以面积计算或按延长米计算。

（五）楼梯装饰（编码 011106）

楼梯装饰包括石材、块料、水泥砂浆、现浇水磨石、地毯、木板楼梯面等，编码从 011106001～011106009。

项目特征应描述：找平层厚度、砂浆配合比、面层砂浆配合比及相关特征。

工程内容包括：基层清理、抹找平层、铺贴面层、材料运输及相关特征的应包括内容。

工程量计算：计量单位：m²。按设计图示尺寸以楼梯水平投影面积计算（包括踏步、休息平台及 500mm 以内的楼梯井）。

计算面积时，长度取定：①楼梯与楼地面相连时，算至楼梯口梁内侧边沿；②楼梯与楼地面相连时无梯口梁者，算至最上一层踏步边沿加 300mm。

注意：单跑楼梯不论其中是否有休息平台，其工程量与双跑楼梯同样计算。

（六）扶手、栏杆、栏板装饰（编码 011503）

（1）适用范围。

扶手、栏杆、栏板装饰包括金属扶手带栏杆、栏板。

（2）项目特征。

应描述：①扶手材料种类、规格、品牌、颜色；②固定配件种类；③防护材料种类；④油漆品种、刷漆遍数。

其中金属、硬木、塑料扶手带栏杆栏板种类、规格、品牌、颜色等。

（3）工程内容。

应包括：①制作；②运输；③安装；④刷防护材料；⑤刷油漆。

（4）工程量计算。

计量单位：m。按设计图示尺寸以扶手中心线长度（包括弯头长度）计算。

（七）台阶装饰（编码 011107）

台阶装饰包括石材、块料、水泥砂浆、现浇水磨石、剁假台阶面，编码从 020108001～020108005。

项目特征应描述：①垫层材料种类、厚度；②找平层厚度、砂浆配合比；③面层相关特征。

工程内容应包括从基层清理到面层完成所有内容。

工程量计算：计量单位：m²。按水平投影面积计算。

（八）零星装饰项目（编码011108）

（1）适用范围。

零星装饰项目包括石材、碎拼石材、块料、水泥砂浆零星项目。适用于小面积（0.5m²以内）、少量分散的楼地面装饰。

（2）项目特征。

应描述：工程部位；找平层厚度、砂浆配合比；黏结层及面层特征。

（3）工程内容。

计量单位：m²。按设计图示尺寸以面积计算。

【例7-14】 某单层建筑平面如图7-21所示，地面采用20mm厚1∶3水泥砂浆找平，1∶3水泥砂浆铺贴600mm×600mm地砖面层；踢脚线采用混凝土地面相同品质地砖，踢脚线高150mm，采用1∶2水泥砂浆粘贴。试编制面砖地面和踢脚线的工程量清单。（本例垫层不要求计算）

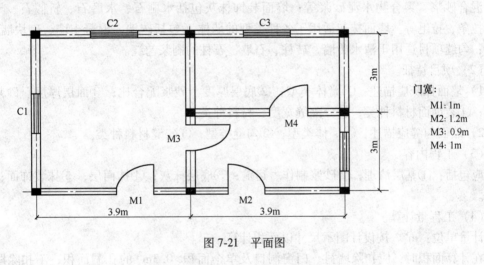

图7-21 平面图

解：（1）清单项目设置：011102003001 块料楼地面

011105003001 块料踢脚线

（2）工程量计算：

地面面积= 建筑面积 − 墙结构面积

$= 8.04 \times 6.24 - [(7.8 + 6) \times 2 + 3.9 - 0.24 + 6 - 0.24] \times 0.24$

$= 50.17 - 8.88 = 41.29（m^2）$

踢脚线面积=（内墙净长 − 门洞口 + 洞口边）× 高度

$= [(3.9 - 0.24) \times 6 + (6 - 0.24) \times 2 + (3 - 0.24) \times 4 -$

$(1 + 1.2 + 0.9 + 1) + 0.24 \times 18] \times 0.15$

$= 41.38 \times 0.15 = 6.21（m^2）$

注：在面层和底层全部相同时，可按上述简化方法计算；但如各间面层材料不同时，应分别按各主墙间的净面积计算。

（3）按照《建设工程工程量清单计价规范》的计价格式要求编列清单，见表7-25。

表 7-25　分部分项工程清单

表 7-25　分部分项工程清单

工程名称：××建筑

序号	项目编码	项 目 名 称	计量单位	工程数量
1	011102003001	块料楼地面：1∶3 水泥砂浆找平厚 20mm，1∶3 水泥砂浆铺贴 600mm×600mm 地砖面层，酸洗打蜡	m²	41.29
2	011105003001	块料踢脚线：1∶2 水泥砂浆粘贴，高 150mm，面层酸洗打蜡	m²	6.21

7.4.2.11　附录 M　墙柱面装饰与隔断、幕墙工程

墙柱面装饰与隔断、幕墙工程包括墙面抹灰、柱面抹灰、零星抹灰、墙面镶贴块料、柱面镶贴块料、墙饰面、柱（梁）饰面、隔断、幕墙等工程。

（一）墙面抹灰（编码 011201）

（1）适用范围。

墙面抹灰包括墙面一般抹灰、墙面装饰抹灰与墙面勾缝。墙面一般抹灰包括石灰砂浆、混合砂浆、聚合物水泥砂浆等；墙面装饰抹灰包括水刷石、水磨石、斩假石、干粘石、拉条、拉毛等。墙面抹灰适用于各种类型的墙体（包括砖墙、混凝土墙、砌块墙等）抹灰；勾缝项目适用于清水砖墙、砖柱、石墙、石柱的刷浆勾缝。

（2）项目特征。

1）墙面抹灰应描述：①墙体类型；②底层厚度、砂浆配合比；③面层厚度、砂浆配合比；④装饰面材料种类；⑤分隔缝宽度、材料种类。

2）墙面勾缝应描述：①墙体类型；②勾缝类型；③勾缝材料种类。

（3）工程内容。

应包括：①基层清理；②砂浆制作、运输；③底层抹灰；④抹面层；⑤抹装饰面；⑥勾缝。

（4）工程量计算。

计量单位：m²。按设计图示尺寸以面积计算。

在计算面积时：应扣除墙裙、门窗洞口及单个面积>0.3m² 的孔洞面积；不扣除踢脚线、挂镜线和墙与构件交接处的面积；不增加门窗洞口和孔洞的侧壁及顶面的面积；应增加附墙柱、梁、垛、烟囱侧壁面积。

墙面抹灰面积中：①外墙抹灰面积按外墙垂直投影面积计算。②外墙裙抹灰面积按外墙裙的长度乘以高度计算。③内墙抹灰按主墙间的净长乘以高度计算，其高度取定按如下规定：无墙裙的，高度按室内地面至天棚底面计算；有墙裙的，高度按墙裙顶至天棚底面计算。④内墙裙抹灰面按内墙净长乘以高度计算。

（二）柱面抹灰（编码 011202）

（1）适用范围。

柱面抹灰包括柱面一般抹灰、装饰抹灰和勾缝，编码从 011202001~011202003。适用于各种柱面抹灰。

（2）项目特征。

应描述：①柱体类型；②底层厚度、砂浆配合比；③面层厚度、砂浆配合比；④装饰面材料种类；⑤分隔缝宽度、材料种类。

（3）工程内容。

应包括：①基层清理；②砂浆制作、运输；③底层抹灰；④抹面层；⑤抹装饰面；⑥勾缝。

（4）工程量计算。

计量单位：m²。按设计图示柱断面周长乘以高度以面积计算。计算公式如下：

$$柱面抹灰面积 = 柱结构断面周长 × 柱高度 \tag{7-25}$$

（三）零星抹灰（编码 011203）

（1）适用范围。

零星抹灰适用于面积 0.5m² 以内的少量分散抹灰。

（2）项目特征。

应描述：①墙体类型；②底层厚度、砂浆配合比；③面层厚度、砂浆配合比；④装饰面材料种类；⑤分隔缝宽度、材料种类。

（3）工程内容。

应完成：①基层清理；②砂浆制作、运输；③底层抹灰；④抹装饰面；⑤勾分隔缝。

（4）工程量计算。

计量单位：m²。按设计图示尺寸以面积计算。

（四）墙面镶贴块料（编码 011204）

（1）墙面镶贴块料包括石材、碎拼石材、块料墙面和干挂石材钢骨架，编码从 020204001～020204004。

（2）墙面镶贴块料项目特征应描述：①墙体类型；②底层高度、砂浆配合比；③贴结层厚度、材料种类；④挂贴方式；⑤干挂方式；⑥面层材料品种、规格、品牌、颜色；⑦缝宽、嵌缝材料种类；⑧磨光、酸洗、打蜡要求。

工程内容应完成：基层清理→砂浆制作、运输→底层抹灰→结合层铺贴→面层铺贴→面层挂贴→面层干挂→嵌缝→刷防护材料→磨光、酸洗、打蜡。

工程量计算：

计量单位：m²。按镶贴表面积计算。

（五）柱面镶贴块料（编码 011205）

柱面镶贴块料项目划分、项目特征、工程内容、工程量计算方法基本同墙面镶贴块料，仅基层不同。

（六）零星镶贴块料（编码 011206）

零星镶贴块料适用于面积小于 0.5m² 的少量分散的块料面层。其项目划分、项目特征、工程内容、工程量计算方法同墙、柱面镶贴块料。

（七）墙饰面（编码 011207）

（1）适用范围。

墙饰面项目适用于金属饰面板、塑料饰面板、木质饰面板、软包带衬板饰面等装饰板墙面。

（2）项目特征。

应描述：①墙体类型；②底层厚度、砂浆配合比；③龙骨材料种类、规格、中距；④

隔离层材料种类、规格；⑤基层材料种类、规格；⑥面层材料品种、规格、品牌、颜色；⑦压条材料种类、规格；⑧防护材料种类；⑨油漆品种、刷漆遍数。

墙面勾缝描述：①墙体类型；②勾缝类型；③勾缝材料种类。

（3）工程内容。

应包括：①基层清理；②砂浆制作、运输；③底层抹灰；④龙骨制作、运输、安装；⑤钉隔离墙；⑥基层铺钉；⑦面层铺贴；⑧刷防护材料、油漆。

（4）工程量计算。

计量单位：m^2。按设计图示墙净长乘以净高以面积计算。扣除门窗洞口及 $S_1 > 0.3m^2$ 的孔洞所占面积。

（八）柱（梁）饰面（编码 011208）

柱（梁）饰面用于金属饰面板、塑料饰面板、木质饰面板、软包带衬板饰面等装饰板板柱（梁）面。

其项目特征、工程内容与墙饰面相同。

工程量计算：

计量单位：m^2。按设计图示饰面外围尺寸以面积计算。柱帽、柱墩并入相应柱饰面工程量内。

（九）隔断（编码 011210）

隔断用木板、复合板、玻璃、铝合金等材料，具有轻且薄特点的隔墙。

项目特征应描述：①骨架、边框材料种类、规格；②隔板材料品种、规格、品牌、颜色；③嵌缝、塞口材料品种；④压条材料种类；⑤防护材料种类；⑥油漆品种、刷漆遍数。

工程内容应包括：骨架及边框的制作、运输、安装→隔板制作运输、安装→嵌缝、塞口→装饰压条→刷防护材料油漆。

工程量计算：

计量单位：m^2。按设计图示框外围尺寸以面积计算。扣除单个面积$>0.3m^2$的孔洞所占的面积并入隔断面积内。

（十）幕墙（编码 0112009）

（1）适用范围。

带骨架幕墙（编码 0202010001）适用于骨架是承力构件，玻璃仅是饰面构件的幕墙。

全玻璃幕墙（编码 020210002）适用于带玻璃肋的玻璃幕墙。这类幕墙玻璃不仅是饰面构件，而且还是承力构件。

（2）项目特征。

带骨架幕墙应描述：①骨架材料种类、规格、中距；②面层材料品种、规格、品牌、颜色；③面层固定方式；④嵌缝、塞口材料种类。

全玻幕墙应描述：①玻璃品种、规格、品牌、颜色；②黏结塞口材料种类；③固定方式。

（3）工程内容。

带骨架幕墙应完成：①骨架制作、运输、安装；②面层安装；③嵌缝、塞口；④

清洗。

全玻璃幕墙应完成：①幕墙安装；②嵌缝、塞口；③清洗。

（4）工程量计算。

1）带骨架幕墙。

计量单位：m^2。按设计图示框外围尺寸以面积计算。与幕墙同种材质的窗所占面积不扣除。

2）全玻幕墙。

计量单位：m^2。按设计图示尺寸以面积计算。玻璃肋的工程量应合并在玻璃幕墙工程量内计算。

7.4.2.12 附录N 天棚工程

天棚工程包括天棚抹灰、天棚吊顶、天棚其他装饰。

（一）天棚抹灰（编码011301）

（1）适用范围。

天棚抹灰适用于混凝土现浇板、预制混凝土板、木板条等基层面层天棚抹灰。

（2）项目特征。

应描述：①基层清理；②抹灰厚度、材料种类；③装饰线条道数；④砂浆配合比。

（3）工程内容。

应包括：①基层清理；②底层抹灰抹面层；③抹装饰线条。

（4）工程量计算。

计量单位：m^2。按设计图示尺寸以水平投影面积计算。

计算面积时：不扣除间壁、垛、柱、附墙烟囱、检查口和管道所占的面积。

注意：带梁天棚，梁两侧抹灰面积并入天棚面积计算；板式楼梯底面抹灰按斜面积计算；锯齿形楼梯底板抹灰按展开面积计算。

（二）天棚吊顶（编码011302）

（1）适用范围。

天棚吊顶包括天棚吊顶、格栅吊顶、吊筒吊顶、藤条造型悬挂吊顶、织物软雕吊顶、网架（装饰）吊顶，编码从020302001~02030006。适用于骨架、面层、固定件组成天棚吊顶。

（2）项目特征。

应描述：①吊顶形式；②骨架特征；③面层特征；④防护材料种类；⑤油漆品种、刷漆遍数。

（3）工程内容。

应完成：①基层清理；②底层处理；③龙骨安装；④面层铺设；⑤刷防护漆、油漆等工作。

（4）工程量计算。

1）天棚吊顶。

计量单位：m^2。按设计图示尺寸以水平投影面积计算。

在计算面积时：①不扣除间壁墙、检查口、附墙烟囱、柱垛和管道所占的面积；②应

扣除单个面积 > 0.3m² 孔洞、独立柱及与天棚相连的窗帘盒所占面积；③不展开天棚中的灯槽及跌级、锯齿形、吊挂式、藻井式天棚面积。

2）格栅吊顶、吊筒吊顶、藤条造型吊顶、织物吊顶。

计量单位：m²。按设计图示尺寸以水平投影面积计算。

（三）天棚其他装饰（编码011304）

（1）适用范围。

天棚其他装饰包括灯带与送风口、回风口。适用于各类天棚上的装饰。

（2）项目特征。

1）灯带（编码011304001）。应描述：①灯带形式、尺寸；②格栅片材料品种、规格、品牌、颜色；③安装固定方式。

2）送风口（编码011304002）。应描述：①风口材料品种、规格、品牌、颜色；②安装固定方式；③防护材料种类。

（3）工程内容。

1）灯带。包括其安装、固定。

2）送风口、回风口。包括安装、固定、刷防护材料。

（4）工程量计算。

1）灯带。

计量单位：m²。按设计图示尺寸以框外面积计算。

2）送风口、回风口。

计量单位：个。按设计图示数量计算。

7.4.2.13　附录H　门窗工程

门窗工程包括木门、金属门、金属卷帘门、其他门、木窗、金属窗、门窗套、窗帘盒、窗帘轨、窗台板、厂库房大门等。

（一）木门（编码010801）

（1）适用范围。

木门包括镶板木门、企口木板门、实木装饰门、复合板门、夹板装饰门、木质防火门、木纱门、连窗门，编码从020401001～020401008。适用各种木门。

（2）项目特征。

应描述：①门类型；②框截面尺寸、单扇面积；③骨架种类；④面层材料品种、规格、品牌、颜色；⑤玻璃品种、厚度，五金材料、品种、规格；⑥防护材料种类；⑦油漆品种、刷漆遍数。

（3）工程内容。

应包括：①门制作、运输、安装；②五金、玻璃安装；③刷防护材料、油漆。

（4）工程量计算。

计量单位：樘或m²。按设计图示数量计算；或按设计洞口面积计算。

（二）金属门（编码010802）

（1）适用范围。

金属门包括金属平开门、金属推拉门、金属地弹门、彩板门、塑钢门、防盗门、钢制防火门等，适用各种金属门。

（2）项目特征。

应描述：①门类型；②框材质、外围尺寸；③玻璃品种、厚度，五金材料、品种、规格；④防护材料种类；⑤油漆品种、刷漆遍数。

（3）工程内容。

同木门。

（4）工程量计算。

计量单位：樘或 m^2。按设计图示数量计算；或按设计洞口面积计算。

（三）金属卷帘门（编码010803）

（1）适用范围。

金属卷帘门包括金属卷闸门、防火卷帘门。

（2）项目特征。

应描述：①门材质、框外围尺寸；②启动装置品种、规格、品牌；③五金材料、品种、规格；④刷防护材料种类；⑤油漆品种、刷漆遍数。

（3）工程内容。

同木门。

（4）工程量计算。

计量单位：樘或 m^2。按设计图示数量计算；或按设计洞口面积计算。

（四）其他门（编码010805）

其他门包括电子感应门、转门、电子对讲门、电动伸缩门、全玻门（带扇框）、全玻自由门（无扇框）、镜面不锈钢饰面门等。

其项目特征、工程内容基本与木门、金属门相同。

工程量按设计图示数量（樘）计算；或按设计洞口面积（m^2）计算。

（五）木窗（编码010806）

（1）适用范围。

木窗包括木质窗、木飘（凸）窗、木橱窗、木纱窗等，编码从010806001～010806004。

（2）项目特征。

应描述：①窗类型；②框材质、外围尺寸；③扇木质、外围尺寸；④玻璃品种、厚度，五金材料、品种规格；⑤防护材料种类；油漆品种、刷漆遍数。

（3）工程内容。

应包括：窗制作、运输、安装；刷防护材料、油漆。

（4）工程量计算。

计量单位：樘或 m^2。按设计图示数量计算；或按设计洞口面积计算。

（六）金属窗（编码010807）

金属窗包括金属推拉窗、金属平开窗、金属固定窗、金属百叶窗、金属组合窗、彩板窗、塑钢窗、金属防盗窗、金属格栅窗等，适用各种类型金属窗。

项目特征、工程内容、工程量计算同木窗。

（七）门窗套（编码 010808）

（1）适用范围。

门窗套项目包括木门窗套、金属门窗套、石材门窗套、门窗木贴脸、硬木筒子板、饰面夹板筒子板等，编码从 010808001~010808007。

（2）项目特征。应描述：①底层厚度、砂浆配合比；②立筋材料种类、规格；③基层材料种类；④面层材料品种、规格、品牌、颜色；⑤防护材料种类；⑥油漆品种、刷油漆遍数。

（3）工程内容。应包括：①基层清理；②底层抹灰；③立筋制作安装；④基层板安装；⑤面层铺贴；⑥刷防护材料、油漆。

（4）工程量计算。

计算单位：m^2 或樘或 m。按设计图示尺寸以展开面积计算，即按铺钉面积计算；或按设计图示数量计算；或按长度计算。

（八）窗帘盒、窗帘轨（编码 010810）

（1）适用范围。

窗帘盒、窗帘轨项目包括木窗帘盒、饰面夹板塑料窗帘盒、铝合金窗帘盒、窗帘轨等。

（2）项目特征。应包括：①窗帘盒材质、规格；②防护材料种类；③油漆种类、刷漆遍数。

（3）工程内容。应包括：①制作、运输、安装；②刷防护材料油漆。

（4）工程量计算。

计量单位：m。按设计图示尺寸以长度计算。

注意：窗帘盒如为弧形时，其长度按中心线计算。

（九）窗台板（编码 010809）

（1）适用范围。

窗台板项目包括木窗台板、铝塑窗台板、石材窗台板、金属窗台板等。

（2）项目特征。应描述：①找平层厚度；②砂浆配合比；③窗台板材质、规格、颜色；④防护材料种类；⑤油漆种类、刷漆遍数。

（3）工程内容。应包括：①基层种类；②抹找平层；③窗台板制作安装；④刷防护材料、油漆。

（4）工程量计算。

计算单位：m^2。按展开面积计算。

（十）厂房大门、特种门（编码 010804）

（1）适用范围。

1）木板大门（编码 010804001）项目适用于厂库房的平开、推拉、带观察窗、不带观察窗等各类型木板大门。

2）钢木大门（编码 010804002）项目适用于厂库房的平开、推拉、单面铺木板、双面铺木板、防风型、保暖型等各类型钢木大门。

3）全钢板门（编码 010804003）项目适用于厂库房的平开、推拉、折叠、单面铺钢板、双面铺钢板等各类型全钢板门。

4）特种门（编码010804007）项目适用于各种防射线门、密闭门、保温门、隔音门、冷藏库门、冷藏冻结闸门等特殊使用功能门。

（2）项目特征。

需描述：①开启方式；②有框无框；③含门扇数；④材料品种、规格；⑤五金种类、规格；⑥防护材料种类；⑦油漆品种、刷漆遍数。

（3）工程内容。

应完成：①门（骨架）制作、运输；②门、五金配件安装；③刷防护材料、油漆。

（4）工程量计算。

计量单位：樘或 m²。按设计图示数量计算；或按设计洞口面积计算。

【例7-15】 有1扇榉木装饰夹板实心平面普通门扇，尺寸：900mm×2100mm，安装执手门锁和门吸（在抹灰面上），面层的油漆为聚酯清漆三遍。编制该工程榉木装饰夹板门扇的清单项目。

解：工程量清单见表7-26。

表 7-26 分部分项工程量清单

序号	项目编码	项目名称	计量单位	工程数量
1	010801005001	夹板装饰门 900mm×2100mm 榉木夹板饰面，实心平面普通门；安装执手门锁和门吸（按在抹灰面上）；聚酯漆三遍	樘	1

7.4.2.14 附录P 油漆、涂料、裱糊工程

油漆、涂料、裱糊工程包括门油漆，窗油漆，木扶手及其他板条线条油漆，木材面油漆，金属面油漆，抹灰面油漆，喷刷、涂料，裱糊等。

（一）门油漆（编码011401）

（1）适用范围。

门油漆适用于各种类型门包括镶板门、木板门、复合板门、装饰实木门、木纱门、木质防火门、全玻门、半玻门、百叶门和单独门框等油漆。

（2）项目特征。

应描述：①门类型；②腻子种类；③刮腻子要求；④防护材料种类；⑤油漆品种、刷漆遍数。

（3）工程内容。

应包括：①基层清理；②刮腻子；③刷防护材料、油漆。

（4）工程量计算。

计量单位：樘或 m²。按设计图示数量计算；或按设计洞口面积计算。

（二）窗油漆（编码011402）

（1）适用范围。

窗油漆适用于各种类型窗包括平开窗、推拉窗、固定窗、空花窗、百叶窗等油漆。

（2）项目特征。

应描述：①窗类型；腻子种类；②刮腻子要求；③防护材料种类；④油漆品种、刷油漆遍数。

（3）工程内容。

同门油漆。

（4）工程量计算。

计量单位：樘或 m^2。按设计图示数量计算；或按设计洞口面积计算。

（三）木扶手及其他板条线条油漆（编码 011403）

（1）适用范围。

木扶手及其他板条线条油漆包括木扶手油漆、窗帘盒油漆、封檐板顺水板油漆、挂衣板黑板框油漆、挂镜线窗帘棍单独木线油漆等。

（2）项目特征。应描述：①腻子种类；②刮腻子要求；③油漆体单位展开面积；④油漆体部位长度；防护材料种类；油漆品种、刷漆遍数。

（3）工程内容。应包括：①基层清理；②刮腻子；③刷防护材料、油漆。

（4）工程量。

计量单位：m。按设计图示尺寸长度计算。

注意：楼梯扶手工程量按中心线斜长计算，弯头长度应计算在扶手长度内。

（四）木材面油漆（编码 011404）

（1）适用范围。

木材面油漆包括木板、纤维板、胶合板油漆，木护墙、木墙裙油漆，窗台板、筒子板、盖板、门窗套、踢脚线油漆，清水板条天棚、檐口油漆，木方格吊顶天棚、檐口油漆，木方格吊顶天棚油漆，吸音板墙面、天棚面油漆，暖气罩油漆，木间壁、木隔断油漆，玻璃间壁露明墙筋油漆等，适用于各种木材面油漆。

（2）项目特征。

应描述：①腻子种类；②刮腻子要求；③防护材料种类；④油漆品种、刷漆遍数。

（3）工程内容。

应包括：①基层清理；②刮腻子；③刷防护材料、油漆。

（4）工程量计算。

计量单位：m^2。

1）木板、纤维板、胶合板油漆，按设计图示尺寸以面积计算。

2）木护墙、木墙裙油漆（门窗套的贴复合板和筒子板垂直投影面积合并）按设计图示尺寸以面积计算。

3）窗台板、筒子板、盖板、门窗套、踢脚线油漆（门窗套的贴复合板和筒子板垂直投影面积合并）按设计图示尺寸以面积计算。

4）清水板条天棚、檐口油漆，木方格吊顶天棚油漆按设计图示尺寸以面积计算。

5）暖气罩油漆，按设计图示尺寸以面积计算。

6）木间壁、木隔断油漆，玻璃间壁露明墙筋油漆，木栅栏、木栏杆（带扶手）油漆，工程量按设计图示尺寸以单面外围面积计算。

7）衣柜、壁柜油漆，梁柱饰面油漆，零星木装修油漆工程量按设计图示尺寸以油漆部分展开面积计算。

8）木地板油漆，工程量按设计图示尺寸以面积计算。孔洞、空圈、暖气包槽、壁龛的开口部分并入相应工程量内。

（五）金属面油漆（编码 011405）

金属面油漆项目特征、工程内容同木材面油漆。

工程量：

计量单位：t 或 m^2。按设计图示尺寸以质量计算；或按设计展开面积计算。

（六）抹灰面油漆（编码 011406）

（1）适用范围。

抹灰面油漆包括抹灰油漆、抹灰线条油漆以及满刮腻子等。

（2）项目特征。应描述：①基层类型；②线条宽度、道数；③腻子种类；④刮腻子要求；⑤防护材料种类；⑥油漆品种、刷漆遍数。

（3）工程内容。应包括：①基层清理；②刮腻子；③刷防护材料、油漆。

（4）工程量计算。

1）抹灰面油漆。

计量单位：m^2。按设计图示尺寸以面积计算。

2）抹灰线条油漆。

计量单位：m。按设计图示尺寸以长度计算。

（七）喷刷、涂料（编码 011407）

（1）喷刷、涂料项目特征。应描述：①基层类型；②腻子种类；③刮腻子要求；④涂料品种、喷刷遍数。

（2）工程内容。包括：①基层清理；②刮腻子；③刷、喷涂料。

（3）工程量计算。

计量单位：m^2。按设计图示以面积计算。

复习思考题

7-1 简述建筑面积的概念。

7-2 室内楼梯、室外楼梯建筑面积如何计算？

7-3 试述不计算建筑面积的范围。

7-4 某单层房屋，建筑平面图如图 7-22 所示，求其平整场地工程量。

7-5 简述人工土方综合定额的适用范围。

7-6 某房屋工程基础平面及断面如图 7-23 所示，已知：基底土质均衡，为二类土，地下常水位标高为 $-1.00m$，土方含水率 30%，室外地坪设计标高 $-0.30m$，交付施工的地坪标高 $-0.30m$，基坑回填后余土弃运 5km。试计算基础土方开挖工程量，编制工程量清单。

7-7 某工程有直径 1200mm 的钻孔混凝土灌注桩（C30 商品水下混凝土）100 根。已知：自然地坪 -0.30，桩顶标高 -5.60，桩底标高 -30.00，进入岩石层平均标高 -27.50，空转部分需回填碎石（护筒按 2m 考虑）。按定额计算：（1）成孔工程量；（2）入岩增加费；（3）成桩工程量；（4）桩孔回填；（5）泥浆池建拆；（6）泥浆外运。

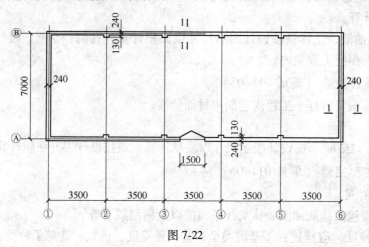

图 7-22

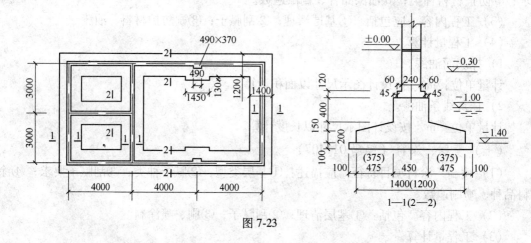

图 7-23

7-8　桩与地基基础工程量清单项目的工程内容和特征描述应考虑哪些因素？

7-9　砌筑工程量清单项目划分为哪几部分？

7-10　瓦屋面清单项目包括哪些内容？

7-11　某钢筋混凝土柱下独立杯形基础（共 10 个）如图 7-24 所示，受力钢筋交叉布置，长度为 0.8 倍相应方向基础底边长。计算钢筋工程量。（已知 $\phi6mm$ 的理论重量为 0.222kg/m）

7-12　一两坡水的坡形屋面，其外墙中心线长度为 40m，宽度为 15m，四面出檐距外墙外边线为 0.3m，屋面坡度为 1∶1.333，外墙为 240mm 墙厚，试计算屋面定额工程量。

7-13　如图 7-25 所示，外墙顶面高度 3m，外墙设计采用 15mm 厚 1∶1∶6 混合砂浆打底，50mm×230mm 外墙砖贴面，室内外地坪高差−0.45m，试计算外墙装饰的工程量，并编列项目清单。（门居内侧、窗居墙中，墙厚 240mm，门窗框厚 90mm）

7-14　简述各类防水清单项目的适用范围。

7-15　楼地面工程清单项目包括哪几部分？

7-16　简述墙面抹灰的工程量计算规则。

7-17　简述带骨架幕墙的工程内容。

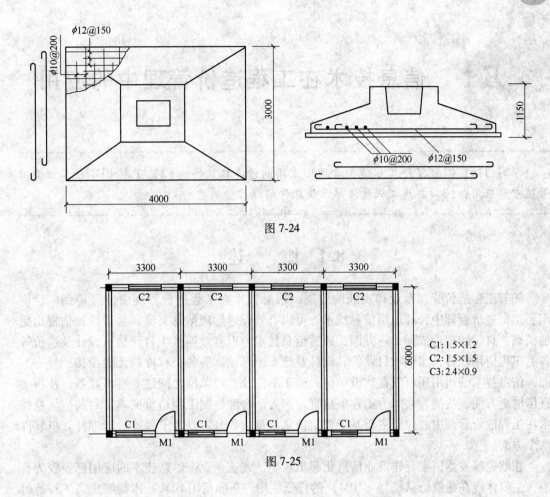

图 7-24

图 7-25

C1: 1.5×1.2
C2: 1.5×1.5
C3: 2.4×0.9

8 信息技术在工程造价管理中的应用

8.1 概　　述

随着工程造价管理专业和实践的发展，信息技术在工程造价管理中已经得到广泛应用。工程造价管理中合理运用信息技术，可以有效促进管理信息交流，为造价评估提出更加精确、科学的理论依据：一方面，通过信息技术可以有效连接项目评估、设计及造价等各类工程应用软件，实现项目评价、设计及施工图纸预算等各类软件的无缝衔接；另一方面，信息技术的运用还可以在建设单位、施工单位及监理单位之间建立有机联系，使得信息传输更方便、快捷，共同为工程项目管理聚力，合理控制工程造价成本。目前，信息技术在工程造价管理中的应用主要基于建筑信息模型（BIM）以及工程造价管理计算机软件两个方面。

在欧美等发达国家，建筑业信息化起步较早，建筑企业中信息技术的应用已经较为普遍，主要体现在建筑信息模型（BIM）的广泛应用。正确运用 BIM 技术能够提高工程造价管理效果，准确预算造价结果，从而获取更多利润；使用 BIM 技术能够构建直观化数据模型，准确反映项目工程造价的一切细微变动；借助数字模拟技术可以准确核算项目工程总投入资金，并控制好资金使用动向和计价变更问题；造价管理人员还可以运用 BIM 技术构建完整的 4D 数据库，从而对整个项目工程施工中的所有数据信息实施全面覆盖性监控、调整与管理。

我国工程造价计算机应用软件在建设工程领域的运用约起步于 20 世纪 80 年代，构建了基于 UCDOS 操作系统平台利用平面数据库技术开发的工程造价预算软件，以及使用构件表格公式计算工程量的第一代软件。随着 Windows 操作系统的出现以及计算机硬件技术的快速发展，为开发图形界面软件创造了有利的条件，计算机软件公司与高等院校紧密合作，运用图形学原理和多媒体技术开发出了具体有良好交互界面的第二代工程造价计价和算量软件。从 1994 年开始，计算机软件开始成熟地运用于工程造价文件的编制，大大提高了工程计价文件编制的便利性和准确性，广大从业人员的电算化意识逐步加强。国外发达国家从 20 世纪 60 年代就开始利用计算机做估价工作，国外的计价方法是以清单计价为主，非常重视已完工程数据的利用、价格管理、计价和造价控制等方面。由于各国的造价管理具有不同特点，这些软件也表现出不同的特点。

在已完工程数据利用方面，英国的建筑成本信息服务部（Building Cost Information

Service，BCIS）是英国建筑业最权威的信息中心。它专门收集已完工程的资料，存入数据库，并随时向其成员单位提供。当成员单位要对其新工程进行估算时，可选择类似的已完工程资料。同时 BCIS 要求其成员单位定期提交各种工程造价信息。

价格管理方面，英国的物业服务部（Property Service Agency，PSA）是一家官方建筑业物价管理部门，在许多价格管理领域都应用了相应的计算机软件。如在建筑投标价格管理方面，另外该组织还收集投标文件，对各项目造价进行加权平均，编制平均造价和各种投标价格指数，供招标和投标者参考。

造价控制方面，加拿大的 Revay 公司开发的成本与工期综合管理软件 CT-4 是典型代表。由于国际间工程造价管理彼此关系密切，欧洲建筑经济委员会在 1980 年 6 月成立了造价分委员会，专门从事各成员国之间的工程造价信息交换服务工作；并且针对项目计划阶段、初步设计、详细设计、招投标等各阶段开发了相应的造价管理软件。未来将实现贯穿项目实施全过程的工程造价管理软件。

目前得到广泛使用的工程造价管理计算机软件主要有以下几大类：第一类软件是工程造价计价软件，该类软件适应不同的计价模式，帮助造价人员根据图纸完成工程量、消耗量和单价的输入，并根据计价程序完成整个计价过程，并且可以根据使用者的需要提供相应文本和分析。第二类软件是图形自动计算量软件，该类软件主要用于解决常见民用建筑的土建部分工程量的计算。第三类软件是专门解决建筑工程中的钢筋计算问题，能够根据输入的信息实现钢筋的下料与预算计算。第四类软件是电子招投标软件，为编写招标文件、投标文件、电子评标提供全新的平台。

信息技术在工程造价管理中的应用，不仅使工程造价管理工作的工作效率得到了有效的提升，同时也降低了工程造价管理工作中的成本投入，这对我国施工企业的经济发展具有非常大的促进作用，此外，随着现代信息技术的发展，数据处理效率逐渐提升，数据处理的准确性也逐渐提高，这对我国工程造价管理工作的发展具有非常大的促进作用。

8.2 BIM 技术在工程造价管理中的应用

造价行业的发展离不开建筑业的大环境，应该说，作为国民经济支柱产业之一的建筑行业一直以来保持了高速、稳定的发展势头，规模逐年扩大，产值屡创新高。作为中国未来战略发展支点的新型城镇化倡导走集约、智能、绿色、低碳的建设之路，这些都呼唤绿色、智能、宜居的智慧建筑的出现，对建筑行业的发展提出了更高的要求。首先建筑产品的造型越来越独特、工程体量与投资额也越来越大。例如上海中心、广州东塔、天津 117 这些超高层建筑，还有已经建成的鸟巢体育场、银河 SOHO、央视办公楼等都是大投资、大体量的新式建筑。这些建筑无论从建造手段上还是管理方法上，利用传统手工层面已经很难完成，需要信息化手段的支撑。

8.2.1 BIM 技术原理

BIM 是 Building Information Modeling（建筑信息模型）的简称，BIM 技术是指将建筑工程项目中的单一构件或物体作为基本元素，将描述基本元素的几何数据、物理特性、施工要求、价格资料等相关信息有机地组织起来，形成一个数据化的建筑信息模型，作为整个建筑工程项目的数据资料库。这些围绕建筑物构件或物体组织起来的数据不仅只是简单地反映了建筑元素的几何特征、物理属性等特性，相互之间还保持着作为建筑整体一部分的空间关系和逻辑关系，作为虚拟空间的数字化建筑物，形成了完整的、有层次的信息系统。

由于整个建筑相关的信息存储在 BIM 集成数据库中，所有设计内容都是参数化和相互关联的，这样就可以在 BIM 上构建各个专业协同工作的平台，实现各专业信息的准确传递、及时共享和有效管理。在工程项目全生命周期中，包括决策、设计、施工、运营、管理等各阶段，各个参与人员都可以根据自己的需要，在 BIM 中提取自己所需要的数据来完成各自的任务，同时也把各人创建的信息反映到 BIM 中去，这样就可使工程中各参与人员通过 BIM 紧密地联系在一起，实现协同工作的目的。

8.2.2　基于 BIM 技术的全过程工程造价管理

工程造价的控制贯穿于项目建设全过程，包括估算、概算、预算、合同价、结算和决算。我国建设工程造价管理发展迅速，计量、计价方式不断完善，但是就整个行业发展水平来说，仍然滞后于社会发展，工程造价管理中数据的复用性、共享性程度不够，工程造价过程普遍存在各阶段独立和被动管理的现象，各阶段的数据只满足当前阶段的需要，没有使造价数据重复利用，导致时间、信息资源的极大浪费，缺乏前后信息关联、资源共享的全过程造价管理。

BIM 在业务中的应用涉及项目的全员、全过程，这就需要 BIM 各应用单位之间按照一定的流程进行集成应用，遵循一定的流程。利用 BIM 平台，将各种散杂、不对称、不统一的业务资料进行整合，可视化的平台搭建和现场情况的互联互通，使工程造价管理更直观化、模块化、集成化，从而提高了工作效率，降低了造价成本。基于 BIM 技术在全过程工程造价管理的应用优势如下：

（1）造价数据的积累和共享。BIM 技术带有设计和施工的三维模型信息，方便存储，有利于对以往建造数据及市场信息的"留底"保存，能够快速存储和调用，改变了项目资料分散、孤立以及查询和使用困难的现状，打破了单一借助蓝图或电子载体保存信息的传统模式。

（2）支持不同维度多算对比分析。BIM5D（3D+成本+进度）模型通过建模、预算、资金优化、和工期优化等不同维度信息的互联互通，快速实现了任意维度数据的调用、汇总、筛选和使用，确保调用多维度造价数据的简便快捷，以及管控、运用造价数据的精准性和完整性。除此之外，BIM7D 模型在原来 BIM5D 模型的基础上加上了质量和安全，可以更加全面地跟踪项目现状。近年来，又有学者提出了"nD"的概念，开始从更多维度上解决造价管理中的"孤岛"问题。

（3）提高项目造价数据的时效性。通过 BIM 模型，利益相关方均可实时了解项目进展，随时了解有关建筑产品的量、价、生产厂家、尺寸规格、设计变更等信息。BIM 这种动态、实时的交流平台，加强了相关利益者的沟通联系，使项目的最新动态、一手资料方便获得，减少了信息传递过程中的损耗和歪曲，使相关利益者及时、准确地获得想要了解的业务数据，方便及时调用和更新数据库中的信息。借助 BIM5D 模型的时效性，及时快捷的刷新信息库，从而提高信息的质量和水平，避免传统造价模式信息僵化、落后的局面，解决严重影响项目最终工程造价管理的难题。

（4）智能化、可视化控制设计变更。BIM 智能化、可视化的前置演示，可以完成节能、逃生、采光和能源传导等的模拟演示，及时将设计变更产生的数据自动记录在模型中，使各方参与者能清楚地了解设计图纸的变化，BIM 建模代替传统工序进行工程造价和变更管理的红利不可估量。特别是管道安装的前置"演练"，可将绘制出的管道布线、走线情况，通过碰撞检查和设计修改，避免点位布置不当，优化管线布局。除此之外，预埋套管的综合结构留洞图以及管道之间的碰撞检查侦错，对减少工程设计变更，方便统计变更工程量方面都有很大帮助。

基于 BIM 的全过程造价管理包括设计阶段、招投标阶段、施工阶段以及竣工阶段的造价管理。各阶段的主要工作内容如下：

（1）设计阶段。通过三维建模，特别是管线复杂的地方，使用专业的 BIM 碰撞检测和施工模拟软件深化设计，降低额外费用，并根据碰撞检查的结果对设计进行修改，有利于减少工程建造时返工带来的材料浪费、成本增加、延误工期等问题。

（2）招投标阶段。招投标阶段最重要的就是工程计量和计价。基于 BIM 的工程量计算是准确的，BIM 模型是参数化的，各类构件的尺寸、型号、材料、空间位置等约束参数与实际物体一一对应，发生工程变更后，工程量也及时的更新，这样方便竣工结算时工程量的汇总计算。模型的参数化除了包含构件自身的属性外，还包括支撑工程量计算的基础性规则，我国工程造价定额及计算规则地区性差异大，BIM 模型可通过内置的计算规则，系统汇总计算各实体工程量，然后根据设定的计价规则，生成最终的招标控制价。

（3）施工阶段。BIM5D 模型可以实现工程实际进度模拟，在模拟过程中，可以对施工方案进行设计分析和优化，能协调制定出合理而经济的施工组织设计流程，对工序排班搭接、优化工期、优化资金使用都有好处。BIM5D 模型可以方便地根据施工工序情况划分施工段，安排流水作业，避免工作过分集中，组织安排施工专业队伍连续或交叉作业，前后工序合理搭接，避免窝工，精益化施工，降低投资。除此之外，BIM5D 模型会自动优化工期和缩短关键线路工作时间以满足工期的要求。另外，BIM5D 模型整合了模型的时间维度以及造价信息，同时根据资源计划在时间轴上形成项目的资金使用计划，BIM5D 模型可通过动态展示施工所需的资金需求，进而优化资金计划，避免资金的闲置或是在一段时间内的资金短缺。

（4）竣工阶段。传统竣工结算资料多、计算多、汇总多、管理协调困难，BIM5D 模型不仅包括建筑构件的几何属性，还包括构件的三维定位、动态采光分析、能源消耗、建造成本、渲染效果等。由于 BIM5D 模型从设计阶段开始就不断得到完善，与项目有关的合同、设计变更、现场签证、计量支付、甲方供材等信息也不断地录入和更新，最后完全可以涵盖竣工工程实体的所有情况，所以可以极大地提高结算的效率。除此之外，BIM 模型的可视化可实现准确及时的跟踪变更情况，项目变更前后模型各项数据的对比分析，对于降低索赔、反索赔的难度，减少利益相关者的推诿扯皮，加快结算速度都有很大帮助。

8.2.3 数字造价的应用前景

目前，建筑业传统建造模式已不再符合可持续发展的要求，迫切需要利用以信息技术为代表的现代科技手段，实现中国建筑产业转型升级与跨越式发展。在国家政策倡导下，积极探索基于信息化技术的现代建筑业的新材料、新工艺、新技术发展模式已是大势所趋。我们正经历着一场信息革命，以物联网、大数据、云计算、BIM、电子商务等为代表的信息技术必将从支撑建筑产业发展向引领产业现代化变革跨越。中国建筑产业转型升级就是以互联化、集成化、数据化、智能化的信息化手段为有效支撑，通过技术创新与管理创新，带动企业与人员能力的提升，最终实现建造过程、运营过程、建筑及基础设施产品三方面的升级。数字建筑集成了人员、流程、数据、技术和业务系统，管理建筑物从规划、设计开始到施工、运维的全生命周期，包括全过程、全要素和全参与方的数字化。

数字造价管理是利用 BIM 和云计算、大数据、物联网、移动互联网、人工智能等信息技术引领工程造价管理转型升级的行业战略。它结合全面造价管理的理论与方法，集成人员、流程、数据、技术和业务系统，实现工程造价管理的全过程、全要素、全参与方的结构化、在线化、智能化，构建项目、企业和行业的平台生态圈，从而推动以新计价、新管理、新服务为代表的专业转型升级，实现让每一个工程项目综合价值最优的目标，如图 8-1 所示。

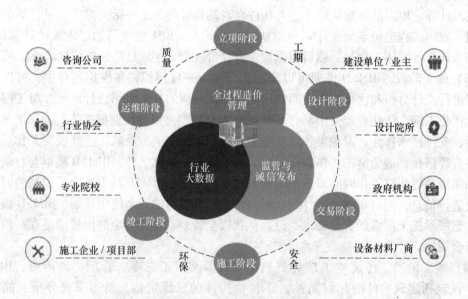

图 8-1　数字造价的应用前景

可见，BIM、云计算、大数据等数字化信息技术，结合全面造价管理的理论与方法，能够搭建数字化的协同平台和共享的生态系统。通过数字化协同平台，可以实现工程造价管理的数据结构化、实时在线化、应用智能化。通过共享的生态系统可以驱动工程造价专业全过程、全要素、全参与方适应数字技术和数字经济的"云、网、端"转型、升级，形成行业内开放、共享、共建的新工作方式，共同促进工程项目实现"让每一个工程项目综合价值最优"。数字造价的这些特性将给造价管理带来巨大的变化，必将建立新的造价管理工作模式。

8.3 工程量清单计价软件及其应用

8.3.1 软件介绍

本节以擎洲广达计价软件（以下简称广达软件）为例，对工程量清单计价软件作系统的介绍。广达软件是擎洲公司推出的融项目管理，网络造价，计价管理，招、投标管理于一体的全新计价软件，目的在于帮助工程造价人员解决电子招投标环境下的工程计价、招投标业务问题，使计价更高效、招标更便捷、投标更安全。该软件的特点如下：

（1）计价更高效、计价方式全面多样。包含综合单价、工料两种计价方式，综合单价又分国标、省标、本地区标准、全费用及非国标，可满足不同工程的计价要求；产品以浙江为基础，并可以支持不同时期、不同专业的定额库，学会一个软件，会做全国报价。

（2）组价快速、调价方便。"清单指引""清单快速组价""相同清单匹配组价"，实现数据复用，快速组价；"取费定额拷贝"功能智能选择相同的专业，实现工程文件一次取费；提供工程"统一调整人材机单价""调整单位工程人材机单价"及"调整专业工程人材机单价"功能，一次性调整单位工程造价或整个项目的投标报价。材料换算、标准换算、批量换算等提供多种换算方式，实现组价、调价过程。

（3）报表处理、简便快速。"报表编辑类 Excel 编辑"功能，让报表编辑变得简单、易学。"打开、保存及另存报表方案"功能，可以把整个项目工程的报表格式快速复制给其他整体或者单位工程，实现快速调整报表格式；软件可以批量打印报表，并且可以设置报表打印范围，方便地打印所需要的报表；软件提供"批量导出 Excel"，可以把需要的报表一次性导出为 Excel 格式。

（4）经济指标数据自动生成。例如，"一键生成经济指标数据和报表""自动生成工程项目各个节点费用组成分析以及各项费用占比""自动生成工程项目各个节点主要清单工程量统计表""自动生成工程项目各个节点主要材料消耗量统计表"。

（5）操作简单、设置灵活。"界面可自由设置""操作快捷键用户可自行设定"，满足不同用户的操作习惯。"自由拖拉清单与定额"功能提高工作效率，"查找与替换"功能让统一修改当前界面内容变得快速、简单。"撤销与恢复"功能有效避免操作失误；"复制与粘贴"功能操作灵活，提高工作效果；工程文件存档路径可自由设置，导入 mdb、xml 及 Excel 格式招标文件，不仅可自动识别分部分项、清单行，而且可导入实体、措施及其他项目等表，并且可以一步导入、导出。

（6）招标更便捷。项目三级管理可全面处理一个工程项目的所有专业工程数据，可自由导入、导出专业工程数据，方便多人分工协助，合并工程数据，使工程数据的管理更加方便灵活；通过检查招标清单可能存在的漏项、错项、不完整项，帮助用户检查清单编制的完整性和错误，避免招标清单因疏漏而重新修改；可以把招标方提供的清单完整载入（包括项目三级结构）；可以自动将当前的投标清单数据与招标清单数据进行对比，检查与招标清单的一致性，并且列出不一致的项，供投标人进行修改；可以自动检查投标文件数据计算的有效性，检查是否存在应该报价而没有报价的项目，减少投标文件的错误；可以快速实现数据验证和错误修改，保障投标报价快速准确。

8.3.2　软件主界面

广达软件的主界面主要由以下几部分组成，如图 8-2 所示。

（1）主菜单栏。分成 7 个菜单按钮，包含对软件整体操作的功能、命令及登录名显示。

（2）工具条。显示软件的基础操作按钮及已打开文件的显示。

（3）项目结构窗口。显示工程的项目结构，在项目节点间切换进行编制。

（4）标签页。根据建筑工程的编制流程，切换不同的页面进行编辑操作。

（5）数据库窗口。查找清单、清单指引、定额、工料机等数据，并设置有搜索窗口。

（6）工程编制窗口。套清单、定额组价窗口，是用户编制预算操作的主要窗口。

（7）定额换算窗口。定额人材机换算，子目取费窗口。

（8）费用跟踪条。工程费用实时跟踪显示条。

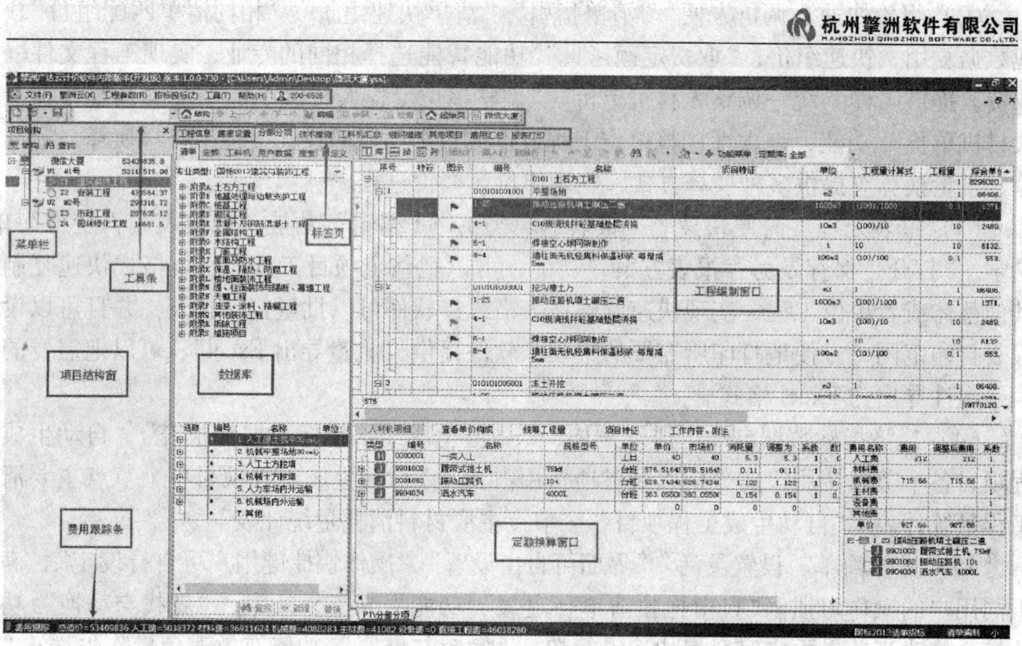

图 8-2　广达软件主界面

8.3.3　软件整体操作

可通过以下两种方法快速打开擎洲广达云计价软件：（1）双击桌面快捷键图标进入软件。（2）在计算机屏幕左下角【开始】菜单中选择【所有程序】→【擎洲软件】→【擎洲广达云计价软件】。

工程量清单编制、投标报价编制、结算审核时，都会有固定的编制流程，软件的操作流程也按照编制流程进行相应的软件讲解。软件整体的操作流程分为：新建工程文件、分部分项、技术措施、组织措施、其他项目、调价、费用汇总、计算检查、报表输出、生成招标项目或生成组价文件。

8.3.3.1 新建工程文件

软件起始界面点击【新建工程文件】，跳出新建文件窗口（图 8-3），选择清单计价模板或者定额计价模板（图 8-4）。

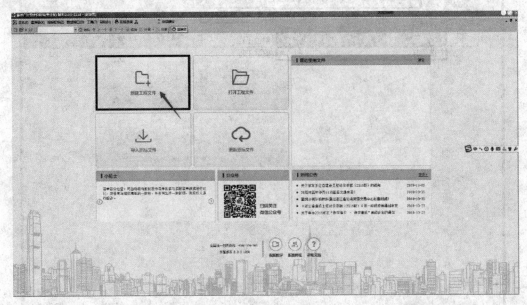

图 8-3 新建工程文件

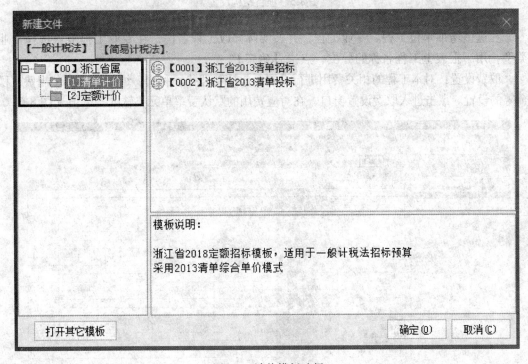

图 8-4 计价模板选择

根据实际项目要求选择其中一种计价模板,点击【确定】。跳转到项目结构设置页面(图 8-5)。

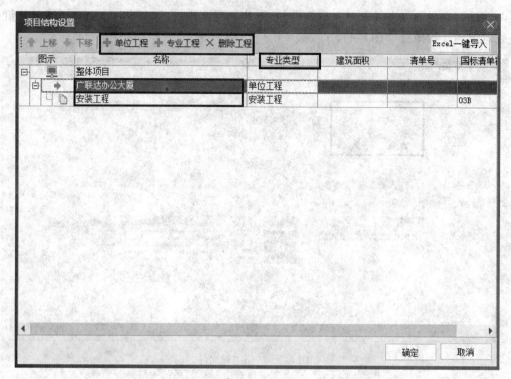

图 8-5 项目结构设置

在这里增加单位工程、专业工程,并按实际修改工程名称,在专业工程节点选择专业类型,用于报表上工程名称的导出,点击【确定】。

取费设置:对本工程的相关费用进行设置,包括管理费、利润、组织措施费、规费、税金等的设置。点击进入取费设置窗口,在对应费用的默认费率单元格输入费率值(图 8-6)。

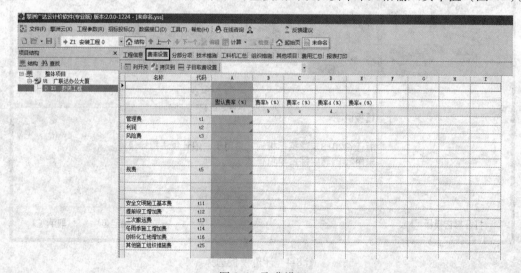

图 8-6 取费设置

8.3.3.2 分部分项

（1）选择相应子专业（以电气专业为例）（图 8-7）。

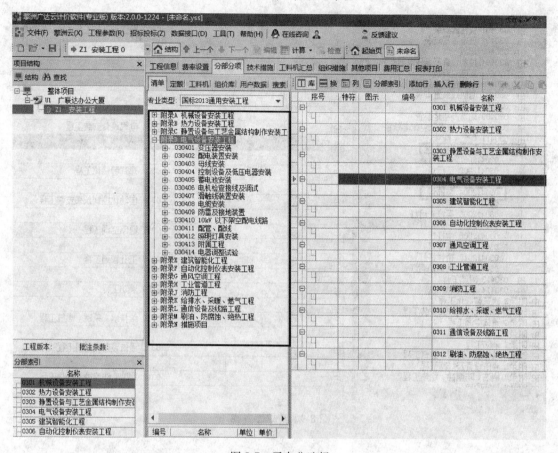

图 8-7　子专业选择

（2）套取清单（多种方式）。

1）手工输入清单编号（只能输入前九位）（图 8-8）。

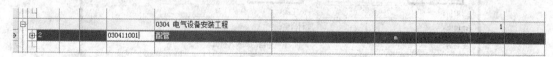

图 8-8　手工输入清单编号

2）清单库查找（图 8-9）。

3）手动添加补项（图 8-10）：

补充清单＊（补充清单顺序号）

建筑装饰工程：01B

仿古建筑工程：02B

安装工程：03B

市政工程：04B

园林绿化工程：05B

（按清单规范自动排序）

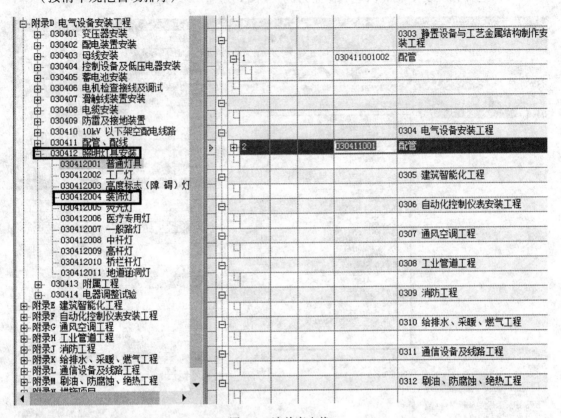

图 8-9　清单库查找

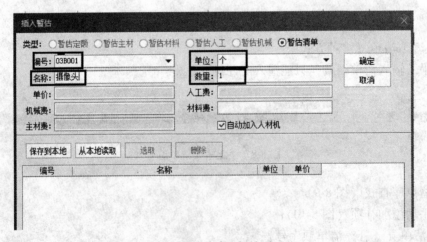

图 8-10　手动添加补项

点击【确定】，补项即生成（图 8-11）。

（3）工程量和项目特征描述编制。

1）点击【工程量表达式】，跳出编辑表达式界面（图 8-12），编辑完成点击【确定】。

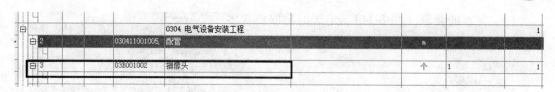

图 8-11 生成补项

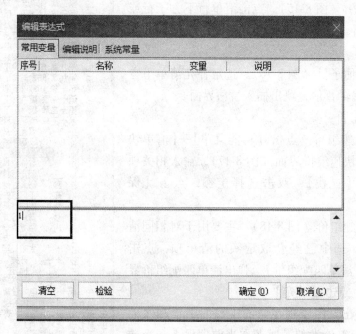

图 8-12 表达式编辑

2）项目特征描述。在项目特征栏里进行编辑（图 8-13）。

	序号	特符	图示	编号	名称	项目特征	单位
					0301 机械设备安装工程		
					0302 热力设备安装工程		
					0303 静置设备与工艺金属结构制作安装工程		
	1			030411001002	配管		m
					0304 电气设备安装工程		
	2			030411001005	配管		m
	3			03B001002	摄像头	清晰度：720p 1080p感光面积：其他有效距离：10（含）-30m（不含）镜头大小规格：2.8mm焦段：广角焦距：2.8mm 4mm 6mm 8mm呈像颜色：彩色	个

图 8-13 项目特征编辑

（4）定额的套取（图8-14）。定额的套取包含多种方法：

1）直接输入。

2）查询定额库。

点击软件左侧定额列，打开定额库，自行选择。

3）清单指引（图8-15）。点击清单行下方子行或者右键插入子行，点击空白编号，在分部索引中选择相应子目。

4）编辑暂估子目（图8-16）。选定补充清单下方子行右键插入编辑暂估，跳出插入暂估界面。

（5）快速组价：

1）清单快速组价。点击【功能菜单】—【清单快速组价】，跳出快速组价界面（图8-17），输入相关项目特征，点击【查找】，双击选择定额，点击【保存】。

2）清单匹配组价（图8-18）。主要用于对相同清单的快速复制。选中已经套取定额的清单项，点击【功能菜单】—【清单匹配组价】，弹出清单匹配组价界面，勾选范围，点击【确定】。

3）导入导出。用于现在做的工程的组价和之前做过的某个工程组价类似，或者在当前项目上和当前专业工程的组价一致或类似。单击右键选择导入导出，Excel导入项目（图8-19）／从其他工程导入。

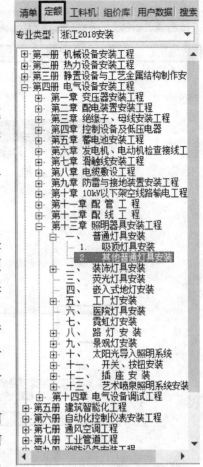

图8-14　定额套取

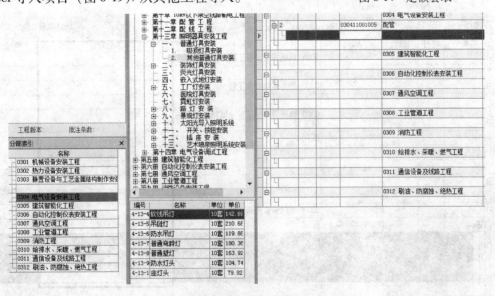

图8-15　清单指引

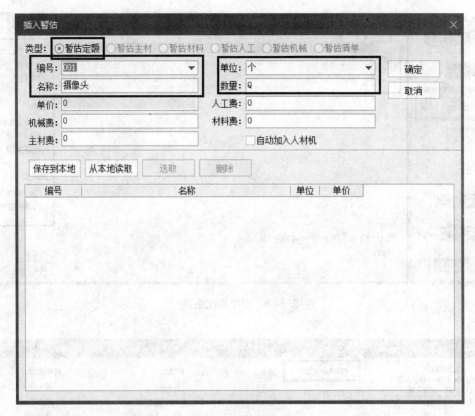

图 8-16　编辑暂估子目

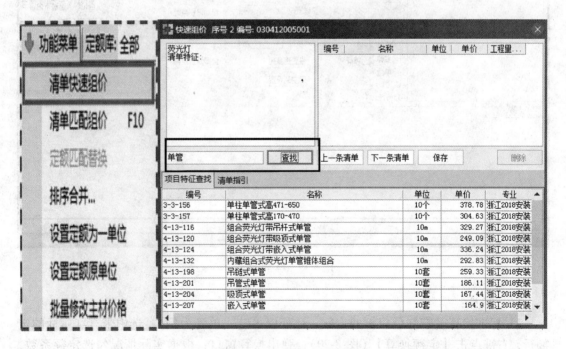

图 8-17　清单快速组价

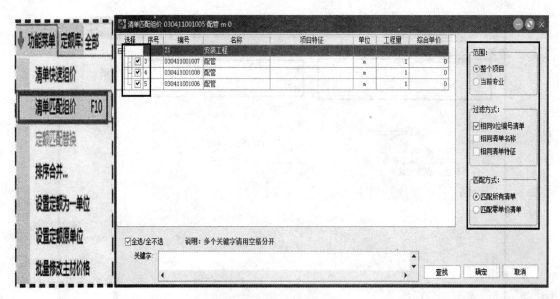

图 8-18　清单匹配组价

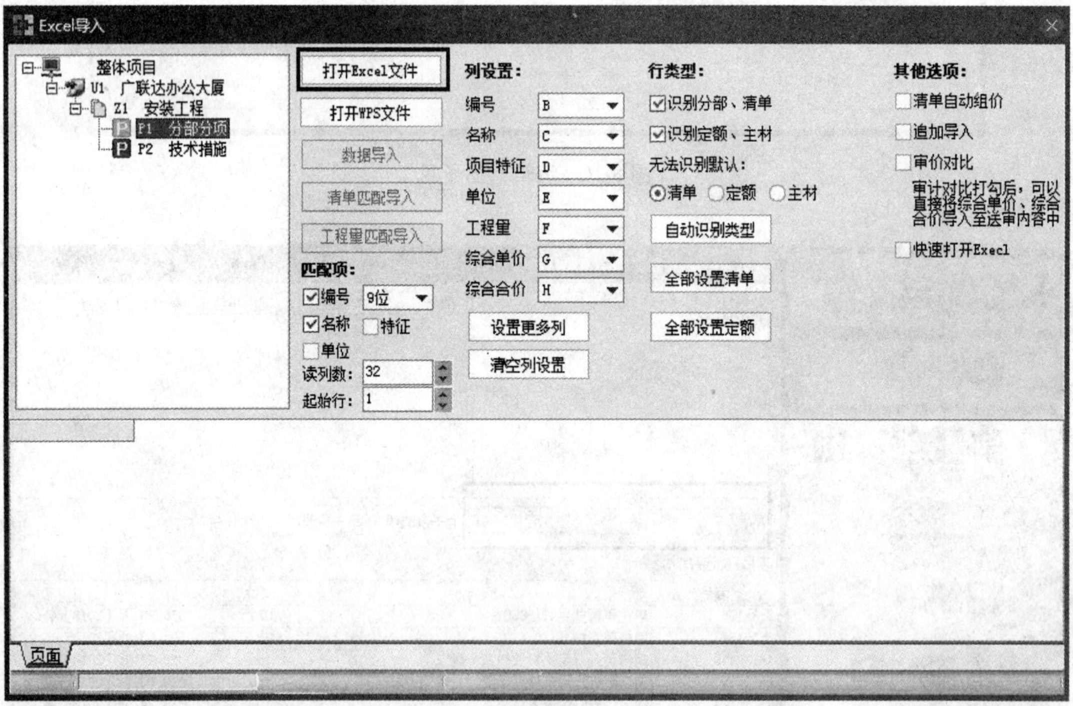

图 8-19　Excel 导入

（6）换算：

1）标准换算（带红色旗帜的定额，此处以吊链式单管为例）：选中带有红旗标的定额行，右键点击【定额换算】（图 8-20），弹出换算窗口，根据实际情况勾选定额系数，点击【确定】。

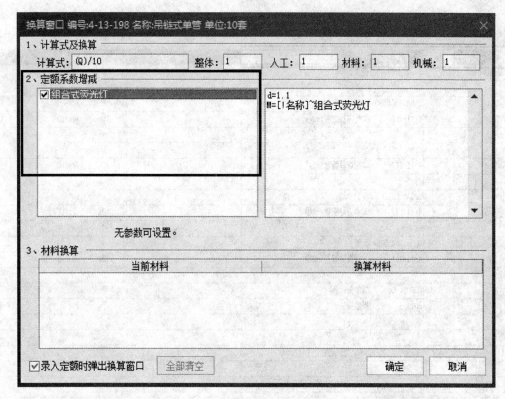

图 8-20 定额换算

2）材料换算。当定额材料不符合实际需求时，可在人材机明细窗口替换材料。选中定额行，点击下方【人材机明细】（图 8-21）。

选中需要替换的材料，单击右键替换工料机，弹出材料替换界面（图 8-22），点击【材料】，可在右下角查询内容框中输入想要查询材料，点击【查询】，在查询结果中选中替换材料，点击【确认】。

8.3.3.3 技术措施（以脚手架搭拆为例）

技术措施项目的套取与分部分项的清单定额套取方法一致，在清单库中选择发生的措施项，双击选择即可，工程量、项目特征描述以及组价方式同分部分项（图 8-23）。

8.3.3.4 组织措施

组织措施指工程中发生的一些不可计量的费用项，比如安全文明施工费、冬雨季施工增加费等。在软件中点击【组织措施】，勾选对应组织措施项，根据实际情况修改取费模板（图 8-24）。

点击【计算式】，弹出编辑表达式页面，进行编辑修改（图 8-25）。

8.3.3.5 其他项目

点击【其他项目】，页面显示如图 8-26 所示。

在页面左侧表格选择标题，右侧输入实际项目信息。

暂列金额明细表：导入招标清单后不可修改。

计日工表：有零星人工、材料、机械需要记取，则直接输入名称、单位、数量、

	2			030412005001	荧光灯		套	1	
			▶	4-13-198换	吊顶式日光管		10套	(Q)/10	0.
				2500120001	成套灯具		套	10.1	10.
	3			030411001007	配管		m	1	
				4-11-217	沟槽恢复配管1-2根		10m	(Q)/10	0.
	4			030411001008	配管		m	1	
				4-11-217	沟槽恢复配管1-2根		10m	(Q)/10	0.
	5			030411001006	配管		m	1	
				4-11-217	沟槽恢复配管1-2根		10m	(Q)/10	0.
	6			030411001005	配管		m	1	
				4-11-217	沟槽恢复配管1-2根		10m	(Q)/10	
	7			03B001 001	摄像头		个	3	
				001	摄像头		个	Q	
					0305 建筑智能化工程				
					0306 自动化控制仪表安装工程				

7

人材机明细	查看单价构成	统筹工程量	项目特征	工作内容、附注

类型	编号	名称	规格型号	单位	定额价	实际价	消耗量	调整为	系数	数量	合价
R	0001110003	二类人工		工日	135	135	1.032	1.032	1	0.103	13.93
C	0301121425	木螺钉	d2=4×6-65	伞	9.07	9.07	62.4	62.4	1	0	0
		黑色及有色金属			0	0	62.4	62.4	1	6.24	0
C	0301121749	塑料胀管	φ6-8	个	0.04	0.04	22	22	1	2.2	0.09
C	0307120095	吊盒		个	1.12	1.12	20.4	20.4	1	2.04	2.28
C	0313120035	冲击钻头	φ6-8	个	4.48	4.48	0.14	0.14	1	0.014	0.06
C	2561120037	瓜子灯链	大号	m	1.29	1.29	30.3	30.3	1	3.03	3.91
C	2801120899	铜芯塑料绝缘线	BV2.5	m	1.29	1.29	4.58	4.58	1	0.458	0.59
C	2801121087	铜芯橡皮绝缘线	BXH 2×23/0.15	m	2.59	2.59	15.27	15.27	1	1.527	3.95
C	3409120067	塑料圆台		块	0.22	0.22	21	21	1	2.1	0.46
C	7901110033	其他材料费		%	1	1	2.12	2.12	1	0.212	0.21
					0	0	0	0		0	0

图 8-21 人材机明细

单价。

　　总承包服务费计价表：有需要记取，在子行输入项目价值、费率。

　　其他项目取费表：记取创标化工地增加费，直接输入费用。

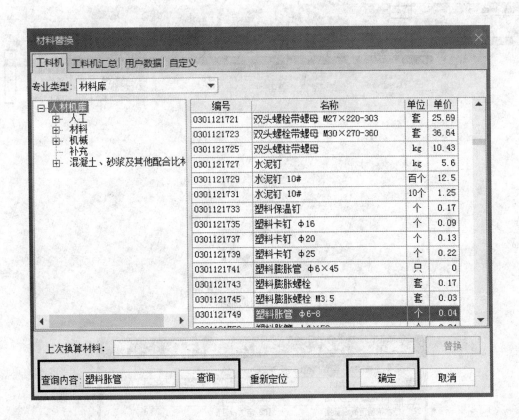

图 8-22　材料换算

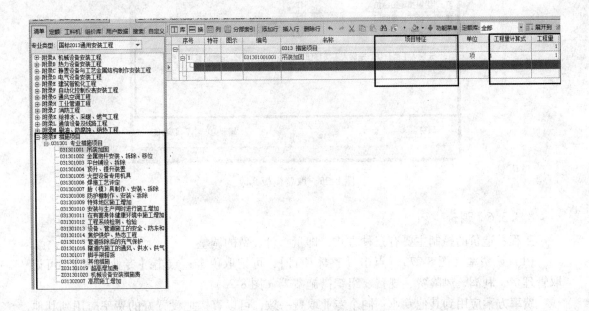

图 8-23　技术措施项目的套取

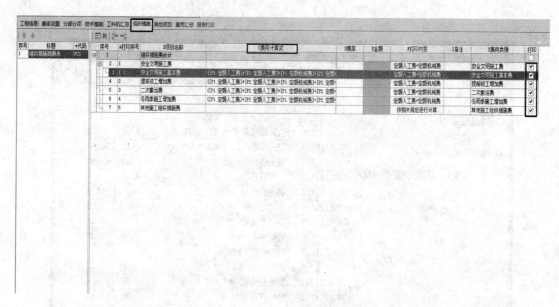

图 8-24 组织措施取费

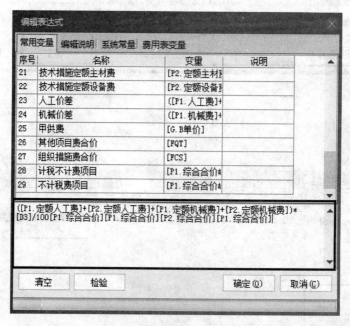

图 8-25 取费模板修改

8.3.3.6 调价

工程总造价的控制主要有三种方式，即量、价、费的调整。

（1）调费率（图 8-27）。点击【整体项目】，可记取税金；点击【专业工程】，可记取管理费、利润、风险费、规费、组织措施费等（图 8-28）。

费率方案应用到其他专业：同个专业取费一致，可以直接把设置好的费率应用到其他专业（图 8-29）。选中行费率应用到其他专业：部分费率一致，可以把选中费率复制给其

图 8-26　其他项目列表

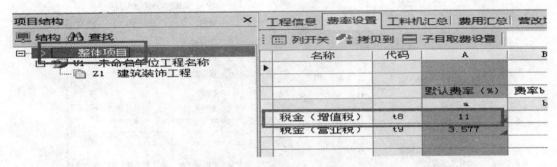

图 8-27　整体项目费率调整

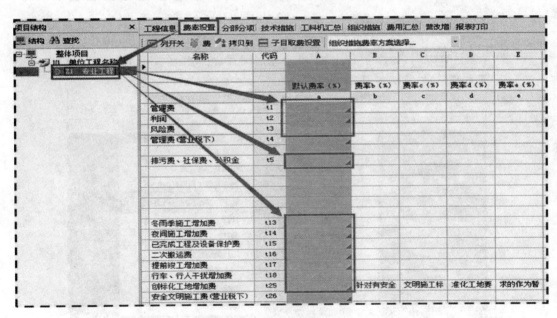

图 8-28　专业项目费率调整

他专业（图 8-30）。

（2）调量（包含两种方式）：

1）块系数调整通过块系数调整消耗量的形式来调整价格；点击【分部分项】，选择单位工程，点击需要调整清单项，单击右键选择块系数调整（图 8-31）。

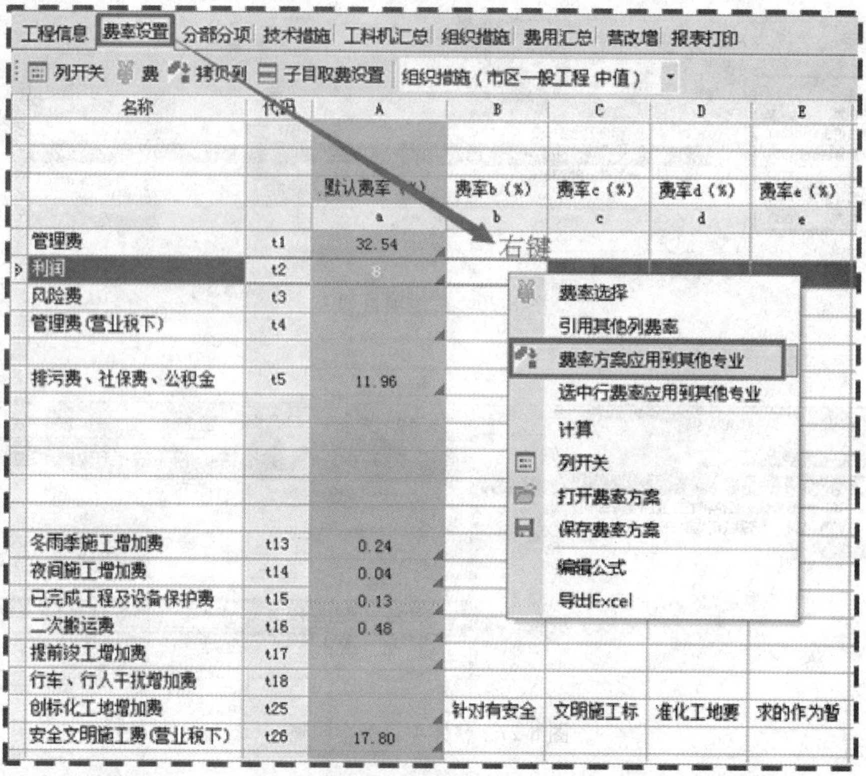

图 8-29　费率方案应用到其他专业

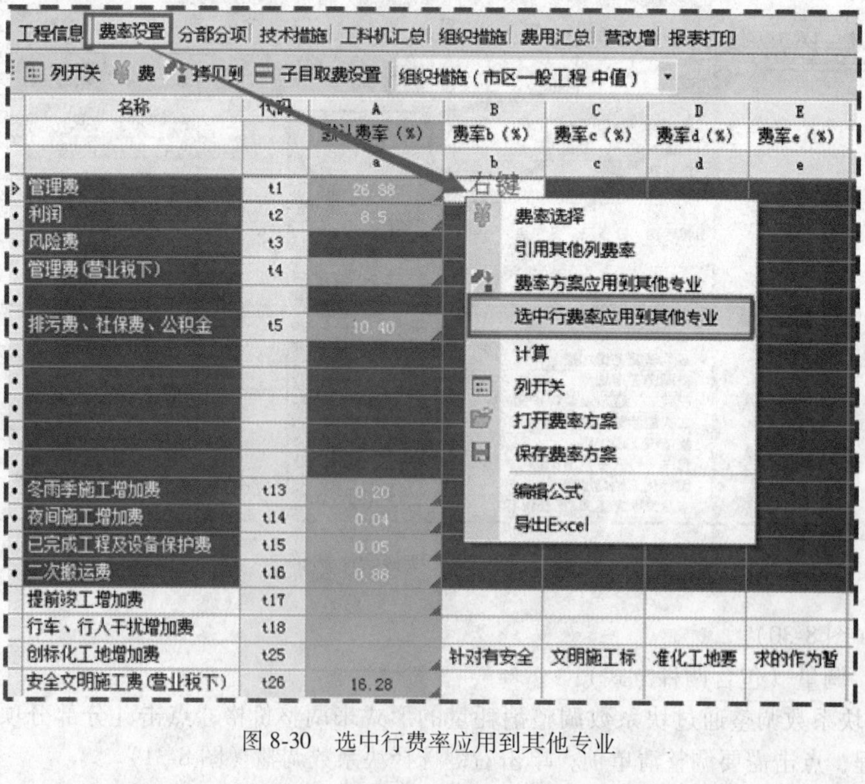

图 8-30　选中行费率应用到其他专业

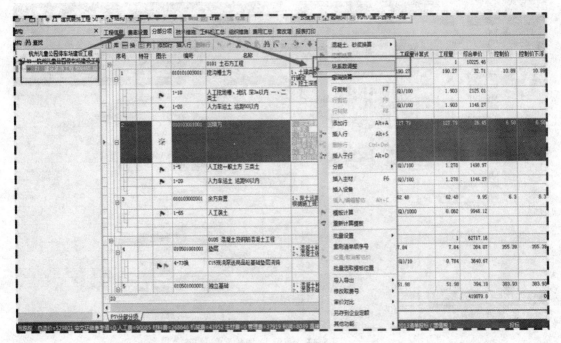

图 8-31 选择块系数调整

页面弹出块系数调整框（图 8-32），进行对应调整即可。

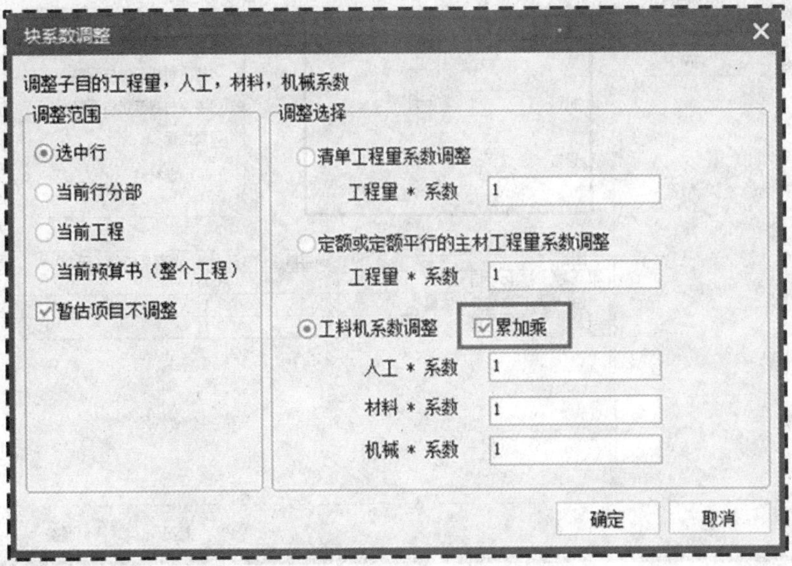

图 8-32 块系数调整

2）统一调价。通过调整人材机消耗量的形式来调整价格。

统一调价时点击软件左上角文件按钮，点击【统一调价】，选择调价方式（图 8-33）。弹出人材机系数调整，进行调整系数填写，点击【调整】（图 8-34）。

（3）调价钱：

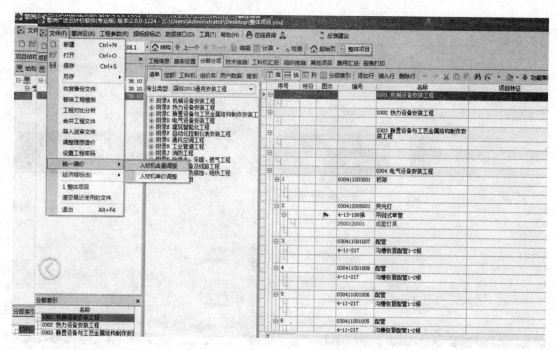

图 8-33　调价方式选择

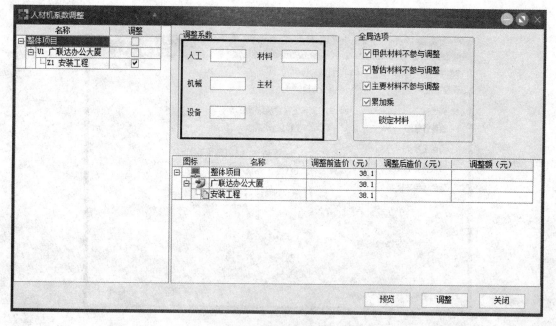

图 8-34　调整系数填写

1）广材助手载价：

① 单条载价（图 8-35）。点击【工料机汇总】，选中需要改价的材料，点击【价】按钮，下方出现广材助手信息价页面。

双击选择，价格自动更新。

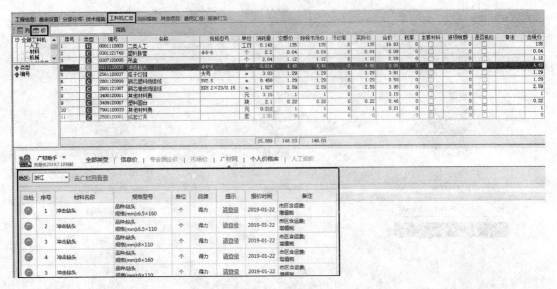

图 8-35　单条载价

② 批量载价（图 8-36）。点击【工具】，点击【广材批量载价】。

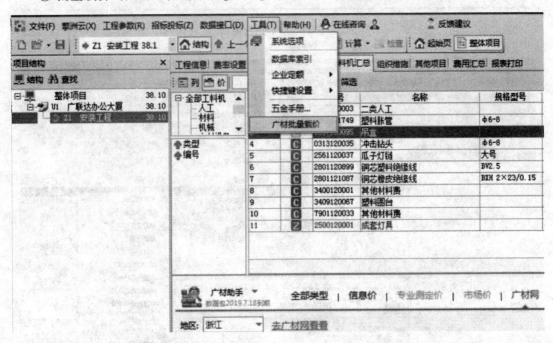

图 8-36　批量载价

页面显示批量载价窗口（图 8-37），点击【下一步】，完成。

2）Excel 载价（图 8-38）。鼠标单击右键选择【从 Excel 载价】。

页面显示 Excel 载价，打开 Excel 文件开始载价（图 8-39）。

3）从工程文件载价（图 8-40）。鼠标单击右键选择【从工程文件载价】，页面显示工程文件载价，点击【打开工程文件】进行选择，点击【开始载价】。

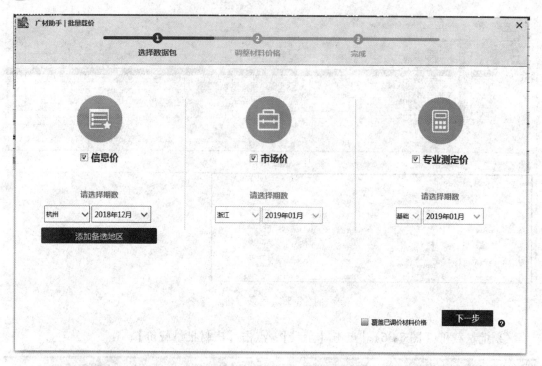

图 8-37 批量载价窗口

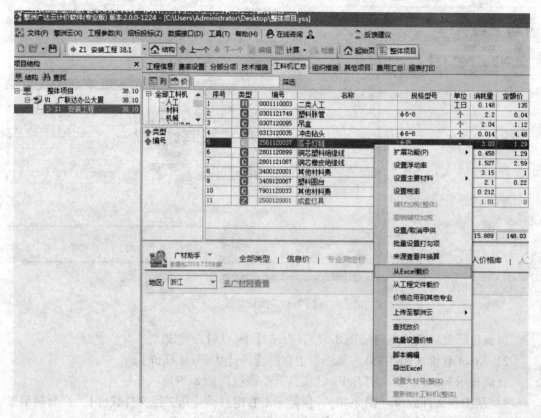

图 8-38 选择 Excel 载价

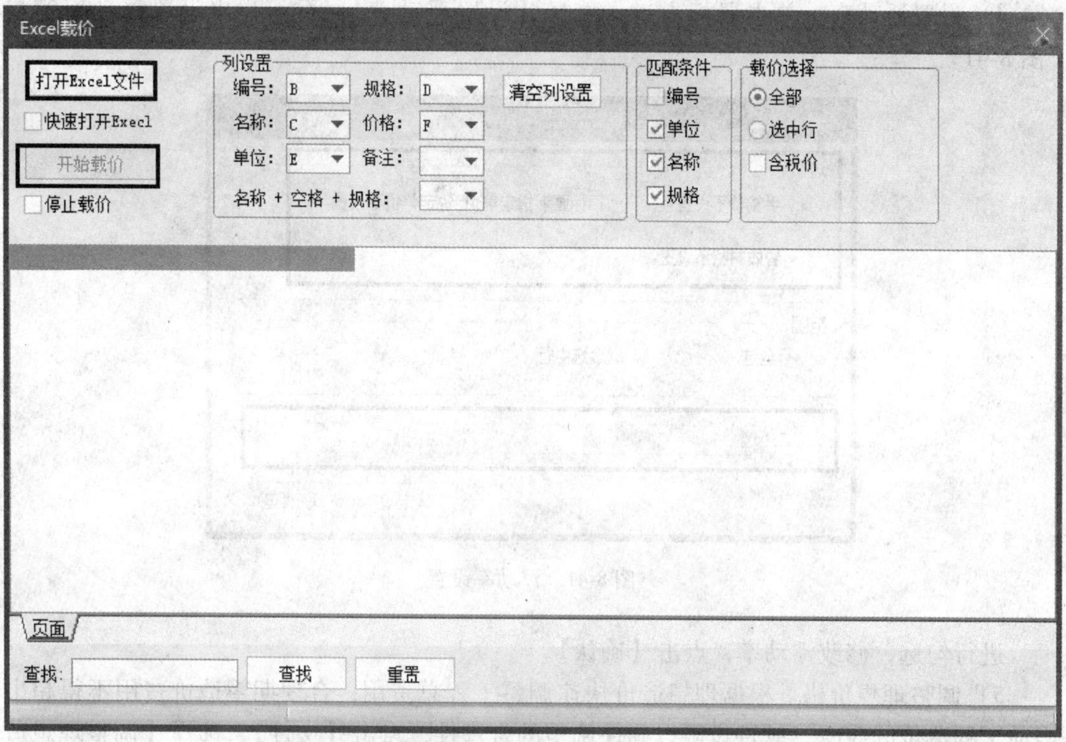

图 8-39 打开 Excel 文件

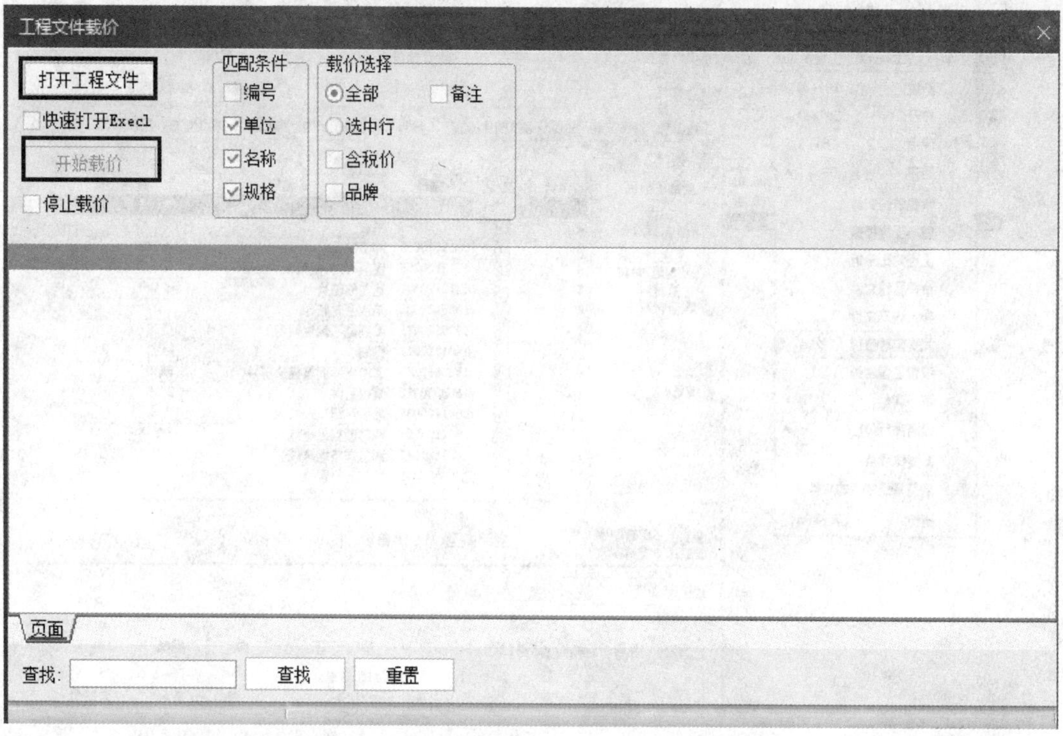

图 8-40 从工程文件载价

4）设置浮动率。单击鼠标右键，选择【设置浮动率】，页面弹出设置浮动率窗口（图 8-41）。

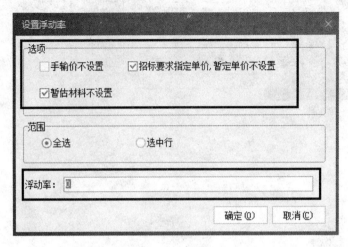

图 8-41　浮动率设置

进行勾选，修改浮动率，点击【确认】。

5）调整理想价格。根据理想造价快速调整工程总费用；合理期望造价费用不得超出当前工程造价的 30%，软件设限以确保调整的合理性，点击【文件】，选择【调整理想造价】（图 8-42）。

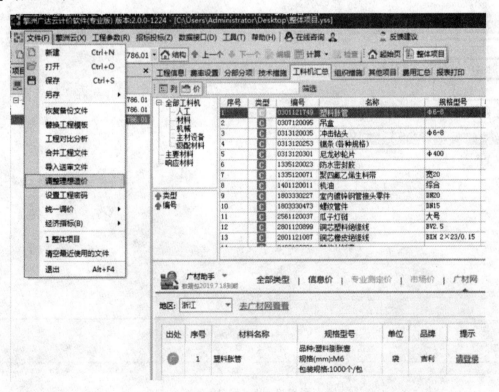

图 8-42　理想价格调整

页面显示合理期望造价调整框（图 8-43），输入期望造价值，点击【确定】。

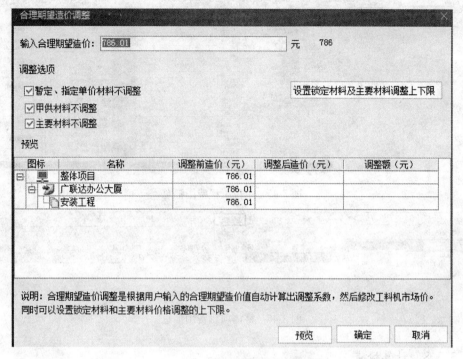

图 8-43　合理期望造价调整

8.3.3.7　费用汇总

软件中支持查看专业工程费用汇总、单位工程费用汇总以及整体项目费用汇总，点击【费用汇总】，选择汇总方式，如图 8-44~图 8-46 所示。

（1）专业工程费用汇总如图 8-44 所示。

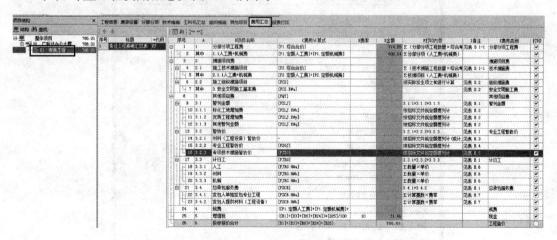

图 8-44　专业工程费用汇总

（2）单位工程费用汇总如图 8-45 所示。

（3）整体项目费用汇总如图 8-46 所示。

图 8-45   单位工程费用汇总

图 8-46   整体项目费用汇总

8.3.3.8   计算检查

为保证软件报表数据的准确性，在报表打印之前必须先点击【计算】、再点击【检查】按钮。软件中设置了以下常规检查，比如清单零工程量、顺序码检查等。如果检查有异常，软件会有提示，并且可以双击定位查看（图 8-47）。

图 8-47   文件检查

点击【计算】，再点击【检查】，弹出文件检查界面，检查完毕点击【关闭】。

8.3.3.9　报表输出

点击【报表打印】页签，左侧双击需要查看的报表，即可导出或打印（图8-48）。

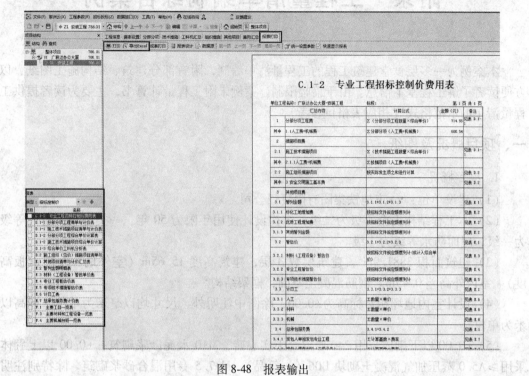

图 8-48　报表输出

8.3.3.10　生成招标项目或生成组价文件

在软件中可以一键生成招标文件或者投标文件，用于招投标（图8-49）。

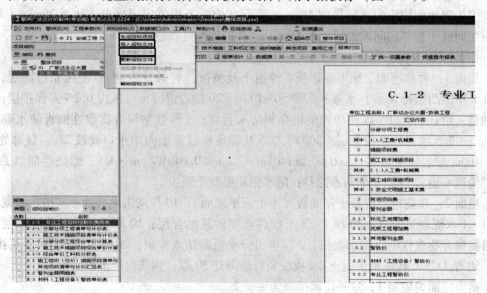

图 8-49　生成招标项目或生成组价文件

附录 工程量清单编制综合案例

本案例为一多层食堂建筑工程的工程量清单编制，附有部分建筑、结构施工图纸，以方便读者了解工程基本信息。由于篇幅限制，案例未附工程量计算书，主要为读者提供工程量清单的示范格式（相应表格供参考）。

一、项目概况及图纸

1. 项目概况

（1）建设单位：××市地铁集团有限责任公司。

（2）本工程结构安全等级为二级，结构设计使用年限为 50 年。一类建筑，耐火等级为一级，屋面防水等级为Ⅰ级。

（3）建筑面积 3881.9m²，建筑层数 3 层，建筑高度 15.65m（室外地坪至屋面板高度）。室内外高差 0.45m。钢筋混凝土基础，框架结构。

（4）设计室内地坪相对标高为±0.00，除图中注明外，尺寸均以毫米为单位，标高以米为单位。

（5）±0.00 以下砌体采用 240 厚混凝土实心砖，M10 水泥砂浆砌筑；±0.00 以上翻体采用≥A5.0 蒸压加气混凝土砌块 B06（一等品），Ma7.5 专用混合砂浆砌筑。除特别注明外，墙体厚度均采用 240mm，卫生间等有水房间、防火分区的分隔墙，需挂重物的房间、配电室等承重墙采用非黏土烧结实心砖，强度等级不小于 MU10.0。

（6）室内防水。

卫生间地面均应向地漏找坡 1%，地面标高均低于相邻房间或走道地面 20mm（无障碍卫生间低于相邻房间或走道地面 15mm），并向地漏处找泛水。

（7）屋面工程。

屋面 1：种植屋面、地下室顶板：种植土及植被（详景观专业）；土工布过滤层；20高 0.8 厚凹凸型排（蓄）水板；最薄 50~70 厚 C20 细石混凝土（坡度 0.2%）保护层；干铺油毡一道；4 厚 SBS 改性沥青耐根穿刺防水卷材；3 厚自粘聚合物改性沥青防水卷材；20 厚 1:2.5 水泥砂浆找平层；300 厚 LC5.0 轻集料混凝土向雨水口找坡 2%，最薄处 30厚；100m 厚岩棉保温层（160≥ρ≥140kg/m³，λ≤0.040W/(m·K)，燃烧性能 A 级）；干铺油毡一道；2 厚聚氨酯防水涂料；防水钢筋混凝土顶板。

屋面 2：现浇钢筋混凝土屋面板（不上人平屋面）：10 厚防滑地砖铺平实拍，缝宽 5~8，1:1 水泥砂浆填缝；30 厚 1:3 干硬性水泥砂浆结合层；10 厚低标号砂浆隔离层；2厚自粘聚合物改性沥青防水卷材；2 厚单组分聚氨酯防水涂料；20 厚 1:3 水泥砂浆找平层；50 厚 LC5.0 轻集料混凝土 2%找坡层，最薄处 30 厚；钢筋混凝土屋面板。

裙房屋面为屋面 1，室外连廊屋面为屋面 2。

（8）墙面装修工程。

外墙1：保温砂浆外墙，真石漆饰面：涂饰面层涂料两遍；喷涂主层涂料；涂饰底层涂料；刮涂柔性耐水腻子；8厚聚合物水泥防水砂浆（压入耐碱涂塑玻纤网格布）；抹6厚聚合物抗裂砂浆（压入耐碱涂塑玻纤网格布）；30厚膨胀玻化微珠（350kg/m³ $\geqslant \rho$，$\lambda \leqslant$ 0.070W/(m·K)，燃烧性能A级）；聚合物水泥砂浆一道；墙面基层。

外墙2：真石漆饰面：涂饰面层涂料两遍；喷涂主层涂料；涂饰底层涂料；刮涂柔性耐水腻子；8厚聚合物水泥防水砂浆；6厚1:2.5水泥砂浆找平；9厚水泥石灰砂浆打底扫毛或划出纹道；刷3厚聚合物水泥砂浆一道；墙面基层，喷湿墙面。

内墙1：刮腻子涂料墙面：乳胶漆内墙涂料饰面（防静电地板房间刷防尘涂料）；2厚面层耐水腻子分遍刮平；5厚1:0.5:2.5水泥石灰膏砂浆抹平；8厚1:1:6水泥石灰膏砂浆打底扫毛或划出纹道；3厚外加剂专用砂浆打底刮糙或专用界面剂一道甩毛（甩前喷湿墙面）。

内墙2：防水瓷砖墙面：白水擦缝；6厚墙面砖（粘贴前墙砖充分浸湿）；4厚强力胶粉泥黏结层，揉挤压实；1.5厚聚合物水泥基复合防水涂料防水层；6厚1:0.5:2.5水泥石灰膏砂浆抹平；8厚1:1:6水泥石灰膏砂浆打底扫毛或划出纹道；3厚外加剂专用砂浆打底刮糙或专用界面剂一道甩毛（甩前喷湿墙面）。

内墙3：石材墙面：20~25厚石材板；L50×50×5横向角钢龙骨（根据石板大小调整角钢尺寸）中距为石板高度+缝宽；L60×60×6竖向角钢龙骨中距为石板高度+缝宽；角钢龙骨焊于墙内预埋伸出的角钢头上或在墙内预埋钢板，然后用角钢连竖向角钢龙骨。

内墙4：水泥砂浆墙面：6厚1:0.5:2.5水泥石灰膏砂浆抹平；8厚1:1:6水泥石灰膏砂浆打底扫毛或划出纹道；3厚外加剂专用砂浆打底刮糙或专用界面剂一道甩毛（甩前喷湿墙面）。

内墙5：水泥砂浆防潮墙面：5厚1:2水泥砂浆罩面压实赶光；素水泥砂浆一道；5厚1:3水泥砂浆（内掺防水剂）扫毛；8厚1:1:6水泥石灰膏砂浆打底扫毛或划出纹道；3厚外加剂专用砂浆打底刮糙或专用界面剂一道甩毛（甩前喷湿墙面）。

内墙6：壁纸墙面（B1级）：贴壁纸（织物）面层（B1级）；满刮2厚面层耐水腻子找平；5厚1:2水泥砂浆罩面压实赶光；素水泥砂浆一道；5厚1:0.5:2.5水泥石灰膏砂浆找平；8厚1:1:6水泥石灰膏砂浆打底扫毛或划出纹道；3厚外加剂专用砂浆打底刮糙或专用界面剂一道甩毛（甩前喷湿墙面）。

内墙8：吸声墙面：40×20铝压条（间距500×500）；铝板网层面；玻璃布一层绷紧固定于龙骨表面；50厚岩棉毡（密度≥180kg/m³），用建筑胶粘剂粘贴于龙骨档内；50×50×0.7轻钢龙骨用膨胀螺栓与墙面固定；1.5厚聚氨酯防水层，在混凝土梁、柱或现浇混凝土条带、砌块上钻孔打入M6×75膨胀螺栓，中距500×500或根据现场定；9厚1:1:6水泥石灰膏砂浆分层抹平；3厚外加剂专用砂浆抹基底，抹前喷湿墙面。

保温外墙为外墙1；非保温外墙为外墙2；除特别说明外的所有内墙面（含钢筋混凝土柱）为内墙1；卫生间、浴室、厨房、更衣间、泵房内墙为内墙2；大堂内墙为内墙3；强弱电井为内墙4；水井内墙为内墙5；包间内墙为内墙6；新风机房内墙为内墙8。

（9）顶棚涂料。

顶棚2：现浇钢筋混凝土楼板，板底刮腻子涂料顶棚：耐水型乳胶漆涂料饰面；2厚面层耐水腻子刮平；3厚底基防裂耐水腻子分遍刮平；素水泥砂浆一道甩毛（内掺建筑胶）。

顶棚3：铝扣板吊顶：0.7厚铝合金方板600×600，与配套专用龙骨固定；与铝合金仿版配套的专用下层副龙骨联结，间距≤600；与安装型式配套的专用上层主龙骨，间距≤1200，用吊件与钢筋吊杆联结后找平；10号镀锌低碳钢丝（或φ6钢筋），双中间距≤1200，吊杆上部与底板预留吊环（勾）固定；现浇钢筋混凝土板底预留φ10钢筋吊环（勾），双中间距≤1200（预制混凝土可在板缝内预留吊环）。

楼梯间、工具间、新风机房、配电间顶棚为顶棚2；所有卫生间、浴室更衣室、热水设备间、浴室顶棚为顶棚3，吊顶高度3m。

（10）楼地面工程。

地面1：地砖地面：10厚地砖，干水泥擦缝；20厚1∶3干硬性水泥砂浆结合层，表面撒水泥粉；水泥砂浆一道（内掺建筑胶）；现浇钢筋混凝土楼板；300厚级配砂石结构褥垫层（仅用于设桩基础区域）；素土夯实。

地面2：防静电架空活动地面：300高架空陶瓷防静电活动地板（高度根据设备专业要求调整）；面层涂刷地板漆；20厚1∶2.5水泥砂浆，压实赶光；1.5厚聚氨酯防水层；20厚1∶3水泥砂浆，压实赶光；水泥砂浆一道（内掺建筑胶）；现浇钢筋混凝土楼板；300厚级配砂石结构褥垫层（仅用于设桩基础区域）；素土夯实。

地面3：水泥砂浆防水地面：15厚1∶2.5水泥砂浆；35厚C20细石混凝土，随打随抹平；1.5厚单组聚氨酯防水层；水泥砂浆一道；60厚C15混凝土垫层；素土夯实。

地面5：地砖防水地面：10厚地砖，干水泥擦缝；20厚1∶3干硬性水泥砂浆结合层，表面撒水泥粉；20厚1∶3水泥砂浆保护层；1.5厚单组聚氨酯防水层（四周卷起300高，门口处外扩200）；水泥砂浆一道；60厚C20细石混凝土找坡1%，最薄处30厚；150厚3∶7灰土夯实；素土夯实。

楼面2：地砖防水楼面1：10厚地砖，干水泥擦缝；20厚1∶3干硬性水泥砂浆结合层，表面撒水泥粉；20厚1∶3水泥砂浆保护层；1.5厚单组聚氨酯防水层（四周卷起300高，门口处外扩200）；60厚C20细石混凝土找坡1%，最薄处30厚；水泥砂浆一道（内掺建筑胶）；现浇钢筋混凝土楼板。

楼面4：环氧地坪楼面：1.5厚无溶剂环氧面涂；0.5厚无溶剂环氧底料一道；无溶剂环氧底料一道；40厚C25细石混凝土，随打随抹平；水泥砂浆一道（内掺建筑胶）；钢筋混凝土楼板。

楼面5：地砖防水楼面2：10厚地砖，干水泥擦缝；20厚1∶3干硬性水泥砂浆结合层，表面撒水泥粉；20厚1∶3水泥砂浆保护层；1.5厚单组聚氨酯防水层（四周卷起300高，门口处外扩200）；260厚（厨房210厚）泡沫混凝土找坡1%，最薄处30厚；水泥砂浆一道（内掺建筑胶）；钢筋混凝土楼板。

楼面7：水泥砂浆楼面：15厚1∶2.5水泥砂浆；35厚C20细石混凝土，随打随抹平；水泥砂浆一道（内掺建筑胶）；现浇钢筋混凝土楼板。

楼面8：地毯楼面（B1级）：10厚地毯（B1级）；5厚橡胶海绵衬垫；35厚C20细石混凝土，随打随抹平；水泥砂浆一道（内掺建筑胶）；现浇钢筋混凝土楼板。

楼面9：水泥砂浆防水楼面：15厚1∶2.5水泥砂浆；35厚C20细石混凝土，随打随抹平；1.5厚单组聚氨酯防水层；水泥砂浆一道（内掺建筑胶）；现浇钢筋混凝土楼板。

600×600防滑地砖地面为地面1；消防控制室地面为地面2；强弱电井、水井地面为地面3；首层卫生间、厨房地面为地面5；卫生间楼面为楼面2；地下汽车库楼面为楼面4；

地下泵房厨房楼面为楼面 5；配电间楼面为楼面 7；报告厅楼面为楼面 8；强弱电井、水井楼面为楼面 9。

（11）踢脚板。高 100mm。

踢脚 1：环氧涂料踢脚：环氧面漆；满刮环氧腻子，强度达标后表面进行修补打磨；环氧封闭底漆；6 厚 1∶0.5∶2 水泥石灰膏砂浆找平；8 厚 1∶1∶6 水泥石灰膏砂浆打底划出纹道；界面剂一道。

踢脚 2：地砖踢脚：5~10 厚地砖踢脚，稀水泥浆擦缝；9 厚 1∶2 水泥砂浆黏结层（内掺建筑胶）；界面剂一道（甩前用水喷湿墙面）。

踢脚 3：不锈钢踢脚：不锈钢踢脚板，下端用水泥钉钉入地面垫层，中距 300，与导电网连接；10 厚 1∶3 水泥砂浆压实抹平；3 厚外加剂专用砂浆抹基底刮糙（抹前用水喷湿墙面）；水泥钉固定踢脚上端，中距 300。

踢脚 4：水泥砂浆踢脚：6 厚 1∶2.5 水泥石灰抹面压实赶光；水泥砂浆一道；5~7 厚 1∶1∶6 水泥石灰膏砂浆打底划出纹道；3 厚外加剂专用砂浆抹基底刮糙（抹前用水喷湿墙面）。

环氧地坪房间踢脚、库内结构柱踢脚为踢脚 1；地砖楼地面房间踢脚为踢脚 2；防静电架空地板房间踢脚为踢脚 3；水泥砂浆面层房间踢脚为踢脚 4。

（12）地下室防水。

地防：地下室底板防水：P6 钢筋混凝土结构自防水修补平整（详结构图纸）；2 厚高分子类自粘防水卷材；涂料加强层涂刷 1 厚单组分聚氨酯涂膜后加粘聚酯布或玻纤布增强层；50 厚挤塑聚苯板或砌筑 120 砖墙保护后回填；2∶8 灰土，分土夯实。

墙房：地下室侧墙防水：P6 钢筋混凝土结构自防水修补平整（详结构图纸）；2 厚高分子类自粘防水卷材；涂料加强层涂刷 1 厚单组分聚氨酯涂膜后加粘聚酯布或玻纤布增强层；50 厚挤塑聚苯板或砌筑 120 砖墙保护后回填；2∶8 灰土，分土夯实。

池防：聚合物水泥砂浆防水：20 厚 1∶2 水泥砂浆保护层；10 厚氯丁胶乳防水砂浆；刷氯丁胶乳防水素浆；20 厚 1∶2 水泥砂浆找平层；钢筋混凝土自防水，抗渗等级 P6 级。

地下室外墙防水为地防；全工程防水为墙防；消防水池防水为池防。

（13）坡道。

坡道 1：细石混凝土面层坡道：20 厚花岗岩石板铺面，背面及四周边满涂防污剂，灌水泥擦缝；撒素水泥面（适量清水）；30 厚 1∶3 干硬性水泥砂浆黏结层；素水泥砂浆一道（内掺建筑胶）；60 厚 C15 混凝土；300 厚 3∶7 灰土分两步夯实；素土夯实。

（14）散水。

散水 1：细石混凝土面层散水：50 厚 C20 细石混凝土面层，1∶1 水泥砂子压实赶光；300 厚 3∶7 灰土，分两步夯实，宽出面层 100；素土夯实，向外坡 3%~5%。

（15）台阶。

台阶 1：薄板石材面层台阶：30 厚防滑火烧面花岗岩石板铺面，背面及四周边满涂防污剂，灌水泥擦缝；台口双层加厚处用环氧或硅酮胶粘贴与面板相同的石条；撒素水泥面（适量清水）；30 厚 1∶3 干硬性水泥砂浆黏结层；素水泥砂浆一道（内掺建筑胶）；60 厚 C15 混凝土，台阶面向外坡 1%；300 厚 3∶7 灰土，分两步夯实，宽出面层 100；素土夯实。

2. 图纸

图纸见附图 1~附图 10。

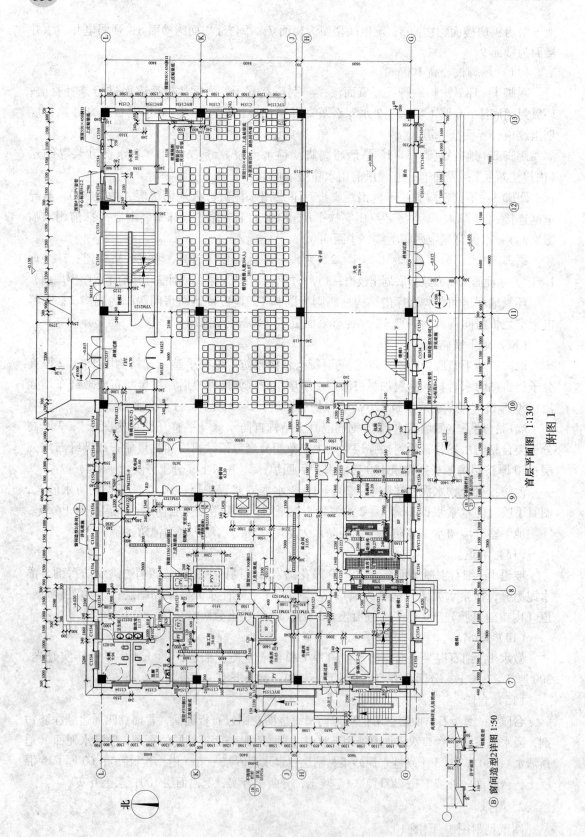

首层平面图 1:130

附图 1

窗间造型2详图 1:50

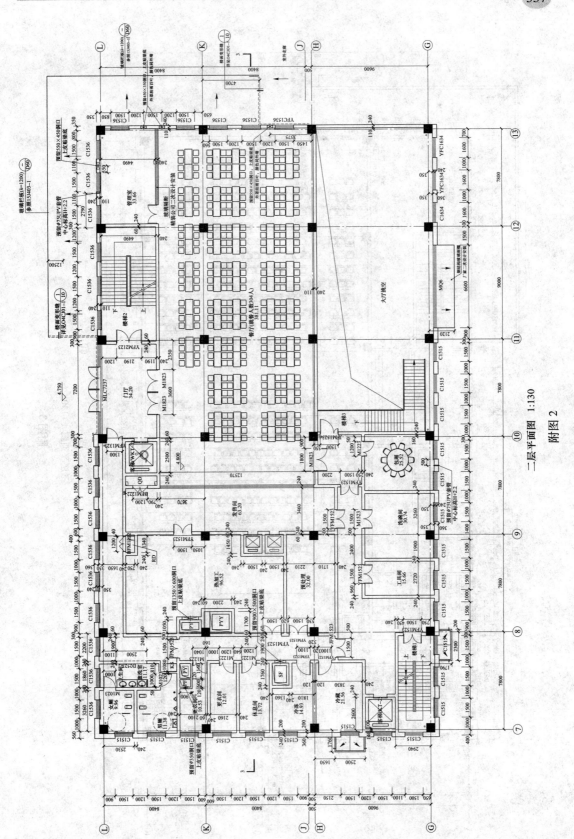

二层平面图 1:130

附图 2

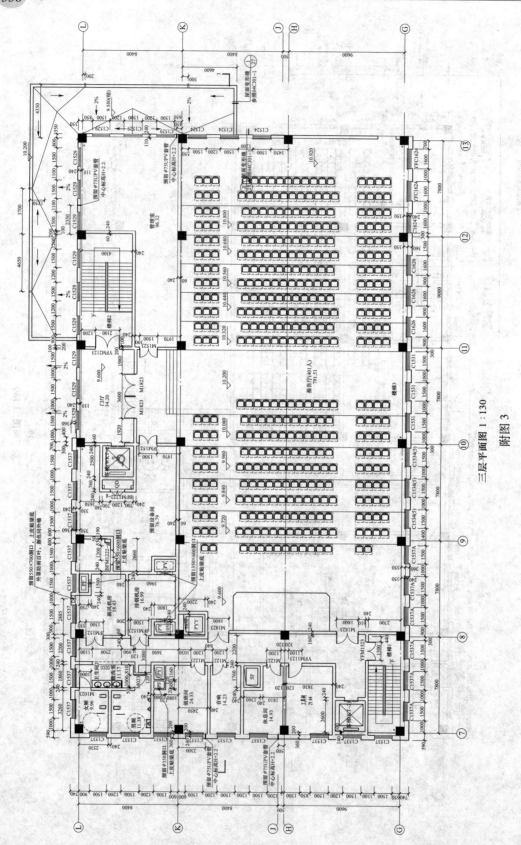

三层平面图 1：130

附图 3

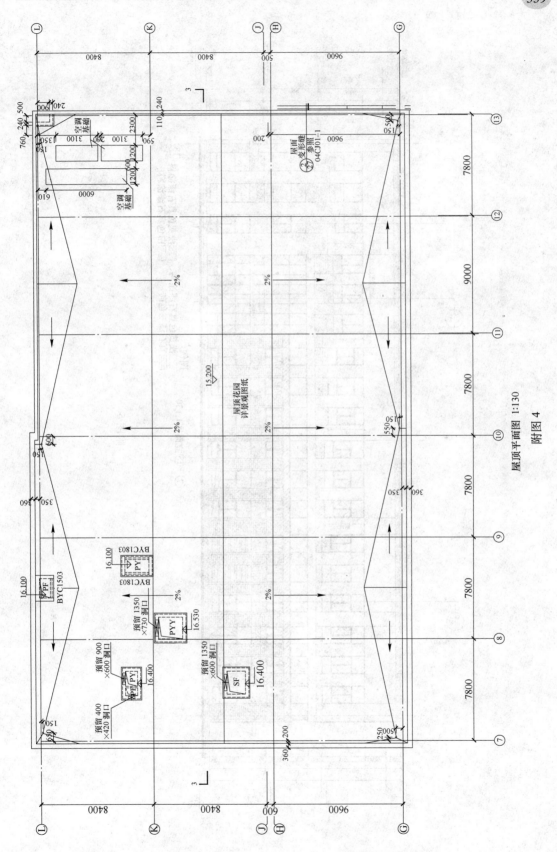

屋顶平面图 1:130

附图 4

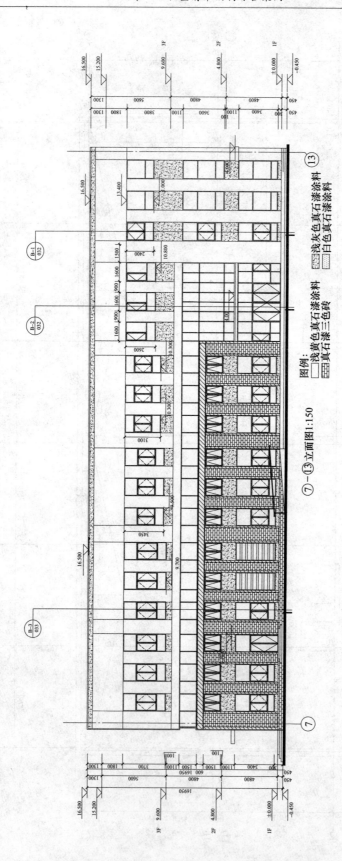

⑦-⑬立面图1:150

图例：
□浅黄色真石漆涂料 □浅灰色真石漆涂料
□真石漆三色砖 □白色真石漆涂料

附图5

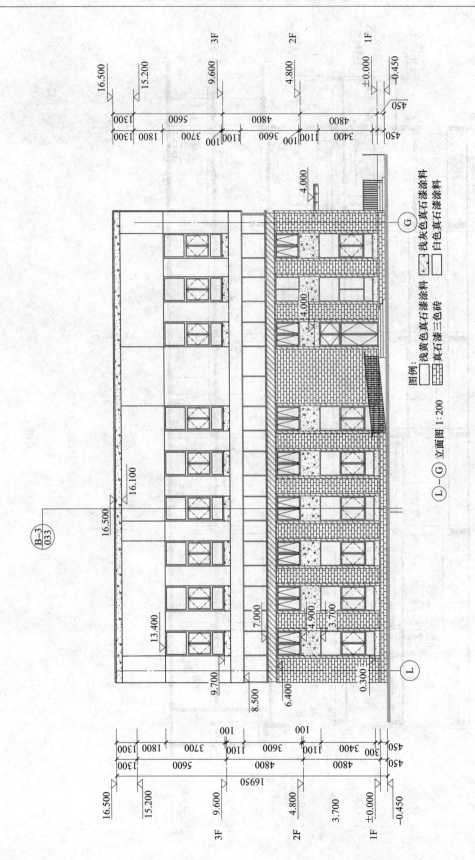

图例：
浅黄色真石漆涂料　　浅灰色真石漆涂料
真石漆三色砖　　白色真石漆涂料

Ⓛ-Ⓖ立面图 1:200

附图 6

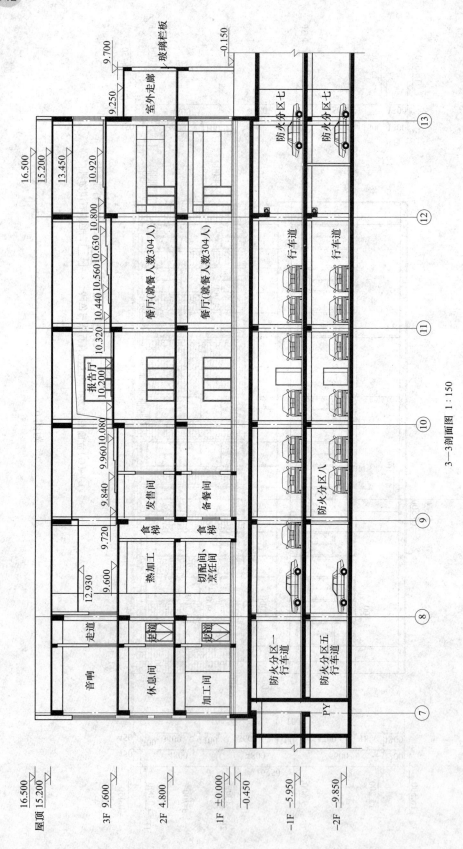

3—3剖面图 1∶150

附图7

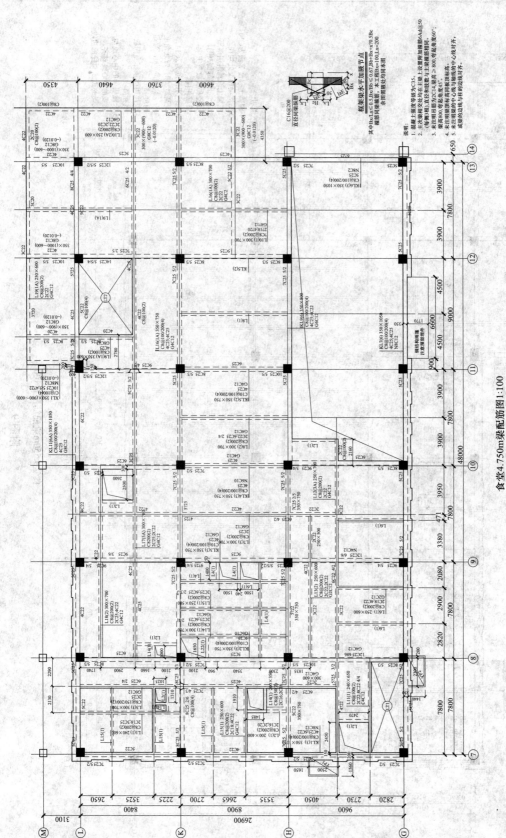

食堂4.750m梁配筋图1:100

附图 8

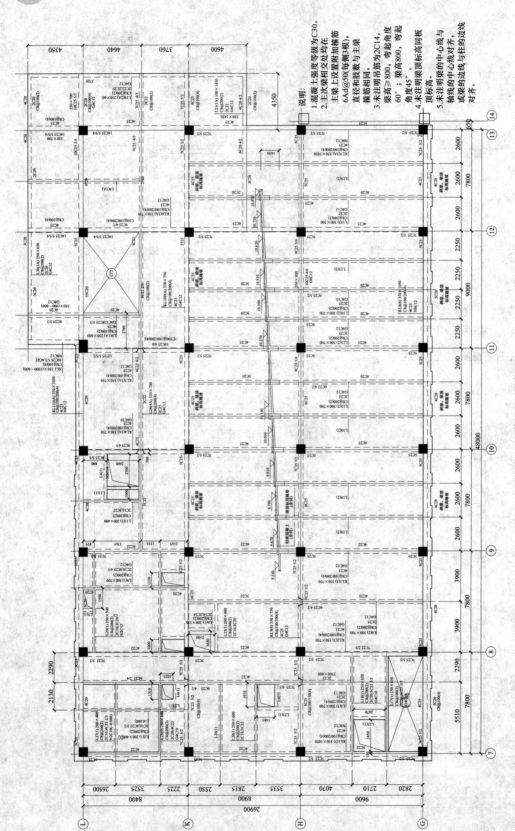

食堂9.550m梁配筋图1∶100

附图9

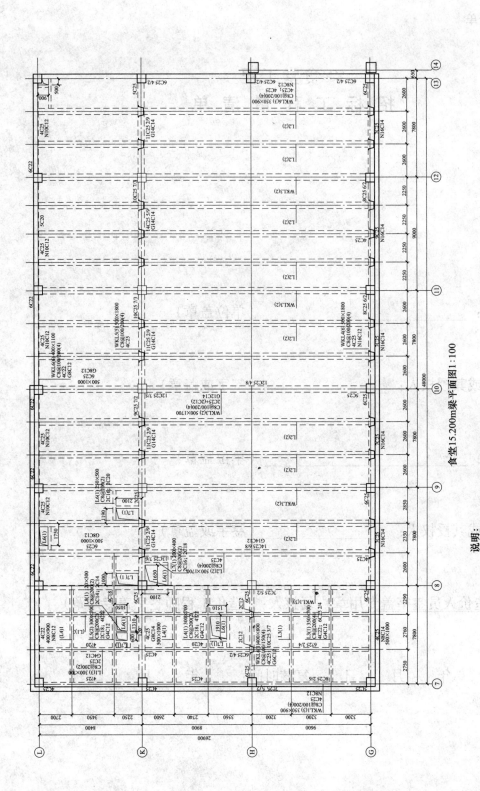

食堂15.200m梁平面图1∶100

附图 10

说明：
1.混凝土强度等级为C30。
2.主次梁相交处均在主梁上设置附加箍筋6×d@50(每侧3根)，直径和肢数与主梁箍筋相同。
3.未注明吊筋为2C14，梁≥800，弯起角度60°；梁高800，弯起角度45°。
4.未注明梁顶标高同板顶标高。
5.未注明梁的中心线与辅线的中心线对齐，或梁的边线与柱的边线对齐。

二、工程量清单

××食堂工程
招 标 工 程 量 清 单

招　标　人：＿＿＿＿＿＿＿＿＿＿（单位盖章）

法定代表人或其授权人：＿＿＿＿＿＿＿（签字或盖章）

造价咨询人：＿＿＿＿＿＿＿＿＿＿（单位盖章）

法定代表人或其授权人：＿＿＿＿＿＿＿（签字或盖章）

编制人：（造价人员签字盖专用章）　复核人：（造价工程师签字盖专用章）

编制时间：　　年　　月　　日　复核时间：　　年　　月　　日

填 表 须 知

1. 工程量清单及其计价格式中所有要求签字、盖章的地方，必须由规定的单位和人员签字、盖章。

2. 工程量清单及其计价表式中的任何内容不得随意删除或修改。

3. 工程量清单计价格式中列明的所有需要填报的单价和合价，投标人均应填报。

未填报的单价和合价，视为此项费用已包含在工程量清单的其他单价和合价中。

4. 金额（价格）均以人民币表示。

总 说 明

工程名称：××食堂工程

> 1. 工程概况：
> 建设单位：××市地铁集团有限责任公司
> 建筑面积：3 层，框架结构，钢筋混凝土基础。建筑面积 3881.9m²，层数 3 层，建筑高度 15.65m（室外地坪至屋面板高度）。
> 施工现场情况：已完成"三通一平"，现场交通运输方便。
> 2. 招标范围：施工图范围内的建筑安装工程，具体以招标工程量清单为准。
> 3. 工程量清单编制依据：《建设工程工程量清单计价规范》（GB 50500—2013）、《浙江省建筑工程预算定额》（2018 版）、招标文件及补充招标文件、设计图纸及图审报告等文件、地质勘察报告、施工组织设计等。
> 4. 工程质量：合格。
> 5. 考虑施工中可能发生的变更等情况，清单中计入暂列金额 50 万元。
> 6. 投标人在投标时应按清单计价规范规定的统一格式，提供"分部分项工程量清单综合单价分析表""措施项目费分析表"。
> 7. 合同承包方式：包工包料。
> 8. 合同工期：18 个月。
> 9. 资金来源及拨付方式：企业自筹，按合同约定的进度付款。

分部分项工程量清单

工程名称：××食堂工程

序号	项目编码	项目名称	项目特征	计量单位	工程量
		（一）土石方工程			
1	010103001003	回填方	1. 素土回填夯实；2. 部位：地下室顶板以上室内回填	m³	1716.64
		（二）砌筑工程			
2	010404001002	垫层	1. 150 厚 3：7 灰土夯实；2. 部位：首层卫生间、厨房	m³	38.34
3	010401001008	砖基础	1. 砖品种、规格、强度等级：MU20 混凝土实心砖；2. 墙体类型：240mm 厚±0.000 以下墙体；3. 砂浆强度等级、配合比：M10 水泥砂浆砌筑；4.（20 厚）聚合物水泥防水砂浆垂直防潮层，表面压光	m³	78.08
4	010401003012	实心砖墙	1. 砖品种、规格、强度等级：MU20 混凝土实心砖；2. 墙体类型：120mm 内墙；3. 砂浆强度等级、配合比：M10 水泥砂浆	m³	5.90
5	010401003013	实心砖墙	1. 砖品种、规格、强度等级：MU20 混凝土实心砖；2. 墙体类型：240mm 内墙；3. 砂浆强度等级、配合比：M10 水泥砂浆	m³	228.64
6	010401003014	实心砖墙	1. 砖品种、规格、强度等级：MU20 混凝土实心砖；2. 墙体类型：360mm 内墙；3. 砂浆强度等级、配合比：M10 水泥砂浆	m³	34.77
7	010402001011	蒸压砂加气混凝土砌块墙	1. 砖品种、规格、强度等级：蒸压砂加气混凝土砌块（B07 A5.0）；2. 墙体类型：120mm 厚；3. 砂浆强度等级、配合比：Ma7.5 专用混合砂浆砌筑；4. 部位：外墙、内墙；5. L 形连接铁件和发泡剂等计入综合单价	m³	11.09
8	010402001012	蒸压砂加气混凝土砌块墙	1. 砖品种、规格、强度等级：蒸压砂加气混凝土砌块（B07 A5.0）；2. 墙体类型：200mm 厚；3. 砂浆强度等级、配合比：Ma7.5 专用混合砂浆砌筑；4. 部位：外墙、内墙；5. L 形连接铁件和发泡剂等计入综合单价	m³	6.16

续表

序号	项目编码	项目名称	项目特征	计量单位	工程量
9	010402001013	蒸压砂加气混凝土砌块墙	1. 砖品种、规格、强度等级：蒸压砂加气混凝土砌块（B07 A5.0）；2. 墙体类型：240mm 厚；3. 砂浆强度等级、配合比：Ma7.5 专用混合砂浆砌筑；4. 部位：外墙、内墙；5. L 形连接铁件和发泡剂等计入综合单价	m³	591.62
10	010402001014	蒸压砂加气混凝土砌块墙	1. 砖品种、规格、强度等级：蒸压砂加气混凝土砌块（B07 A5.0）；2. 墙体类型：360mm 厚；3. 砂浆强度等级、配合比：Ma7.5 专用混合砂浆砌筑；4. 部位：外墙、内墙；5. L 形连接铁件和发泡剂等计入综合单价	m³	157.54
11	010401012005	零星砌砖	1. 砖品种、规格、强度等级：MU20 混凝土实心砖；2. 墙体类型：砖砌蹲坑、台阶、地垄墙；3. 砂浆强度等级、配合比：M10 水泥砂浆	m³	0.42
		（三）混凝土及钢筋混凝土工程			
12	010501001006	焦渣混凝土回填	混凝土强度等级：焦渣混凝土 CL15	m³	2.16
13	010501003003	设备基础	混凝土强度等级：C30 商品混凝土	m³	1.99
14	010502001009	矩形柱	混凝土强度等级：C40 商品混凝土	m³	73.52
15	010502001010	矩形柱	混凝土强度等级：C30 商品混凝土	m³	134.14
16	010502002003	构造柱	混凝土强度等级：C25 商品混凝土	m³	109.27
17	010503002006	矩形梁	混凝土强度等级：C35 商品混凝土	m³	174.84
18	010503002007	矩形梁	混凝土强度等级：C30 商品混凝土	m³	626.97
19	010503004007	圈梁	混凝土强度等级：C25 商品混凝土	m³	9.71
20	010503004008	翻边	1. 混凝土强度等级：C20 商品混凝土；2. 部位：门槛、翻边等	m³	21.67
21	010503005004	过梁	混凝土强度等级：C25 商品混凝土	m³	5.28
22	010507005002	压顶	混凝土强度等级：C25 商品混凝土	m³	1.46
23	010504004005	挡土墙	1. 混凝土强度等级：C40/P6 商品混凝土；2. 混凝土耐久性指标满足设计要求，因此增加的相关费用（含检测）包含在综合单价中	m³	48.48

序号	项目编码	项目名称	项目特征	计量单位	工程量
24	010504001009	女儿墙	混凝土强度等级：C35 商品混凝土	m³	29.55
25	010504001010	墙体封堵	混凝土强度等级：C15 细石商品混凝土	m³	2.08
26	010505003009	平板	混凝土强度等级：C35 商品混凝土	m³	122.84
27	010505003010	平板	混凝土强度等级：C30 商品混凝土	m³	277.63
28	010505003011	管井封堵板	混凝土强度等级：C40 微膨胀商品混凝土	m³	0.24
29	010505003012	管井封堵板	混凝土强度等级：C35 微膨胀商品混凝土	m³	0.25
30	010505008004	雨篷	混凝土强度等级：C25 商品混凝土	m³	4.97
31	010506001004	直形楼梯	1. 混凝土强度等级：C35 商品混凝土；2. 滑动支座预埋钢板，满铺石墨粉，地坪与楼梯踏步起步起始段预留 5cm 空隙填充聚苯板等计入综合单价	m²	60.36
32	010506001005	直形楼梯	1. 混凝土强度等级：C30 商品混凝土；2. 滑动支座预埋钢板，满铺石墨粉，地坪与楼梯踏步起步起始段预留 5cm 空隙填充聚苯板等计入综合单价	m²	42.32
33	010507004003	踏步	1. 混凝土强度等级：C15 商品混凝土；2. 模板制安及拆除计入综合单价	m²	9.41
34	010515001007	现浇构件钢筋	钢筋种类、规格：HPB300	t	13.075
35	010515001008	现浇构件钢筋	钢筋种类、规格：HRB400、HRB400E	t	246.442
36	010516002006	预埋铁件	1. 预埋铁件（含吊钩、吊环、预埋钢板、连接钢筋 HRB400 或 HPB300 等），所有外露铁件均需按有关要求做防锈处理，除锈后涂红丹两道面漆两道；2. 具体详见图纸	t	0.800
		（四）门窗工程			
37	010801002011	木质门带套	1. 套装复合门（含门套）；2. 编号：M1023；3. 门套基层：细木工板基层（防火涂料三遍）；4. 含合页、门碰、门锁等所有五金；5. 需由厂家深化设计，并满足建设单位和设计要求，投标方综合考虑报价，结算时不作调整；6. 具体做法详见图纸	樘	6

序号	项目编码	项目名称	项目特征	计量单位	工程量
38	010801002012	木质门带套	1. 套装复合门（含门套）；2. 编号：M1223；3. 门套基层：细木工板基层（防火涂料三遍）；4. 含合页、门碰、门锁等所有五金；5. 需由厂家深化设计，并满足建设单位和设计要求，投标方综合考虑报价，结算时不作调整；6. 具体做法详见图纸	樘	10
39	010801002013	木质门带套	1. 套装复合门（含门套）；2. 编号：M1523；3. 门套基层：细木工板基层（防火涂料三遍）；4. 含合页、门碰、门锁等所有五金；5. 需由厂家深化设计，并满足建设单位和设计要求，投标方综合考虑报价，结算时不作调整；6. 具体做法详见图纸	樘	3
40	010801002014	木质门带套	1. 套装复合门（含门套）；2. 编号：M1823；3. 门套基层：细木工板基层（防火涂料三遍）；4. 含合页、门碰、门锁等所有五金；5. 需由厂家深化设计，并满足建设单位和设计要求，投标方综合考虑报价，结算时不作调整；6. 具体做法详见图纸	樘	11
41	010801002015	木质门带套	1. 套装复合门（含门套）；2. 编号：M1534；3. 门套基层：细木工板基层（防火涂料三遍）；4. 含合页、门碰、门锁等所有五金；5. 需由厂家深化设计，并满足建设单位和设计要求，投标方综合考虑报价，结算时不作调整；6. 具体做法详见图纸	樘	3
42	010802003036	甲级钢质防火门	1. 门类型：甲级钢质防火（设闭锁装置，带观察窗）；2. 编号：JFM1523；3. 五金材料：合页、门锁、闭门器、顺序器、防烟条等配件；4. 具体详见图纸	樘	7
43	010802003037	甲级钢质防火门	1. 门类型：甲级钢质防火；2. 编号：JFM1223-g；3. 五金材料：合页、门锁、闭门器、顺序器、防烟条等配件；4. 具体详见图纸	樘	1
44	010802003038	甲级钢质防火门	1. 门类型：甲级钢质防火；2. 编号：JFM1523-d；3. 五金材料：合页、门锁、闭门器、顺序器、防烟条等配件；4. 具体详见图纸	樘	1

续表

序号	项目编码	项目名称	项目特征	计量单位	工程量
45	010802003039	乙级钢质防火门	1. 门类型：乙级钢质防火（设闭锁装置，带观察窗）；2. 编号：YFM1123；3. 五金材料：合页、门锁、闭门器、顺序器、防烟条等配件；4. 具体详见图纸	樘	5
46	010802003040	乙级钢质防火门	1. 门类型：乙级钢质防火（设闭锁装置，带观察窗）；2. 编号：YFM1323；3. 五金材料：合页、门锁、闭门器、顺序器、防烟条等配件；4. 具体详见图纸	樘	2
47	010802003041	乙级钢质防火门	1. 门类型：乙级钢质防火（设闭锁装置，带观察窗）；2. 编号：YFM1523；3. 五金材料：合页、门锁、闭门器、顺序器、防烟条等配件；4. 具体详见图纸	樘	14
48	010802003042	乙级钢质防火门	1. 门类型：乙级钢质防火（设闭锁装置，带观察窗）；2. 编号：YFM2123；3. 五金材料：合页、门锁、闭门器、顺序器、防烟条等配件；4. 具体详见图纸	樘	3
49	010802003043	丙级钢质防火门	1. 门类型：丙级钢质防火；2. 编号：BFM1222-g；3. 五金材料：合页、门锁、闭门器、顺序器、防烟条等配件；4. 具体详见图纸	樘	5
50	010807004003	金属纱窗	1. 纱窗；2. 具体做法详见图纸	m²	560.60
51	010802001004	断热铝合金框组合门窗	1. 组合门窗类型：65 系列断热铝合金框组合门窗；2. 编号：MLC7237；3. 五金配件：按开启方式及使用要求配专用五金零件；4. 玻璃品种：6mm 中透光 Low-E + 12 氩气+6mm；5. 使用安全玻璃具体要求及部位详见图纸；6. 铝型材表面处理方式：氟碳喷涂；7. 型材壁厚详见图纸；8. 具体要求详见图纸	樘	2
52	010807003004	金属百叶窗	1. 铝合金防雨百叶；2. 内附铝合金或不锈钢网一道，网孔不大于 10mm×10mm，并应涂刷黑漆；3. 部位：外墙百叶窗、屋面通风百叶窗	m²	32.13

序号	项目编码	项目名称	项目特征	计量单位	工程量
53	010807001003	断热铝合金框窗	1. 窗类型：65 系列断热铝合金框窗；2. 五金配件：按开启方式及使用要求配专用五金零件；3. 玻璃品种：6mm 中透光 Low-E+12 氩气+6mm；4. 使用安全玻璃具体要求及部位详见图纸；5. 铝型材表面处理方式：氟碳喷涂；6. 型材壁厚详见图纸；7. 具体要求详见图纸	m²	99.90
54	010807002003	金属防火窗	1. 乙级防火窗；2. 隔热金属型材；3. 玻璃品种：6mm 中透光 Low-E+12 氩气+6mm	m²	39.94
55	010809004003	石材窗台板	1.（20 厚）人造大理石窗台板（含磨边）；2. 专用胶固定，15 厚 1：2 水泥砂浆；3. 具体详见图纸	m²	19.62
56	010808004002	金属窗套	1.（150 宽）铝板造型窗套；2. 具体见窗间造型详图	m²	84.66
57	010808001003	木窗套	1. 木饰面窗套；2.（18 厚）细木工板基层，防火涂料三遍	m²	51.38
		（五）屋面及防水工程			
58	010902002008	屋面涂膜防水（屋面1）	1.（2 厚）聚氨酯防水层；2. 计算规则：按实铺面积计算，防水搭接及附加层用量不另计算，在综合单价中考虑	m²	1432.69
59	010902001008	屋面卷材防水（屋面1）	1. 干铺油毡一道；2.（4 厚）SBS 改性沥青耐根穿刺防水卷材；3.（3 厚）自粘聚合物改性沥青防水卷材；4. 计算规则：按实铺面积计算，防水搭接及附加层用量不另计算，在综合单价中考虑	m²	1432.69
60	010902001009	屋面卷材防水（屋面1）	1. 干铺油毡一道；2. 计算规则：按实铺面积计算，防水搭接及附加层用量不另计算，在综合单价中考虑	m²	1432.69
61	010902003013	屋面刚性层（屋面1）	1.（20 厚）1：2.5 水泥砂浆找平层；2.（300 厚）LC5.0 轻集料混凝土向雨水口找坡2%，最薄处30厚	m²	1292.03
62	010902001010	屋面卷材防水（屋面2）	1.（2 厚）自粘聚合物改性沥青防水卷材；2. 计算规则：按实铺面积计算，防水搭接及附加层用量不另计算，在综合单价中考虑	m²	164.83

序号	项目编码	项目名称	项目特征	计量单位	工程量
63	010902002009	屋面涂膜防水（屋面2）	1.（2厚）单组分聚氨酯防水涂料；2.计算规则：按实铺面积计算，防水搭接及附加层用量不另计算，在综合单价中考虑	m²	164.83
64	010902003014	屋面刚性层（屋面2）	1.（10厚）防滑地砖铺平拍实，缝宽5~8mm，1:1水泥砂浆填缝；2.（30厚）1:3干硬性水泥砂浆结合层；3.（10厚）低标号砂浆隔离层	m²	130.10
65	010902003015	屋面刚性层（屋面2）	1.（20厚）1:3水泥砂浆找平层（设分格缝，缝宽宜为5~20mm，纵横缝的间距不宜大于6m）；2.（50厚）LC5.0轻集料混凝土2%找坡层，最薄30厚	m²	130.10
66	010902002010	雨篷涂膜防水	1.（1.5厚）聚氨酯防水层；2.计算规则：按实铺面积计算，防水搭接及附加层用量不另计算，在综合单价中考虑	m²	9.67
67	010902003016	雨篷刚性层	1.（10厚）地砖铺平拍实，稀水泥擦缝；2.（30厚）1:3干硬性水泥砂浆	m²	9.67
68	010903002011	墙面涂膜防水（内墙2）	1.（1.5厚）聚合物水泥基复合防水涂料防水层；2.计算规则：按实铺面积计算，防水搭接及附加层用量不另计算，综合单价中考虑	m²	572.73
69	010903002012	墙面涂膜防水（地面2、3、4）	1.（1.5厚）聚氨酯防水层；2.计算规则：按实铺面积计算，防水搭接及附加层用量不另计算，在综合单价中考虑	m²	16.77
70	010903003008	墙面砂浆防水（外墙1）	1.（8厚）聚合物水泥防水砂浆（JGJ/T 235—2011）（压入耐碱涂塑玻纤网格布）；2.抹6厚聚合物抗裂砂浆（压入耐碱涂塑玻纤网格布）	m²	2256.88
71	010903003009	墙面砂浆防水（外墙2）	1.（8厚）聚合物水泥防水砂浆（JGJ/T 235—2011）；2.（6厚）1:2.5水泥砂浆找平；3.（9厚）1:2.5水泥石灰砂浆打底扫毛或划出纹道；4.刷3厚专用聚合物水泥浆一道；5.喷湿墙面	m²	45.70
72	010904002003	楼（地）面涂膜防水（地面5）	1.（1.5厚）聚氨酯防水层，四周卷起300高，门口处外扩200；2.计算规则：按实铺面积计算，防水搭接及附加层用量不另计算，在综合单价中考虑	m²	305.23

续表

序号	项目编码	项 目 名 称	项 目 特 征	计量单位	工程量
73	010904002004	楼（地）面涂膜防水（楼面5）	1.（1.5厚）聚氨酯防水层，四周卷起300高，门口处外扩200；2. 计算规则：按实铺面积计算，防水搭接及附加层用量不另计算，在综合单价中考虑	m²	171.11
74	010903001004	墙面卷材防水（墙防）	1.（2厚）高分子类自粘防水卷材；2. 计算规则：按实铺面积计算，防水搭接及附加层用量不另计算，在综合单价中考虑	m²	109.65
75	010903002013	墙面涂膜防水（墙防）	1.（1厚）聚氨酯涂膜防水层加粘聚酯布或玻纤布增强层；2. 计算规则：按实铺面积计算，防水搭接及附加层用量不另计算，在综合单价中考虑	m²	109.65
76	010902008006	屋面变形缝	1. 屋面变形缝QCC平面型，不锈钢（铝合金）盖板；2. 具体参照04CJ01-1 1/27	m	8.00
77	010902008007	屋面变形缝	1. 屋面变形缝LCC转角型，不锈钢（铝合金）盖板；2. 具体参照04CJ01-1 2/27	m	14.21
78	010903004006	墙面变形缝	1. 铝盖板盖缝；2. 含变形缝填充材料、密封胶、铝型材连接件等；3. 部位：内墙沉降缝	m	20.80
79	010903004007	墙面变形缝	1. 铝盖板盖缝；2. 含变形缝填充材料、密封胶、铝型材连接件等；3. 部位：外墙沉降缝	m	30.40
80	010904004005	楼（地）面变形缝	1. 铝盖板盖缝；2. 含变形缝填充材料、密封胶、铝型材连接件等；3. 部位：楼（地）面沉降缝	m	17.60
81	01B037	天棚变形缝	1. 铝盖板盖缝；2. 含变形缝填充材料、密封胶、铝型材连接件等；3. 部位：天棚沉降缝	m	17.60
		（六）保温、隔热、防腐工程			
82	011001001008	保温隔热屋面（屋面1）	（100厚）岩棉保温层（160≥ρ≥140kg/m³，λ≤0.040W/(m·K)，燃烧性能A级）	m²	1292.03
83	011001001009	保温隔热屋面（雨篷）	（50厚）膨胀玻化微珠保温砂浆向雨水口找2%坡，最薄处30厚	m²	9.67
84	011001003008	保温隔热墙面（外墙1）	1.（30厚）膨胀玻化微珠（350kg/m³≥ρ，λ≤0.070W/(m·K)，燃烧性能A级）；2. 刷聚合物水泥浆一道	m²	2191.87

序号	项目编码	项目名称	项目特征	计量单位	工程量
85	011001003009	保温隔热墙面	1.（50厚）挤塑聚苯板；2.地下室底板侧壁、墙防	m²	109.65
86	011001003010	保温隔热墙面	1.（150厚）挤塑聚苯板；2.外墙勒脚	m²	65.01
		（七）楼地面装饰工程			
87	011102003016	块料楼地面（地面1）	1.（10厚）800mm×800mm浅黄色仿大理石瓷砖，干水泥擦缝；2.（20厚）1:3干硬性水泥砂浆结合层，表面撒水泥粉；3.水泥浆一道（内掺建筑胶）；4.地砖地面参见05J909地12C/90页；5.房间：大堂、门厅	m²	268.98
88	011102003017	块料楼地面（地面1）	1.（10厚）800mm×800mm富士白防滑瓷砖，干水泥擦缝；2.（20厚）1:3干硬性水泥砂浆结合层，表面撒水泥粉；3.水泥浆一道（内掺建筑胶）；4.地砖地面参见05J909地12C/90页；5.房间：餐厅、休息间、更衣间、工具间、小卖部、管理室、包间	m²	429.24
89	011102003018	块料楼地面（地面1）	1.（10厚）600mm×600mm地毯纹深咖色防滑瓷砖，干水泥擦缝；2.（20厚）1:3干硬性水泥砂浆结合层，表面撒水泥粉；3.水泥浆一道（内掺建筑胶）；4.地砖地面参见05J909地12C/90页；5.房间：走道	m²	119.48
90	011102003019	块料楼地面（地面1）	1.（10厚）600mm×600mm耐磨防滑瓷砖，干水泥擦缝；2.（20厚）1:3干硬性水泥砂浆结合层，表面撒水泥粉；3.水泥浆一道（内掺建筑胶）；4.地砖地面参见05J909地12C/90页；5.房间：楼梯间	m²	62.26
91	011102003020	块料楼地面（地面1）	1.（10厚）300mm×300mm乳白色防滑瓷砖，干水泥擦缝；2.（20厚）1:3干硬性水泥砂浆结合层，表面撒水泥粉；3.水泥浆一道（内掺建筑胶）；4.地砖地面参见05J909地12C/90页；5.房间：冷冻、冷藏、主食库、副食库	m²	45.86

续表

序号	项目编码	项目名称	项目特征	计量单位	工程量
92	011101001010	水泥砂浆楼地面（地面3）	1.（15厚）1∶2.5水泥砂浆；2.（35厚）C20细石混凝土，随打随抹平	m²	12.65
93	011101001011	水泥砂浆楼地面（地面34、楼面4）	水泥浆一道	m²	144.55
94	011101005007	自流坪楼地面（地面4）	1.（2厚）环氧树脂绝缘漆自流平面层；2.刮涂导电腻子两遍；3.铺设导电铜箔并接地；4.（1厚）环氧封闭底漆（两遍），整体打磨、吸尘；5.（40厚）C20细石混凝土，随打随抹平	m²	115.01
95	011102003021	块料楼地面（地面5）	1.（10厚）600mm×600mm仿意大利灰色防滑瓷砖，干水泥擦缝；2.（20厚）1∶3干硬性水泥砂浆结合层，表面撒水泥粉；3.（20厚）1∶3水泥砂浆保护层	m²	31.86
96	011101003010	细石混凝土楼地面（地面5）	（60厚）C20细石混凝土找坡1%，最薄处30厚	m²	262.97
97	011102003022	块料楼地面（地面5）	1.（10厚）300mm×300mm防滑地砖，干水泥擦缝；2.（20厚）1∶3干硬性水泥砂浆结合层，表面撒水泥粉；3.（20厚）1∶3水泥砂浆保护层	m²	231.11
98	011102003023	块料楼地面（楼面1）	1.（10厚）800mm×800mm浅黄色仿大理石瓷砖，干水泥擦缝；2.（20厚）1∶3干硬性水泥砂浆结合层，表面撒水泥粉；3.水泥浆一道（内掺建筑胶）；4.（20厚）1∶3水泥砂浆找平层；5.地砖楼面参见05J909地12C/90页；6.部位：门厅	m²	69.56
99	011102003024	块料楼地面（楼面1）	1.（10厚）800mm×800mm富士白防滑瓷砖，干水泥擦缝；2.（20厚）1∶3干硬性水泥砂浆结合层，表面撒水泥粉；3.水泥浆一道（内掺建筑胶）；4.（20厚）1∶3水泥砂浆找平层；5.地砖楼面参见05J909地12C/90页；6.部位：餐厅、休息间、更衣间、工具间、小卖部、管理室、值班间、包间	m²	685.04

358

序号	项目编码	项目名称	项目特征	计量单位	工程量
100	011102003025	块料楼地面（楼面1）	1.（10厚）600mm×600mm地毯纹深咖色防滑瓷砖，干水泥擦缝；2.（20厚）1：3干硬性水泥砂浆结合层，表面撒水泥粉；3. 水泥浆一道（内掺建筑胶）；4.（20厚）1：3水泥砂浆找平层；5. 地砖楼面参见05J909地12C/90页；6. 部位：走道	m²	184.10
101	011102003026	块料楼地面（楼面1）	1.（10厚）300mm×300mm乳白色防滑瓷砖，干水泥擦缝；2.（20厚）1：3干硬性水泥砂浆结合层，表面撒水泥粉；3. 水泥浆一道（内掺建筑胶）；4.（20厚）1：3水泥砂浆找平层；5. 地砖楼面参见05J909地12C/90页；6. 部位：冷冻、冷藏、主食库、副食库	m²	36.39
102	011106002004	块料楼梯面层（楼面1）	1.（10厚）600mm×600mm防滑地砖，干水泥擦缝；2.（20厚）1：3干硬性水泥砂浆结合层，表面撒水泥粉；3. 水泥浆一道（内掺建筑胶）；4. 地砖楼面参见05J909地12C/90页；5. 部位：楼梯面	m²	102.68
103	011101003011	细石混凝土楼地面（楼面2）	1.（10厚）600mm×600mm防滑地砖，干水泥擦缝；2.（20厚）1：3干硬性水泥砂浆结合层，表面撒水泥粉；3.（20厚）1：3水泥砂浆保护层	m²	63.71
104	011101003012	细石混凝土楼地面（楼面2）	1.（60厚）C20细石混凝土找坡1%，最薄处30厚；2. 水泥浆一道（内掺建筑胶）	m²	63.71
105	011101003013	细石混凝土楼地面（楼面4）	1. 环氧地坪面层另计；2.（40厚）C20细石混凝土，随打随抹平	m²	16.89
106	011102003027	块料楼地面（楼面5-厨房）	1.（10厚）300mm×300mm乳白色防滑瓷砖，干水泥擦缝；2.（20厚）1：3干硬性水泥砂浆结合层，表面撒水泥粉；3.（20厚）1：3水泥砂浆保护层	m²	207.01
107	011101003014	泡沫混凝土楼地面（楼面5-厨房）	1. 210厚泡沫混凝土；2. 水泥浆一道（内掺建筑胶）	m²	207.01
108	011104001001	地毯楼地面（楼面8）	1.（10厚）地毯（B1级）；2. 5厚橡胶海绵衬垫；3.（35厚）C20细石混凝土，随打随抹平；4. 水泥浆一道（内掺建筑胶）；5. 地毯楼面（B1级）参见05J909楼1A/79页；6. 部位：报告厅	m²	774.91

续表

序号	项目编码	项目名称	项目特征	计量单位	工程量
109	011105001008	水泥砂浆踢脚线（踢脚1）	1.（6厚）1：0.5：2水泥石灰膏砂浆找平；2.（8厚）1：1：6水泥石灰膏砂浆打底划出纹道；3.界面剂一道；4.地砖踢脚高100mm，参见05J909 踢5D/176页；5.部位：环氧地坪房间	m²	9.18
110	011105003004	块料踢脚线（踢脚2）	1.（5~10厚）800mm×800mm黑色瓷砖踢脚（高100mm），磨边，稀水泥浆擦缝；2.（9厚）1：2水泥砂浆黏结层（内掺建筑胶）；3.界面剂一道（甩前用水喷湿墙面）；4.地砖踢脚高100mm；5.部位：地砖楼地面房间	m²	109.29
111	011105006002	金属踢脚线（踢脚3）	1.不锈钢踢脚板（高100mm），下端用水泥钉钉入地面垫层，中距300，与导电网连接；2.（10厚）1：3水泥砂浆压实抹平；3.（3厚）外加剂专用砂浆抹基底刮糙（抹前用水喷湿墙面）；4.水泥钉固定踢脚上端，中距300；5.不锈钢踢脚参见05J909；6.房间：防静电架空地板房间	m²	1.52
112	011105001009	水泥砂浆踢脚线（踢脚4）	1.（6厚）1：2.5水泥砂浆抹面压实赶光（高100mm）；2.水泥砂浆一道；3.（5~7厚）1：1：6水泥石灰膏砂浆打底划出纹道；4.（3厚）外加剂专用砂浆抹基底刮糙；5.水泥砂浆踢脚参见05J909；6.房间：配电间	m²	1.41
113	011108001003	瓷砖门槛石	1.黑色瓷砖门槛石；2.（20厚）1：3干硬性水泥砂浆结合层，表面撒水泥粉；3.水泥浆一道（内掺建筑胶）	m²	26.73
114	010507001005	坡道	1.（20厚）花岗岩石板（芝麻灰）铺面，背面及四周边满涂防污剂，灌水泥擦缝；2.撒素水泥面；3.（30厚）1：3干硬性水泥砂浆黏结层；4.素水泥浆一道；5.（60厚）C15混凝土，含模板安拆；6.（300厚）3：7灰土分两步夯实；7.素土夯实；8.部位：坡道1	m²	50.04
115	010507001006	散水	1.（50厚）C20细石混凝土面层，撒1：1水泥砂子压实赶光；2.（300厚）3：7灰土，分两步夯实，宽出面层100；3.素土夯实，向外坡3%~5%；4.部位：散水1	m²	41.31

续表

序号	项目编码	项目名称	项目特征	计量单位	工程量
116	010507004004	台阶	1.（30厚）防滑火烧面花岗岩石板（芝麻灰）铺面，背面及四周边满涂防腐剂，灌水泥浆擦缝，含防滑槽及磨边；2.台口双层加厚处用环氧或硅酮胶粘贴与面板相同的石条；3.撒素水泥面（洒适量清水）30厚1:3；4.（30厚）1:3干硬性水泥砂浆结合层；5.素水泥浆一道（内掺建筑胶）；6.（60厚）C15混凝土，台阶面向外坡1%，含模板安拆；7.（300厚）3:7灰土，分两步夯实，宽出面层100；8.素土夯实；9.台阶1	m²	61.13
117	011102001002	石材楼地面	1.（30厚）防滑火烧面花岗岩石板（芝麻灰）铺面，背面及四周边满涂防腐剂，灌水泥浆擦缝；2.撒素水泥面30厚1:3；3.干硬性水泥砂浆结合层；4.素水泥浆一道；5.（60厚）C15混凝土，台阶面向外坡1%，含模板安拆；6.（300厚）3:7灰土，分两步夯实，宽出面层100；7.素土夯实；8.室外走廊地面	m²	136.60
118	010507002002	室外平台	1.（20厚）花岗岩石板（芝麻灰）铺面，背面及四周边满涂防污剂，灌水泥擦缝；2.撒素水泥面；3.（30厚）1:3干硬性水泥砂浆黏结层；4.素水泥浆一道；5.（60厚）C15混凝土；6.（300厚）3:7灰土分两步夯实；7.素土夯实	m²	116.73
119	011102001003	石材走廊楼面	1.（30厚）防滑火烧面花岗岩石板（芝麻灰）铺面，背面及四周边满涂防腐剂，灌水泥浆擦缝，含防滑槽及磨边；2.台口双层加厚处用环氧或硅酮胶粘贴与面板相同的石条；3.撒素水泥面（洒适量清水）30厚1:3；4.（30厚）1:3干硬性水泥砂浆结合层；5.素水泥浆一道（内掺建筑胶）；6.（60厚）C15混凝土，台阶面向外坡1%；7.（60厚）C20细石混凝土找坡1%，最薄处30厚；8.水泥浆一道（内掺建筑胶）	m²	136.60
		（八）墙、柱面装饰与隔断、幕墙工程			

序号	项目编码	项目名称	项目特征	计量单位	工程量
120	010607005007	砌块墙钢丝网加固	1. 墙体铺设钢丝网；2. 墙体抹灰时在框架柱、梁与填充墙相接处钢丝网（宽度500，与混凝土搭接200）；3. 外墙满挂	m²	20303.48
121	010607005008	砌块墙钢丝网加固	楼梯间和走廊两侧的填充墙采用钢丝网加强	m²	2179.57
122	011209001003	玻璃幕墙	1. 面层材料：幕墙玻璃采用中空玻璃，单片厚度不小于6mm，空气层厚度不小于12mm；2. 包含骨架材料及规格：铝合金型材，氟碳喷涂；3. 玻璃幕墙在每层楼板外沿设置耐火极限大于1.00h高度不小于0.8m的带岩棉填充的实体裙墙	m²	104.78
123	010516002007	幕墙预埋铁件	1. 部位：骨架预埋处；2. 材料品种、规格：热镀锌钢板及钢筋	t	3.143
124	011201001022	墙面一般抹灰（内墙1）	1.（5厚）1：0.5：2.5水泥石灰膏砂浆抹平；2.（8厚）1：1：6水泥石灰膏砂浆打底；3.（3厚）外加剂专用砂浆打底刮糙	m²	3514.46
125	011202001005	柱面一般抹灰（内墙1）	1.（5厚）1：0.5：2.5水泥石灰膏砂浆抹平；2.（8厚）1：1：6水泥石灰膏砂浆打底；3.（3厚）外加剂专用砂浆打底刮糙	m²	81.97
126	011204003004	块料墙面（内墙2）	1.（6厚）300mm×600mm白色瓷砖（粘贴前墙砖充分浸湿），白水泥擦缝；2.（4厚）强力胶粉泥黏结层，揉挤压实	m²	756.09
127	011204003005	块料墙面（内墙2）	1.（6厚）300mm×600mm仿爵士白瓷砖（粘贴前墙砖充分浸湿），白水泥擦缝；2.（4厚）强力胶粉泥黏结层，揉挤压实	m²	319.62
128	011201001023	墙面一般抹灰（内墙2）	1.（6厚）1：0.5：2.5水泥石灰膏砂浆抹平；2.（8厚）1：1：6水泥石灰膏砂浆打底；3.（3厚）外加剂专用砂浆打底刮糙	m²	1075.71
129	011204001002	石材墙面（内墙3）	1.（25厚）奥特曼米黄大理石；2. ∟50mm×50mm×5mm横向角钢龙骨；3. ∟60mm×60mm×6mm竖向角钢龙骨；4. 角钢龙骨	m²	506.11
130	011204001003	石材墙面（内墙3）	1.（25厚）浅棕色洞石；2. ∟50mm×50mm×5mm横向角钢龙骨；3. ∟60mm×60mm×6mm竖向角钢龙骨；4. 角钢龙骨	m²	181.90
131	011201001024	墙面一般抹灰（内墙4）	1.（6厚）1：0.5：2.5水泥石灰膏砂浆抹平；2.（8厚）1：1：6水泥石灰膏砂浆打底扫毛；3.（3厚）外加剂专用砂浆打底刮糙；4. 水泥砂浆	m²	98.34

续表

序号	项目编码	项目名称	项目特征	计量单位	工程量
132	011207001003	墙面装饰板（内墙6）	1. 贴壁纸面层（A级）；2. 满刮2厚耐水腻子找平；3.（5厚）1：0.5：2.5水泥石灰膏砂浆找平；4.（8厚）1：1：6水泥石灰膏砂浆打底扫毛；5.（3厚）外加剂专用砂浆打底刮糙；6. 壁纸墙面（A级）	m²	169.42
133	011201001025	墙面一般抹灰（内墙7）	1.（6厚）1：2水泥砂浆抹灰层中铺贴φ1×10×10镀锌钢丝网与接地装置连接；2.（9厚）1：3水泥砂浆抹平；3. 配套专用界面砂浆甩毛	m²	84.33
134	011207001004	墙面装饰板	100×50×1.0铝方通（木饰贴皮）墙饰面	m²	73.75
135	011201001026	墙面一般抹灰	随砌随抹	m²	682.36
136	011210005004	成品隔断	1. 卫生间12mm成品抗倍特隔断板；2. 含门及五金	m²	26.18
137	011207001005	大堂木饰面墙	1. 胡桃木饰面；2.（12厘）板衬底防火漆3遍；3.（18厚）麦秸板衬底防火漆3遍；4.（100宽）白色无机矿物涂料线条；5. 详节点	m²	206.22
138	011207001006	大堂背景墙	1. 定制logo；2. 白色烤漆钢化玻璃；3.（12厘）板衬底防火漆3遍；4.（18厚）麦秸板衬底防火漆3遍；5. 400黑色木饰面；6. 详节点	m²	68.40
		（九）天棚工程			
139	011302001009	吊顶天棚（顶棚1）	1.（12厚）高晶板，规格600mm×600mm；2. T形轻钢次龙骨TB24X28，间距600；3. T形轻钢主龙骨TB24X38，间距600；4. U形轻钢承载龙骨CB38X12，间距≤1200；5. 10号镀锌低碳钢丝（或6钢筋）吊杆，双向中距≤1200；6. 现浇钢筋混凝土板底预留10钢筋吊环（勾）	m²	632.39
140	011302002002	格栅吊顶（顶棚4）	1. 成品铝合金吊件；2. 轻钢龙骨横撑，次龙骨，中距450～500；3. 轻钢主龙骨及吊件，中距≤1200；4. φ8带栓吊杆，中距900～1200	m²	619.11

续表

序号	项目编码	项目名称	项目特征	计量单位	工程量
141	011302001010	吊顶天棚（顶棚5）	1. 铝合金方板 600mm×600mm；2. 专用下层副龙骨联结，间距≤600；3. 暗架式专用上层主龙骨，间距≤1200；4. 用吊件与钢筋吊杆联结；5.（10号）镀锌低碳钢丝吊杆，双向中距≤1200；6. 现浇钢筋混凝土板底预留 φ10 钢筋吊环，双向中距≤1200；7. 房间：厨房操作间	m²	524.19
142	011302001011	纸面石膏板吊顶（平面）	1. 12mm 纸面石膏板平面吊顶；2. 18mm 细木工板基层，刷防火涂料三道；3. U50 轻钢龙骨；4. φ8 金属螺纹吊筋	m²	819.42
143	011302001012	纸面石膏板吊顶（平面）	1. 12mm 纸面石膏板平面吊顶；2. 18mm 细木工板基层，刷防火涂料三道；3. U50 轻钢龙骨；4. φ8 金属螺纹吊筋，吊筋长度 <1500 时	m²	425.94
144	011304001004	灯槽	1. 12mm 纸面石膏板立面吊顶；2. 18mm 细木工板基层，刷防火涂料三道；3. U50 轻钢龙骨；4. φ8 金属螺纹吊筋；5. 灯槽断面 100mm×200mm	m²	91.20
145	011304001005	灯槽	1. 12mm 纸面石膏板立面吊顶；2. 18mm 细木工板基层，刷防火涂料三道；3. U50 轻钢龙骨；4. φ8 金属螺纹吊筋；5. 灯槽 100mm×200mm	m²	35.78
146	011502001004	金属装饰线	1. 成品金属护角刷白，宽 20mm；2. 部位：天棚吊顶阳角	m	715.03
		（十）油漆、涂料、裱糊工程			
147	011406001007	抹灰面油漆（外墙1、外墙2）	1. 真石漆涂饰面层涂料两遍；2. 刮涂柔性耐水腻子；3. 真石漆饰面参见 05J909 外墙 13D/58 页	m²	2397.21
148	011407001006	墙面喷刷涂料（内墙1）	1. 无机矿物涂料内墙涂料饰面；2.（2厚）面层耐水腻子分遍刮平	m²	3514.46
149	011407001007	墙面喷刷涂料（内墙7）	1. 喷涂底、中、面涂料（底涂料一遍；中涂料喷后用塑料辊滚压；面涂料两遍）；2. 防水腻子两遍，磨平	m²	84.33

序号	项目编码	项目名称	项目特征	计量单位	工程量
150	011406001008	抹灰面油漆（踢脚1）	1. 环氧面漆踢脚线，高100mm；2. 满刮环氧腻子，强度达标后表面进行修补打磨；3. 环氧封闭底漆	m²	9.18
151	011407002009	天棚喷刷涂料（顶棚2）	1. 无机矿物涂料饰面；2.（2厚）面层耐水腻子刮平；3.（3厚）底基防裂耐水腻子分遍刮平；4. 素水泥浆一道甩毛（内掺建筑胶）	m²	799.81
152	011407002010	天棚喷刷涂料	1. 无机矿物涂料饰面；2. 满刮（2厚）面层耐水腻子找平	m²	1372.36
153	011408001002	墙纸裱糊（顶棚3）	1. 壁纸（A级）天棚面；2. 满刮2厚面层耐水腻子找平	m²	9.20
		（十一）其他装饰工程			
154	011503005004	金属靠墙扶手	1. 不锈钢管靠墙扶手；2. $\phi 60 \times 2$ 不锈钢管抛光；3. $\phi 30 \times 2$ 不锈钢管与不锈钢法兰用黏结剂粘牢于墙；4. 含预埋铁件	m	19.22
155	011503008003	玻璃栏板	1. 出屋面楼梯玻璃栏板（$h=1200$）；2.（12厚）钢化夹层玻璃；3. $\phi 60 \times 3$ 不锈钢管扶手；4. $\phi 60 \times 3$ 不锈钢管立柱；5. $90 \times 4 \times 2$ 不锈钢连接件与立柱焊牢、$\phi 8$ 不锈钢螺栓；6. 含预埋件、法兰盘等	m	42.10
156	011503001013	金属扶手、栏杆、栏板	1. 不锈钢护窗栏杆（$h=900$）；2. $\phi 60 \times 3$ 不锈钢管扶手；3. $\phi 60 \times 4$ 不锈钢管立柱；4. $\phi 20$ 或口 20 不锈钢竖向装饰管，间距100mm；5. 离地 100 高处 -40×8；6. 含预埋铁件；7. 部位：落地幕墙处防护	m	213.09
157	011503001015	金属扶手、栏杆、栏板	1. 楼梯不锈钢栏杆（$h=900$）；2. $\phi 60 \times 3$ 不锈钢管扶手；3. $\phi 60 \times 3$ 不锈钢管立柱；4. 横向两根 $\phi 38 \times 1.2$；5. 横向钢管间 $\phi 25 \times 1.0$ 不锈钢管竖向装饰管；6. 含预埋铁件、法兰盘等	m	42.59
158	011503001017	金属扶手、栏杆、栏板	1. 残疾人坡道不锈钢栏杆（$h=900$）；2. $\phi 40$ 不锈钢管扶手、立柱；3. $\phi 15$ 不锈钢管横向装饰杆3道；4. 含预埋铁件	m	22.41
159	01B038	窗上口滴水	1. 窗上口滴水线；2. 具体参见图集10J121 1/B-4. A/H-12	m	210.30
160	01B039	不锈钢盖板	排水沟盖板参见图集02J331 18/76	m²	6.66

序号	项目编码	项目名称	项目特征	计量单位	工程量
161	011505001003	洗漱台	1. 卫生间台面采用 10 厚大花白大理石；2. 18 厚麦秸板衬底基层防火漆 3 遍；3. 含钢架、石材六面防护、开孔及磨边等	m²	6.89
162	011501001003	洗漱柜	1. 成品木饰面柜门，柜体高 400mm，离地高 200mm，柜门面相对洗漱台挡板缩进 20mm；2. 柜门上方成品铝合金型材 U 形槽、下方 10mm×24mm 实木线条，柜体下方 50 宽灯槽；3. 18 厚麦秸板衬底基层防火漆 3 遍；4. 含合页、拉手等五金及钢架；5. 按台面中心线延长米计算	m	7.65
163	011505010003	镜面玻璃	1. 镜面采用 8 厚钢化防雾镜；2. 围边为 10 宽不锈钢，深度为 20mm；3. 基层为 18 厚麦秸板衬底防火漆 3 遍；4. 具体参见装饰节点图	m²	2.55
164	011505005005	卫生间扶手	1. 残卫马桶不锈钢管、钢芯尼龙安全抓杆（成品）：直径 32mm，L 形宽 600mm、高 700mm；2. 具体参见图集 03J926 3/82	个	6
165	011505005006	卫生间扶手	1. 残卫马桶不锈钢管、钢芯尼龙安全抓杆（成品）：直径 32mm，落地 T 型、宽 600mm、高 700mm；2. 具体参见图集 03J926 3/82	个	6
166	011505005007	卫生间扶手	残卫小便斗不锈钢管、钢芯尼龙安全抓杆（成品）：直径 32mm，三面围护落地型宽 600mm、深 550mm、高 1200mm	个	3
167	011505005008	卫生间扶手	残卫洗手台成品塑钢扶手，直径 40mm，U 形不带腿 60cm	个	3
168	011505008005	卫生纸盒	1. 卫生间隔断内 304 不锈钢拉丝卷纸纸巾盒；2. 壁挂式	个	18
169	011505008006	卫生纸盒	壁挂抽纸盒，300mm×300mm	个	6
170	01B040	成品挂钩	成品 304 不锈钢挂钩	个	18

施工技术措施项目清单与计价表

工程名称：××食堂工程

序号	项目编码	项目名称	项目特征	计量单位	工程量
		0117 措施项目			
1	011701001004	脚手架	1. 脚手架，檐高、层高综合考虑；2. 指除模板支架以外的施工过程中需发生的支架搭拆及相关费用，包括场内、场外材料运输、搭拆脚手架、斜道、上料平台、安全网的铺设、拆除脚手架后材料的堆放等工作内容；3. 脚手架基础处理及后期清除外运，运距考虑	项	1
2	011702001005	基础模板	设备基础模板	m²	20.57
3	011702002004	矩形柱模板	矩形柱模板	m²	1063.25
4	011702003004	构造柱模板	构造柱模板	m²	1058.38
5	011702006004	矩形梁模板	矩形梁模板	m²	4554.68
6	011702008004	圈梁模板（含翻边）	圈梁模板	m²	277.85
7	011702008005	翻边模板	翻边模板	m²	90.69
8	011702009004	过梁模板	过梁模板	m²	69.16
9	011702011007	直形墙模板	直行墙模板	m²	394.40
10	011702011008	挡土墙模板	挡土墙模板	m²	348.09
11	011702016004	平板模板	现浇平板模板	m²	3296.68
12	011702024004	楼梯模板	楼梯模板	m²	102.68
13	011702023004	雨篷、悬挑板、阳台板模板	雨篷模板	m²	48.02
14	011702025002	其他现浇构件模板	小型构件模板	m²	12.24
15	01B041	超危支撑架	1. 超危支撑架；2. 计算规则：支撑架体积按楼板底至搭设起始面的高度乘以楼板投影面积计算，楼板覆盖范围内的柱、梁支撑架体积不另行计算；3. 人工搭拆、材料租赁、材料周转及摊销等一切费用在单价中考虑	m³	2330.87
16	011703001004	垂直运输	建筑物垂直运输，檐高、层高综合考虑	项	1
17	01B042	其他措施费	投标人认为未列项的其他技术措施	项	1

施工组织措施项目清单与计价表

工程名称：××食堂工程

序号	项目名称	计算基础	费率/%	金额/元	备注
1	安全文明施工费	定额人工费+定额机械费			
1.1	安全文明施工基本费	定额人工费+定额机械费			
2	提前竣工增加费	定额人工费+定额机械费			
3	二次搬运费	定额人工费+定额机械费			
4	冬雨季施工增加费	定额人工费+定额机械费			
5	行车、行人干扰增加费	定额人工费+定额机械费			
6	其他施工组织措施费	按相关规定进行计算			
合　计					

其他项目清单与计价汇总表

工程名称：××食堂工程

序　号	项　目　名　称	金额/元	备注
1	暂列金额	500000	
1.1	标化工地增加费		
1.2	优质工程增加费		
1.3	其他暂列金额		
2	暂估价		
2.1	材料（工程设备）暂估价		
2.2	专业工程暂估价		
2.3	专项技术措施暂估价		
3	计日工		
4	总承包服务费		
合　计			

专业工程暂估价表

工程名称：××食堂工程

序号	工 程 名 称	工程内容	暂估金额/元	备注
1				
2				
3				
4				
5				
合　　计				

计日工表

工程名称：××食堂工程

编号	项 目 名 称	单位	暂定数量	综合单价/元	合价/元
一	人工				
1					
2					
3					
4					
	人工小计				
二	材料				
1					
2					
3					
4					
	材料小计				
三	施工机械				
1					
2					
3					
4					
	施工机械小计				
	总　计				

总承包服务费计价表

工程名称：××食堂工程

序号	项 目 名 称	项目价值/元	服务内容	费率/%	金额/元
1	发包人单独发包专业工程				
1.1					
1.2					
2	发包人提供材料（工程设备）				
2.1					
2.2					
	合　　计				

参 考 文 献

[1] 中华人民共和国住房和城乡建设部主编. 建设工程工程量清单计价规范（GB 50500—2013）[S]. 北京：中国计划出版社，2013.

[2] 中华人民共和国住房和城乡建设部主编. 建设工程工程量清单计价规范（GB 50500—2008）[S]. 北京：中国计划出版社，2008.

[3] 中华人民共和国住房和城乡建设部主编. 建设工程工程量清单计价规范（GB 50500—2003）[S]. 北京：中国计划出版社，2003.

[4] 中华人民共和国住房和城乡建设部，中华人民共和国国家质量监督检验检疫总局编. 建设工程造价咨询规范（GB/T 51095—2015）[S]. 北京：中国建筑工业出版社，2015.

[5] 中华人民共和国住房和城乡建设部，中华人民共和国国家质量监督检验检疫总局编. 工程造价术语标准（GB/T 50875—2013）[S]. 北京：中国计划出版社，2013.

[6] 中华人民共和国住房和城乡建设部，中华人民共和国国家质量监督检验检疫总局编. 建设项目工程总承包管理规范（GB/T 50358—2017）[S]. 北京：中国建筑工业出版社，2017.

[7] 中国建设工程造价管理协会. 建设项目全过程造价咨询规程 [M]. 北京：中国计划出版社，2017.

[8] 中国建设工程造价管理协会. 建设项目投资估算编审规程 [M]. 北京：中国计划出版社，2016.

[9] 中国建设工程造价管理协会. 建设项目设计概算编审规程 [M]. 北京：中国计划出版社，2016.

[10] 浙江省建设工程造价管理总站主编. 浙江省建设工程计价规则（2018 版）[M]. 北京：中国计划出版社，2018.

[11] 浙江省建设工程造价管理总站主编. 浙江省房屋建筑与装饰工程预算定额（2018 版）[M]. 北京：中国计划出版社，2018.

[12] 全国造价工程师职业资格考试培训教材编审委员会. 建设工程计价 [M]. 北京：中国计划出版社，2017.

[13] 全国造价工程师职业资格考试培训教材编审委员会. 建设工程造价管理 [M]. 北京：中国计划出版社，2017.

[14] 全国造价工程师职业资格考试培训教材编审委员会. 建设工程造价案例分析 [M]. 北京：中国城市出版社，2017.

[15] 虞晓芬. 工程造价管理 [M]. 北京：冶金工业出版社，2011.

[16] 李建峰，等. 建设工程定额原理与实务 [M]. 北京：机械工业出版社，2018.

[17] 刘允延. 建设工程造价管理 [M]. 2 版. 北京：机械工业出版社，2017.

[18] 丰艳萍，邹坦，冯羽生. 工程造价管理 [M]. 2 版. 北京：机械工业出版社，2015.

[19] 徐蓉. 工程造价管理 [M]. 3 版. 上海：同济大学出版社，2014.

[20] 申琪玉，张海燕. 建设工程造价管理 [M]. 2 版. 广州：华南理工大学出版社，2014.

[21] 郭晓平. 项目可行性研究与投资估算、概算 [M]. 北京：中国电力出版社，2015.

[22] 刘伊生. 建设工程全面造价管理 [M]. 北京：中国建筑工业出版社，2010.

[23] 林文俏，姚燕. 建设项目投资财务分析评价 [M]. 3 版. 广州：中山大学出版社，2014.

[24] 张正勤. 建设工程造价相关法律条款解读 [M]. 北京：中国建筑工业出版社，2009.

[25] 王浩，黄晓宇. 国际工程造价管控 [M]. 北京：中国建筑工业出版社，2018.

[26] 丁士昭. 工程项目管理 [M]. 2 版. 北京：中国建筑工业出版社，2014.

[27] 张江波. EPC 项目造价管理 [M]. 西安：西安交通大学出版社，2018.

[28] 陈津生. EPC 工程总承包合同管理与索赔实务 [M]. 北京：中国电力出版社，2018.

[29] 李慧民. 工程经济与项目管理 [M]. 北京：科学出版社，2018.

[30] 陈勇强，吕文学，张永波，等. 2017 版 FIDIC 系列合同解析条件解析 [M]. 北京：中国建筑工业出版社，2019.